国家出版基金项目
绿色制造丛书
组织单位 | 中国机械工程学会

冶金设备绿色再制造技术及应用

夏绪辉　王　蕾　张泽琳　著

冶金设备绿色再制造是再制造产业的重要组成部分，是综合考虑在役冶金设备性能优化和退役冶金设备回收再利用及最终处置的现代可持续制造管理模式，是帮助钢铁企业提升设备及备件可持续服役效能的重要途径。本书系统介绍了冶金设备绿色再制造共性关键技术和典型应用案例，是作者多年从事冶金设备绿色再制造方面的研究成果和经验总结。全书分为两篇共九章，包括冶金设备状态分析与决策技术、冶金设备拆卸技术、冶金设备再制造分类与无损检测技术、冶金设备再制造加工技术、冶金设备再制造服务技术、高炉关键部件在役再制造典型案例、转炉关键部件在役再制造典型案例、CSP关键设备部件在役再制造典型案例、轧钢设备关键部件在役再制造典型案例。

本书可供从事绿色制造、再制造、冶金设备工程的研究人员，相关企业的技术人员与管理决策人员参考，也可作为高等院校相关专业研究生的参考教材。

图书在版编目（CIP）数据

冶金设备绿色再制造技术及应用/夏绪辉，王蕾，张泽琳著．—北京：机械工业出版社，2022.3

（绿色制造丛书）

国家出版基金项目

ISBN 978-7-111-65696-8

Ⅰ.①冶…　Ⅱ.①夏…　②王…　③张…Ⅲ.①冶金设备-机械制造工艺-无污染工艺　Ⅳ.①TF3

中国版本图书馆CIP数据核字（2022）第024913号

机械工业出版社（北京市百万庄大街22号　邮政编码100037）

策划编辑：李楠　　　责任编辑：李楠　何洋　刘静

责任校对：潘蕊　张薇　责任印制：李娜

北京宝昌彩色印刷有限公司印刷

2022年6月第1版第1次印刷

169mm×239mm · 22印张 · 424千字

标准书号：ISBN 978-7-111-65696-8

定价：108.00元

电话服务　　　　　　　　网络服务

客服电话：010-88361066　机　工　官　网：www.cmpbook.com

010-88379833　机　工　官　博：weibo.com/cmp1952

010-68326294　金　　书　　网：www.golden-book.com

封底无防伪标均为盗版　机工教育服务网：www.cmpedu.com

“绿色制造丛书” 编撰委员会

“绿色制造丛书” 编撰委员会办公室

丛书序一

制造是改善人类生活质量的重要途径，制造也创造了人类灿烂的物质文明。

也许在远古时代，人类从工具的制作中体会到生存的不易，生命和生活似乎注定就是要和劳作联系在一起的。工具的制作大概真正开启了人类的文明。但即便在农业时代，古代先贤也认识到在某些情况下要慎用工具，如孟子言："数罟不入洿池，鱼鳖不可胜食也；斧斤以时入山林，材木不可胜用也。"可是，我们没能记住古训，直到20世纪后期我国乱砍滥伐的现象比较突出。

到工业时代，制造所产生的丰富物质使人们感受到的更多是愉悦，似乎自然界的一切都可以为人的目的服务。恩格斯告诫过：我们统治自然界，决不像征服者统治异民族一样，决不像站在自然以外的人一样，相反地，我们同我们的肉、血和头脑一起都是属于自然界，存在于自然界的；我们对自然界的整个统治，仅是我们胜于其他一切生物，能够认识和正确运用自然规律而已（《劳动在从猿到人转变过程中的作用》）。遗憾的是，很长时期内我们并没有听从恩格斯的告诫，却陶醉在"人定胜天"的臆想中。

信息时代乃至即将进入的数字智能时代，人们惊叹欣喜，日益增长的自动化、数字化以及智能化将人从本是其生命动力的劳作中逐步解放出来。可是蓦然回首，倏地发现环境退化、气候变化又大大降低了我们不得不依存的自然生态系统的承载力。

不得不承认，人类显然是对地球生态破坏力最大的物种。好在人类毕竟是理性的物种，诚如海德格尔所言：我们就是除了其他可能的存在方式以外还能够对存在发问的存在者。人类存在的本性是要考虑"去存在"，要面向未来的存在。人类必须对自己未来的存在方式、自己依赖的存在环境发问！

1987年，以挪威首相布伦特兰夫人为主席的联合国世界环境与发展委员会发表报告《我们共同的未来》，将可持续发展定义为：既满足当代人的需要，又不对后代人满足其需要的能力构成危害的发展。1991年，由世界自然保护联盟、联合国环境规划署和世界自然基金会出版的《保护地球——可持续生存战略》一书，将可持续发展定义为：在不超出支持它的生态系统承载能力的情况下改善人类的生活质量。很容易看出，可持续发展的理念之要在于环境保护、人的生存和发展。

世界各国正逐步形成应对气候变化的国际共识，绿色低碳转型成为各国实现可持续发展的必由之路。

中国面临的可持续发展的压力尤甚。经过数十年来的发展，2020 年我国制造业增加值突破 26 万亿元，约占国民生产总值的 26%，已连续多年成为世界第一制造大国。但我国制造业资源消耗大、污染排放量高的局面并未发生根本性改变。2020 年我国碳排放总量惊人，约占全球总碳排放量 30%，已经接近排名第 2~5 位的美国、印度、俄罗斯、日本 4 个国家的总和。

工业中最重要的部分是制造，而制造施加于自然之上的压力似乎在接近临界点。那么，为了可持续发展，难道舍弃先进的制造？非也！想想庄子笔下的圃畦丈人，宁愿抱瓮舀水，也不愿意使用桔槔那种杠杆装置来灌溉。他曾教训子贡："有机械者必有机事，有机事者必有机心。机心存于胸中，则纯白不备；纯白不备，则神生不定；神生不定者，道之所不载也。"（《庄子·外篇·天地》）单纯守纯朴而弃先进技术，显然不是当代人应守之道。怀旧在现代世界中没有存在价值，只能被当作追逐幻境。

既要保护环境，又要先进的制造，从而维系人类的可持续发展。这才是制造之道！绿色制造之理念如是。

在应对国际金融危机和气候变化的背景下，世界各国无论是发达国家还是新型经济体，都把发展绿色制造作为赢得未来产业竞争的关键领域，纷纷出台国家战略和计划，强化实施手段。欧盟的"未来十年能源绿色战略"、美国的"先进制造伙伴计划 2.0"、日本的"绿色发展战略总体规划"、韩国的"低碳绿色增长基本法"、印度的"气候变化国家行动计划"等，都将绿色制造列为国家的发展战略，计划实施绿色发展，打造绿色制造竞争力。我国也高度重视绿色制造，《中国制造 2025》中将绿色制造列为五大工程之一。中国承诺在 2030 年前实现碳达峰，2060 年前实现碳中和，国家战略将进一步推动绿色制造科技创新和产业绿色转型发展。

为了助力我国制造业绿色低碳转型升级，推动我国新一代绿色制造技术发展，解决我国长久以来对绿色制造科技创新成果及产业应用总结、凝练和推广不足的问题，中国机械工程学会和机械工业出版社组织国内知名院士和专家编写了"绿色制造丛书"。我很荣幸为本丛书作序，更乐意向广大读者推荐这套丛书。

编委会遴选了国内从事绿色制造研究的权威科研单位、学术带头人及其团队参与编著工作。丛书包含了作者们对绿色制造前沿探索的思考与体会，以及对绿色制造技术创新实践与应用的经验总结，非常具有前沿性、前瞻性和实用性，值得一读。

丛书的作者们不仅是中国制造领域中对人类未来存在方式、人类可持续发展的发问者，更是先行者。希望中国制造业的管理者和技术人员跟随他们的足迹，通过阅读丛书，深入推进绿色制造！

华中科技大学　李培根

2021 年 9 月 9 日于武汉

丛书序二

在全球碳排放量激增、气候加速变暖的背景下，资源与环境问题成为人类面临的共同挑战，可持续发展日益成为全球共识。发展绿色经济、抢占未来全球竞争的制高点，通过技术创新、制度创新促进产业结构调整，降低能耗物耗、减少环境压力、促进经济绿色发展，已成为国家重要战略。我国明确将绿色制造列为《中国制造 2025》五大工程之一，制造业的“绿色特性”对整个国民经济的可持续发展具有重大意义。

随着科技的发展和人们对绿色制造研究的深入，绿色制造的内涵不断丰富，绿色制造是一种综合考虑环境影响和资源消耗的现代制造业可持续发展模式，涉及整个制造业，涵盖产品整个生命周期，是制造、环境、资源三大领域的交叉与集成，正成为全球新一轮工业革命和科技竞争的重要新兴领域。

在绿色制造技术研究与应用方面，围绕量大面广的汽车、工程机械、机床、家电产品、石化装备、大型矿山机械、大型流体机械、船用柴油机等领域，重点开展绿色设计、绿色生产工艺、高耗能产品节能技术、工业废弃物回收拆解与资源化等共性关键技术研究，开发出成套工艺装备以及相关试验平台，制定了一批绿色制造国家和行业技术标准，开展了行业与区域示范应用。

在绿色产业推进方面，开发绿色产品，推行生态设计，提升产品节能环保低碳水平，引导绿色生产和绿色消费。建设绿色工厂，实现厂房集约化、原料无害化、生产洁净化、废物资源化、能源低碳化。打造绿色供应链，建立以资源节约、环境友好为导向的采购、生产、营销、回收及物流体系，落实生产者责任延伸制度。壮大绿色企业，引导企业实施绿色战略、绿色标准、绿色管理和绿色生产。强化绿色监管，健全节能环保法规、标准体系，加强节能环保监察，推行企业社会责任报告制度。制定绿色产品、绿色工厂、绿色园区标准，构建企业绿色发展标准体系，开展绿色评价。一批重要企业实施了绿色制造系统集成项目，以绿色产品、绿色工厂、绿色园区、绿色供应链为代表的绿色制造工业体系基本建立。我国在绿色制造基础与共性技术研究、离散制造业传统工艺绿色生产技术、流程工业新型绿色制造工艺技术与设备、典型机电产品节能减排技术、退役机电产品拆解与再制造技术等方面取得了较好的成果。

但是作为制造大国，我国仍未摆脱高投入、高消耗、高排放的发展方式，资源能源消耗和污染排放与国际先进水平仍存在差距，制造业绿色发展的目标尚未完成，社会技术创新仍以政府投入主导为主；人们虽然就绿色制造理念形成共识，但绿色制造技术创新与我国制造业绿色发展战略需求还有很大差距，一些亟待解决的主要问题依然突出。绿色制造基础理论研究仍主要以跟踪为主，原创性的基础研究仍较少；在先进绿色新工艺、新材料研究方面部分研究领域有一定进展，但颠覆性和引领性绿色制造技术创新不足；绿色制造的相关产业还处于孕育和初期发展阶段。制造业绿色发展仍然任重道远。

本丛书面向构建未来经济竞争优势，进一步阐述了深化绿色制造前沿技术研究，全面推动绿色制造基础理论、共性关键技术与智能制造、大数据等技术深度融合，构建我国绿色制造先发优势，培育持续创新能力。加强基础原材料的绿色制备和加工技术研究，推动实现功能材料特性的调控与设计和绿色制造工艺，大幅度地提高资源生产率水平，提高关键基础件的寿命、高分子材料回收利用率以及可再生材料利用率。加强基础制造工艺和过程绿色化技术研究，形成一批高效、节能、环保和可循环的新型制造工艺，降低生产过程的资源能源消耗强度，加速主要污染排放总量与经济增长脱钩。加强机械制造系统能量效率研究，攻克离散制造系统的能量效率建模、产品能耗预测、能量效率精细评价、产品能耗定额的科学制定以及高能效多目标优化等关键技术问题，在机械制造系统能量效率研究方面率先取得突破，实现国际领先。开展以提高装备运行能效为目标的大数据支撑设计平台，基于环境的材料数据库、工业装备与过程匹配自适应设计技术、工业性试验技术与验证技术研究，夯实绿色制造技术发展基础。

在服务当前产业动力转换方面，持续深入细致地开展基础制造工艺和过程的绿色优化技术、绿色产品技术、再制造关键技术和资源化技术核心研究，研究开发一批经济性好的绿色制造技术，服务经济建设主战场，为绿色发展做出应有的贡献。开展铸造、锻压、焊接、表面处理、切削等基础制造工艺和生产过程绿色优化技术研究，大幅降低能耗、物耗和污染物排放水平，为实现绿色生产方式提供技术支撑。开展在役再设计再制造技术关键技术研究，掌握重大装备与生产过程匹配的核心技术，提高其健康、能效和智能化水平，降低生产过程的资源能源消耗强度，助推传统制造业转型升级。积极发展绿色产品技术，研究开发轻量化、低功耗、易回收等技术工艺，研究开发高效能电机、锅炉、内燃机及电器等终端用能产品，研究开发绿色电子信息产品，引导绿色消费。开展新型过程绿色化技术研究，全面推进钢铁、化工、建材、轻工、印染等行业绿色制造流程技术创新，新型化工过程强化技术节能环保集成优化技术创新。开展再制造与资源化技术研究，研究开发新一代再制造技术与装备，深入推进废旧汽车（含新能源汽车）零部件和退役机电产品回收逆向物流系统、拆解/破碎/分离、高附加值资源化等关键技术与装备研究并应用示范，实现机电、汽车等产品的可拆卸和易回收。研究开发钢铁、冶金、石化、轻工等制造流程副产品绿色协同处理与循环利用技术，提高流程制造资源高效利用绿色产业链技术创新能力。

在培育绿色新兴产业过程中，加强绿色制造基础共性技术研究，提升绿色制造科技创新与保障能力，培育形成新的经济增长点。持续开展绿色设计、产品全生命周期评价方法与工具的研究开发，加强绿色制造标准法规和合格评判程序与范式研究，针对不同行业形成方法体系。建设绿色数据中心、绿色基站、绿色制造技术服务平台，建立健全绿色制造技术创新服务体系。探索绿色材料制备技术，培育形成新的经济增长点。开展战略新兴产业市场需求的绿色评价研究，积极引领新兴产业高起点绿色发展，大力促进新材料、新能源、高端装备、生物产业绿色低碳发展。推动绿色制造技术与信息的深度融合，积极发展绿色车间、绿色工厂系统、绿色制造技术服务业。

非常高兴为本丛书作序。我们既面临赶超跨越的难得历史机遇，也面临差距拉大的严峻挑战，唯有勇立世界技术创新潮头，才能赢得发展主动权，为人类文明进步做出更大贡献。相信这套丛书的出版能够推动我国绿色科技创新，实现绿色产业引领式发展。绿色制造从概念提出至今，取得了长足进步，希望未来有更多青年人才积极参与到国家制造业绿色发展与转型中，推动国家绿色制造产业发展，实现制造强国战略。

中国机械工业集团有限公司　陈学东

2021 年 7 月 5 日于北京

丛书序三

绿色制造是绿色科技创新与制造业转型发展深度融合而形成的新技术、新产业、新业态、新模式，是绿色发展理念在制造业的具体体现，是全球新一轮工业革命和科技竞争的重要新兴领域。

我国自20世纪90年代正式提出绿色制造以来，科学技术部、工业和信息化部、国家自然科学基金委员会等在“十一五”“十二五”“十三五”期间先后对绿色制造给予了大力支持，绿色制造已经成为我国制造业科技创新的一面重要旗帜。多年来我国在绿色制造模式、绿色制造共性基础理论与技术、绿色设计、绿色制造工艺与装备、绿色工厂和绿色再制造等关键技术方面形成了大量优秀的科技创新成果，建立了一批绿色制造科技创新研发机构，培育了一批绿色制造创新企业，推动了全国绿色产品、绿色工厂、绿色示范园区的蓬勃发展。

为促进我国绿色制造科技创新发展，加快我国制造企业绿色转型及绿色产业进步，中国机械工程学会和机械工业出版社联合中国机械工程学会环境保护与绿色制造技术分会、中国机械工业联合会绿色制造分会，组织高校、科研院所及企业共同策划了“绿色制造丛书”。

丛书成立了包括李培根院士、徐滨士院士、卢秉恒院士、王玉明院士、黄庆学院士等50多位顶级专家在内的编委会团队，他们确定选题方向，规划丛书内容，审核学术质量，为丛书的高水平出版发挥了重要作用。作者团队由国内绿色制造重要创导者与开拓者刘飞教授牵头，陈学东院士、单忠德院士等100余位专家学者参与编写，涉及20多家科研单位。

丛书共计32册，分三大部分：① 总论，1册；② 绿色制造专题技术系列，25册，包括绿色制造基础共性技术、绿色设计理论与方法、绿色制造工艺与装备、绿色供应链管理、绿色再制造工程5大专题技术；③ 绿色制造典型行业系列，6册，涉及压力容器行业、电子电器行业、汽车行业、机床行业、工程机械行业、冶金设备行业等6大典型行业应用案例。

丛书获得了2020年度国家出版基金项目资助。

丛书系统总结了“十一五”“十二五”“十三五”期间，绿色制造关键技术与装备、国家绿色制造科技重点专项等重大项目取得的基础理论、关键技术和装备成果，凝结了广大绿色制造科技创新研究人员的心血，也包含了作者对绿色制造前沿探索的思考与体会，为我国绿色制造发展提供了一套具有前瞻性、系统性、实用性、引领性的高品质专著。丛书可为广大高等院校师生、科研院所研发人员以及企业工程技术人员提供参考，对加快绿色制造创新科技在制造业中的推广、应用，促进制造业绿色、高质量发展具有重要意义。

当前我国提出了2030年前碳排放达峰目标以及2060年前实现碳中和的目标，绿色制造是实现碳达峰和碳中和的重要抓手，可以驱动我国制造产业升级、工艺装备升级、重大技术革新等。因此，丛书的出版非常及时。

绿色制造是一个需要持续实现的目标。相信未来在绿色制造领域我国会形成更多具有颠覆性、突破性、全球引领性的科技创新成果，丛书也将持续更新，不断完善，及时为产业绿色发展建言献策，为实现我国制造强国目标贡献力量。

中国机械工程学会　宋天虎

2021年6月23日于北京

前　言

钢铁工业作为我国国民经济的重要基础产业，目前正处于转变发展方式的关键阶段，既面临结构调整、转型升级的发展机遇，又面临资源价格高涨、产能明显过剩、环境压力增大、装备设计偏离工况工作、自主创新能力不足等严峻挑战。由于产能过剩和企业利润下降，钢铁工业运行着的大量冶金设备，普遍存在因维护和备件更新困难，造成的故障多、效率低、与工艺过程匹配性差等问题，具有巨大的改造升级潜力及服务需求。那么，如何使这些装备及备件重新焕发新的生命活力？“冶金设备绿色再制造”是重要路径之一。

冶金设备绿色再制造是一种新型的制造服务发展模式，属于广义再制造，其核心理念是既要使退役的废旧设备起死回生，更要使性能低下、故障频发、技术落后的在役装备重新焕发青春，并提高其性能和智能化水平。《国务院关于钢铁行业化解过剩产能实现脱困发展的意见》要求钢铁行业实施节能环保升级，促进绿色发展；《高端智能再制造行动计划（2018—2020年）》中进一步要求“面向化工、冶金和电力等行业大型机电装备维护升级需要，鼓励应用智能检测、远程监测、增材制造等手段开展再制造技术服务”。中国工程院院士周济在钢铁行业技术创新大会上指出，冶金设备智能化与在役再制造是“制造强国”战略的重要组成部分；我国再制造领域的主要倡导者和开拓者、中国工程院院士徐滨士及其团队，以及设备诊断工程专家、中国工程院院士高金吉及其团队做了大量分析研究，认为进一步聚焦高端智能再制造和在役再制造符合再制造产业发展方向。因此，开展冶金设备绿色再制造技术及其应用研究，是我国高端智能设备生产制造和运行维护由大变强的现实需要，也是实现钢铁工业绿色增长、可持续发展的重要途径。近年来，科技部、国家自然科学基金和国家863计划资助了一些绿色制造/再制造等方面的研究项目，推动了我国相关研究的发展。目前绿色再制造理论和技术的研究和应用已经取得了长足的进展，初步形成了相关理论方法与技术体系，但是在冶金设备领域的应用相对较少。近年来，本书作者在国家863计划、国家自然科学基金、湖北省自然科学基金的资助下一直从事逆向供应链服务、再制造服务、智能装备关键技术攻关方面的研究，将这些研究成果整理，并借鉴国内外研究资料，形成了本书第1篇“冶金设备绿色再制造共性技术”的主要内容；同时，针对钢铁冶金设备再制造升级的现实需要，本书作者收集了大量企业实际调研资料、冶金设备再制造应用项目资料，经过整理，形成了本书第 2 篇“冶金设备再制造典型应用”的主要内容。

本书分为两篇共九章。第 1 篇“冶金设备绿色再制造共性技术”，包含第 1 ~5 章：第 1 章从冶金设备在役状态评估、失效状态分析、再制造方式决策等多角度出发，介绍了冶金设备状态分析与再制造决策技术；第 2 章从拆卸序列规划方法、典型无损拆卸技术及批量拆卸线平衡三个方面介绍了冶金设备的拆卸技术；第 3 章围绕量大面广的冶金设备零部件分类难、失效检测难的问题，介绍了基于视觉信息的冶金设备再制造分类与无损检测技术；第 4 章介绍了冶金设备及其零部件再制造常用加工技术与设备，并以激光熔覆加工技术为例，对其中的典型工艺优化问题进行了分析；第 5 章阐述了冶金设备再制造服务的定义、服务空间、服务组合等。第 2 篇“冶金设备再制造典型应用”，依据冶金设备所属冶金工艺过程递进展开，包含第 6~9 章：第 6 章总结了高炉常见故障及其关键零部件的失效形式，介绍了高炉炉型再制造设计、高炉除尘系统在役再制造等典型案例；第 7 章对转炉设备常见故障和转炉托圈等典型零部件在役再制造进行了分析；第 8 章给出了 CSP 设备常见故障、失效零部件的典型应用案例；第 9 章在总结轧钢设备常见故障及其零部件失效检测方法的基础上，对某热轧生产线轧机牌坊在役再制造工程实践案例进行了分析。

本书由夏绪辉、王蕾、张泽琳著，郭钰瑶、周文斌、曹建华、刘翔等参与部分资料整理工作和相关项目研究工作，陈宝通、赵慧、张欢、何宸、吕磊、徐承赢、李鸿菲、郭妍、魏庆魁、朱胜等参与文字整理工作。

本书所载相关研究工作得到国家自然科学基金的资助（No. 51805385），本书的出版获得 2020 年度国家出版基金以及武汉科技大学研究生教材专项基金资助。此外，本书在写作过程中得到了宝武集团、邯钢集团等钢铁企业相关技术人员提供的技术帮助，还参考了有关文献（都尽可能地列在了每章章末），在此向所有技术帮助提供者和被引用文献的作者表示诚挚的谢意。

由于冶金设备绿色再制造与正在迅速发展的综合性学科存在交叉，撰写此书涉及面广，技术难度大，加上作者水平的局限，因此书中不妥之处在所难免，敬请广大读者批评指正。

作　者

2021 年 7 月

目录 CONTENTS

第2篇 冶金设备再制造典型应用

第 1 篇

冶金设备绿色再制造共性技术

第 1 章

冶金设备状态分析与决策技术

随着科学技术的发展和生产工艺水平的提高，现代冶金工业系统的规模日益增大，冶金设备也随之变得大型化、复杂化和智能化，已成为冶金生产活动中举足轻重的生产要素。冶金生产实践经验表明，设备带“病”运行不仅会降低生产效率和产品合格率，还会显著增加生产过程中的能源消耗、造成安全生产隐患、严重威胁操作人员的生命安全。同时，冶金设备的健康状态是进行设备在役再制造决策的重要依据。鉴于此，产业界与学术界对设备安全健康运行的关注度日益提高，学者们试图通过对冶金设备的在役状态进行评估获取设备的健康状态信息，并以此信息为设备在役再制造决策与活动实施提供理论指导。本章基于设备健康度指标，提出了一套维护、中修、大修和再制造（maintenance repair overhaul remanufacturing，MROR）设备在役健康状态评估指标及其评估方法，并对冶金设备的失效状态进行分析，根据其失效模式和失效程度选择合适的再制造方式，不仅可以得到性能完好的产品，还能有效减少资源的浪费。

1.1 面向 MROR 的冶金设备在役状态评估

制造业正在从产品经济向服务经济过渡，制造业价值链向下游转移，制造服务已经成为制造企业新的经济增长点。设备维护、中修和大修（maintenance repair overhaul，MRO）管理技术、支持资源优化配置的精益 MRO 管理方法、MRO 信息系统成为新时代的研究热点。实时评估在役设备的健康状态，作为设备 MRO 决策与执行的基础，是一项复杂且困难的工作。

目前，相关学者主要从基于模型驱动、基于知识驱动和基于数据驱动等三个视角对设备健康状态评估方法展开研究：①基于模型驱动的健康状态评估方法，又称为解析冗余法，需要已知系统的解析模型表达式，利用状态观测器、卡尔曼滤波器、强跟踪滤波器、参数估计辨识和等价空间状态方程等产生残差，根据残差的产生方式可细分为状态观测法、参数估计法和等价关系法等，然后基于残差分析，进行系统当前健康状态的评估；②基于知识驱动的健康状态评估方法，是以领域专家的启发式经验或模型知识为核心，找到局部故障和系统异常状态之间的因果关系，主要有专家系统和定性趋势分析等方法；③基于数据驱动的健康状态评估方法是根据获取的设备当前时间段内的监测数据，建立非线性健康状态评估模型，通过确定性的失效阈值或者健康程度等级定义系统的健康状态，对设备当前的健康状态进行评估的方法，主要应用的方法有主元分析、偏最小二乘法、典型变量分析、独立成分分析、支持向量机、隐马尔可夫模型和神经网络等。本节将在相关研究基础上，对设备健康度、MROR、面向 MROR 的在役冶金设备健康状态评估方法进行探讨，为后续冶金设备再制造方式的决策、再制造服务模式的决策等提供支撑。

1.1.1 设备健康度及相关参数的数学模型

设备健康度对于开展设备故障预测与诊断、设备在役状态评估、设备维修与再制造等设备运维活动至关重要。为了客观、准确地利用计算机与各种设备评估技术对设备健康状态进行评估，需要利用数学模型定量描述设备健康度。

1. 设备健康度

在设备管理理论中，设备被分为可修复设备和不可修复设备。可修复设备，又可分为完全可修复设备和基本可修复设备。基于此，可修复设备健康度可定义为：在任一随机时刻，当任务需要时，设备在任务开始时刻处于可投入使用状态的概率。因此，健康度是与时间相关联的。为了得到健康度的定量描述方式，需要统计出设备“能工作的时间”与“不能工作的时间”。设备维护、中修、大修和改造（maintenance repair overhaul transformation，MROT）概念的提出为健康度的定量描述提供了参考。

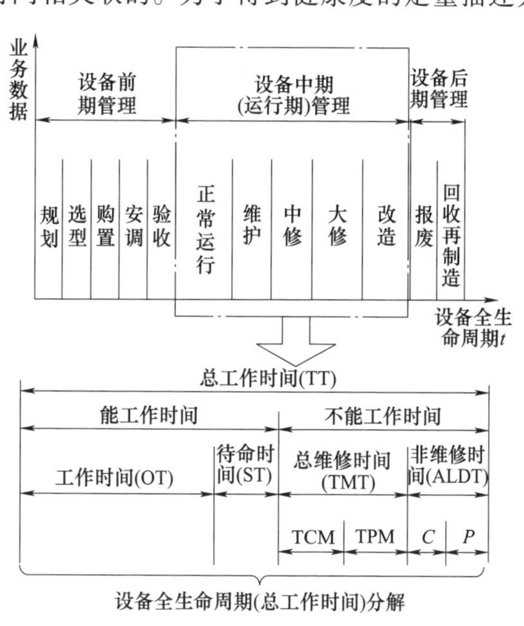

图 1-1 设备全生命周期历程分解

所谓设备 MROT，即对设备维护、中修、大修和改造的统称。从设备全生命周期管理过程的视角，设备全生命周期可划分为设备前期管理、中期管理和后期管理三个阶段，如图 1-1 所示。其中，设备健康与 MROT 管理为设备中期管理的主要任务。

设备全生命周期，即设备总工作时间（total time，TT），可以再次细分：

$$设备总工作时间(TT) = 能工作时间 + 不能工作时间$$

$$能工作时间 = 工作时间(OT) + 待命时间(ST)$$

$$不能工作时间 = 总维修时间(TMT) + 非维修时间(ALDT)$$

$$总维修时间(TMT) = 非计划维修时间(TCM) + 计划维修时间(TPM)$$

$$非维修时间(ALDT) = 非计划维修的非维修时间(C) + 计划维修的非维修时间(P)$$

按前述关于健康度的定义，健康度（A）的基本数学表达式为

$$A = \frac{\mathrm{OT} + \mathrm{ST}}{\mathrm{OT} + \mathrm{ST} + \mathrm{TCM} + \mathrm{TPM} + \mathrm{ALDT}} \tag{1-1}$$

2. 设备健康级别

设备健康级别（health degree，HD）是指根据设备偏离其设计功能的距离大小和严重程度所确定的设备相应的健康程度。根据监测所取得的设备动态参数（温度、振动、应力等）与缺陷状况，通过与标准状态进行对照鉴别设备偏离其设计功能的距离大小和严重程度。本节在已有研究的基础上，结合大型钢铁冶金设备专家经验和运行人员实践，在规程允许的范围内，将设备健康级别划分为“正常”“异常”“故障”“退化”四个级别。

3. 设备失效率与大型冶金设备故障率、现代设备故障曲线、故障概率统计分布

（1）设备失效率与大型冶金设备故障率　设备失效率即设备故障率，是指工作到某时刻尚未出现故障的设备，在该时刻后单位时间内发生故障的概率，其计算式为

$$\lambda(t) = \frac{\mathrm{d}r(t)}{N_{\mathrm{s}}(t)\mathrm{d}t} \tag{1-2}$$

式中，$N_{\mathrm{s}}(t)$是到时刻 t 尚未出现故障的设备数，称为残存设备数；$\mathrm{d}r(t)$是到 t 时刻后，$\mathrm{d}t$ 时间内出现故障的设备数；$\lambda(t)$是设备失效率，时间 t 的函数。

根据钢铁企业的实际情况，大型冶金设备故障率是指设备故障停机时间（连续 4h 因故停机）与设备日历台时的比值。用公式表示为

$$P_{\mathrm{G}} = \frac{Z}{R} \times 100\% \tag{1-3}$$

式中，P_{G} 是设备故障率；Z 是设备故障停机台时合计，单位为 h；R 是设备日历台时合计，单位为 h。

平均故障间隔时间（mean time between failures，MTBF）即故障率 $\lambda(t)$为常数 λ 的倒数，λ 的计算式为

$$\lambda = \frac{\text{失效次数}}{\text{失效发生的那段时间的长度}}$$

（2）现代设备故障曲线　浴盆曲线是设备全运行期故障的典型曲线。然而，根据最新的设备故障统计调查，对于现代设备而言，浴盆曲线已无法代表现代大多数设备故障发生趋势。研究统计表明，在冶金设备系统中至少有六种失效模式，它们的分布规律如图 1-2 所示。

（3）故障概率统计分布　由前人对机械设备发展趋势的分析结果可知，机械

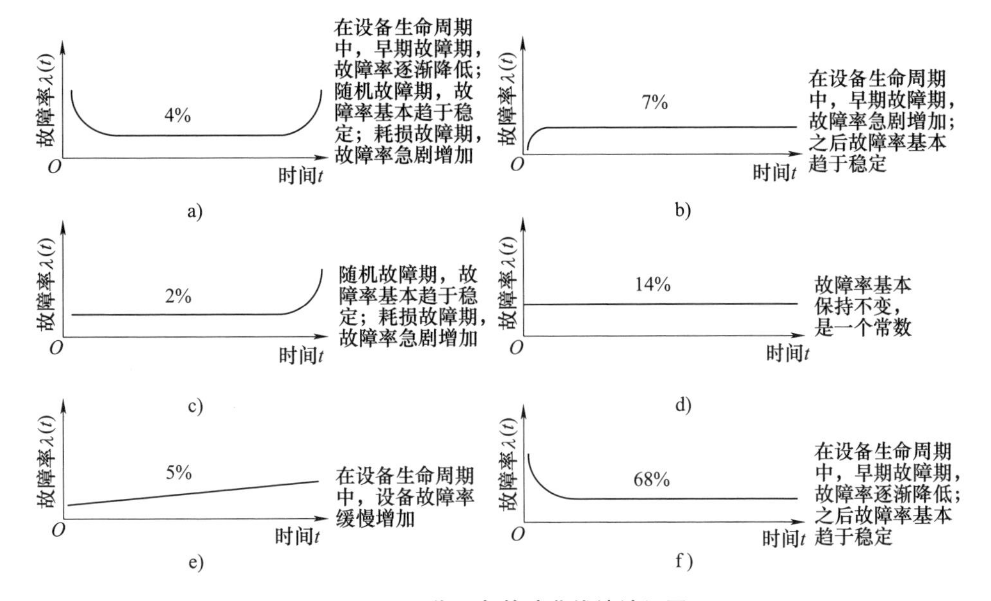

图 1-2 现代设备故障曲线统计组图

a）浴盆曲线分布 b）递增分布 c）传统分布 d）随机常数分布 e）老化分布 f）递减分布

故障的发生有其自身的规律性，设备状态在大多数情况下是连续变化的，而且从正常到故障的中间演变过程是一种不稳定的状态。任何可修复的机械设备，其失效时间和失效后的修复时间都服从一定的分布规律，即历史数据的概率分布与设备的运行状态有良好的对应关系，利用分布函数就能反映设备的这种规律。

常用的适合机械设备的连续型分布有指数分布、正态分布、对数正态分布和威布尔分布。对于以上几种不同的连续型分布，其故障率函数 $\lambda(t)$、失效概率密度函数 $f(t)$ 和失效分布函数 $F(t)$ 见表 1-1。

表 1-1 几种失效概率分布特征量表达式

特征量	指数分布	正态分布	对数正态分布	威布尔分布
$f(t)$	$\lambda e^{-\lambda}$	$\dfrac{1}{\delta\sqrt{2\pi}}\int_0^t \exp\left[-\dfrac{(t-\theta)^2}{2\delta^2}\right]dt$	$\dfrac{1}{\delta\sqrt{2\pi}}\exp\left[-\dfrac{(\ln t-\theta)^2}{2\delta^2}\right]$	$\dfrac{m}{\eta}\left(\dfrac{t}{\eta}\right)^{m-1}\times$ $\exp\left[-\left(\dfrac{t}{\eta}\right)^m\right]$
$F(t)$	1−e	$\dfrac{1}{\delta\sqrt{2\pi}}\int_0^t \exp\left[-\dfrac{(t-\theta)^2}{2\delta^2}\right]dt$	$\dfrac{1}{\delta\sqrt{2\pi}}\int_0^t \dfrac{1}{t}\exp\left[-\dfrac{(\ln t-\theta)^2}{2\delta^2}\right]dt$	$1-\exp\left[-\left(\dfrac{t}{\eta}\right)^m\right]$
$\lambda(t)$	λ	$\dfrac{f(t)}{1-F(t)}$	$\dfrac{f(t)}{1-F(t)}$	$\dfrac{m}{\eta}\left(\dfrac{t}{\eta}\right)^{m-1}$

指数分布为单参数分布，其特点有：①故障率 λ 为常数，一般机械设备在随机故障期的故障率接近常数；②无记忆性，即设备经过一段时间的工作后，仍如同新的一样。指数分布适用于具有恒定故障率的设备、在耗损失效前进行定时维修的设备、由随机高应力导致偶然失效的部件、使用寿命期内出现的失效为弱耗损型的部件。

正态分布为双参数分布，是一种广泛应用的分布，分布参数为均值 μ 和方差 δ^2，表达式为 $N(\mu,\delta^2)$。正态分布的特点是故障率 $\lambda(t)$ 随时间 t 的增长而增加。它适用于因磨损、耗损、退化等原因发生失效的设备寿命等场合。

对数正态分布是指随机变量 y 本身不服从正态分布，$\ln y$ 服从正态分布，它也是双参数分布，其表达式为 $\ln(\mu,\delta^2)$。

威布尔分布是连续分布，适用范围很广，可以用于描述机械、机电、电器、电子等产品。威布尔分布是一种“通用分布”，即当其形状指数 m 不同时接近不同的分布。当 $m=1$ 时，$\lambda(t)=$ 常数，此时相当于指数分布；当 $m=2$ 时，它与对数正态分布接近；当 $m=2\sim4$（尤其是 $m=3.2$）时，它接近正态分布。

对完全可修复设备，其失效时间 t 服从指数分布，因为：①完全可修复设备具有失效无记忆性，即设备故障失效后能修复如新；②其故障率 λ 为常数。由式（1-1）可得完全可修复设备健康度，其计算式为

$$A(t)=P_{o}(t)=\frac{\mu}{\mu+\lambda}+\frac{\lambda}{\mu+\lambda}e^{-(\mu+\lambda)t} \tag{1-4}$$

式中，$P_{o}(t)$是 t 时刻设备系统处于工作状态的概率；$A(t)$是系统在任意时刻 t 的健康度。

对于基本可修复设备，其故障率 λ 不是常数，而是时间的递增函数，其健康度 A 的表达式为

$$A=\frac{T}{T+\sum_{j=1}^{N}M_{ct_j}+M_{pt}} \tag{1-5}$$

式中，T 是大修周期，单位为 h；M_{pt}是大修所需时间，单位为 h；M_{ct_j}是每次失效所需修理时间，单位为 h；N 是历史维修次数。

1.1.2 MROR 与冶金设备健康度的映射

MROT 的提出为钢铁企业提供了全面的 MROT 数字化解决方案和信息集成化，有助于实现节能降耗和绿色环保，提高钢铁企业设备管理水平，以及提升钢铁企业的生产效率与经济效益，保证产品质量和生产安全。再制造（remanufacturing）是实现退役产品再利用和经济可持续发展的重要途径，再制造与传统的维修改造相比，能够保证处理对象达到新品的性能并提高产品的使用寿命，

同时还可以节省成本、能源和资源消耗，是现代工业绿色制造的一种理想模式。随着再制造技术在我国钢铁冶金装备行业中应用的深入推进，MROT 需要逐渐向 MROR 过渡以适应这种变化。MROT 只考虑了设备在其使用周期中由于健康度恶化经历的一系列由简单到复杂的修复过程，没有考虑设备从退役失效再制造后重新服役的全生命周期过程。因此，从 MROT 到 MROR 的转变不仅是对设备健康状态评估理念上的一种改变，更是从设备全生命周期的角度重新对设备在役状态评估的一种创新。

MROR 是确保设备保持实现其设计功能状态的行为，当设备状态偏离其设计功能时就必须对其进行状态补偿。一般对可修复设备，将修复活动分为四个级别：使用现场级——维护（maintenance，M）；中间级——中修（repair，R）；维修基地级——大修（overhaul，O）；再制造（remanufacturing，R）。设备健康级别划分的一般标准与 MROR 方式对照情况见表 1-2。

表 1-2　设备健康级别划分的一般标准与 MROR 方式对照情况

设备健康级别	部件			设备性能	MROR 方式
	应力	性能	缺陷状态		
正常	在允许值内	满足规定	微小缺陷	满足规定	维护 M
异常	超过允许值	部分降低	缺陷扩大（如噪声、振动增大）	接近规定，部分降低	中修 R
故障	达到破坏值	达不到规定	破损	达不到规定	大修 O
退化	在允许值内	达不到规定	无法满足生产工艺要求	达不到新要求	再制造 R

其中，设备“正常”健康级别的判定标准如下：

1）设备理化性能良好。机械设备精度、性能满足相应水平设备的生产工艺要求；动力设备功能达到原设计或法定运行标准；运转无超温、超压和其他超额定负荷现象。

2）设备运转参数正常。零部件齐全，磨损、蚀耗程度不超过规定技术标准；操纵和控制系统，计量仪器、仪表、液压、气压、润滑和冷却系统，工作正常可靠。

3）设备消耗指标正常。原材料、燃料、油料、动力等正常，基本无漏油、漏水、漏气（汽）、漏电现象，外表清洁整齐。

4）设备的安全防护、调速、制动、联锁装置齐全，性能可靠。

对完好设备做出定量分析和评价的具体标准，应由行业主管协会根据上述要求结合设备特点制定，作为各行业检查设备是否完好的统一尺度。在设备 MROR 活动中，大修与再制造需要完成恢复设备技术性能规定内容的全部作业，包括设备的全部拆卸、零件清洗和破损检查，以及修复更换所有磨损失效零件和其他失效零部件。

设备大修与再制造活动相较于维护和中修而言，是消耗工时更长、更换和修复零部件更多的修理级别，其停工损失和维修费用决定了它在维修活动中的重要地位，设备大修决策与再制造决策直接影响着设备使用的经济性。在制定MROR决策时要综合设备的经济性、可靠性、极限状态等因素，决策要追求的目标是使维修费用、设备劣化及停机损失之和达到最小。

1.1.3 面向MROR的冶金设备健康状态评估指标

对冶金设备实施MROR决策，首要任务是对其运行实际工况进行健康状态评价。为此，首先需要确定冶金设备健康状态的健康指标，建立健康状态指标体系，寻找其与设备实际健康状态的关系，确定设备的健康级别，从而构建设备健康知识库。

1. 设备全生命周期知识准备

设备MROR决策的本质是一个多约束条件下的多目标决策问题，所有面向设备MROR的设备知识的核心价值在于它提高了维护决策的科学性和实时性。大型关键设备知识包括设备全生命周期内相关人、备件、材料、运行数据、外部服务等全部信息。以设备MROR决策为主线，对设备全生命周期中的知识进行梳理，得到设备全生命周期知识树状结构，如图1-3所示。

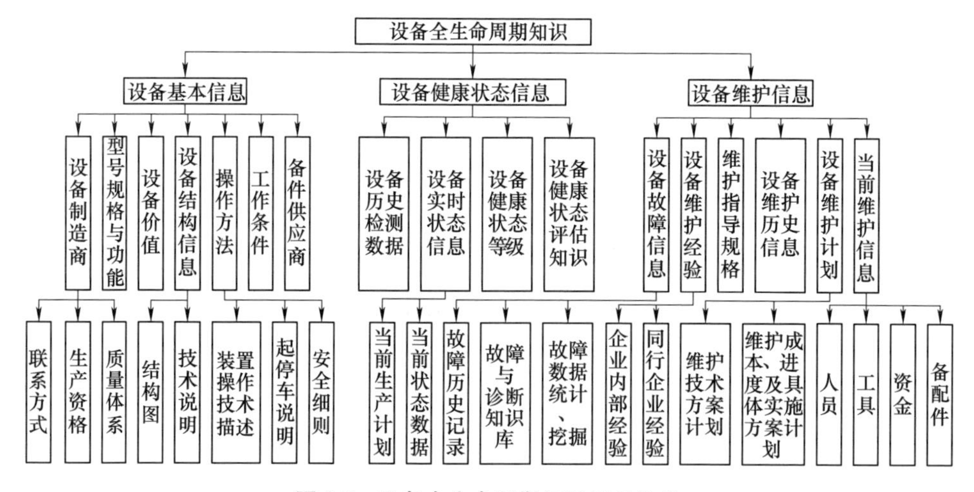

图1-3 设备全生命周期知识树状结构

2. 冶金设备健康状态评估指标

从系统工程与MROR综合效益最大的角度，综合设备的经济性、可靠性、极限状态等因素，将冶金设备的主要健康属性定为：可靠性与可修复性、技术先进性、经济合理性和绿色环保性。这四大属性指标综合考虑了设备的固有特性、生产能力、实时运行状态数据、经济效益和环保安全性能，基本上能较全面地反映冶金设备的实时运行状态情况和性能。冶金设备健康状态评估指标见表 1-3。

表 1-3　冶金设备健康状态评估指标

评估目标（目标层）	评估属性（一级指标层）		评价指标（二级指标层）	
冶金设备健康状态	可靠性与可修复性	U_1	设备故障率（%）	u_{11}
			维修率（%）	u_{12}
			故障平均修复时间/h	u_{13}
	技术先进性	U_2	设备日历作业率（%）	u_{21}
			设备有效作业率（%）	u_{22}
			设备功能完好率（%）	u_{23}
			设备精度准确率（%）	u_{24}
	经济合理性	U_3	设备年运行费/(元/t)	u_{31}
			设备经济寿命/年	u_{32}
	绿色环保性	U_4	三废污染物排放量/(kg/t)	u_{41}
			设备冷却水新水补充量/(m^3/t)	u_{42}
			连续 A 声级噪声/[dB（A）]	u_{43}
			年安全事故发生数	u_{44}

表 1-3 中，设备故障率见式（1-2），维修率和故障平均修复时间不难理解，此处不再赘述。冶金设备健康状态其他评估指标计算公式如下：

1）设备日历作业率是指设备工作台时占日历台时的百分比。设备日历作业率的计算式为

$$T_R = \frac{S}{R} \times 100\% \tag{1-6}$$

式中，T_R 是设备日历作业率；S 是设备实际工作台时，单位为 h；R 是设备日历台时合计，单位为 h。

2）设备有效作业率是指设备实际工作台时与设备制度工作台时的比值。设备制度工作台时为设备日历工作台时与年修计划时间的差值。设备有效作业率的计算式为

$$T_Y = \frac{S}{Y} \times 100\% \tag{1-7}$$

式中，T_Y 是设备有效作业率；S 是设备实际工作台时，单位为 h；Y 是设备制度工作台时，单位为 h。

3）设备功能完好率是设备某种功能（以工厂设计书为准）在统计日历时间中完好的时间与总的统计日历时间之比，是企业设备管理、使用、维修、保养工作及设备健康状态的综合反映。设备功能完好状态的具体考核指标是企业拥有主要生产设备的功能完好率。设备功能完好率的计算式为

$$P_{\mathrm{F}}=\frac{\sum T}{\sum W}\times 100\% \tag{1-8}$$

式中，P_{F} 是设备功能完好率；$\sum T$ 是实际设备功能完好台时合计，单位为 h；$\sum W$ 是总的统计日历时间，单位为 h。

4）设备精度准确率是衡量设备加工质量情况和设备加工精度的重要指标。其计算式为

$$P_{\mathrm{J}}=\frac{\sum J_{\mathrm{D}}}{\sum J_{\mathrm{S}}}\times 100\% \tag{1-9}$$

式中，P_{J} 是精度准确率；$\sum J_{\mathrm{D}}$ 是实际设备精度指标（以工厂设计书为准）达标台时合计，单位为 h；$\sum J_{\mathrm{S}}$ 是精度指标计划台时合计，单位为 h。

5）设备运行费主要包括备件费用、维修费用、特殊大修费用和维修材料费用等部分。设备年运行费是设备运行费的多个部分费用按年汇总后的总和。设备吨钢年运行费计算式为

$$C_{\mathrm{v}}=\frac{\mathrm{cost}}{K} \tag{1-10}$$

式中，C_{v} 是设备吨钢年运行费，单位为元/t；cost 是设备年运行费，单位为元；K 是年合格钢产品产量，单位为 t。

6）设备经济寿命是指使用一台设备年平均总费用最低的年数，是根据设备使用成本最低的原则确定的，其长度往往短于物理寿命。经济寿命是由有形磨损和无形磨损共同决定的。设备经济寿命的确定通常有静态法（运行成本低劣化值法）和动态法（最小年平均总费用法）两种。其中，动态法的特点是考虑资金的时间价值。一般采用动态法进行设备健康指标中设备经济寿命的计算。动态法的计算式为

$$\mathrm{AC}_t=\left[K_0-L_t\left(\frac{H}{F},i,t\right)+\sum C_t\left(\frac{H}{F},i,t\right)\right]\left(\frac{B}{H},i,t\right) \tag{1-11}$$

设备经济寿命 T_{E}应为 $\min\{\mathrm{AC}_1,\mathrm{AC}_2,\cdots,\mathrm{AC}_n\}$ 对应的计算年限 t 值。

式中，AC_t 是动态年总费用，单位为元；K_0 是设备原始价值，单位为元；L_t 是设备使用 t 年后的残值，单位为元；C_t 是第 t 年设备使用费用，单位为元；H 是设备实际价值，单位为元；F 是设备终值，单位为元；B 是年均费用，单位为元；i 是折现率；t 是设备使用时间，$t=1$，2，…，n，单位为年。

7）三废污染物排放量是指外排“废气、废水、固体废弃物”中污染物含量

与年合格产品产量的比值。本书主要考察三废中的“废气和废水”两项。其中，气体污染物主要是指外排废气中的烟（粉）尘、SO_2 等污染物排放量；废水主要为设备直接冷却水，其主要特征是含有少量润滑油脂，处理后方可循环利用或外排。三废污染物排放量的计算式为

$$E_Q = \frac{O_Q}{G} \tag{1-12}$$

式中，E_Q 是三废污染物排放量，单位为 kg/t；O_Q 是年排放三废污染物总和，单位为 kg；G 是年合格产品产量，单位为 t。

8）设备冷却水新水补充量是指年设备冷却水新水补充量与年合格产品产量的比值。吨钢设备冷却水新水补充量的计算式为

$$R_N = \frac{W_n}{G} \tag{1-13}$$

式中，R_N 是吨钢设备冷却水新水补充量，单位为 m^3/t；W_n是年设备冷却水新水补充量，单位为 m^3；G 是年合格产品产量，单位为 t。

9）由于噪声对环境和人体健康的负面影响较大，噪声污染可作为衡量设备环境友好性的重要指标。工业噪声的评价通常采用 A 声级作为评价量，等效连续 A 声级噪声的计算式为

$$L_{cq} = 10\lg\left(\frac{1}{N}\sum_{i=1}^{N} 10^{0.1L_i}\right) \tag{1-14}$$

式中，L_{cq}是在一段时间内的等效连续 A 声级，单位为 dB(A)；L_i是第 i 次读取的 A 声级，单位为 dB(A)；N 是取样总数。

10）绿色环保指标中安全性考察设备在生产运行中保证生产安全的能力。本书将年安全事故发生数作为设备安全性的评价指标。其中关于设备安全事故的界定根据国家有关规定分为特别重大事故、重大事故、较大事故和一般事故。本书中作为设备安全性评价指标的年安全事故发生数是指各类安全事故折合为一般安全事故后的数量。

设备健康状态评估指标是对设备运行状态的一系列主要评价和考核指标。从设备工程的角度看，设备健康状态的变化过程是随时间而变化的随机过程。就一个企业来说，设备的健康状态也是不断变化的。在具体操作中，一方面，需不断对设备健康状态评估指标的条款加以优化，减少主观因素的影响；另一方面，需对指标的计算公式加以改进，确保指标的准确。

1.1.4 面向 MROR 的冶金设备健康状态评估方法

目前，对设备健康状态进行评估最具代表性的方法是基于概率论和模糊集合论的不确定性研究方法。基于概率论的不确定性研究方法以随机性为出发点，

采用精确的概率值刻画不确定性，通过随机变量的分布函数研究随机性的统计特征。而模糊集合论用隶属度函数刻画事件的亦此亦彼性，采用隶属度精确数值描述模糊集，此时模糊概念并不具有模糊性质。

基于概率论和模糊集合论的不确定性研究是从不同角度进行的，有着明确的研究目标及严格的约束条件，但是也存在局限性。例如，概率论中对一个基本事件的假设要满足概率和严格为 1，但是基于自然语言描述的概念而言，就不一定如此严格；模糊集合论基于隶属度函数描述事件的亦此亦彼性，但在此过程中忽略了隶属度函数自身设置的不确定性，通过主观设置或者基于统计学的方法得到隶属函数抛弃了不确定性。考虑到上述方法在研究不确定性时的不足之处，中国工程院院士李德毅首次提出了云理论。该理论充分汲取了概率统计学与模糊数学的优点，将二者有机结合，很好地解决了更复杂的决策问题。云理论通过云模型反映事物的随机性与模糊性，抛弃了常规隶属度函数的概念，说明了随机性与模糊性间的关联度。该理论具有很强的适用性，现已被应用于决策分析与信息处理等众多领域。

1. 云模型的基本概念

云模型是在云理论基础上发展起来的一种用于分析、决策、评估的新方法，是一种在对概率理论和模糊理论交叉渗透的基础上，通过构造特定算子，形成定性概念与定量表示的转换模型。

正态云模型的数学期望曲线为

$$z = \exp[-(x - E_x)^2/(2E_n^2)] \tag{1-15}$$

通过生成算法可形成正态云模型，其算法如下：

1）$E_{n_i'}$=NORM（E_n，H_e^2），得到正态随机数 $E_{n_i'}$，期望是 E_n，方差是 H_e^2。

2）x_i=NORM（E_x，$E_{n_i'}^2$），得到正态随机数 x_i，其期望是 E_x，方差是 $E_{n_i'}^2$。

3）以(x_i, μ_i)作为云滴，计算 $\mu_i = e^{-(x_i - E_x)^2} / (2E_{n_i'}^2)$ 值。

4）重复以上步骤，直至产生 n 个云滴为止。

通过以上算法，设定正态云模型的 3 个数字特征，可生成正态云模型。例如设定 $E_x=0$，$E_n=1$，$H_e=0.1$，$N=3\ 000$，生成的正态云模型如图 1-4 所示。

2. 冶金设备健康状态的云重心评判法

云重心评判法源于云模型理论，是在数据挖掘（data mining）与知识发现（knowledge discovery）基础上发展起来的。目前，此方法良好应用于军事决策和复杂装备综合评价等领域中，具有广泛的适用性。

云重心评判法中的“云重心”表示待评估对象的“重心值”，重心值由高度与位置共同确定，数学表示为

$$T = ab \tag{1-16}$$

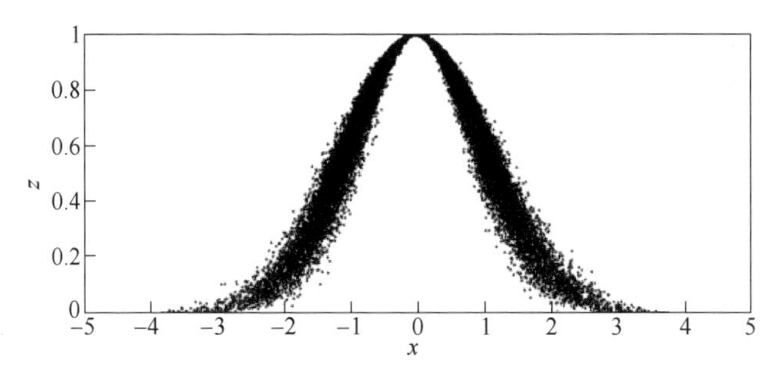

图 1-4 正态云模型

式中，a 表示云重心的位置，即云模型中 3 个数字特征量之一的期望；b 为云重心的高度，表示某项评估指标相对于待评估对象的权重，若权重改变，则最终评估结果也会改变。一般情况下，云重心高度为 0.371，当出现期望相同的云时，可通过比较云重心的高度进而判断云的重要程度。

基于云重心评判法评估冶金设备健康状态的基本思想是：①建立冶金设备的健康状态评估指标体系，将冶金设备各项评估指标用云模型表示；②运用一个多维综合云表征冶金设备的健康状态，确定其在理想与实际状态下的云重心向量；③计算加权偏离度，并将其输入云发生器中，得到冶金设备的健康等级。具体步骤如下：

（1）评估指标云化　根据评估指标体系，选取 n 组样本数据组成决策矩阵。则 n 个数值表征的一个指标用一个云模型表示，其数字特征为

$$E_x = \frac{x_1 + x_2 + \cdots + x_n}{n} \tag{1-17}$$

$$E_n = \frac{\max\{x_1, x_2, \cdots, x_n\} - \min\{x_1, x_2, \cdots, x_n\}}{6} \tag{1-18}$$

式中，E_x 和 E_n 分别为云模型的期望与熵。

（2）计算加权综合云重心向量　m 个评估指标所反映的系统状态可由一个 m 维综合云描述。当系统状态发生变化时，m 维综合云的重心也相应改变。m 维综合云的重心 $\boldsymbol{G}$ 可表示为一个 m 维向量：

$$\boldsymbol{G} = (\boldsymbol{G}_1, \boldsymbol{G}_2, \cdots, \boldsymbol{G}_m) \tag{1-19}$$

式中，$\boldsymbol{G}_i = \boldsymbol{d}_i \times \boldsymbol{b}_i$（$i=1, 2, \cdots, m$），$\boldsymbol{d}_i$ 为云重心位置向量，$\boldsymbol{b}_i$ 为云重心高度向量，$\boldsymbol{b}_i = 0.371\boldsymbol{W}_i$，$\boldsymbol{W}_i$ 为相应指标权重。

（3）确定评估指标权重　同一个测评指标，由于测评对象不同，对于设备健康度的重要性程度有可能不同。为了准确地进行设备健康度测评，明确各项指标在测评指标体系中所具有的不同重要性程度，需要分别赋予各项指标以不同的权重。目前用来确定权重的方法有很多，可采用层次分析法（AHP）来确

定指标体系的权重。层次模型见表1-3。模型将指标体系分为三层：由于下级指标是将上级指标分解而来的，上级指标支配和决定了下级指标，上级指标权重则由下级指标层层构成后综合而成。

设 U_i 对 U 的权重为 $\boldsymbol{W}_i$（$i=1$，2，3，4），则一级指标对目标的权重为 $\boldsymbol{W}=(\boldsymbol{W}_1,\boldsymbol{W}_2,\boldsymbol{W}_3,\boldsymbol{W}_4)$，$u_{ij}(i=1,2,3,4;j=1,2,\cdots,k)$ 对 U_i 的权重为 w_{ij}，则各一级指标下的二级指标对该一级指标的权重为：$\boldsymbol{w}_i=(w_{i1},w_{i2},\cdots,w_{ij})$。

1）构造相对重要度判断矩阵。采用专家打分法，即请相关领域专家，按照1~9标度标准，给出各级指标的相对重要度。根据专家对二级指标u_{ij}的相对重要度的打分结果，构造二级指标的相对重要度判断矩阵$\boldsymbol{a}_i=(a_{pq})(i=1,2,3,4;p=1,2,\cdots,k;q=1,2,\cdots,k)$，其中，$a_{pq}$为 U_i 的下级指标u_{ij}两两间的相对重要度，$\boldsymbol{a}_i$中a_{pq}的取值与各 U_i 下级指标相对重要度的取值一一对应。$\boldsymbol{A}=(A_{ol})(o,l=1,2,3,4)$，$A_{ol}$的取值与各 U 下级指标相对重要度的取值一一对应。

2）确定单一权重。确定准则层对目标层的权重和指标层对准则层的权重，通过几何平均法求得判断矩阵最大特征根 $\lambda_{\max}$对应的特征向量，即为权重向量：

$$\boldsymbol{w}_i=(w_{i1},w_{i2},\cdots,w_{ij})，其中\ w_{ij}=\frac{\sqrt[k]{\prod\limits_{q=1}^{k}a_{pq}}}{\sum\limits_{i=1}^{k}\sqrt[k]{\prod\limits_{q=1}^{k}a_{pq}}}。$$

3）一致性检验。一致性检验的用意在于验证判断矩阵中，对指标重要性的判断是否具有传递性。通常利用公式 $\mathrm{CR}=\frac{\mathrm{CI}}{\mathrm{RI}}$进行一致性的判断。其中：CR 为随机一致性比率；CI 为一般一致性指标，$\mathrm{CI}=\frac{\lambda_{\max}-n}{n-1}$（$n$ 是矩阵阶数，$\lambda_{\max}=\frac{1}{n}\sum\limits_{i=1}^{n}\frac{p\boldsymbol{w}_i}{\boldsymbol{w}_i^{\mathrm{T}}}$，$p\boldsymbol{w}_i=\boldsymbol{a}_i\times\boldsymbol{w}_i^{\mathrm{T}}$）；RI 为平均随机一致性指标，见表1-4。

表1-4　平均随机一致性指标

矩阵阶数 n	1	2	3	4	5	6	7	8	9
RI	0	0	0.42	0.89	1.12	1.26	1.36	1.41	1.46

计算一致性指标 CI 以检验判断矩阵的一致性。当判断矩阵完全一致时，CI=0；CI 值越大表明判断矩阵偏离完全一致的程度越大；随机一致性比率 CR<0.11 时，可以认为矩阵具有满意的一致性，当一致性比率 CR>0.11 时，要用一致性比率修正法对矩阵进行修正。

4）确定综合权重。确定一级指标对目标的综合权重，可得到权重向量 $\boldsymbol{WZ}=\boldsymbol{W}\boldsymbol{w}=(\boldsymbol{W}_1\boldsymbol{w}_1,\cdots,\boldsymbol{W}_4\boldsymbol{w}_4)$。

（4）计算加权偏离度　将实际状态下的综合云重心向量 $\boldsymbol{G}$ 按式（1-20）处理，得到一组新的向量 $\boldsymbol{G}_i'$，表达式为

$$\boldsymbol{G}_i' = \begin{cases} \dfrac{\boldsymbol{G}_i - \boldsymbol{G}_i^0}{\boldsymbol{G}_i} & \boldsymbol{G}_i \geqslant \boldsymbol{G}_i^0 \\ \dfrac{\boldsymbol{G}_i - \boldsymbol{G}_i^0}{\boldsymbol{G}_i^0} & \boldsymbol{G}_i < \boldsymbol{G}_i^0 \end{cases}, i = 1,2,\cdots,m \tag{1-20}$$

按下式计算加权偏离度 $\sigma(0<\sigma<1)$，其表达式为

$$\sigma = \sum_{i=1}^{m} \boldsymbol{G}_i' \boldsymbol{w}_i \tag{1-21}$$

（5）确定评语集　通过关于冶金设备健康度的分析与探讨，将冶金设备健康状态划分为4个健康等级，分别为正常、异常、故障和退化，由此4个健康等级组成评语集 $V=\{V_1,V_2,V_3,V_4\}$ = {正常,异常,故障,退化}。将冶金设备的理想状态设置为健康，则加权偏离度越小，说明与理想状态越接近，反之亦然。

将上述评语集 V 放置在连续的语言标尺上，用云模型表示每个评语集，评语集的云模型期望向量为（1.0，0.66，0.33，0），构成的评测云发生器如图1-5所示。

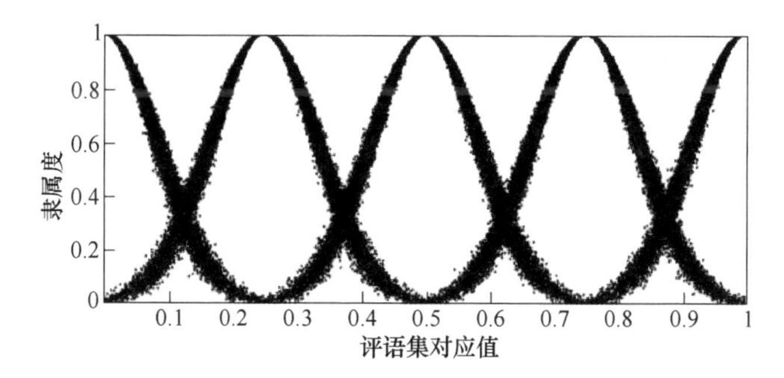

图1-5　评测云发生器

（6）得出评估结果　将结果输入评测云发生器可能会出现以下两种情况：

情况1。激活某个云模型的程度远远大于其他云模型，此时可将该评语值作为冶金设备健康状态评估结果。

情况2。激活两个云模型，且激活的程度相差微小，此时可运用云理论中的综合云原理生成新的云对象，期望值为最终定量输出结果，而此定量值所对应的评语可由领域专家自行给出。

当设备健康状态属于退化级别时，便可考虑对设备进行再制造级别的修复。实施再制造过程目的之一在于延长退化产品的生命周期，尽可能地挖掘废旧零

部件的剩余价值，提高资源的重用率。能否对设备再制造，需要从系统和再制造项目综合效益最优的角度建立评估指标体系来评估。可再制造性评估需在设备失效分析的基础上进行，从而指导再制造方式决策。

1.2 冶金设备失效状态分析

1.2.1 冶金设备失效状态分析方法

1. 失效状态分析的常规思路

常见的失效状态分析思路有三种：

（1）以失效抗力指标为主线　零件的失效是其失效抗力与服役条件这一矛盾的因素相互作用的结果，当零件的失效抗力不能胜任服役条件时，便造成零件的失效。零件的服役条件主要包括载荷和环境两方面的因素，而零件的失效抗力指标一方面取决于材料因素，如成分、组织和状态等，另一方面与零件的几何细节有关。

（2）以制造过程为主线　任何零件都要经历设计、选材、热加工（铸锻焊）、冷加工、热处理、精加工、装配等工序，如果已经确认零件失效纯属制造过程中的问题，则可对加工的每一道工序进行分析，找出失效的原因，提出克服失效的措施。

（3）以零件或设备类别为主线　机械产品按照类别可分为基础零件和成套设备。对于同类零件或设备，尽管其功能各不相同，服役条件也有很大差别，但在其工作性质上仍有许多相同或相通之处，因此其失效形式以及造成失效的因素也有相同或相通的地方。

2. 失效状态分析准则

（1）真实性　真实性是失效状态分析的基础。搜索信息、解剖试验、试验研究、结论等各环节，都必须真实。

（2）系统性　失效状态分析要明确当前的主要矛盾，主攻方向是什么，用什么样的方式方法达到什么目的，怎样围绕主攻内容开展外围试验工作。而且主次工作都要有系统性，各项工作要完好地衔接。试验大纲或计划是失效状态分析思路的系统性保证。

（3）针对性　失效现象相同，失效原因不一定相同；同一失效原因，其失效现象也不一定相同。因此，对每项失效状态分析工作，都必须明确任务，有针对性地制订试验研究方案，避免盲目套用前人的经验。

（4）科学性　失效状态分析本身就是科学技术应用过程。制订计划，拟订试验方案，选择试验方法、设备、仪器及应用标准等，都必须符合科学性，必须遵照科学规律。

（5）有效性　失效状态分析中所比照的标准和试验方法及其他法律文件，都存在时效问题。在某些情况下，失效状态分析的对象往往是使用了若干年的产品，因此需要选用有效的标准和试验方法，运用预测性思路分析设备失效状态，进而开展有效的分析工作。

（6）创造性　失效状态分析的探究一方面要找出失效原因，提出再制造解决方案；另一方面要提出见解、积累资料，为推动科学技术的进步奠定基础。许多产品改进结构、提高性能、再制造恢复性能，多是失效状态分析促成的。在失效状态分析的思路中，很容易忽略创造性。然而，从国民经济发展角度考虑，在整个失效状态分析过程中，必须融入“发现、创造”的思路。

（7）公正性　失效状态分析以科学为依据，实事求是，针对失效现象客观地进行分析，对技术负责。

（8）可靠性　可靠性建立在科学性的基础上。失效状态分析工作者必须考虑到失效状态分析结论，要经得起实践的考验。因此，从接受任务一直到得出失效状态分析结论过程中的每个环节，都必须考虑到“能否经得起实践考验”。实践是衡量失效状态分析结论正确性的唯一标准，可靠性标志着失效状态分析的水平。

（9）权威性　权威性的失效状态分析成果令人信服。为达到这一水平，失效状态分析工作者必须对失效状态的分析对象全面了解、考虑透彻。对于比较繁杂的项目，可将其与其他失效现象和结论做比较；可以借助集体的智慧或权威者的经验，通过查阅资料、开会、向专家请教等诸多方式，提高失效状态分析的可靠性，从而达到权威性。

3. 失效状态分析的程序和步骤

（1）失效状态分析的程序　失效状态分析的程序可简化为“问”“望”“闻”“切”“模”“结”六个方面。

1）“问”（调查）：详细调查现场，了解背景资料和失效经过，收集国内外有关资料。

2）“望”（观察）：失效零件的直观检验；断口的宏观、微观分析，裂纹分析。

3）“闻”（探测）：无损探伤检验；晶相检验（组织、异常组织）；成分分析（常规的、局部的、表面的微区分析）。

4）“切”（测试）：力学性能测试（包括硬度测量）；断裂力学分析。

5）“模”（模拟）：损伤机理确定；模拟服役条件的测试（再现试验、确认试验）。

6）“结”（结论）：分析全部信息，得出结论；撰写失效状态分析报告并提出预防失效的建议、措施，以及相应的再制造方法。

（2）失效状态分析步骤　失效状态分析主要分为以下六个步骤：

1）调查研究，收集原始背景材料。

2）进行残骸拼凑分析与低倍宏观检查。

3）零件失效部位应力分析计算，必要时用试验方法测定。

4）深入试验分析。

5）综合分析找出失效的原因，提出再制造修复方法和策略。

6）撰写失效状态分析报告。

4. 冶金设备的失效信息

基于上述思路和准则对冶金设备进行失效状态分析，得到包括失效模式 F 与失效程度（Degree）两部分的失效信息。失效模式为 $F=\{f_k \mid \forall k, k \geqslant 0\}$，是指废旧产品或零部件无法在规定条件下继续正常服役的原因。不同材料和结构的产品或零部件在不同的服役条件下会有着各色各样的失效模式，对应的标识及详细的描述见表 1-5。

表 1-5　常见失效模式

标识	失效模式	描　　述
f_1	磨损	磨损是零件摩擦表面的金属在相对运动过程中不断损伤的现象，如气缸工作表面“拉缸”、曲轴“抱轴”、齿轮表面和滚动轴承表面的麻点、凹坑、凸轮轴磨损等
f_2	变形	变形包括弯曲、扭曲、压痕等，如曲轴或连杆弯曲、扭曲等，气缸体、变速器壳等基础件的变形，与外部接触的油底壳和阀盖等也易出现压痕等变形失效
f_3	断裂	断裂是零件在力、温度和腐蚀等作用下发生局部开裂或折断的现象，如曲轴断裂、轮齿折断等
f_4	烧伤	烧伤主要由机体缺油或维护不当引起
f_5	龟裂	龟裂表现为零件表面产生裂纹，许多裂缝由于拆卸造成更深的裂缝甚至撕裂，如齿轮盖、气缸盖等易发生该失效
f_6	腐蚀	腐蚀是金属受周围介质的作用引起的损伤现象，包括化学腐蚀、电化学腐蚀、穴蚀，如湿式气缸套外壁麻点、孔穴等
f_7	孔洞	孔洞是零部件上失去大量材料的失效模式，如油底壳偶然会发生该失效
f_8	老化	老化是指材料变硬、褪色、黏性失效、感光材料失效等
f_9	其他	不在上述失效范围之内，如联结失效、设计瑕疵等
f_0	无失效	—
⋮	⋮	⋮

失效程度一般是指产品或零部件性能的损坏程度，主要分为四种程度：Ⅰ

为轻微失效，Ⅱ为中等失效，Ⅲ为严重失效，Ⅳ为完全失效。一般地，失效程度与可再制造性成反比，即失效程度越高，可再制造性越低。两者的映射关系如图 1-6 所示，横坐标表示失效程度，纵坐标表示可再制造性。处于Ⅰ级失效程度的产品或零部件可通过简单再制造修复或通过维修手段再制造成为原产品；处于Ⅱ级失效程度的产品或零部件可通过较难再制造手段再制造为原产品或优化选配再制造成为新的产品；处于Ⅲ级失效程度的产品或零部件可以通过可降级再制造手段成为低性能的产品；处于Ⅳ级失效程度的产品或零部件再制造价值过低或无法再制造，选择报废处理。

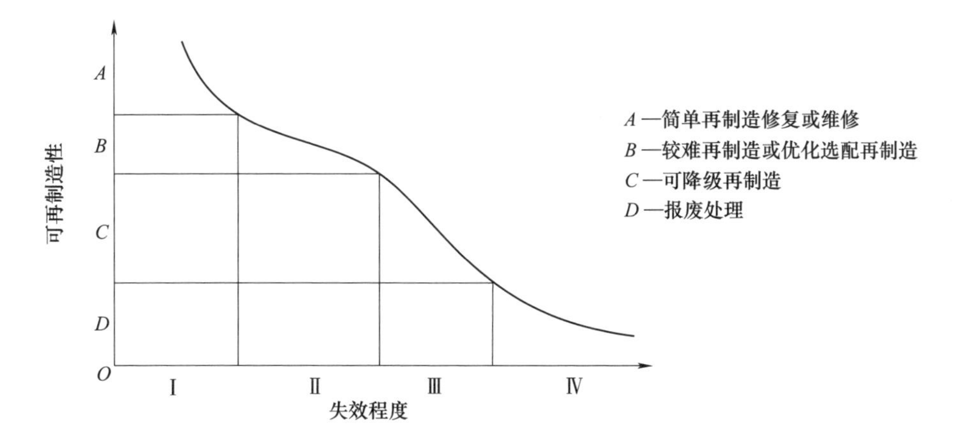

图 1-6　失效程度与可再制造性的映射关系

1.2.2　冶金设备级联失效网络

1. 冶金设备级联失效特性

冶金设备层次结构反映了设备零部件间的结构与层次关系，是级联失效分析的关键性基础之一。冶金设备失效具有局部性和层次性，导致设备失效的可能是某几个核心零部件的失效或故障，而其他零部件可能是有效的，即产品失效具有局部性，某一零部件失效将逐层引起与之密切相关的零部件失效，即设备失效过程是具有层次性的。

冶金设备的失效一般都是从零件层（底层）发生的，不断影响相邻结构，层层向上传递，最终导致设备失效，如图 1-7 所示。冶金设备的层次递阶方向是基于设备层次结构的，而其级联失效信息是逆着设备层次递阶结构的。连接件的失效方向与其连接的零件及连接方式相关，无固定方向，一般与其失效信息方向一致。需要说明的是，图 1-7 仅演示了一种最简单的状态，实际冶金设备层次更多、结构更复杂。

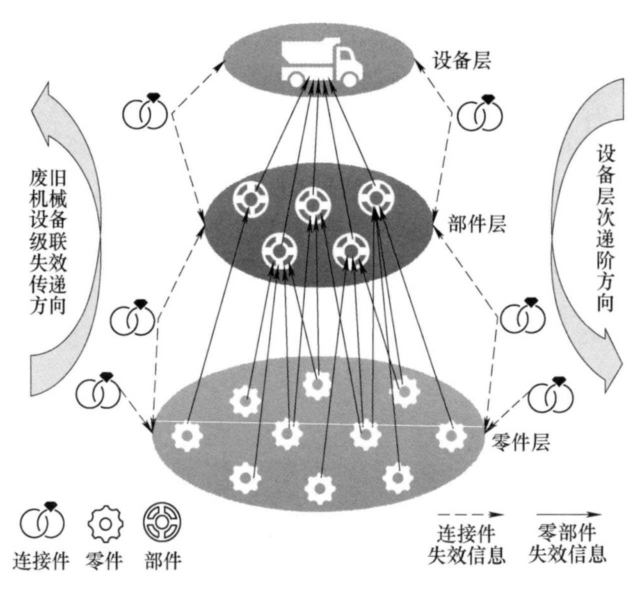

图 1-7 废旧机械设备级联失效信息传递方向

2. 基于 ReliefF 算法的冶金设备失效特征选择

考虑到冶金设备失效特征数据的多维性、冗余性大的特点，本节采用 ReliefF 算法来选择核心失效特征，删除冗余维度，即选择与冶金设备及其零部件失效相关性最大的部分特征。

（1）ReliefF 算法原理　ReliefF 算法每次从训练样本集中随机取出一个样本 R，每次从样本点 R 的同类及不同类（本节中是指性能失效及几何尺寸失效）的样本集中找出 k 个近邻样本，然后不断随机选取多个样本点进行特征权重的更新，得到特征权重排名，并设定阈值来选择有效特征。

其中，样本点个数 m 和近邻数 k 的选取由数据集实际情况决定，无固定要求。H_j 为样本的 k 个同类最近邻样本，M_j 为样本的 k 个不同类最近邻样本。权重 W 的计算方式见式（1-22）。式中，$\text{class}(R_i)$ 表示样本点所属的标签类型；$\text{diff}(A,R_1,R_2)$ 表示样本 R_1 和 R_2 在特征 A 上的距离；$P(C)$ 表示第 C 类样本的概率。在失效特征选择中，将失效特征分为性能失效与几何尺寸失效两大类，分别找出相关性最大的失效特征。

$$W(A)=W(A)-\sum_{j=1}^{k}\frac{\text{diff}(A,R_i,M_j(C))}{mk}+\sum_{C\neq\text{class}(R_i)}\frac{\left[\dfrac{P(C)}{1-P(\text{class}(R_i))}\sum_{j=1}^{k}\text{diff}(A,R_i,M_j(C))\right]}{mk} \tag{1-22}$$

（2）核心失效特征选择流程　由于冶金设备受结构、材料、工况等多重因素影响，其失效特征是复杂多样的，导致失效特征数据具有维度高、样本小、噪声大的特点，在处理过程中容易造成维数灾难和过度拟合等问题，这使得再制造方案的制订变得尤其困难。从生产实际出发，一些再制造价值微小的零部件的失效是没有必要进行分析的，另外，核心零部件的失效特征之间会相互关联，具有相似性。因此，准确地找出最核心、最致命的失效特征，对再制造方式决策的快速性、准确性极为重要。ReliefF 算法能从大量的互相关联的失效特征之中找到最主要的失效特征，删除冗余，降低维度，适用于选择核心失效特征。ReliefF 算法流程如图 1-8 所示。

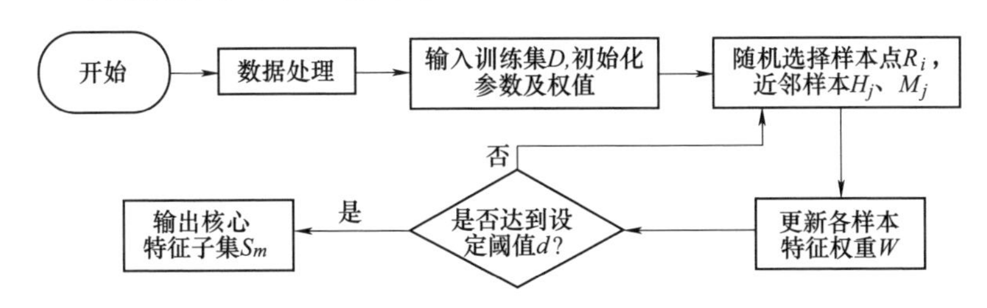

图 1-8　ReliefF 算法流程

3. 基于多色推理的冶金设备零部件失效分析

为了更准确地进行级联失效分析，用量化的语言去描述冶金设备结构与零部件失效信息是必要的。失效信息包括失效模式与失效程度，且失效模式与失效程度之间具有一定的映射关系。为描述不同层次零部件间的失效信息及其关系，本节选用了巴甫洛夫（Pavlov）教授于 1976 年提出了普通集合论的一种拓展形式——多色集合理论。多色集合相对于普通集合，通过颜色集合来赋予普通集合元素不同的性质，解决了普通集合理论应用的局限性。采用多色集合理论来确定冶金设备零部件的失效信息，其优点是颜色集合能系统地表达冶金设备零部件失效信息中包含的不同性质。

一般而言，多色集合表示为 $\mathrm{PS}=\{A,F(a),F(A),(A\times F(a)),(A\times F(A)),(A\times A(F))\}$。其中，$A=\{a_1,a_2,\cdots,a_i,\cdots,a_n\}$，$a_i\in A$。在本节中，它代表冶金设备各个零部件。为了描述元素的性质，给集合 A 各元素赋予颜色，即 $F(a_i)=\{F_1(a_i),F_2(a_i),\cdots,F_n(a_i)\}$，表示 $a_i\in A$ 的个体颜色，对应失效模式。$F(A)=\{F_1,F_2,\cdots,F_m\}$ 为集合 A 的统一颜色集合。失效模式与失效程度有一定的关联，如断裂这一失效模式，失效程度基本为严重失效或完全失效，故失效程度与失效模式之间可能有统一颜色 $F(A)$。上述映射关系可表达为 $\mathrm{PS}_1=\{A,F(A),(A\times F(A))\}$。级联失效信息的多色映射关系如图 1-9 所示。

$(A\times F(a))$ 表示零部件与失效模式的关系布尔矩阵，具体表达式为

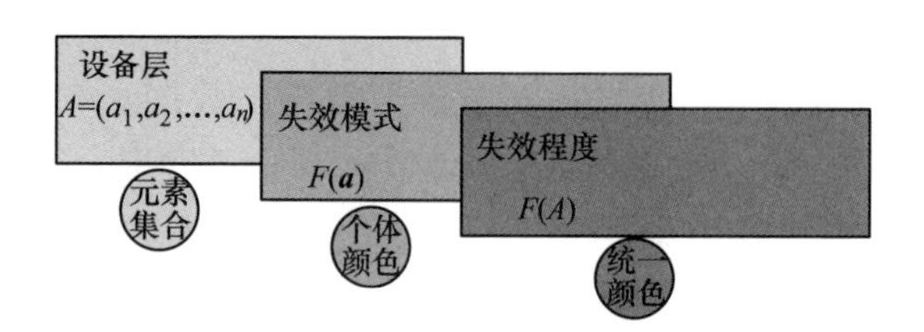

图 1-9 级联失效信息的多色映射关系

$$\|c_{ij}\|_{A,F(a)} = (A \times F(a)) \tag{1-23}$$

其中，如果某零部件 a_i 具有某种失效模式 F_j，即有 $F_j \in F_i(a_i)$，则 $c_{ij}=1$；否则，$c_{ij}=0$。

失效模式与失效程度的关系布尔矩阵为

$$\|c_{j(k)}\|_{F(a),F(A)} = (F(a) \times F(A)) \tag{1-24}$$

其中，如果个体颜色失效模式影响到统一颜色失效程度 F_k 时，则 $c_{j(k)}=1$，否则 $c_{j(k)}=0$。

零部件与失效程度的关系布尔矩阵为

$$C_{A\times F(A)} = \|c_{i(k)}\|_{A,F(A)} = (A \times F(A)) \tag{1-25}$$

其中，如果零部件 a_i 具有统一颜色失效程度 F_k^i 时，则 $c_{i(k)}=1$；否则，$c_{i(k)}=0$。

多色集合逻辑运算是考虑元素对象颜色或者性质的叠加方式而提出的一种布尔逻辑和与逻辑积的运算法则，包括析取（$P\vee S$）与合取（$P\wedge S$）。其运算规则以及意义见表 1-6。

表 1-6 多色集合逻辑运算规则以及意义

逻辑运算方式	运算规则	意义
析取	$A(F_j) = \bigvee_{k=1}^{m_j} A_k(F_j) = \bigvee_{k=1}^{m_j}(a_{i_s})_k$ $F(A) = \bigvee_{k=1}^{n}\bigwedge_{i=1}^{m_k} F_{i_k}(A)$	只要存在一个元素 $a_i\in A$，它具有一个与统一颜色 F_j 同名的个体颜色，那么统一颜色 F_j 就会存在
合取	$A_k(F_j) = \bigwedge_{p=1}^{m} a_{ip}$ $F(A) = \bigwedge_{k=1}^{n}\bigvee_{i=1}^{m_k} F_{i_k}(A)$	每一个独立元素 a_{i_s} 不足以实现统一颜色，只有当所有元素同时存在时才能够实现统一颜色 F_j

失效信息的多色推理是为了确定废旧冶金设备各个零部件失效信息，即某一零部件主要有某种或几种失效模式及其对应的失效程度。推理公式为

$$\|c_{i(k)}\|_{A,F(A)} = \|c_{ij}\|_{A,F(a)} \otimes \|c_{j(k)}\|_{F(a),F(A)}$$

$$c_{i(k)} = \bigvee_{j=1}^{m}(c_{ij} \wedge c_{j(k)}) \tag{1-26}$$

由多色推理矩阵可以得到底层零部件的失效信息表，包含所有零部件的失

效模式与失效程度。

4. 冶金设备级联失效分析及网络图

（1）零部件层级失效贡献度　为得到级联失效网络，需分析不同层次零部件失效信息对其相关层次的失效影响。为量化描述这些关系，定义并描述了失效贡献度。

某一零部件 $C_{i\cdots j}$ 失效对其相邻层次结构产生的失效影响力度称为失效贡献度 $SC_m(C_{i\cdots j})$。连接件 l_k 的失效贡献度为其出现故障时对连接的零部件产生失效的影响力度，表示为 $SC_m(l_k)$。

失效贡献度的取值在 0~1，0 表示无失效贡献度，1 表示有完全的失效贡献度，即零部件 $C_{i\cdots j}$ 失效，则其相邻结构必失效。从 0 到 1，失效贡献度依次递增。

（2）确定级联失效网络图　级联失效网络图能够直观表达所有层次零部件的失效信息，如图 1-10 所示。为获得级联失效网络，将多色集合描述的底层零部件失效信息与失效贡献度相结合，自下而上推出不同层次零部件的失效程度。具体步骤如下：

1）根据冶金设备层级结构关系得到冶金设备层次结构图，并标出底层零部件的失效信息。

2）标出所有底层零部件的失效程度，作为对其上层结构的失效贡献度 SC_m，底层零部件的失效程度通过检测及多色推理得到。

3）计算权重 α_m。$\alpha_m=1/n$，n 为某部件下层对其有失效贡献度的零部件个数。

4）加权求和与所求部件相关的下层所有零部件失效贡献度，得到总失效影响程度。例如，某上层部件 C_k 的总失效影响程度 SF_k 为

$$SF_k = \sum_{m=1}^{n} \alpha_m SC_m(C_{i\cdots j}) \tag{1-27}$$

5）标出所有层次零部件的级联失效程度，并进行排序。在 0~0.2 区间的零部件为轻微失效；0.2~0.5 区间的零部件为中等失效；0.5~0.8 区间的零部件为严重失效；0.8~1.0 区间的零部件为完全失效。

5. 案例：废旧齿轮减速器失效状态分析

减速器是一种相对精密的机械，在冶金工业中应用极为广泛，社会保有量大。减速器作为原动机和工作机之间独立的闭式传动装置，在两者或执行机构之间起匹配转速和传递转矩的作用。由于其功能特点，减速器较易产生不同程度的失效，然而其核心零部件相对容易再制造。减速器按用途可分为通用减速器和专用减速器两大类，两者的设计、制造和使用特点各不相同。通用减速器应用范围相对广泛，其结构相对简单明了，易于分析。通用一级齿轮减速器结构如图 1-11 所示。

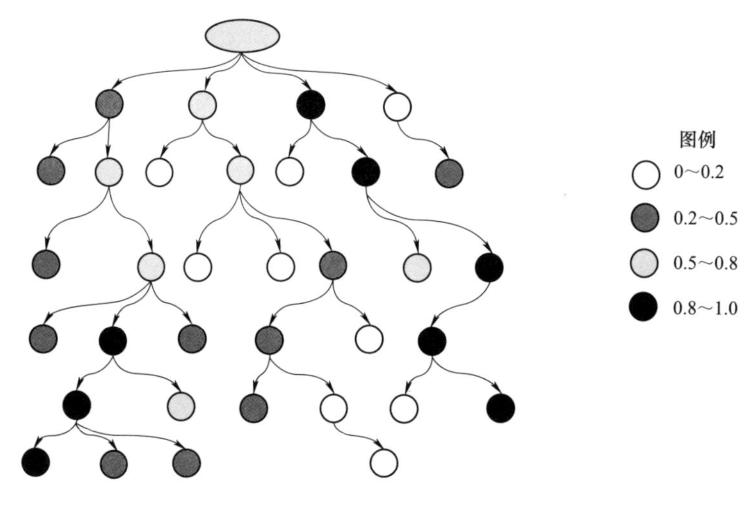

图 1-10　级联失效网络图

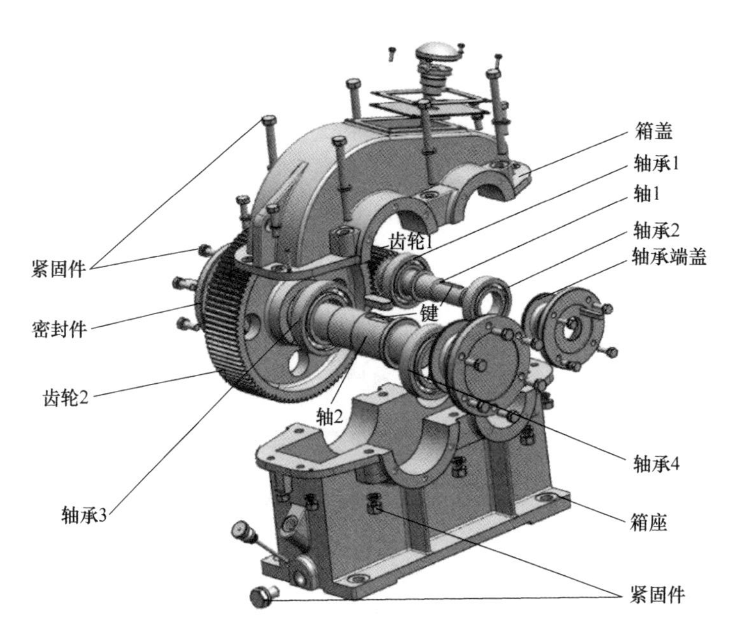

图 1-11　通用一级齿轮减速器结构

（1）废旧一级齿轮减速器零部件的失效信息　根据一级齿轮减速器的结构关系，可得到多叉结构图，结合某公司给出的故障模式与影响分析（FMEA）表，得到一级齿轮减速器的一般失效信息，如图 1-12 所示。

一级齿轮减速器可拆出 13 个零部件，根据多色集合，表示为 $A=\{a_1, a_2, \cdots, a_{13}\}$，分别对应箱座、箱盖、密封/紧固件、轴承 1、轴承 2、轴 1、齿轮 1、齿轮

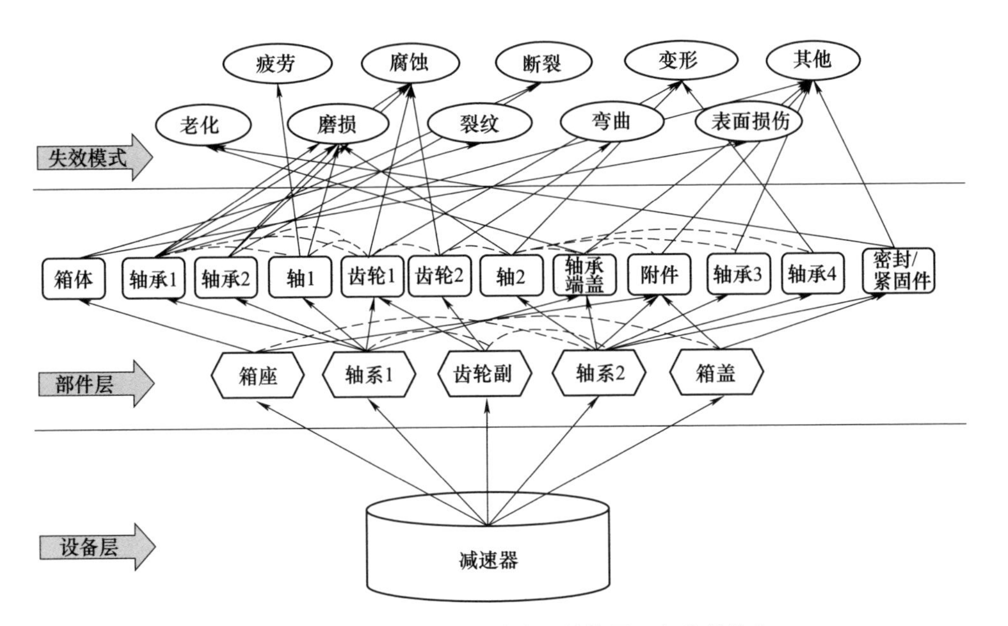

图 1-12　一级齿轮减速器的多叉结构及一般失效信息

2、轴 2、轴承端盖、轴承 3、轴承 4、相关附件。其失效模式可以分 10 种，分别为f_1——老化，f_2——疲劳，f_3——磨损，f_4——腐蚀，f_5——裂纹，f_6——断裂，f_7——弯曲，f_8——变形，f_9——表面损伤，f_{10}——其他，在多色集合中映射为个体颜色集合，表示为 $F(a)=\{f_1, f_2, \cdots, f_{10}\}$。则各零部件与失效模式的布尔矩阵为

$$
\|c_{ij}\|_{A,F(a)} = \begin{array}{c} \\ a_1 \\ a_2 \\ a_3 \\ a_4 \\ a_5 \\ a_6 \\ a_7 \\ a_8 \\ a_9 \\ a_{10} \\ a_{11} \\ a_{12} \\ a_{13} \end{array} \begin{array}{c} \begin{array}{cccccccccc} f_1 & f_2 & f_3 & f_4 & f_5 & f_6 & f_7 & f_8 & f_9 & f_{10} \end{array} \\ \begin{pmatrix} 0 & 0 & 0 & 0 & 1 & 0 & 0 & 0 & 0 & 0 \\ 0 & 0 & 0 & 0 & 0 & 0 & 0 & 0 & 1 & 0 \\ 1 & 0 & 0 & 0 & 0 & 0 & 0 & 0 & 0 & 0 \\ 0 & 0 & 1 & 1 & 0 & 0 & 0 & 1 & 0 & 0 \\ 0 & 0 & 1 & 1 & 0 & 0 & 0 & 1 & 0 & 0 \\ 0 & 1 & 1 & 1 & 1 & 0 & 1 & 0 & 1 & 0 \\ 0 & 0 & 1 & 1 & 0 & 1 & 0 & 1 & 0 & 0 \\ 0 & 0 & 1 & 1 & 0 & 1 & 0 & 1 & 1 & 0 \\ 0 & 1 & 1 & 1 & 1 & 0 & 1 & 0 & 0 & 0 \\ 1 & 0 & 0 & 0 & 0 & 0 & 0 & 0 & 0 & 0 \\ 0 & 0 & 1 & 1 & 0 & 0 & 0 & 1 & 0 & 0 \\ 0 & 0 & 1 & 1 & 0 & 0 & 0 & 1 & 0 & 0 \\ 1 & 0 & 0 & 0 & 0 & 0 & 0 & 0 & 0 & 1 \end{pmatrix} \end{array} \tag{1-28}
$$

失效模式与失效程度的关系可根据历史数据部分确定，得到的布尔矩阵为

$$\|c_{j(k)}\|_{F(a),F(A)}=\begin{array}{c} \\ f_1\\ f_2\\ f_3\\ f_4\\ f_5\\ f_6\\ f_7\\ f_8\\ f_9\\ f_{10}\end{array}\begin{array}{c}\begin{array}{cccc}D_1 & D_2 & D_3 & D_4\end{array}\\ \begin{pmatrix}1&1&0&0\\1&0&1&0\\1&1&0&0\\0&1&1&0\\0&1&1&0\\0&0&0&1\\1&1&1&0\\1&1&0&0\\1&0&0&0\\1&1&1&1\end{pmatrix}\end{array} \tag{1-29}$$

式中，$F(A)=\{D_1,D_2,D_3,D_4\}$，D_1——轻微失效，D_2——中等失效，D_3——严重失效，D_4——完全失效。

将矩阵式（1-28）与式（1-29）代入布尔推理矩阵中，可得到关于底层零部件失效信息的布尔关联矩阵为

$$\|c_{i(k)}\|_{A,F(A)}=\|c_{ij}\|_{A,F(a)}\otimes\|c_{j(k)}\|_{F(a),F(A)}=\begin{array}{c} \\ a_1\\ a_2\\ a_3\\ a_4\\ a_5\\ a_6\\ a_7\\ a_8\\ a_9\\ a_{10}\\ a_{11}\\ a_{12}\\ a_{13}\end{array}\begin{array}{c}\begin{array}{cccc}D_1 & D_2 & D_3 & D_4\end{array}\\ \begin{pmatrix}0&1&1&0\\1&0&0&0\\1&1&0&0\\1&1&1&0\\1&1&1&0\\1&1&1&0\\1&1&1&1\\1&1&1&1\\1&1&1&0\\1&1&0&0\\1&1&1&0\\1&1&1&0\\1&1&1&1\end{pmatrix}\end{array} \tag{1-30}$$

在式（1-30）中，同一零部件可能有几种不同失效程度，这是由于同一零部件可能有几种不同的失效模式同时发生，而不同的失效模式对其造成的失效程度是不一致的。需要通过实际情况去判断，一般以最大的失效程度为主，最

终得到失效信息矩阵为

$$
\begin{array}{c}
 \\ D_1 \\ D_2 \\ D_3 \\ D_4
\end{array}
\begin{array}{c}
\begin{array}{ccccccccccccc} a_1 & a_2 & a_3 & a_4 & a_5 & a_6 & a_7 & a_8 & a_9 & a_{10} & a_{11} & a_{12} & a_{13} \end{array} \\
\begin{pmatrix}
0 & 1 & 0 & 0 & 0 & 0 & 0 & 0 & 0 & 0 & 0 & 0 & 0 \\
0 & 0 & 1 & 0 & 0 & 0 & 0 & 0 & 0 & 1 & 0 & 0 & 0 \\
1 & 0 & 0 & 1 & 1 & 1 & 0 & 0 & 1 & 0 & 1 & 1 & 0 \\
0 & 0 & 0 & 0 & 0 & 0 & 1 & 1 & 0 & 0 & 0 & 0 & 1
\end{pmatrix}
\end{array}
\tag{1-31}
$$

（2）废旧一级齿轮减速器的级联失效网络　依据级联失效网络对失效程度的划分，有 $D_1=[0,0.2)$，$D_2=[0.2,0.5)$，$D_3=[0.5,0.8)$，$D_4=[0.8,1)$，为较客观地反映失效程度，以每种程度的中间值表示失效贡献度。

以一级齿轮减速器的轴 2 为例，其失效程度为 D_3，与之相关的同级零部件及其失效程度：轴承 3 为 D_3、轴承 4 为 D_3、齿轮 2 为 D_4、轴承端盖为 D_2。其上层部件为轴系 2。因此，采用式（1-27）可得轴系 2 的失效情况：

$$SF_2=0.2\times0.65+0.2\times0.65+0.2\times0.9+0.2\times0.35+0.2\times0.65=0.64$$

根据分级标准，为严重失效，应标黄。同理，可得出所有上层部件的级联失效程度系数（总失效影响程度），并根据系数标出状态等级，见表 1-7，则减速器的级联失效程度系数为

$$SF=0.2\times0.65+0.2\times0.71+0.2\times0.90+0.2\times0.64+0.2\times0.10=0.60$$

则产品层的失效程度为严重失效，颜色为黄色。

表 1-7　部件层级联失效程度

名称	级联失效程度系数	失效程度	颜色
箱座	0.65	严重失效	黄色
轴系 1	0.71	严重失效	黄色
齿轮副	0.90	完全失效	红色
轴系 2	0.64	严重失效	黄色
箱盖	0.10	轻微失效	绿色

（3）零部件核心失效特征提取　通过查阅相关资料及实地采集数据，剔除异常数据后，共获得了 602 条某一级齿轮减速器失效特征样本，共有 14 项具体失效特征。采集的数据较为杂乱，需对数据进行归一化，将各失效特征统一度量为 1~10 个度量尺度，数值越大，表示失效程度越严重。

根据 ReliefF 算法的思想，为快速筛选出核心特征，将减速器主要失效形式划分为性能失效与几何尺寸失效两大类。设置抽样次数为 $m=25$，近邻 $k=8$，运

行次数 $N=20$，将处理好的失效特征集输入 ReliefF 算法中，输出结果如图 1-13 所示，可以看出特征 2、4、6、7 这 4 种失效特征较为突出。

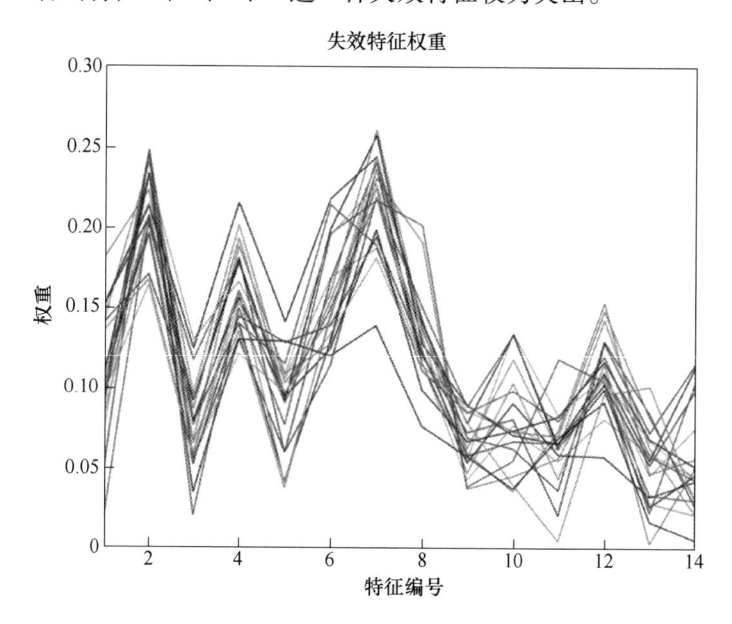

图 1-13　废旧一级齿轮减速器失效特征权重

表 1-8 为某次运行结果，即各特征经过 20 次选择后的平均权重值。显然，特征 2、4、6、7 权重值较大，分别对应裂纹、磨损、变形、腐蚀。

表 1-8　某次运行的特征平均权重值

特征	1	2	3	4	5	6	7	8	9	10	11	12	13	14
平均权重值	0.106	0.213	0.075	0.161	0.091	0.157	0.219	0.131	0.065	0.080	0.061	0.111	0.051	0.053

1.3　冶金设备广义再制造方式决策

冶金设备及其零部件由于其结构复杂性、可重构性及失效特征不确定性，具有广义生长特性。冶金设备广义生长特性是针对大批量报废或退役冶金设备如何高效重用，对传统以单纯恢复设备性能为目标的可再制造性的延伸。对剩余价值较大的冶金设备及零部件进行尺寸恢复、性能提升及功能模块嵌入或更换；对部分损坏的冶金设备零部件再制造成为其他零部件或优化选配再制造成新设备零部件；对性能无法整体提升或大量尺寸无法恢复的零部件作为毛坯再设计制造后降级重用，从冶金设备到其零部件的多层级的可再制造性称为废旧产品的广义生长特性。相应地，冶金设备及其零部件具有广义的再制造方式，广义再制造方式决策是根据冶金设备的失效信息、本身价值和现有再制造手段来确定最适合的广义再制造方式。

1.3.1 冶金设备的广义再制造方式

冶金设备一般结构比较复杂，具有“设备—部件—零件”的多层级结构，处于不同层级的零部件均可进行广义再制造，而不再是传统的简单恢复性能的再制造，形成了多种再制造方式（生长方式）：生长方式 1 为面向设备层性能提升的直接再制造；生长方式 2 为面向零部件层性能提升的直接再制造及面向零部件层分散重用的再制造；生长方式 3 为面向零部件层毛坯式降级重用的再制造。

根据不同层级的再制造对象以及再制造方式可以得到不同的再制造产品或零部件，主要分为三种：①新的高性能原产品（设备），一般通过一定的再制造或修复手段恢复性能到与原设备一致甚至超过原设备；②新的高性能新产品（设备），通过一定的再制造技术对部分具有再制造价值的零部件进行再制造或优化选配组合，得到新的设备；③新的低性能新产品（零部件）：对无法恢复其性能或再制造价值不足以进行再制造的零部件进行降级重用，得到新的低性能冶金设备零部件。

广义再制造方式决策是从设备结构与级联失效信息中挖掘冶金设备的再制造潜能，寻找使废旧冶金设备本身性能与价值最大化的广义生长方式。级联失效信息传递图如图 1-14 所示：第一层为设备层，主要由设备层次结构中的零部件及连接件组成；第二层为失效信息层，主要由失效模式与失效程度组成；第三层为级联失效影响层，表示某一失效信息级联影响的层次；第四层为广义再制造方式（生长方式）层。

若级联失效尚未对设备层造成严重影响，则选择生长方式 1，将废旧冶金设备通过再制造恢复性能，变为高性能原设备；若级联失效已严重影响到设备层，导致设备再制造价值低，则选择对其零部件进行可再制造性分析。根据级联失效结果对各零部件层的影响程度与零部件层再制造性分析，级联失效波及轻微或无波及的零部件选择生长方式 1，再制造为高性能原零部件；否则可根据实际情况，将普适性较高的零部件优化选配，选择生长方式 2，再设计并制造为新零部件用于其他设备。对于级联失效波及程度较高的零部件，再制造价值低，那么选择生长方式 3，降级再设计与再制造为低性能零部件。若该零部件失效程度过高，再制造价值低微，则选择作为毛坯报废处理。

1.3.2 冶金设备广义再制造节点决策方法

1. 广义再制造节点决策流程

冶金设备广义再制造节点的确定除了与设备的失效信息相关，也与设备层

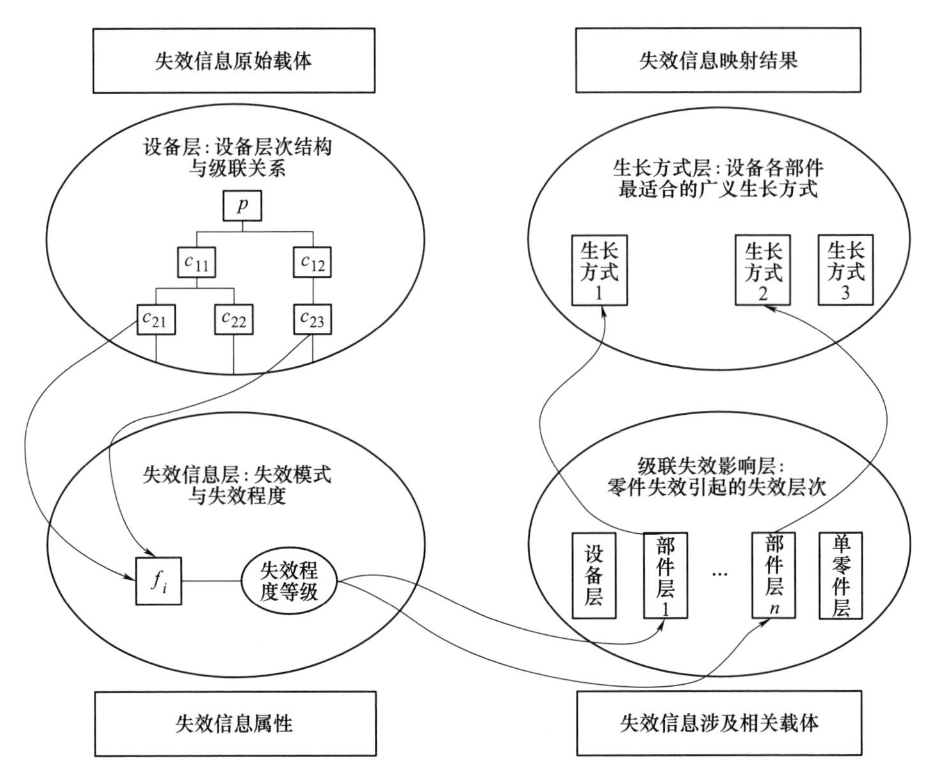

图 1-14　级联失效信息传递图

次结构和现有再制造技术相关。设备层次结构决定了不同层级零部件的再制造难度。例如，某些部件结构复杂，难以拆卸或拆卸代价大，再制造难度大，只能整体更换。本节中的可再制造性仅反映现有再制造技术对再制造对象进行再制造的难易程度或代价大小。因此，失效程度、生长难度、可再制造性这三个属性共同决定了冶金设备不同层级的主要生长方式，从而确定生长节点。需要说明的是，本节是基于产品结构进行层级决策的，即针对每一层级的对象都考虑了这三个属性，而非整体考虑，这三个属性在每个零部件中是独立的。

理想解法（technique for order preference by similarity to an ideal solution, TOPSIS）由 C. L. Hwang 和 K. Yoon 于 1981 年首次提出后，被众多学者与模糊集结合改进，广泛运用到决策问题中。它是一种较好的多属性决策方法。本节研究的对象是层级相关的，一般的 TOPSIS 仅针对单层的多属性决策对象，考虑到不同层级对象的决策结果对其他层级造成的影响，本节引入多状态的三支决策方法，将每一层级的输出作为下一层级的输入。多层级广义再制造节点决策流程图如图 1-15 所示。

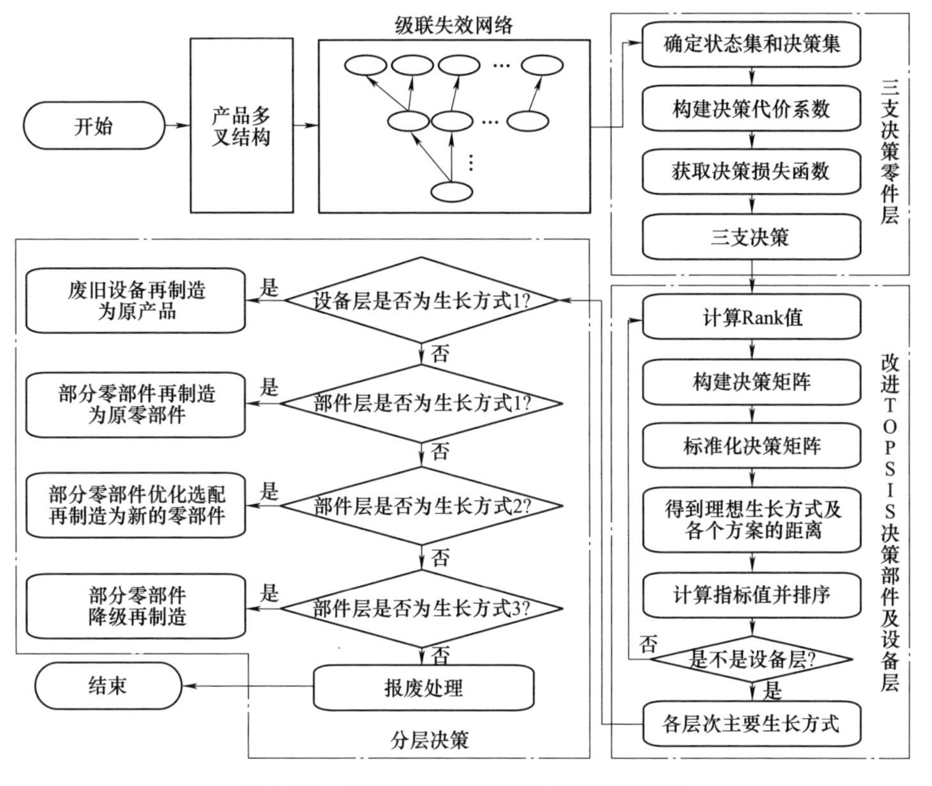

图 1-15　多层级广义再制造节点决策流程图

2. 基于三支决策的零件层再制造方式决策

三支决策理论是处理不确定性决策问题的重要理论基础。本节综合考虑影响广义再制造决策的各属性，将三支决策方案对应三种主要的广义再制造方式，结合粗糙集，引入决策损失函数，从而根据底层零部件的多属性多状态情况，对其进行最大利用价值的生长决策。具体过程如下：

（1）确定状态集 $\Omega=\{V_1^1,\cdots,V_j^i,\cdots,V_p^q\}$ 与决策集 $D=\{d_O,d_H,d_L\}$　其中，V_j^i 表示属性 i 的第 j 种状态；属性集即影响零件广义再制造方式的因素集，为 $U=\{u_1,\cdots,u_q\}$，每种属性分为 p 种状态，共同构成状态集；决策集 $D=\{d_O,d_H,d_L\}$ 表示三种主要广义再制造方式。

（2）构建不同状态下决策代价系数　在多属性多状态下进行决策，选择某种方案，必然会对其他决策方案造成决策损失。例如在零部件失效程度为中等时，选择生长方式 2 而不选择生长方式 3，必然会产生生长方式 3 的决策损失。表 1-9 展示了不同属性不同状态下的决策代价系数。其中，O_j^i 表示在属性 i 的 j 种状态时选择d_O 的代价系数，同理，H_j^i 和 L_j^i 分别表示选择d_H和d_L 的代价系数。

表 1-9 不同属性不同状态下的决策代价系数

广义再制造方式	V_1^1	…	V_j^i	…	V_4^3
d_0	O_1^1	…	O_j^i	…	O_4^3
d_H	H_1^1	…	H_j^i	…	H_4^3
d_L	L_1^1	…	L_j^i	…	L_4^3

（3）获取决策损失函数 $P(V_j|[x])$表示待决策对象［x］属于某属性下状态 $V_j(j=1, \cdots, p)$ 的概率。其中有如下关系：

$$\sum_{j=1}^{p} P(V_j \mid [x]) = 1 \tag{1-32}$$

决策对象在不同属性、不同状态下的各概率分布值对应着不同的代价系数，因此，某对象的三种决策的总决策损失函数分别表示为

$$R(d_0 \mid [x]) = \sum_{i=1}^{q}\sum_{j=1}^{p} O_j^i P(V_j \mid [x]) \tag{1-33}$$

$$R(d_H \mid [x]) = \sum_{i=1}^{q}\sum_{j=1}^{p} H_j^i P(V_j \mid [x]) \tag{1-34}$$

$$R(d_L \mid [x]) = \sum_{i=1}^{q}\sum_{j=1}^{p} L_j^i P(V_j \mid [x]) \tag{1-35}$$

（4）进行三支决策 决策式为

$$R(d_\alpha \mid [x]) = \min\{R(d_0 \mid [x]), R(d_H \mid [x]), R(d_L \mid [x])\} \tag{1-36}$$

如果$d_\alpha=d_0$，则选择方案d_0，即生长方式 1。

如果$d_\alpha=d_H$，则选择方案d_H，即生长方式 2。

如果$d_\alpha=d_L$，则选择方案d_L，即生长方式 3。

3. 基于改进 TOPSIS 的部件及产品层生长决策

考虑到底层零件对上层部件的失效影响会间接影响到其广义再制造方式，通过三支决策得到的底层零件生长方式将作为 TOPSIS 生长决策的一个属性值，每层决策都考虑到其底层零件的影响，层层递进。具体过程如下：

1）分析底层零件对决策对象 x 的生长方式影响程度，记为 Rank(x)，表达式为

$$\text{Rank}(x) = \sum_{i=1}^{n} \frac{D_k(C_{i \cdots j})}{n} \tag{1-37}$$

式中，$D_k=\{1, 0.5, 0\}$，1 表示生长方式 1，0.5 表示生长方式 2，0 表示生长方式 3；n 是属于决策对象 x 的零件总数。

2）构建决策矩阵 $\boldsymbol{R}=(r_{ij})_{m\times n}$。其中，$r_{ij}$表示第 i 个对象的第 j 个属性值，属性集为 $U=\{u_1, \cdots, u_q, u_{q+1}\}$，$u_{q+1}$表示上层 Rank 值。

3）构建标准化决策矩阵 $\boldsymbol{H}=(h_{ij})_{m\times n}$。由于既涉及效益型属性，又涉及成本型属性，因而均需要处理。

4）确定加权矩阵。本节中为各属性赋予相同的权重，因此加权矩阵与标准化矩阵一致。

5）计算理想解以及各对象与理想解的距离：

$$\text{理想解：}\begin{cases}Y^{+}=\{\max h_{ij}\mid j\in\text{效益型属性};\min h_{ij}\mid j\in\text{成本型属性}\}\\Y^{-}=\{\min h_{ij}\mid j\in\text{效益型属性};\max h_{ij}\mid j\in\text{成本型属性}\}\end{cases}\tag{1-38}$$

$$\text{距离：}\begin{cases}D^{+}=\sqrt{\sum\limits_{j=1}^{n}(h_{ij}-Y^{+})^{2}}\\D^{-}=\sqrt{\sum\limits_{j=1}^{n}(h_{ij}-Y^{-})^{2}}\end{cases}\tag{1-39}$$

6）计算排序指标值，为

$$f_i^{*}=D_i^{-}/(D_i^{+}+D_i^{-})\tag{1-40}$$

按 f_i^{*} 值由大到小排序，根据属性分级规则，f_i^{*} 值大的一批零部件选择生长方式 1，f_i^{*} 值中等的一批零部件选择生长方式 2，f_i^{*} 值小的一批零部件选择生长方式 3。

7）返回到第 1）步。将第 6）步得到的某层生长方式决策结果转化为上一层部件的决策属性值。

4. 案例：废旧一级齿轮减速器广义再制造节点决策

依据 1.2.2 节中对废旧一级齿轮减速器的结构及失效分析，可知减速器可拆出 13 个底层零件：a_1——箱座、a_2——箱盖、a_3——密封/紧固件、a_4——轴承 1、a_5——轴承 2、a_6——轴 1、a_7——齿轮 1、a_8——齿轮 2、a_9——轴 2、a_{10}——轴承端盖、a_{11}——轴承 3、a_{12}——轴承 4、a_{13}——相关附件。这些零件可组成 5 个主要部件：b_1——箱座、b_2——轴系 1、b_3——齿轮副、b_4——轴系 2、b_5——箱盖。

（1）底层零件的生长决策　影响零部件广义再制造方式的因素，除了失效状态，还有可再制造性及由结构引起的生长难度。

1）确定状态集 $\Omega=\{V_1^i,V_2^i,V_3^i,V_4^i\}$ 与决策集 $D=\{d_0,d_H,d_L\}$。其中，属性集 $U=$ {可再制造性，失效程度，生长难度}。可再制造性反映现有再制造技术对广义再制造的影响，其状态值越大，越适合广义再制造方式 1，即恢复或提升性能；失效程度状态值越小，越适合广义再制造方式 1；生长难度反映的是结构的复杂程度，其状态值越小，越适合广义再制造方式 1。决策集 $D=\{d_0,d_H,d_L\}$ 表示三种主要广义再制造方式，分别为：d_0 是广义再制造方式 1；d_H 是广义再制造方式 2；d_L 是广义再制造方式 3。考虑后续工作的便利性，将几种属性状态值分别按 1~4 个等级划分，表示为 V_1 ~ V_4。

2）构建不同状态下的生长决策代价系数，根据经验得到不同属性、不同状态下的生长决策代价系数，见表 1-10。

表 1-10　不同属性、不同状态下的生长决策代价系数

生长方式	可再制造性				失效程度				生长难度			
	1	2	3	4	1	2	3	4	1	2	3	4
d_O	1.5	0.9	0.4	0.1	0.1	0.5	0.8	1.2	0	0.3	0.7	1.1
d_H	1.0	0.6	0.2	0.5	0.3	0.3	0	0.9	0.3	0.1	0.5	0.3
d_L	0.3	0.5	0.7	1.1	0.7	0.9	0.5	0.2	0.8	0.5	0.3	0.1

3）获取决策损失函数并进行三支决策。各零件三种属性的不同状态的概率值 $P(V_j|[x])$ 由以往检测数据获得，见表 1-11。三种决策的总决策损失函数值由式（1-33）~式（1-35）求得，比较其大小，选总决策损失函数值最小的生长方式，底层 13 个零件的三支决策结果见表 1-12。

表 1-11　底层零件的不同属性不同状态下的概率值 $P(V_j|[x])$

零件	可再制造性				失效程度				生长难度			
	1	2	3	4	1	2	3	4	1	2	3	4
a_1	0.1	0.1	0.2	0.7	0.3	0.1	0.3	0.2	0.8	0.1	0.1	0
a_2	0.6	0.2	0.1	0	0	0	0.6	0.4	0.5	0.4	0.1	0
a_3	0.2	0.2	0.3	0.3	0.2	0.6	0.2	0	0	0.1	0.2	0.7
a_4	0.6	0.2	0.1	0	0	0	0.6	0.4	0.4	0.4	0.2	0
a_5	0.6	0.2	0.1	0	0	0	0.6	0.4	0.5	0.4	0.1	0
a_6	0.4	0.3	0.2	0.1	0	0.1	0.3	0.6	0.8	0.2	0	0
a_7	0.2	0.2	0.5	0.1	0	0.2	0.3	0.5	0	0.1	0.2	0.7
a_8	0.2	0.2	0.5	0.1	0	0.2	0.3	0.5	0	0.1	0.2	0.7
a_9	0.4	0.3	0.2	0.1	0	0.1	0.3	0.6	0.8	0.2	0	0
a_{10}	0	0.1	0.2	0.7	0.5	0.3	0.2	0	0.6	0.2	0.1	0.1
a_{11}	0.7	0.2	0.1	0	0.6	0.3	0.1	0	0.8	0.2	0	0
a_{12}	0.6	0.2	0.1	0	0	0	0.6	0.4	0.4	0.4	0.2	0
a_{13}	0.1	0.1	0.3	0.5	0.2	0.4	0.3	0.1	0	0.1	0.1	0.8

表 1-12　最底层零件的三支决策结果

零件	a_1	a_2	a_3	a_4	a_5	a_6	a_7	a_8	a_9	a_{10}	a_{11}	a_{12}	a_{13}
$R(d_0 \mid [x])$	1.05	2.27	2.05	2.34	2.27	2.03	2.57	2.57	2.03	0.84	1.62	2.34	1.97
$R(d_H \mid [x])$	1.15	1.34	1.09	1.36	1.34	1.5	1.3	1.3	1.5	0.97	1.37	1.36	1.04
$R(d_L \mid [x])$	2.2	1.36	1.66	1.31	1.36	1.62	1.23	1.23	1.62	2.3	1.86	1.31	1.67
$R(d_\alpha \mid [x])$	d_H	d_0	d_H	d_L	d_H	d_H	d_L	d_L	d_H	d_H	d_H	d_L	d_H
再制造方式	1	2	2	3	2	2	3	3	2	1	2	3	2
D_k	1	0.5	0.5	0	0.5	0.5	0	0	0.5	1	0.5	0	0.5

（2）部件层及设备层生长决策

1）对上节得到的各底层零件广义再制造方式赋值 D_k，见表 1-12 最后一行，根据式（1-37）得到 $\mathrm{Rank}(x)$，作为部件层生长决策的一种属性。

$$\mathrm{Rank}(b_2)=\frac{0+0.5+0.5+0}{4}=0.25$$

$$\mathrm{Rank}(b_4)=\frac{0+0.5+1+0.5+0}{5}=0.4$$

同理，$\mathrm{Rank}(b_1)=1$，$\mathrm{Rank}(b_3)=0$，$\mathrm{Rank}(b_5)=0.5$。

2）构建上层零部件决策矩阵 $\boldsymbol{R}=(r_{ij})_{m\times n}$ 如下：

$$\boldsymbol{R}=(r_{ij})_{m\times n}=\begin{matrix} \\ b_1 \\ b_2 \\ b_3 \\ b_4 \\ b_5 \end{matrix}\begin{matrix} \begin{matrix} u_1 & u_2 & u_3 & u_4 \end{matrix} \\ \begin{pmatrix} 4 & 3 & 3 & 1 \\ 1 & 3 & 2 & 0.25 \\ 1 & 4 & 3 & 0 \\ 1 & 3 & 2 & 0.4 \\ 3 & 1 & 4 & 0.5 \end{pmatrix} \end{matrix}$$

决策对象有 5 个，分别为 b_1（箱座），b_2（轴系 1），b_3（齿轮副），b_4（轴系 2），b_5（箱盖），决策属性有 u_1（可再制造性），u_2（失效程度），u_3（生长难度），u_4（上层 Rank 值）。

3）构建标准化决策矩阵 $\boldsymbol{H}=(h_{ij})_{m\times n}$，采用取倒数的方式进行同趋化处理：

$$\boldsymbol{M}=(m_{ij})_{m\times n}=\begin{pmatrix} 4 & 0.33 & 0.33 & 1 \\ 1 & 0.33 & 0.5 & 0.25 \\ 1 & 0.25 & 0.33 & 0 \\ 1 & 0.33 & 0.5 & 0.4 \\ 3 & 1 & 0.25 & 0.5 \end{pmatrix}$$

归一化处理：

$$
\boldsymbol{H}=(h_{ij})_{m\times n}=\begin{pmatrix}0.756 & 0.280 & 0.374 & 0.824\\ 0.189 & 0.280 & 0.566 & 0.206\\ 0.189 & 0.212 & 0.374 & 0\\ 0.189 & 0.280 & 0.566 & 0.330\\ 0.567 & 0.848 & 0.283 & 0.412\end{pmatrix}
$$

此处，归一化处理采用如下公式，对于某个属性 j：

$$
h_{ij}=\frac{m_{ij}}{\sqrt{\sum_{i=1}^{5}m_{ij}^{2}}}
$$

4）根据式（1-38）计算理想解。由于已经对各属性进行了同趋化处理，因此认为所有属性值为效益型属性，均取最大值作为正理想解，取最小值作为负理想解。

$$
\begin{cases}Y^{+}=\{0.756,0.848,0.566,0.824\}\\ Y^{-}=\{0.189,0.212,0.283,0.000\}\end{cases}
$$

根据式（1-39）求各对象与理想解间的距离，结果见表 1-13。

表 1-13　TOPSIS 计算值及排序结果

部件	D_i^+	D_i^-	f_i^*	排序	D_k
箱座	0.600	1.007	0.627	1	1
轴系 1	1.013	0.357	0.261	4	0.5
齿轮副	1.201	0.091	0.070	5	0
轴系 2	0.943	0.440	0.318	3	0.5
箱盖	0.534	0.847	0.613	2	1

5）根据式（1-40）计算排序指标值并进行排序，确定生长方式。箱盖和箱座为第一梯度，选择生长方式 1；轴系 1 和轴系 2 为第二梯度，选择生长方式 2；齿轮副为第三梯度，选择生长方式 3。

6）根据第二层各对象的排序结果，选择最适合的广义再制造方式，并求出 D_k 与 Rank 值，返回第 2）步。其中，D_k 值见表 1-13。

$$
\mathrm{Rank}(x)=0.2\times1+0.2\times0.5+0.2\times0+0.2\times0.5+0.2\times1=0.6
$$

7）由于第三层即为设备层，该层仅有一个对象，故不用进行完整的 TOPSIS 决策，直接根据第 6）步的 Rank 值判断其生长方式，则设备层为生长方式 2。

（3）生长节点决策　依据（1）和（2）的决策结果，设备层为广义再制造方式 2，那么需要向下层零部件分解（拆卸）。根据表 1-13，部件层的箱座和箱盖选择广义再制造方式 1，直接再制造为原设备或重用；齿轮副选择生长方式 3，作为毛坯降级重用；轴系 1、轴系 2 选择广义再制造方式 2，难以确定其相关零件具体的广义再制造方式，为得到各零件具体的广义再制造方式，需要向下层继续分解（拆卸）。另外，由于大部分密封件都是一次性的，直接采用报废处理，故该废旧一级齿轮减速器的生长节点为部件层的轴系1、轴系2及其零件层。

1.3.3 冶金设备零部件广义再制造方式决策方法

经过广义再制造节点决策可获得各层级零部件的主要生长方式，从而获得冶金设备广义再制造节点，可作为拆卸的指导，避免过度拆卸。但零部件层的广义再制造决策，由于失效程度、可再制造性等决策因素的度量具有一定的主观性，无法得到具体的再制造修复工艺组合及广义再制造方式，作为指导方案具有一定的局限性，需要寻求一种更为客观有效的方法确定各零部件的具体广义再制造方式。

1. 冶金设备零部件广义再制造方式决策过程

由于冶金设备零部件失效特征的不确定性，其修复技术具有不确定性、动态性，修复后的性能也具有各向异性，很难通过统一的“拆卸—清洗—修复—装配”流程获得性能较好的零部件。此外，通过零部件更换或模块更换等方式会造成部分冶金设备零部件剩余价值的浪费，不符合再制造减少浪费的发展理念。

为使废旧冶金设备及其零部件的剩余价值最大化，提出了冶金设备零部件广义再制造方式决策方法。该方法通过挖掘冶金设备零部件失效特征与修复技术及能力的关联规则，指导冶金设备零部件的广义再制造方式的确立。考虑到失效特征数据的多维性、冗余性大的特点，首先采用ReliefF算法来选择核心失效特征，删除冗余维度，即选择与设备零部件失效相关性最大的部分特征；其次将各零部件及其失效特征作为关联规则的上游，修复技术集及修复能力集作为下游，通过遗传算法（genetic algorithm，GA）挖掘出关联规则集，最后根据关联规则集及零部件集决策出适合各零部件的最佳广义再制造方式。该决策过程如图1-16所示。

2. 基于遗传算法的失效特征-修复能力关联规则挖掘

通过ReliefF算法筛去一些非关键性、冗余特征，得到的核心失效特征作为关联规则挖掘的输入，可提高挖掘效率及质量，挖掘关联规则的遗传算法流程图如图1-17所示。

（1）编码规则　失效特征为规则的上游，其每一个维度特征属性（如变形）有n个分类，本节选用实数数组的编码方法，具有编码简单、易于实现、便于遗传算子操作的优点。采用实数数组编码后的交叉、变异等操作，实际上就成

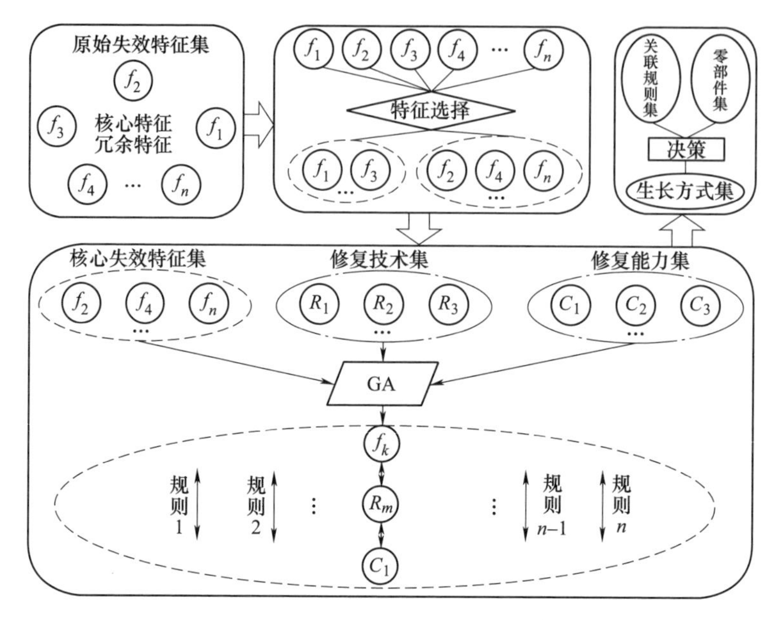

图 1-16　零部件广义再制造方式决策过程

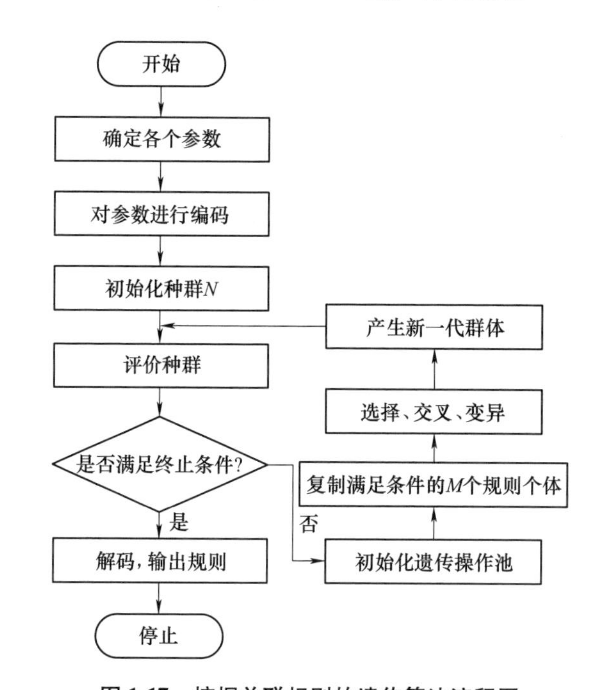

图 1-17　挖掘关联规则的遗传算法流程图

了对数组的操作。实数数组的元素个数与属性的类别数相对应，实数数组的元素值则代表该维度特征属性的属性值。同理，规则的下游“修复技术”代表修复技术组合及修复能力，用实数数组编码的方法同规则上游的特征属性一致。其中修复能力被分为四个等级，即修复后能达到原有性能的90%以上为1级，达到60%~90%为2级，30%~60%为3级，30%以下为4级。

（2）定义适应度函数　适应度函数用来评价个体适应环境的能力，是进行自然选择的依据。对于期望的规则，可以使用支持度、置信度、覆盖度等多种指标进行评价。但在挖掘过程中，为了先获取频繁项，求得适应度函数，其计算式为

$$\mathrm{fitness}(r)=\frac{S'}{S(r)} \tag{1-41}$$

$$S(r)=\frac{R_C \cup R_D}{N} \tag{1-42}$$

式中，fitness(r)是适应度函数值；S'是经过遗传操作所形成的一条新规则的支持度；$S(r)$为用户给定的支持度的阈值。当r为符合要求的规则时，它的适应度函数值应大于1，否则适应度函数值将小于1，这条规则在下一代遗传中将会被淘汰。其中：变量r代表规则；N为整个数据集的记录数；C为规则中与失效特征属性相关的字段，C在N中出现的频数用R_C表示；D表示“修复技术”和“修复能力”相关字段，D在N中出现的频数用R_D表示；C、D同时出现在数据集中的频数计为$R_C \cup R_D$。

（3）选择、交叉与变异算子的设计

1）为了尽可能保留满足条件的规则，本节使用的选择操作是将适应度函数值大于1的规则都遗传下来。

2）为了使规则尽量保留原始性，选用了比较简单的单点交叉，即根据交叉概率P_c在配对库中随机选取两个个体进行交叉，在其交叉点处相互交换两个个体的部分。P_c的取值范围一般在0.4~0.9。

3）变异是为了保证种群的多样性，概率P_m的选取无固定取值，一般选取很小的值。

（4）规则的提取　以上挖掘出来的关联规则未必每一条都符合可信度的要求，并且都是独立的规则。因此，必须对所挖掘出来的规则进行提取，找出符合要求的关联规则。提取标准是：满足用户给定的可信度和覆盖度要求的规则输出，否则舍去。

规则提取算法步骤如下：

1）从候选集中取出一条候选规则。

2）计算该规则的可信度$C(r)$和覆盖度$D(r)$。

3）if　$C(r)>C_0$　then

　　{计算该规则的覆盖度$D(r)$；}

　　if　$D(r)>D_0$　then

{输出该规则；转到 4）;}

else

{转到 4）;}

else

转到 4）。

其中，C_0、D_0 为用户给定的阈值。

4）如果候选集为空，则结束提取，否则转到 1）。

其中，$C(r)=\dfrac{R_C \cup R_D}{R_C}, D(r)=\dfrac{R_C \cup R_D}{R_D}$。

3. 案例：废旧减速器大齿轮轴系的广义再制造方式决策

轴系结构相对复杂，是减速器中的核心部件，具有较高的再制造价值，因此后续将以大齿轮轴系为对象研究广义再制造方式决策。

（1）废旧大齿轮轴系失效分析　废旧减速器在役过程中因工况等实际使用因素会产生各种各样的失效特征，但由于其具有一定的功能结构，大部分产品最核心、最致命的失效特征较为集中。为了提高再制造效率，通常只关注核心的失效特征，因此本节仅研究失效分析中提取的核心失效特征，将其他不属于核心失效特征的特征统一归类为其他。

由于大齿轮轴系由多个零件组成，不同零件的失效特征及属性值各不相同，因此无法用其失效的具体数值来描述属性值。为了能反映不同零件的失效状态，将失效特征的属性值归一化后按失效程度划分，数值越大失效程度越大，具体划分依据具体的零件而定。且为便于后续挖掘，将属性值统一分为 5 个尺度。以大齿轮轴系中的轴为例，其具体的属性划分见表 1-14。

表 1-14　大齿轮轴失效属性划分

裂纹					
属性值	0	1	2	3	4
失效程度	无	0~1mm	1~2mm	>2mm	—
变形（挠度）					
属性值	0	1	2	3	4
失效程度	无	0~0. 1mm	0. 1~0. 2mm	0. 2~0. 3mm	>0. 3mm
磨损（百分表测间隙值）					
属性值	0	1	2	3	4
失效程度	0~0. 05mm	0. 05~0. 1mm	0. 1~0. 15mm	>0. 15mm	—
腐蚀					
属性值	0	1	2	3	4
失效程度	无	1 处	>2 处	—	—

齿轮是引起减速器性能减退或失效的主要零件，其具体的失效特征属性划分见表 1-15。表 1-14 和表 1-15 仅列举了大齿轮轴与齿轮的核心失效模式及划分的具体标准，并不能代表大齿轮轴系其他零件，如轴承还会出现接触疲劳等失效模式，且其失效程度的划分标准也不一致。

此外，目前常见的用于减速器齿轮轴系再制造的修复技术有堆焊技术、电刷镀技术、喷涂技术、激光熔覆技术、机械加工技术。修复集合里面有 $\sum_{i=1}^{5} C_5^i + 1 = 32$ 种修复技术组合，不同的失效特征采用不同修复技术组合再制造后得到的性能各不相同，这将影响各零部件广义再制造方式的选择。

表 1-15　大齿轮失效属性划分

裂纹					
属性值	0	1	2	3	4
失效程度	无	0~15μm	15~30μm	>30μm	折断
变形					
属性值	0	1	2	3	4
失效程度	无	轻微	严重	塑性变形	—
磨损					
属性值	0	1	2	3	4
失效程度	0~0. 02mm	0. 02~0. 05mm	0. 05~0. 08mm	0. 08~0. 1mm	>0. 1mm
腐蚀（深度）					
属性值	0	1	2	3	4
失效程度	无	0~0. 5mm	0. 5~1mm	>1mm	—

（2）失效特征-修复能力关联规则挖掘　不同的失效特征修复后能达到的性能不同，这将影响零部件的广义再制造方式。例如能用再制造工艺修复达到原有性能的，选择广义再制造方式 1，直接再制造为原产品；如果只能达到 30%~90%的原有性能，选择广义再制造方式 2 或 3，降级再制造成为其他产品；如只能达到原有 30%以下或已有技术无法修复的，则直接报废作为坯料。将大齿轮轴系中各零件及其失效特征作为规则上游，修复技术组合及修复能力作为规则下游，挖掘两者之间的关联规则，为广义再制造方式决策提供依据。

1）数据预处理与编码。将处理后的失效特征数据库与修复工艺数据库进行合并，建立一个用于挖掘核心失效特征集合与修复集合的属性的数据库表，见表 1-16。

表 1-16　失效特征集合与修复集合的属性

字段名	C	F1	F2	F3	F4	F5	X1	X2
数据类型	Char	Char	Char	Char	Char	Char	Char	Char
说明	零件	裂纹	变形	磨损	腐蚀	其他	修复技术组合	修复能力
数组	A [1]	A [2]	A [3]	A [4]	A [5]	A [6]	A [7]	A [8]

采用实数数组编码，一条规则是一个实数编码串。它分为两部分：规则上游为零件及其各种失效特征，规则下游为修复技术组合和修复能力。根据实际调查结果及上节分析，将多个失效特征属性根据失效程度映射为 1~5 的编码值；修复技术组合有 32 个尺度，修复能力有 4 个尺度，零件集合有 7 个尺度，分别为 1——大齿轮轴、2——轴承、3——齿轮、4——轴套、5——轴承端盖、6——键、7——螺钉。

2）参数设定。根据本案例具体情况，设置各参数为群体规模 NIND = 30、交叉概率 P_c = 0. 4、变异概率 P_m = 0. 1、终止代数 T = 1000。

3）规则提取。通过 1. 3. 3 节中所提遗传算法挖掘大齿轮轴系中满足支持度阈值的规则有 18 条。对所得结果进行置信度与覆盖度的筛选，最终满足条件的规则有 11 条。

为便于观察比较，表 1-17 中列出了提取的满足条件的规则，规则后面分别附有相应的支持度、置信度和覆盖度。

表 1-17　挖掘规则

序号	规则								支持度	置信度	覆盖度
1	1	0	0	2	0	0	35	1	0. 047	0. 833	0. 380
2	1	2	1	1	0	0	145	3	0. 047	0. 966	0. 483
3	3	0	0	1	3	0	4	2	0. 047	0. 636	0. 329
4	2	0	0	0	0	1	5	1	0. 045	0. 903	0. 483
5	1	1	1	0	0	0	15	2	0. 045	0. 931	0. 933
6	4	0	1	2	0	0	2	1	0. 042	0. 893	0. 659
7	3	0	0	2	1	0	4	4	0. 042	0. 960	0. 926
8	1	1	3	0	1	0	0	1	0. 040	0. 889	1. 000
9	5	0	0	1	0	1	35	2	0. 045	0. 931	0. 205
10	3	3	2	0	1	0	24	1	0. 040	0. 960	1. 000
11	2	0	0	1	0	2	25	2	0. 048	0. 935	0. 500

（3）废旧大齿轮轴系广义再制造方式决策　表 1-17 中各规则第一列表示零件类别，第 2~6 列表示失效模式，第 7 列表示修复技术组合，第 8 列表示修复

能力。例如：规则 1 表示大齿轮轴具有 2 级磨损时，通过喷涂技术与机械加工技术可以达到原来 90%及以上的性能；规则 2 表示大齿轮轴具有 2 级裂纹、1 级变形及 1 级磨损时，通过堆焊技术、激光熔覆技术及机械加工技术可以达到原来 30%~60%的性能；规则 3 表示齿轮具有 1 级磨损和 3 级腐蚀时，通过激光熔覆技术可以达到原来 60%~90%的性能。挖掘规则可以获取失效特征与修复能力之间的关系，从而获得各零件通过现有再制造技术所能达到的最大价值，据此，可以获得各零件具体广义再制造方式，见表 1-18。

表 1-18　大齿轮轴系各零件的广义再制造方式

零件序号	1	2	3	4	5	6	7
零件名称	大齿轮轴	轴承	齿轮	轴套	轴承端盖	键	螺钉
广义生长方式	1 或 2	1 或 2	1 或 3	1	1	3	3

大齿轮轴和轴承可直接再制造为原状或部分修复后用于其他性能要求低的产品中，齿轮可直接再制造为原状或再设计降级（改型）再制造为其他零件，轴套和轴承端盖可直接再制造为原状。其中，键与螺钉为标准件且再制造价值低，一般直接更换新件，因而挖掘的规则中未出现两者。

本章小结

本章主要阐述了冶金设备在役状态评估、失效状态分析及再制造方式决策方法。在冶金设备在役状态评估方面，建立了冶金设备健康度模型，介绍了 MROR 与冶金设备健康度的映射关系，并建立了面向 MROR 的冶金设备健康状态评估指标体系，寻找其与设备实际健康状态的关系，确定设备的健康级别，通过模糊数学的方法对设备健康状态进行评估；在失效状态分析方面，基于失效分析的常见思路和一般准则，对冶金设备的失效状态进行分析，采用多色集合量化描述失效信息，根据失效信息与失效贡献度构建失效级联网络；在再制造方式决策方法方面，从产品层级递阶结构与级联失效分析出发，考虑冶金设备中各零部件的可再制造性与失效状态来确定各个零部件的最佳广义再制造方式，分别提出了基于三支决策和改进 TOPSIS 的冶金设备广义再制造节点决策方法，以及基于失效特征-修复能力关联关系的冶金设备零部件广义再制造方式决策方法，以便在冶金设备出现失效时，选择合适的再制造方式决策。

参 考 文 献

[1] 杨新宇，胡业发. 复杂产品 MRO 协同服务链建模与不确定性分析方法 [J]. 计算机集成

制造系统，2019，25（2）：326-339.

[2] 杨春波，陶青，张健，等．基于综合健康指数的设备状态评估［J］. 电力系统保护与控制，2019，47（10）：104-109.

[3] 张友鹏，朱涛伟，赵斌．基于模糊定性趋势分析的 JTC 综合故障诊断方法［J］. 重庆大学学报，2019（3）：65-75.

[4] 吴奕，朱海兵，周志成，等．基于熵权模糊物元和主元分析的变压器状态评价［J］. 电力系统保护与控制，2015（17）：1-7.

[5] 彭开香，马亮，张凯．复杂工业过程质量相关的故障检测与诊断技术综述［J］. 自动化学报，2017，43（3）：349-365.

[6] 孙锴．基于系统图谱的复杂机电系统状态分析方法［M］. 西安：西北工业大学出版社，2016.

[7] 韩朝帅，王坤，潘恩超，等．基于云理论的复杂装备维修性指标评价研究［J］. 兵器装备工程学报，2017，38（3）：72-76.

[8] 施志坚，王华伟，徐璇，等．粗糙集和云模型下的航空发动机健康状态评估［J］. 武汉理工大学学报（信息与管理工程版），2015，37（4）：407-411；421.

[9] LI D，CHEUNG D，SHI X，et al. Uncertainty reasoning based on cloud models in controllers［J］. Computers & mathematics with applications，1998，35（3）：99-123.

[10] 朱建新，陈学东，吕宝林，等．基于多维高斯贝叶斯的机械设备失效/故障智能诊断及参数影响分析［J］. 机械工程学报，2020，56（4）：35-41.

[11] 莫才颂，马李．连杆锻造模具应力模拟及失效分析［J］. 工具技术，2020，54（8）：69-72.

[12] 杜彦斌，廖兰．基于失效特征的机械零部件可再制造度评价方法［J］. 计算机集成制造系统，2015，21（1）：135-142.

[13] WU Y Z，LI W J，YANG P. A study of fatigue remaining useful life assessment for construction machinery part in remanufacturing［J］. Procedia CIRP，2015，29：758-763.

[14] WANG L，XIA X H，CAO J H，et al. Modeling and predicting remanufacturing time of equipment using deep belief networks［J/OL］. Cluster Computing，2017，22：2677-2688［2021-04-03］. https：//doi. org/10. 1007/s10586-017-1430-2.

[15] JIANG Z G，WANG H，ZHANG H，et al. Value recovery options portfolio optimization for remanufacturing end of life product［J］. Journal of cleaner production，2019，210：419-431.

[16] GENG X，GONG X，CHU X. Component oriented remanufacturing decision-making for complex product using DEA and interval 2-tuple linguistic TOPSIS［J］. International journal of computational intelligence systems，2016，9（5）：984-1000.

[17] SERHAT K，KEMAL A，METE C. Diagnosis and classification of cancer using hybrid model based on ReliefF and convolutional neural network［J/OL］. Medical hypotheses 2020，137：109577［2021-10-21］. https：//doi. org/10. 1016/j. mehy. 2020. 109577.

[18] 张秀芬，蔚刚，刘行．支持再制造设计的产品失效模式信息传递模型［J］. 机械工程学报，2017（3）：201-208.

[19] LI X H，CHEN X H. Extension of the TOPSIS method based on prospect theory and trapezoidal

intuitionistic fuzzy numbers for group decision making [J]. Journal of systems science and systems engineering, 2014, 23 (2): 231-247.

参 数 说 明

1.1 节参数说明

参数	说　明
TT	设备总工作时间
OT	工作时间
ST	待命时间
TMT	总维修时间
ALDT	非维修时间
TCM	非计划维修时间
TPM	计划维修时间
C	非计划维修的非维修时间
P	计划维修的非维修时间
A	健康度
$\lambda(t)$	设备失效率
$N_s(t)$	到时刻 t 尚未出现故障的设备数
P_G	设备故障率
Z	设备故障停机台时合计，单位为 h
R	设备日历台时合计，单位为 h
MTBF	平均故障间隔时间
$f(t)$	失效概率密度函数
$F(t)$	失效分布函数
μ	均值
δ^2	方差
$P_o(t)$	t 时刻设备系统处于工作状态的概率
$A(t)$	系统在任意时刻 t 的健康度
T	大修周期，单位为 h
M_{pt}	大修所需时间，单位为 h

（续）

参数	说　明
M_{ct}	每次失效所需修理时间，单位为 h
N	历史维修次数，单位为次
T_R	设备日历作业率
S	设备实际工作台时，单位为 h
T_Y	设备有效作业率
Y	设备制度工作台时，单位为 h
P_F	设备功能完好率
$\sum T$	实际设备功能完好台时合计，单位为 h
$\sum W$	总的统计日历时间，单位为 h
P_J	精度准确率
$\sum J_D$	实际设备精度指标（以工厂设计书为准）达标台时合计，单位为 h
$\sum J_S$	精度指标计划台时合计，单位为 h
C_v	设备吨钢年运行费，单位为元/t
cost	设备年运行费，单位为元
K	年合格钢产品产量，单位为 t
T_E	$\min\{AC_1, AC_2, \cdots, AC_n\}$ 对应的计算年限 t 值
AC_t	动态年总费用，单位为元
K_0	设备原始价值，单位为元
L_t	设备使用 t 年后的残值，单位为元
C_t	第 t 年设备使用费用，单位为元
H	设备实际价值，单位为元
F	设备终值，单位为元
B	年均费用，单位为元
t	设备使用时间，$t=1$，2，…，n，单位为年
i	折现率
E_Q	三废污染物排放量，单位为 kg/t
O_Q	年排放三废污染物总和，单位为 kg
G	年合格产品产量，单位为 t
R_N	吨钢设备冷却水新水补充量，单位为 m^3/t
W_n	年设备冷却水新水补充量，单位为 m^3
L_{eq}	在一段时间内的等效连续 A 声级，单位为 dB(A)
L_i	第 i 次读取的 A 声级，单位为 dB(A)
N	取样总数
E_x	云模型的期望
a	云重心的位置
b	云重心的高度

（续）

参数	说　明
E_n	云模型的熵
$\boldsymbol{G}$	m 维综合云的重心
m	评估指标个数
$\boldsymbol{d}_i$	云重心位置向量
$\boldsymbol{b}_i$	云重心高度向量
$\boldsymbol{W}_i$	相应的指标权重
$\boldsymbol{W}$	一级指标对目标的权重
$\boldsymbol{w}_i$	各一级指标下的二级指标对该一级指标的权重
$\boldsymbol{a}_i$	二级指标的相对重要度判断矩阵

1.2~1.3 节参数说明

参数	说　明
F	失效模式
Degree	失效程度
H_j	样本的 k 个同类最近邻样本
M_j	样本的 k 个不同类最近邻样本
W	权重
class(R_i)	样本点所属的标签类型
diff(A,R_1,R_2)	样本 R_1 和 R_2 在特征 A 上的距离
$P(C)$	第 C 类样本的概率
$(A\times F(a))$	零部件与失效模式的关系布尔矩阵
$\mathrm{SC}_m(C_{i\cdots j})$	某一零部件 $C_{i\cdots j}$失效对其相邻层次结构产生的失效影响力度
$\mathrm{SC}_m(l_k)$	连接件l_k 出现故障时对其连接的零部件产生失效的影响力度
α_m	失效贡献度的权重
SF_k	部件 C_k 的总失效影响程度
Ω	状态集
D	决策集
U	影响零件广义再制造方式的因素集
V_j^i	三支决策中属性 i 的第 j 种状态
O_j^i	在属性 i 的 j 种状态时选择 d_O 再制造方式的代价系数
H_j^i	在属性 i 的 j 种状态时选择 d_H 再制造方式的代价系数
L_j^i	在属性 i 的 j 种状态时选择 d_L 再制造方式的代价系数
d_O	广义再制造方式 1

（续）

参数	说　明
d_H	广义再制造方式 2
d_L	广义再制造方式 3
$P(V_j \mid [x])$	待决策对象［x］属于某属性下状态 $V_j(j=1,\cdots,p)$ 的概率
Rank(x)	底层零件对决策对象 x 的生长方式影响程度
$\boldsymbol{R}$	决策矩阵
r_{ij}	第 i 个对象的第 j 个属性值
U	属性集
$\boldsymbol{H}$	标准化决策矩阵
Y^+	正理想解
Y^-	负理想解
D^+	与正理想解的距离
D^-	与负理想解的距离
f_i^*	排序指标值
fitness(r)	适应度函数值
S'	经过遗传操作所形成的一条新规则的支持度
$S(r)$	用户给定的支持度的阈值
r	规则
N	整个数据集的记录数
C	规则中与失效特征属性相关的字段
R_C	C 在 N 中出现的频数
D	“修复技术”和“修复能力”相关字段
R_D	D 在 N 中出现的频数
$R_C \cup R_D$	C、D 同时出现在数据集中的频数
P_c	遗传算法的交叉概率
P_m	遗传算法的变异概率
$C(r)$	规则的可信度
$D(r)$	规则的覆盖度
NIND	遗传算法中的群体规模
T	终止代数

第 2 章

冶金设备拆卸技术

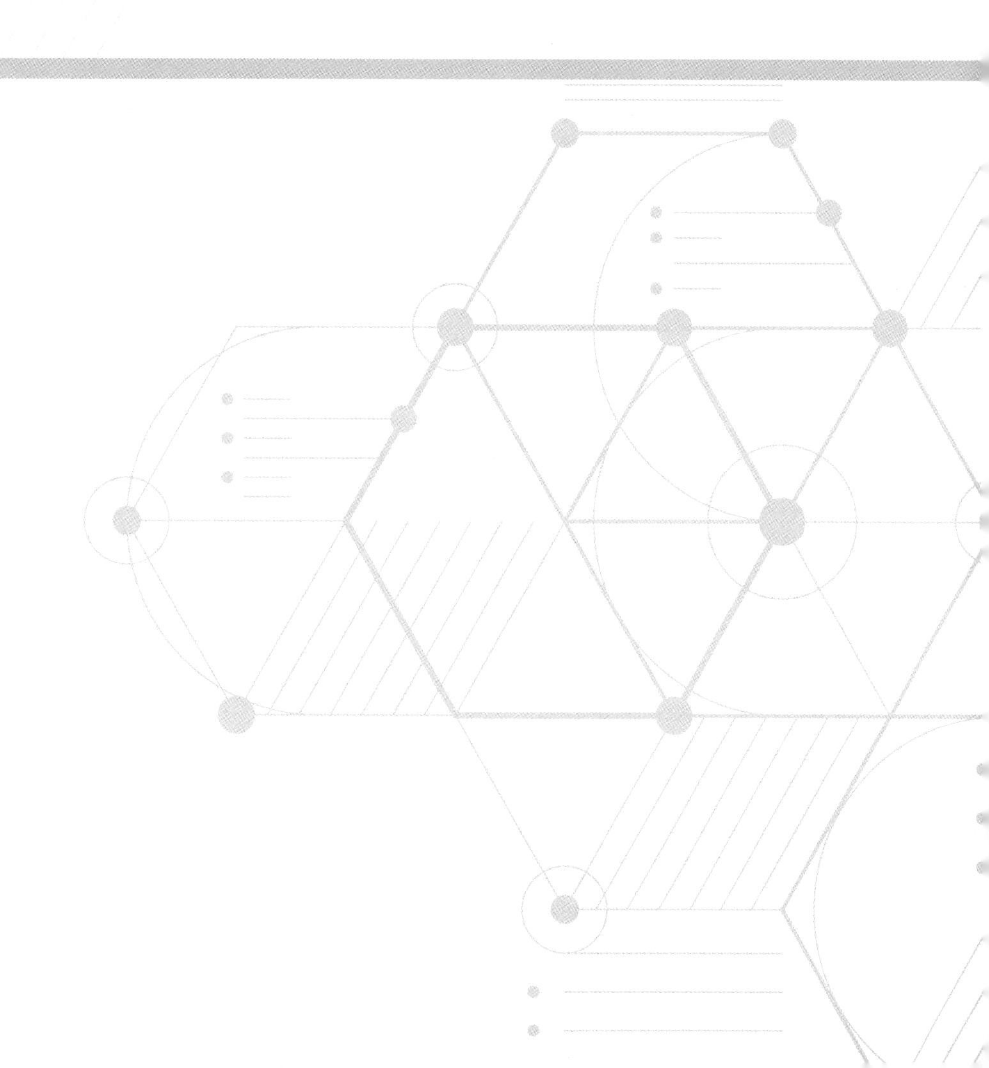

拆卸是冶金设备进行绿色再制造不可或缺的过程。拆卸技术一般包括拆卸序列规划、无损拆卸、拆卸系统设计等技术。根据拆卸深度，主要有完全拆卸和选择拆卸两种形式：前者对设备充分拆解，即目标零件为设备中的全体零件；后者是以拆除一个或多个特定的零件为目标，对设备进行部分拆卸，以减少拆卸工作量。拆卸序列规划是选择性拆卸研究的重要课题，其主要目标是生成优化的拆卸序列，使设备能够被更加高效地拆卸，进而使设备中的零件更易于重用、再制造或回收。拆卸系统主要有拆卸线和拆卸单元两种形式。在特定情况下，拆卸可作为装配的逆过程处理，因而装配序列规划和装配线平衡的理论可用于设备拆卸的研究中。但是，装配和拆卸存在诸多差异，其中最显著的是拆卸过程具有高度的不确定性。本章针对冶金设备中的拆卸序列规划、无损拆卸、拆卸线平衡等问题，分别提出冶金设备协同拆卸序列规划方法、冶金设备典型无损拆卸技术和冶金设备批量拆卸生产线及其平衡技术。

2.1 冶金设备协同拆卸序列规划方法

为了充分利用冶金设备的可用零部件及材料，同时减少操作成本和时间，在实际拆卸中需要筛选出部分剩余价值较高的零部件，对其进行拆除。这种选择性拆卸具有灵活性强与目的性明确的特点。本节将以再制造为拆卸需求，在进行拆卸序列规划之前选定待拆卸的目标件，建立冶金设备结构的分层数学模型，基于图论法，将冶金设备结构模块化的结果和分层的结果综合表达，得到冶金设备结构混合图模型。

2.1.1 目标件选择及设备结构建模方法

1. 考虑可再制造性的目标件选择方法

选择合适的拆卸目标件为选择性拆卸的首要步骤。在传统拆卸生产过程中，目标件的选择往往依靠经验，每位工程师的经验不同，导致零件选择流程不规范、选择结果不准确、废旧零件利用率低等问题频发。本节从再制造的角度出发，考虑废旧零件的失效状况及其可再制造性，提出一种多指标废旧零件优先拆卸等级评估模型，通过该模型选择出合适的拆卸目标件。该模型避免了传统评价方法中主观性强等不足。

目标拆卸零件选择方法流程如图 2-1 所示，具体实现过程包括：①将废旧零件的失效概率、影响其再制造的可再制造加工性、可拆洗性以及经济性等四个因素分别量化成 B、P_m、P_d 和 E 四个指标；②使用熵权法，较为客观地表示出各指标对拆卸优先等级排序的影响程度；③采用 PROMETHEE Ⅱ 法建立多指标废旧零件优先拆卸等级评估模型，获取等级顺序；④将受损程度低、可再制造性强的零件作为优先拆卸的目标件。

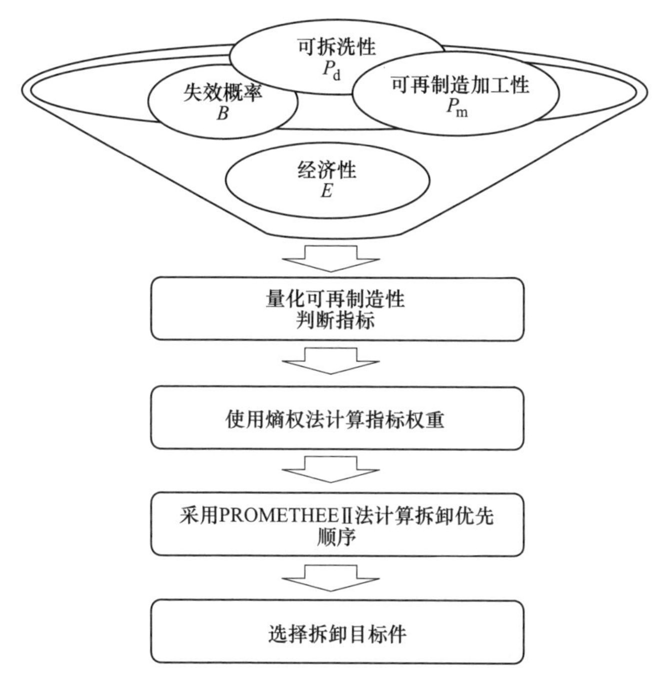

图 2-1　目标拆卸零件选择方法流程

（1）量化可再制造性判断指标　通过定性分析或凭经验分析判断零件的失效程度和可再制造性，会造成判断结果不准确。因此，本节量化废旧零件可再制造性的三个主要指标，并综合考虑废旧零件的失效概率，规范判断流程，提高判断准确度，具体量化过程如下：

1）可拆洗性。可拆洗性表示冶金设备的废旧零部件是否方便拆卸和清洗，即拆洗的难易程度。可将其划分为四个等级，为无法拆洗、较难拆洗、较好拆洗、便于拆洗，用评价值 $\Delta \boldsymbol{w}=(\Delta w_1,\Delta w_2,\Delta w_3,\Delta w_4)$ 对拆洗的难易程度进行量化。可拆洗性指标隶属度关系由专家评价得到，评价结果为 $\boldsymbol{W}=(w_1,w_2,w_3,w_4)$，其中，$w_i=\dfrac{n_{w_i}}{N_w}(i=1,2,3,4)$ 表示第 i 种评价结果的隶属度，N_w 表示专家数，n_{w_i} 表示选择第 i 种评价结果的专家数。

综合评价值与评价结果得到可拆洗性的量化值为

$$P_d=\Delta \boldsymbol{w}\times \boldsymbol{W}^T \tag{2-1}$$

2）可再制造加工性。可再制造加工性指标反映了冶金设备废旧零部件的再制造加工的难易程度，是重要的判断指标。由于可再制造加工性和失效程度密切相关，失效越严重，再制造难度越高，因此，失效程度的量化是量化可再制造加工性指标的基础。

废旧零部件的失效程度大致可划分为五个等级——基本无失效，微小失效，一般失效，中度失效，严重失效，用评价值 $\boldsymbol{F}=(f_{m1},f_{m2},f_{m3},f_{m4},f_{m5})$ 进行量化。失效程度指标隶属度关系由专家评价得到，其评价结果为 $\boldsymbol{A}=(a_1,a_2,a_3,a_4,a_5)$，评价过程同可拆洗性中所述。综合评价值与评价结果得到失效程度的量化值：$f=\boldsymbol{F}\times\boldsymbol{A}^{\mathrm{T}}$。

可再制造加工指标可划分成四个等级——无法再加工，较难再加工，可再加工，容易再加工，对应的评价值为（Δm_1，Δm_2，Δm_3，Δm_4）。建立失效特征与可再制造加工性之间的隶属度函数，如图 2-2 所示。根据 f 的值，确定其隶属范围［Δm_i，Δm_j］对应的隶属度范围$[M(f_m^i),M(f_m^j)]$。在失效特征的范围内，可再制造加工性的量化值计算式为

$$P_{\mathrm{m}}=\Delta m_i M(f_m^i)+\Delta m_j M(f_m^j) \tag{2-2}$$

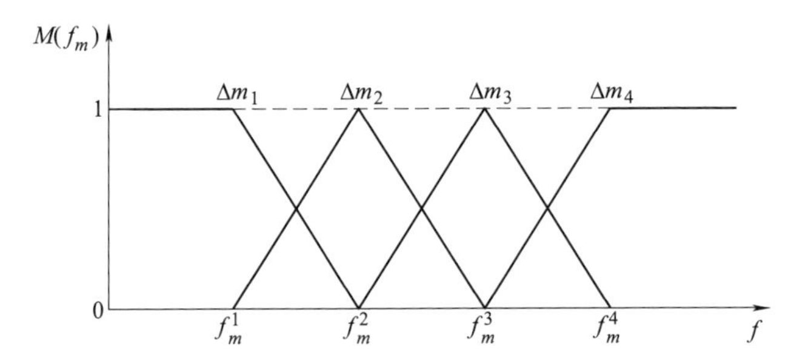

图 2-2　失效特征与可再制造加工性之间的隶属度函数

3）经济性。再制造加工的经济性可通过废旧零件经过再制造加工的成本与购买相同的新零件成本相比来反映，当再制造加工的成本是购买新零件的 50%左右时，说明该机械零件具有良好的再制造经济性。可通过下式量化再制造经济性指标值：

$$E=\begin{cases}1 & \dfrac{C_{\mathrm{r}}}{C_{\mathrm{n}}}<0.5\\ 2\times\left(1-\dfrac{C_{\mathrm{r}}}{C_{\mathrm{n}}}\right) & 0.5\leqslant\dfrac{C_{\mathrm{r}}}{C_{\mathrm{n}}}\leqslant 1\\ 0 & \dfrac{C_{\mathrm{r}}}{C_{\mathrm{n}}}>1\end{cases} \tag{2-3}$$

式中，C_{r}是再制造成本，单位为元；C_{n} 是购买新零件的成本，单位为元。

（2）使用熵权法计算指标权重　由于目标件的选择结果受不同指标的影响程度不同，需要在判断各指标对结果的影响时有所侧重。熵权法是一种较客观

的对各判断指标进行赋权的方法，根据各指标的观测值运用熵权法即可得到各指标权重。其简要步骤如下：

步骤1：设有 m 个零件，n 项评价指标，根据以上指标量化方法计算得到原始数据矩阵 $\boldsymbol{X}=(x_{ij})_{m\times n}$，需要计算每个零件的属性贡献度 C_{ij}，C_{ij}是指第j 项指标下第 i 个零件指标值的比重，其表达式为

$$C_{ij}=\frac{x_{ij}}{\sum_{i=1}^{m}x_{ij}} \tag{2-4}$$

步骤2：计算第j 项指标的信息熵，指标信息熵表示零件对属性X_j 的贡献总量，其表达式为

$$e_j=-\frac{1}{\ln m}\sum_{i=1}^{m}(C_{ij}\ln C_{ij}) \tag{2-5}$$

步骤3：最后可计算得到指标的权重，其表达式为

$$W_j=\frac{g_j}{\sum_{j=1}^{n}g_j} \tag{2-6}$$

式中，差异系数 $g_j=\dfrac{1-e_j}{m-\sum e_j}$，$\sum_{j=1}^{n}g_j\neq 1$。

（3）采用 PROMETHEE Ⅱ法计算拆卸优先顺序　在求得各零件的多属性值后，需要对各零件进行拆卸优先排序，以此选出目标件。PROMETHEE Ⅱ法是一种重要的多属性决策方法，可以使用这种方法确定废旧零件的再制造优先顺序，方便决策者较客观地选择出合适的目标拆卸零件。

步骤1：在以上计算出指标权重 W_j 之后，确定每个属性的偏好函数，这里选取常用的属性偏好函数：$P(d)=1-\mathrm{e}^{(-d^2/2\sigma^2)}$，$\sigma=5$。

步骤2：确定零件两两比较的优先指数矩阵 $\boldsymbol{\pi}$：

$$\boldsymbol{\pi}(a_i,a_r)=\sum_{j=1}^{n}W_jP_j[f_j(a_i)-f_j(a_r)] \tag{2-7}$$

式中，$f_j(a_i)-f_j(a_r)\geqslant 0$。

步骤3：确定零件净流量，将净流量进行排序。净流量等于流入量与流出量的差值，其表达式为

$$\phi(a_i)=\phi^+(a_i)-\phi^-(a_i) \tag{2-8}$$

式中，$\phi^+(a_i)=\dfrac{\sum_{r=1}^{m}\boldsymbol{\pi}(a_i,\ a_r)}{m}$，$\phi^-(a_i)=\dfrac{\sum_{r=1}^{m}\boldsymbol{\pi}(a_r,\ a_i)}{m}$。净流量的排列顺序即零件的再制造拆卸优先顺序。

（4）选择拆卸目标件　以上步骤计算得到的废旧零件拆卸优先顺序，可作为选择拆卸目标件的依据，如果没有特定的拆卸需求，选择排名靠前的废旧零件作为拆卸目标件。

2. 冶金设备结构建模方法

设备信息表达是拆卸序列规划的基础。在对设备进行拆卸序列规划之前，需要将设备所包含的与拆卸有关的信息表述出来，其中设备装配体中零件约束关系的有效描述和表达是设备拆卸信息中的重要部分。实际拆卸工作中冶金设备的结构往往是较为复杂的，对各零部件之间的约束关系进行表达较为困难，因此需要进行全面考虑，结合现有的设备结构信息描述模型的优点，采用较合适的方式将废旧设备的完整装配信息描述出来。

不同的结构建模方法具有各自的优缺点，基于图论的方法由于在表达设备零件之间约束关系时表现出直观明了的优势，被相关研究者广泛使用。但是，对于零件数较多的复杂设备，无论是基于图论的方法还是利用智能优化算法，都无法有效地得到设备整体的拆卸序列，而且存在很多冗余的计算。为此，有学者利用模块化的方法来简化拆卸规划的计算量，从而不必直接对整个设备生成拆卸序列。一种方法是利用算法对零件进行聚类，从而将设备分解成部件的集合；另一种方法是依据专家拆卸经验，把整体的设备划分成不同级别的模块，这运用了功能模块化划分的思想。第一种方法增加了计算量，聚类计算的结果也可能与设备的组织结构相矛盾。因此，在设备建立拆卸模型的阶段，可以直接根据设备的结构组成和设计思想划分设备的模块，以每个模块为基本单位进行拆卸规划，从而避免繁杂而无效的计算。

在将设备结构进行模块划分之后，一般会分析各模块内部各零件间的所有约束关系。在实际进行选择性拆卸时，不必拆卸所有零件，所以只需分析阻碍目标件拆卸的约束关系。根据设备装配体由内而外的装配特点，在设备进行拆卸时可以由外到内逐层将设备结构分解，并分析不同层级之间零件的约束关系，简化分析过程。

因此，本节将设备的整体结构根据模块化思想分解成各子装配体，对于子装配体内部的零件，则选择用设备结构分层方法从外到内，分析得到目标件所在层级，以减少拆卸优先关系分析的工作量，并且这种方法更方便表达。

（1）设备结构分层建模　设 $\Omega=\{e_i, i=1,2,\cdots,n\}$ 表示待拆卸设备中的所有零件集合，其中 n 为待拆卸设备中零件的个数。根据零件装配深度的不同，将待拆卸设备进行分层，设 $P_n=\{P_n^1,P_n^2,\cdots,P_n^k\}$ 为第 n 层零件的集合，共有 k 个零件。由于是通过逐层剥离的方式进行拆卸，所以只有拆卸完与集合 P_n 中有约束关系的集合 P_{n-1} 中的零件，才能拆卸集合 P_n 中的零件。假设目标件 e_g 为集合 P_m 中的零件，仅需分析第 $1\sim m$ 层零件间的约束关系。

（2）设备结构混合图模型　设备在设计开发之初会根据要实现的功能划分物理零部件结构，每个结构模块负责实现一个功能，然后将各模块用连接件结合成一个整体，最终满足设备标准化和设备性能要求。根据系统工程理论，可以将复杂的设备看作其包含的所有零部件和零部件之间关系的结合体。一个普通设备结构模型如图 2-3 所示，约束 1 表示子装配体内部之间的约束优先关系，约束 2、3 表示子装配体之间的联系。利用设备结构模型将复杂设备分解成若干相互联系的子装配体，可以使复杂设备的拆卸规划简化成子装配体的拆卸规划集合。

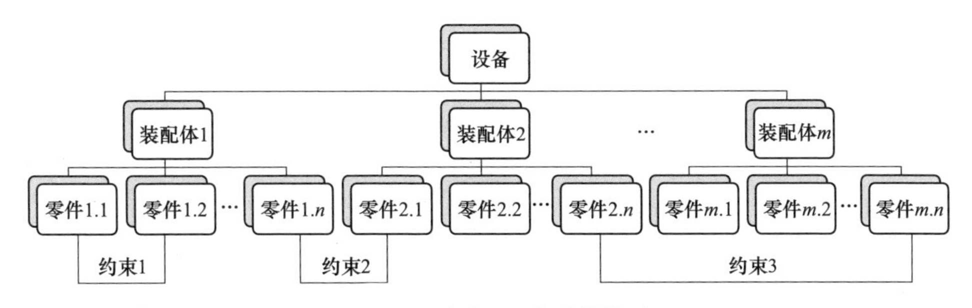

图 2-3　一个普通设备结构模型

混合图将设备的结构模型图和分层约束关系进行了综合，在混合图模型中序号点表示设备中的零件，连接线则表示零件之间的连接关系。某设备的混合图模型如图 2-4 所示，该设备共分为七层，可拆分为 n 个小装配体，每个小装配体有 k 个零件。各零件间的约束关系用箭头表示，具有以下特点：

1）同一装配体、同一层零件间不具有约束关系。

2）层级高的零件被层级低的零件约束。

3）不同装配体间的约束关系由层级较低的装配体指向层级较高的一方。

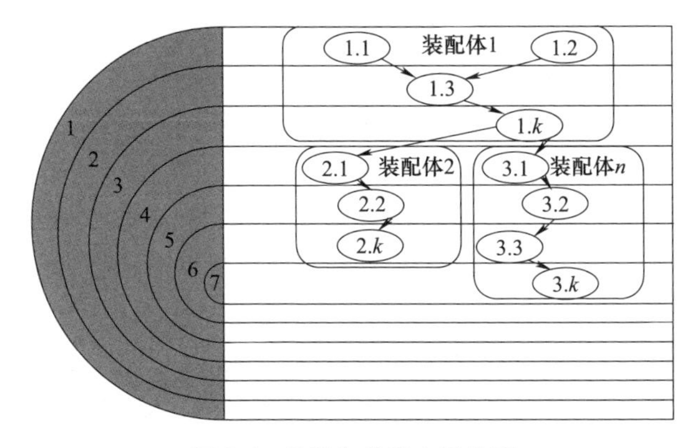

图 2-4　某设备的混合图模型

2.1.2 基于改进 RRT 算法的单目标件的拆卸序列规划方法

在选出合适的目标件及对设备进行结构建模之后，还要选取合适的求解算法来求解，在拆卸序列可行的情况下，从中选出最优者。考虑到对复杂的设备建立数学模型并求解的过程比较复杂，且数学模型的建立过程中需要适当简化实际拆卸情况，所以选择具有较高效空间探索能力的快速拓展随机树（rapidly-exploring random tree，RRT）算法，对三维设备装配体结构的主要零件进行分层，并探索出各层之间零件间的约束关系，通过拆除障碍零件找到单个目标件的拆卸路径。

1. RRT 算法

RRT 算法基本运行流程为：①在状态空间确定初始节点，在初始节点附近随机选取样本点，连接与样本点最接近的节点；②得到第一条连线后，判断连线是否在障碍区域里，如果该连线不通过障碍区域，则可以沿着该线朝目标点方向扩散一定的距离，得到一个新的节点，否则去除该连线，初始节点、新的节点和它们之间的连线则构成了一颗最简单的树；③在此基础上，判断新的节点与目标节点的距离是否小于设定值；④若小于设定值，则连接新的节点与目标节点，结束搜索，否则重复①②③步，直到目标点被添加到树上，便可在树上找到一条从起始点到目标点的可行路径。该算法流程如图 2-5 所示，其示意图和运行效果分别如图 2-6a 和图 2-6b 所示。

由于状态空间中随机点的不确定性，每次运行的结果或许会有偏差，但运行成功的路径均是连接初始点和目标点且能避开障碍区域的可行路径。和其他众多的智能搜索算法相比，RRT 算法通过随机撒点、障碍探测和自动生长，能够有效地探测出在高维空间、复杂约束下的可行路径，这有利于减少对状态空间的复杂建模过程，较为简单、高效。

2. 基于目标吸引及三角形法则的改进 RRT 算法

为了提高算法探索效率，针对废旧设备结构复杂的特点，结合拆卸目标件的实际工程约束，提出了基于目标吸引及三角形法则的改进 RRT 算法。该算法在一般 RRT 算法基础上，进行了以下方面改进：①在随机采样的基础上，增加局部采样策略；②增加基于三角形法则的路径选择策略；③增加相邻节点检验策略。

（1）采样策略　基础的 RRT 算法采用在初始点附近随机采样的方式，其优势在于可以扩大搜索范围，从初始点到目标点可以生成多棵随机树，缺点是影响算法效率。为了提高算法的空间搜索效率，即让树能更快地向目标点生长，在向状态空间随机撒点后，需要朝着目标点的方向有目标地选择邻近点。因此，

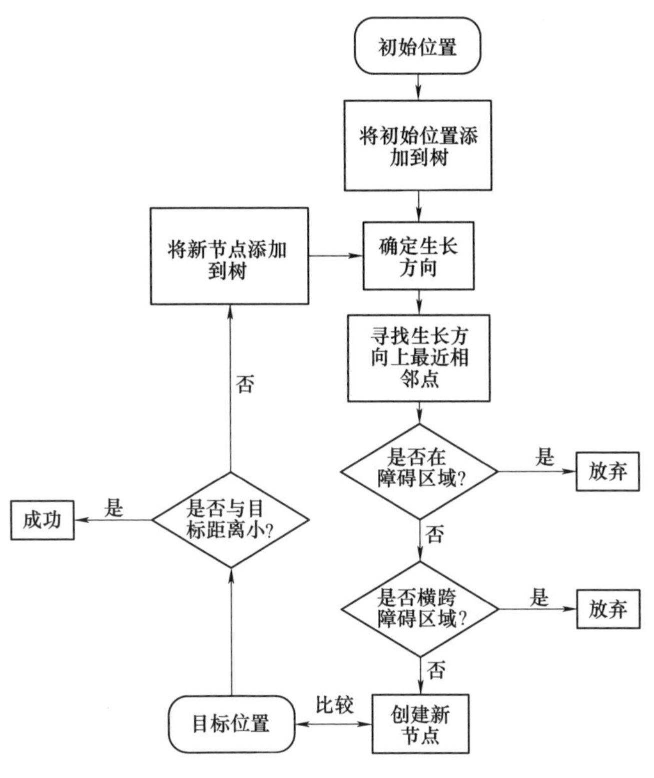

图 2-5　RRT 算法流程图

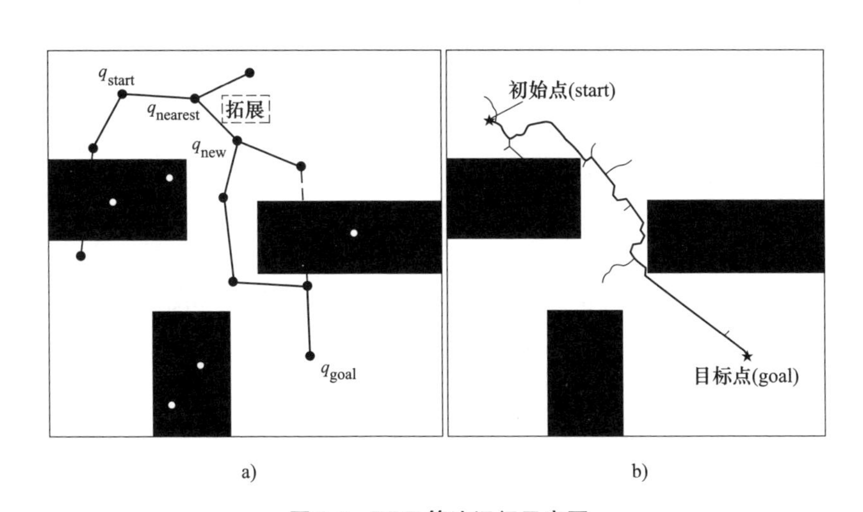

图 2-6　RRT 算法运行示意图

a）RRT 算法示意图　b）RRT 算法运行效果图

增加了局部采样策略，通过在一定范围局部随机撒点之后，朝着目标点方向选择样本点作为新点，简化随机树群，从而优化采样路径，如图 2-7 所示。

（2）最短路径选择策略　在 RRT 算法中，增加撒点范围，可以加快收敛速度，但同时随着邻近点数量的增加，算法的计算时间也会呈指数式增加。因此，在考虑不增加 RRT 算法撒点范围的情况下，通过减少随机树的生长节点，缩短初始点到目标点之间的可行路径，达到提高算法计算速度的效果。可依据三角形不等式，即在三角形中，两边之和大于第三条边。如图 2-8 所示，q_{cur}与 q_{goal}之间的直线比折线更短，在没有障碍的情况下，随机树沿该直线生长可以提高算法的空间探索效率。

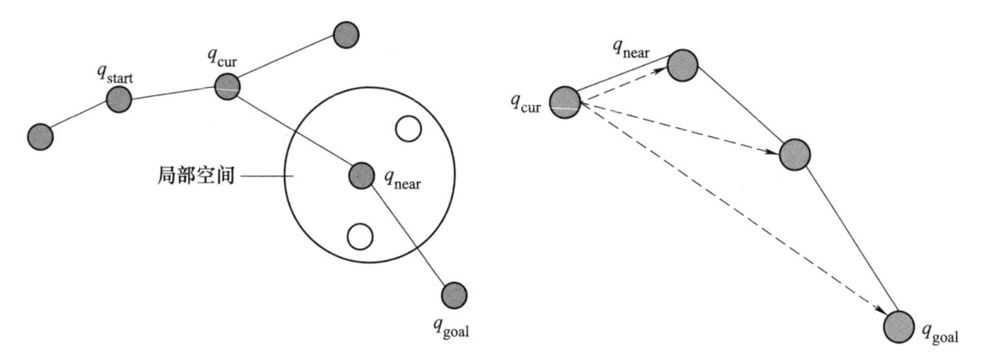

图 2-7　局部采样策略示意图　　图 2-8　最短路径选择策略原理示意图

其主要过程包括：

1）父节点选择过程。在基础的 RRT 算法中，当 q_{new}被添加到随机树中时，会在其附近生成一组样本点，样本点中与 q_{new}距离最近的为 q_{near}，下一个 q_{new}方向则在 q_{near}与 q_{goal}连线方向上，q_{cur}连接 q_{new}形成的路径应为到初始点 q_{start}最短的路径。在考虑最短路径选择策略后，连接 q_{cur}与 q_{new}时，考虑附近样本点集合中的点，并将它们的父节点考虑进去，若直接连接 q_{new}与初始点不发生障碍冲突，则三角不等式成立，该路径比原路径更短更直，且调用路径选择的次数也不会显著增加，因为样本点集合共享同一个父节点。

2）重新布线过程。改进 RRT 算法在重新布线过程中也考虑父节点。如果通过 q_{new}的路径或通过 q_{new}的父节点的路径更短，则会检查附近的顶点与初始点 q_{start}的最短路径。与 RRT 算法相比，通过增加最短路径的判断过程，增加了最优解准确性。重新布线的过程是一个迭代的过程，可以增加找到最优解的可能性。

当添加 q_{new}时，RRT 算法仅搜索附近的顶点 q_{near}，并将 q_{new}与其中的一个顶点连接（如图 2-9a）。然而，如图 2-9b 所示，改进 RRT 算法将搜索与 q_{new}接近的邻近点和与 q_{new}接近的父节点，因此改进 RRT 算法能找到更直、更短的路径，从而得到更优解。图 2-9c 和图 2-9d 展示了 RRT 算法和改进 RRT 算法的重新布线过程，其中改进的 RRT 算法不仅会拉直初始点到 q_{new}的路径，而且会拉直其

到 q_{new} 附近顶点的路径。

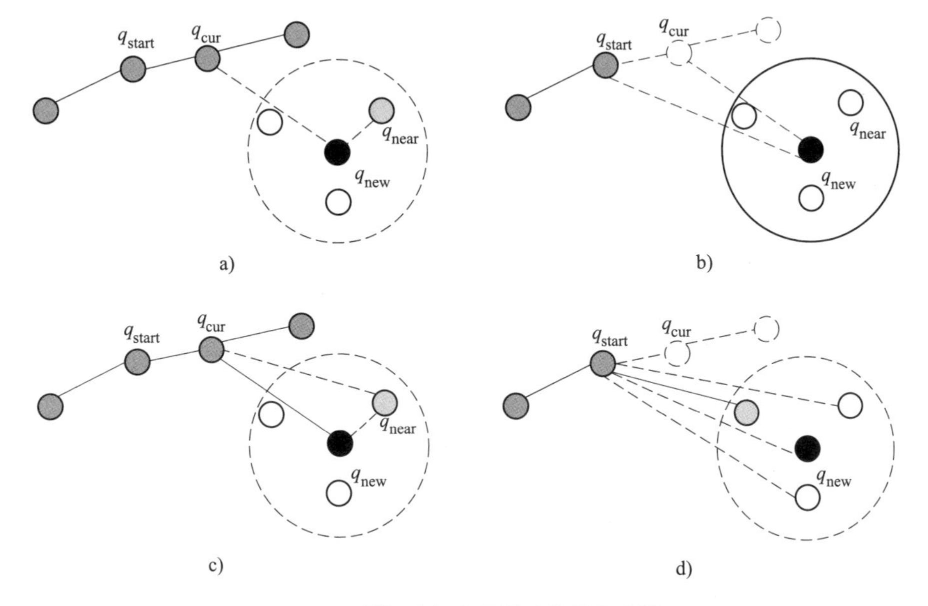

图 2-9 最短路径选择策略比较示意图

a）新节点选择（RRT） b）新节点选择（改进 RRT）
c）重新布线（RRT） d）重新布线（改进 RRT）

改进 RRT 算法的优点包括提高初始解的质量和加快收敛速度。此外，它是一种与采样策略正交的树扩展算法，这意味着它可以与其他采样策略相结合。

3. 基于改进 RRT 算法的单个目标拆卸零件拆卸序列方法

对设备装配体进行拆卸的过程，其实就是在有限的空间自由度中将待拆卸零件从初始位置向目标位置转移的过程。通过改进 RRT 算法可以判断设备装配体中待拆卸零件能否避开障碍物（即判断其可拆卸性），从初始位置到达设备外部的目标位置，由外而内实现设备装配体的结构分层处理。随后，通过将目标拆卸零件运动路径与障碍零件做干涉检测，判断不同层次零件之间的拆卸约束关系，再结合设备结构混合图模型，得到单目标件的可行拆卸序列。

（1）基于改进 RRT 算法的设备装配体结构分层　为了在三维空间中对具有特定形状的刚体规划路径使其避开障碍物，需要考虑五个因素：可活动的目标实体、障碍物实体、由路径规划算法计算出来的轨迹、目标实体在状态空间中的初始位置及目标位置。用改进 RRT 算法判断设备装配体零件的可拆卸性，则是要在算法中导入设备装配体的三维模型，指定待分析零件为可活动目标实体，其他零件为障碍物实体，指定初始位置和目标位置，规划零件拆卸的可行轨迹。

具体做法是：首先，指定待分析零件所在位置为随机树生长的初始位置，以装配体外部某点为目标点位置；其次，在装配体所在三维空间进行随机采样，并朝着目标点方向进行局部采样，确定随机树的生长方向；最后，通过限制生长的步长（即样本点 q_{new} 的播撒半径）以及检测环境中目标实体与障碍物的碰撞干涉，若分析零件可避开其他零件，逐步接近目标位置，经过最短路径选择，即可生成一条待拆卸分析零件的较理想拆卸轨迹。如图 2-10 所示，使用改进 RRT 算法可判断变速器中间轴组件的端盖能否避开障碍物到达目标位置。

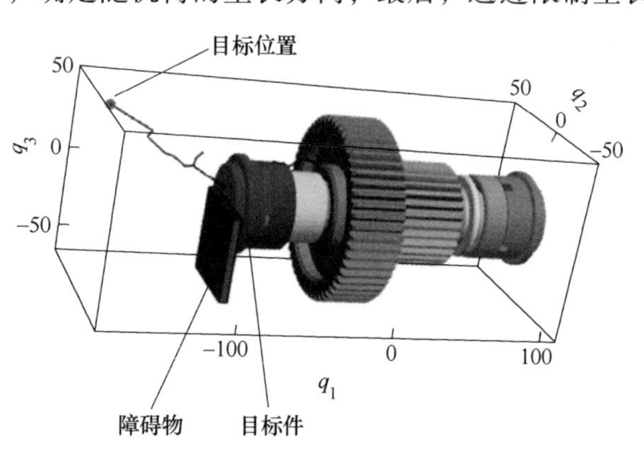

图 2-10　改进 RRT 算法三维空间探索效果图

将设备总装配体分解成几个子装配体之后，结合改进 RRT 算法，可以判断出装配体各拆卸状态下具有可拆卸性的零件。同一拆卸状态下，将可被拆卸至装配体外部的零件划分为同一层级，将装配体按可拆卸性进行结构分层，进行下一步零件间约束关系分析。装配体结构分层的具体思路：设 $\Omega=\{e_i, i=1,2,\cdots,n\}$ 表示装配体中的所有零件，首先对所有零件 Ω 进行遍历，采用改进 RRT 算法判断零件的可拆卸性。P 为已经判断其可拆卸性的零件，初始值为空集。经过第一轮遍历，将得到的可拆卸零件集合 $P_1=\{e_j\}$（e_j 为当前环境下可找到拆卸路径的零件）填充第一层H_1，将第一层H_1 中的零件从集合 Ω 中去除，此时得到剩余零件集合 R_1。用零件集合 P 储存去除的零件集合 P_1，并记录下集合 P_1 中各零件拆卸的路径，供下面分析零件间拆卸约束关系使用。继续重复该过程，从剩余零件中去除零件集合 P_2，并填充第二层H_2，得到剩余零件集合 R_2。假设装配体的实际拆卸序列存在，则每次遍历结束至少拆除 1 个零件，集合 Ω 中的元素都会减少。循环此流程，直到 $\Omega=\varnothing$时计算结束，得到装配体结构分层结果。

在判断目标件 e_g的可拆卸性的过程中，当目标件被填充至某一层H_x 时，即可停止对剩余零件集合 R_x 的遍历，这样可以减少遍历次数，节约运行时间。图 2-11 展示的是某变速器的主动轴组件拆卸分层结果，经过 RRT 算法分析之后，将所有零件分为五层。

（2）确定不同层零件约束关系　假设目标件 e_g处于整个装配体第H_n 层，在判断其结构层次的过程中已经记录下其拆卸路径，则可运用改进 RRT 算法判断不同层零件间的约束关系。各层约束关系流程如图 2-12 所示。用此路径与第

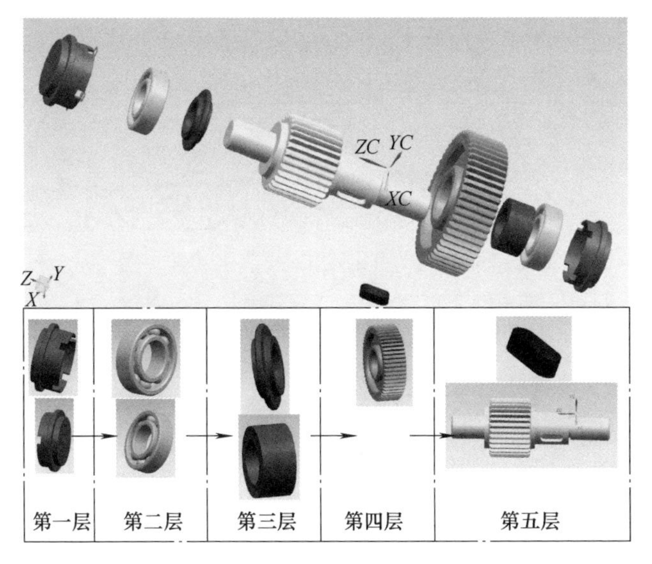

图 2-11 拆卸分层结果

H_{n-1}层的零件做干涉检测，找到与此路径发生干涉的零件数量为 m 的集合 C。记集合C中零件的个数为j，将 C 中所有零件进行组合，组成新的零件组合 C_j(j=1，2，…，m)，则 C_j 最多有 $C_m^1+C_m^2+\cdots+C_m^m$ 种可能。C_j 按照包含的零件数量由少到多排列，并依次拆除 C_j 中的零件，以集合 $C-C_j$ 中的零件与第H_n 层及第H_{n+}层的零件作为新的装配体，用改进 RRT 算法重新做运动规划。如能成功找到无障碍路径，则认为 C_j 中的零件与零件 e_g有约束关系，否则去除下一个组合中的零件做运动规划，直到成功找到无障碍路径，并以此路径更新原路径。然后再与第H_{n-2}层零件做干涉检测，不断重复以上步骤，直到分析完第H_{n-}层的所有零件，找到影响目标件拆卸的不同层零件的约束关系。

（3）确定单目标件拆卸序列 结合图形分析方法可以更清晰、直观地表达出不同层零件的约束关系，便于分析求得目标件的拆卸序列。通过绘制各层约束关系示意图（见图 2-13），将子装配体中的零件约束关系表达出来。将变速器的主动轴组件的结构划分成五层，用数字表示每层的零件并相应地标注在图形中，箭头代表零件间的约束关系。例如箭头由①号零件指向②号零件，表示①号零件对②号零件有约束。依次分析各不同层之间零件的约束关系之后，便可根据绘制的约束关系，得到单个零件的拆卸序列，例如拆卸⑥号零件，则需要拆卸出对其有约束的⑦号零件，⑦号零件又被⑧号零件约束，故此先要拆卸出第一层的⑧号零件，再是⑦号，最后拆卸目标件⑥号零件。

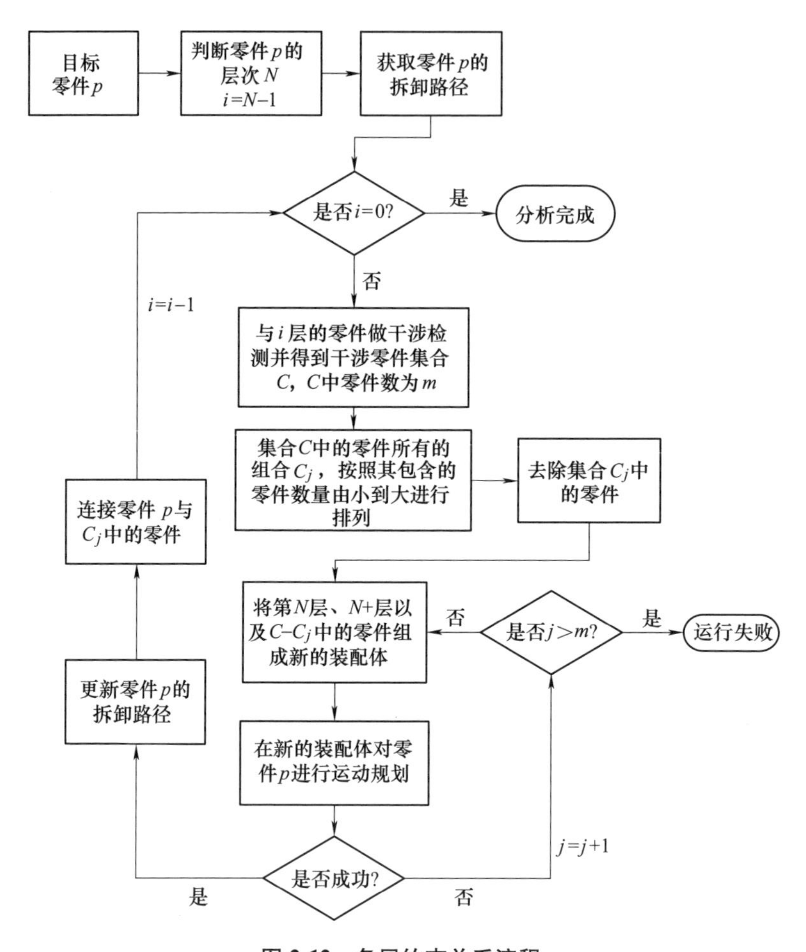

图 2-12　各层约束关系流程

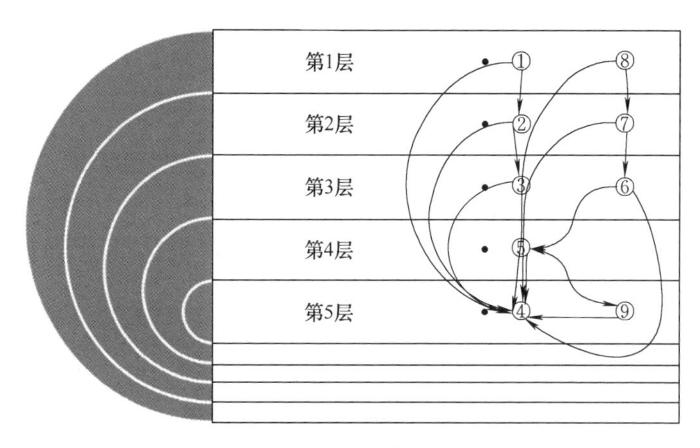

图 2-13　各层约束关系示意图

2.1.3 多目标件的拆卸序列规划方法

由于对复杂设备进行拆卸需要大量的劳动力和拆卸工具，合理规划拆卸序列，降低拆卸过程造成的能源消耗，对于节约人工成本和优化能源配置具有重要意义，是未来再制造领域的重要发展方向之一。上一节以单目标件为研究对象，给出了一种基于改进 RRT 算法的拆卸序列规划方法。然而，在实际工程应用中，对于一种特定的冶金设备，其拆卸生产线上的拆卸目标件往往不止一个。单个目标件的拆卸序列可能有多种，复杂冶金设备中的多个目标件的拆卸序列组合更复杂且拆卸序列间容易发生干涉，因此本节将考虑减少拆卸生产线上的工位、拆卸所需时间、拆卸成本和能耗，得到合适的最优整体拆卸序列。

1. 基于合作型协同进化算法的多目标件拆卸序列规划方法

下面重点介绍基于合作型协同进化算法的多目标件拆卸序列规划方法。首先，采用合作型协同进化算法，将序列规划问题分解成多个单目标件拆卸序列规划问题，每个单目标件序列规划问题代表一个种群；然后，采用改进 RTT 算法求解单目标件的拆卸序列，基于协同进化的思想对每个目标件的公共拆卸序列进行寻优；最后，通过种群间相互影响适应度的评价使得多目标件拆卸序列结果达到最优。

（1）合作型协同进化算法　协同进化算法是在遗传算法的基础上，借鉴生物学上多物种相互作用、彼此驱动、协同进化的机理而提出来的新型算法。它的基本思想如下：将原复杂系统的优化问题分解成可以单独求解的子问题进行优化，并将求解得到的各子问题的优化结果进行整体协调，从而达到整体最优的状态。子问题的优化与整体解的协调往往是交替进行的，直到得到最优解。

合作型协同进化算法主要分为以下三个步骤：

1）问题分解：将一个复杂的综合问题分解为一系列对应不同种群的子问题。

2）子问题求解：利用一般的进化算法求解子问题的优化解。

3）子问题合并：协同各子问题的优化解得到整体最优解。

合作型协同进化算法的优势可以将复杂的问题分解简化，通过选择各种群中适应度高的个体优化整体解，促进各种群间协同合作，提升对复杂问题的求解能力。

（2）多目标件的协同拆卸算法设计　合作型协同进化思想通过个体间一系列合作和对目标问题求解的贡献度来决定个体的适应度，其算法结构如图 2-14 所示，核心是将较为复杂的问题分解为有相互关联的若干子问题。在进化过程中，子种群针对所代表的特定子问题独立优化决策变量，根据适应度计算结果，评价相应个体的优劣及选择繁衍个体。问题的完整解集由每个子种群的最优个体组成。

根据合作型协同进化的思想，在求解出单个目标件的拆卸序列之后，需要计算该目标件对应子种群的适应度，适应度函数定义为

$$\mathrm{Fit}(C)=\mathrm{e}^{-\left(C_{pi}-\frac{1}{L_{pi}}\right)} \qquad (2\text{-}9)$$

式中，C_{pi}是拆卸目标件 pi 时需拆卸的零件数量；L_{pi}是其他子种群与 pi 种群（作为主干种群）的重复零件数。

该适应度函数是为了筛选出本种群中拆卸零件较少且与其他子种群中重复零件较多的子种群。

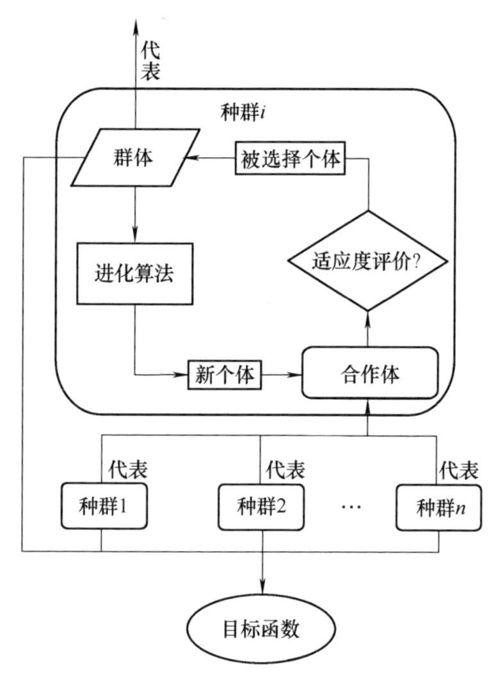

图 2-14　合作型协同进化算法结构

多个目标拆卸零件的合作型协同进化算法流程如图 2-15 所示，该算法的核心是：在分解出的多个子种群中随机选择一个子种群（即单个目标件拆卸序列）作为主干，对单个目标件进行拆卸序列求解，参考 2.1.2 节单目标件拆卸序列求解方法。每次迭代时将选中的主干子种群的进化结果与其他子种群进行对比，以此计算该子种群的适应度，记录当前最优拆卸序列。经过多次迭代，直到满足终止条件，即所有目标件都经过进化与计算，且最优解稳定。

2. 基于数据挖掘的多目标件拆卸时间计算方法

废旧冶金设备在回收、拆卸的过程中会产生大量的记录数据，实际拆卸工作中的情况可以通过这些数据表现出来。寻找适应废旧冶金设备拆卸过程合理有效的数据挖掘方法，可以将这些实时数据加以综合利用，提升企业生产效率、降低生产成本。

拆卸最少零件的目的是减少拆卸生产线上的工位，以减少人力成本，然而存在较短拆卸序列中拆除某些零件需要耗费更多时间和能源的情况。目前关于拆卸时间的研究大多基于拆卸生产线生产情况建立较为理想的数学模型，运用合适的算法求解数学模型，很少使用拆卸过程中的数据。因此，急需在得到最短拆卸序列之后，综合考虑其总共需要消耗的时间，求解以序列最短和消耗拆卸时间最少为最终目标的优化拆卸序列。

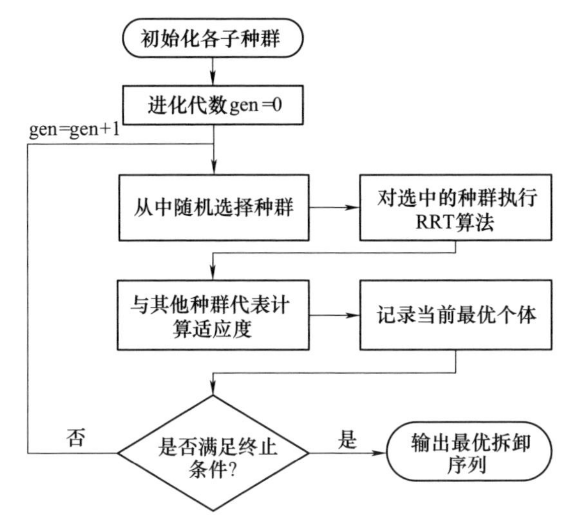

图 2-15 多个目标拆卸零件的合作型协同进化算法流程

下面重点介绍使用数据挖掘方法估计单个零件拆卸操作所需有效拆卸时间的方法，用校正因子调整标准拆卸时间和实际拆卸时间的差距，使用模特（modular arrangement of predetermined time standard，MOD）法分析拆卸单个零件的拆卸动作并计算其标准拆卸时间。

（1）数据挖掘方法

1）k-means 算法。聚类分析是对聚集的数据元素进行聚集性分析，k-means 算法是一种重要的聚类分析算法。在聚类分析中，数据是根据元素描述和对象之间的关系进行分类的，每个类中的点具有不同的属性，数据聚类分析可分为分层聚类和分区聚类两种。

图 2-16a 所示为数据分层聚类思想示意图。图中每个用字母标记的圆圈代表着一个数据元素，其中被分到同一组的标记圆代表相似点，每个层级中的点展现了相似的数据之间的关系。在分层聚类中，通过对关系密切的数据集进行识别与合并，可以得到树状图。图 2-16b 展示了一个简单的树状图，可以用来表示数据分层聚类的结果。

分区聚类是数据聚类分析的另一种类型。图 2-17 展示了数据分区聚类，k-means 算法则是使用这种聚类方法。

在 k-means 算法中，k 代表给定数据集的类别数量，通过获取指定的点，围绕最近的质心形成一个类。每个类都有一个中心点，质心的选择是随机的，类的中心则是由同一类中所有对象的平均值得到。质心相近的判断指标为质心之间的欧氏距离最小，欧氏距离计算式为

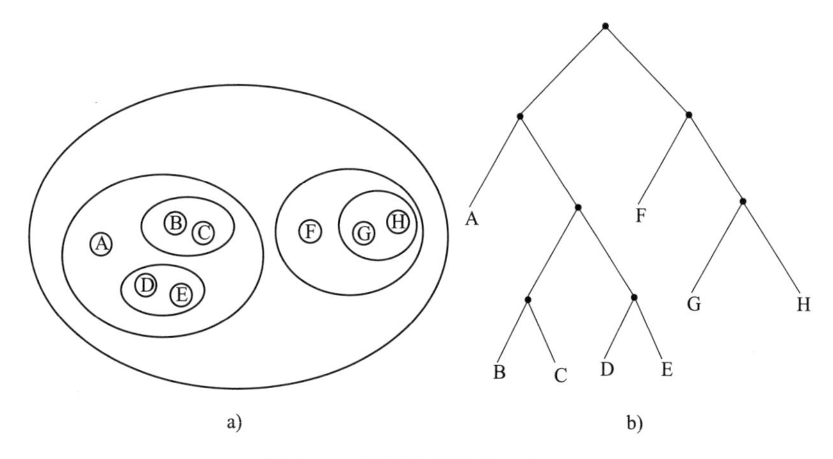

图 2-16　数据分层聚类示意图

a）数据分层聚类思想示意图　b）数据分层聚类树状图

$$G = \sum_{j=1}^{k} \sum_{i=1}^{n} \|x_i - u_k\|^2 \tag{2-10}$$

式中，x_i 是某元素值；u_k 是第 k 簇的质心。

结合最小二乘法和拉格朗日原理，聚类中心为对应类别中各数据点的平均值，同时为了使算法收敛，在迭代的过程中，应使得最终的聚类中心尽可能不变。k-means 算法的流程包括：

① 随机选取 K 个样本数据点作为聚类中心。

② 在图中画线，将所有数据点分为 k 类。

③ 计算各数据点与各个聚类中心的距离。

④ 求各个类中数据点的均值，作为新的聚类中心。

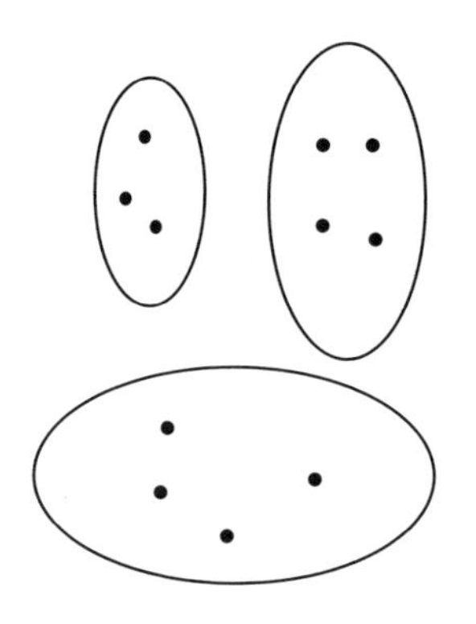

图 2-17　数据分区聚类示意图

⑤ 不断迭代，直到没有点必须移动到任何质心，或者达到设定的迭代次数，算法停止运行。

2）决策树算法。决策树是一种可以归纳获得的知识并通过训练不断学习的方法，它的形式相对简单，无须用强大的语言表达其学习结果，虽然没有语义网络的表达能力，却仍然能够解决具有实际意义的难题。决策树自上而下的树状结构可以形象地表示对知识的分类规则，其中树的叶子代表不同的类名，树的其他各节点代表基于不同属性的测试，每个可能的结果都对应一个分枝。

建立决策树，需要将训练集中的对象进行分类，首先从树的根开始评估测试，然后根据结果选择合适的分枝，不断向下进行判断，一直到某叶子节点，则该对象即是属于该叶子代表的类。通过足够的对象属性分类训练集中的每个对象，能够成功构造多个正确的决策树。为了超越训练集的约束，即不仅正确地分类训练集中的对象，还能正确地分类其他对象，需要用回归的方法，将决策树进行修剪，更简单的树有利于捕获对象的类及其属性值之间的关系。

基于ID3算法构建决策树则是简化决策树的一种方法，该算法的核心是以信息增益作为选择属性的准则。属性 a 的信息增益反映了根据属性 a 的值对某知识进行类名划分时导致不确定性的减少量。一般来说，通过某属性可以精准地将知识分类，则该属性的信息增益越大；反之，则越小。为建立稳定性高的决策树，ID3算法在构建决策树的节点时，会遍历所有可选属性，从中选择信息增益最大的作为节点。如果某样本知识具有多重属性，会计算其每种分割后的纯度，选取纯度最大的分割情况产生决策树节点。ID3算法具有原理简单、学习能力强的优点，但也存在对错误数据包容性小的缺点，即当训练数集较大时存在不够稳定的问题。

C4.5算法在基于ID3算法运行原理的基础上，将信息增益比作为属性选择的准则，并在构造决策树的过程中增加了剪枝处理，使其分类结果更准确。

（2）基于MOD法的单个零件标准拆卸时间估计方法　零件拆卸消耗的时间主要由拆卸时的具体动作决定，拆卸动作主要由零件的结构特征决定。对结构完好无损伤的理想零件进行拆卸所消耗的时间，称作零件标准拆卸时间。任一项拆卸作业都可以分为拆卸操作层与人体动作层，其中拆卸操作与零件结构相关，人体动作与具体拆卸操作相关。以拆卸螺栓作业为例，按照标准拆卸操作，可以分解为抓住螺栓→转动螺栓→取出螺栓三个拆卸操作。在人体操作层面，抓住螺栓操作可以分解成人体的手臂移动和手指抓住动作，如图2-18所示。零件拆卸作业的分解可以帮助分析零件拆卸作业具体由哪些动作组成，零件标准拆卸时间的计算则可以通过分析零件拆卸作业的人体动作层消耗的时间得到。

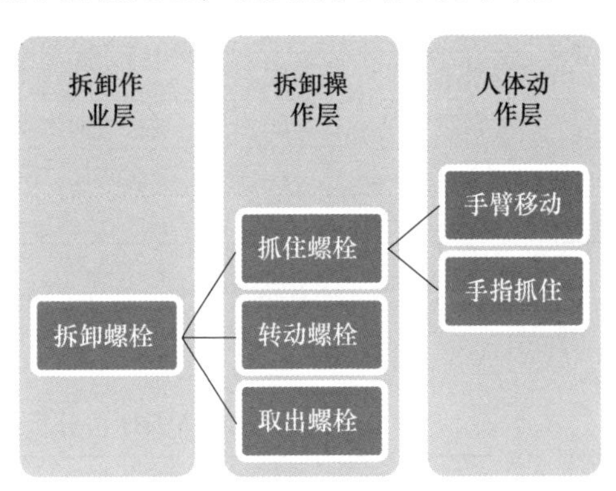

图2-18　螺栓拆卸作业分层

MOD法是一种基于人机工程学的标准作业时间计算方法，运用该方法可以将每个拆卸操作包含的具体拆卸动作用基本动作标记，即手指的弹动，因此零件标准拆卸时间可用MOD法确定。手指弹动一次表示一个计量单位，用一个MOD数表示，对应消耗的时间为0.129s，其他动作消耗的时间则可用该计量单位的倍数表示。为分析每个拆卸操作包含的具体动作，可以基于冶金设备的三维模型，通过在仿真工具中建立冶金设备和人体三维模型，模拟具体拆卸操作来确定。

MOD 法主要包括以下三类 21 种动作：

1）移动动作类。MOD 法分析的标准移动动作见表 2-1。

表 2-1 MOD 法分析的标准移动动作

动作	符号	含义	时间值
手指移动	M1	手指第三个关节前部分的移动	1MOD
手腕移动	M2	手腕以前部分的移动	2MOD
小臂移动	M3	肘部以前部分的小臂移动	3MOD
上臂移动	M4	自然伸出小臂和大臂的动作	4MOD
伸直动作	M5	胳膊在自然伸直的基础上尽量伸直的动作	5MOD

2）终结动作类。MOD 法分析的标准终结动作见表 2-2。

表 2-2 MOD 法分析的标准终结动作

动作	符号	含义	时间值
接触	G0	手或手指接触目的物	0MOD
简单抓取	G1	手或手指抓取目的物	1MOD
复杂抓取	G3	需要注意力的非简单抓取	3MOD
简单放置	P0	将抓着的物体运往目的地并直接放下	0MOD
需要注意力的简单放置	P2	放置物体时需要观察并确定大致位置	2MOD
需要注意力的复杂放置	P5	准确放置物体或进行配合	5MOD

3）身体及其他动作类。身体其他动作主要由下肢、腰的动作以及其他辅助性动作组成，具体动作见表 2-3。

表 2-3 MOD 法分析的身体及其他动作

动作	符号	含义	时间值
脚踏动作	F3	脚跟踏在板上，做脚踝动作	3MOD
步行动作	W5	走步使身体移动或旋转	5MOD
弯腰动作	B17	从站立、弯曲身体或蹲下、单膝触地等状态，恢复到原状态的往复动作	17MOD
坐下再站起	S30	坐在椅子上再站起来的动作	30MOD
搬运动作	L1，L2	有效质量小于 2kg，不考虑；搬运的有效质量为 2～6kg 时，质量因素为 L1，为 1MOD；有效质量为 6～10kg 时，质量因素为 L2，为 2MOD；以后每增加 4kg，时间值增加 1MOD	—
目视动作	E2	眼睛移动或调整焦点	2MOD
矫正动作	R2	矫正抓物体的动作	2MOD
判断动作	D3	在动作与动作之间做出瞬间判断	3MOD
施加压力	A4	对物体施加力的动作来克服阻力	4MOD
旋转动作	C4	以手腕或肘关节为轴心旋转一周的动作	4MOD

以拆卸减速器中间轴为例，用 MOD 法分析其各个拆卸工序，计算拆卸标准工时，结果见表 2-4。

表 2-4　减速器中间轴 MOD 法计算值

序号	工站名称	动作分析	总 MOD 值	总时间/s
1	拆卸左端盖	M5G3A4C4M5P2	23	2.967
2	取出中间轴组件	M5（G3×2）（C4×2）（M3×3）G3M3P2	36	4.644
3	拆卸轴承	M5G3（A4×3）C4M5P2	31	3.999
4	拆卸调整环	M5G3C4（E2×2）M5P2	23	2.967
5	拆卸齿轮	M5G3（C4×4）M3M5P2	34	4.386
6	拆卸轴键	M5A4E2D3M3G3M3P2	25	3.225

（3）基于数据挖掘的拆卸时间校正因子计算　基于 MOD 法计算的拆卸时间是基于冶金设备三维模型并考虑拆卸时候的具体动作的标准拆卸时间计算方法。然而，实际拆卸过程中零件的连接状态直接影响了拆卸动作的复杂度，如连接件发生了变形、腐蚀、磨损等情况将增加有效的拆卸时间。在实际拆卸工作中，如果在较恶劣的环境中，冶金设备经过长时间的使用和暴露，会加速生锈和氧化物的形成以及磨损沉积，这些损伤会增加拆卸的难度，进而增加特定活动所需的时间（如拧松）。计算有效拆卸时间时，必须解决与标准条件的每个偏差。

废旧冶金设备的有效拆卸时间可以通过调整标准拆卸时间得到，将标准拆卸时间与影响拆卸时间各因素相关拆卸因子相乘，得到有效拆卸时间，计算式为

$$T_e = T_s \prod_k F_k \tag{2-11}$$

式中，T_e 是有效拆卸时间，单位为 s；T_s 是标准拆卸时间，单位 s；F_k 是校正因子。

下面将考虑影响实际有效拆卸时间的废旧零件的连接状态和受损情况，应用数据挖掘方法中的聚类分析方法和决策分类方法，求解该类因素影响下的有效拆卸时间校正因子。具体步骤如下：

1）数据准备。数据挖掘的处理对象是大量的数据，这些数据一般存储在数据库系统中，是长期积累的结果。但是，这些数据往往不能直接用于数据分析工作，需要对它们进行预处理，为数据分析工作做好准备。本节需要做的数据准备主要包括以下内容：

①确定可能影响拆卸时间的参数，主要分为连接方法和连接状态。

②确定用于收集拆卸时间的废旧冶金设备。

③对冶金设备零部件进行分类，以分离影响拆卸时间的参数间的关系。例

如，对螺钉的连接类型相关参数进行了评估，主要考虑了未磨损、在清洁干燥环境中使用且未变形的冶金设备零部件。

④确定此类冶金设备的拆卸生产线操作人员接受过关于数据收集方法的一般培训。

⑤收集数据分析所需的拆卸时间和连接参数。拆卸操作人员活动的直接观察/视频记录用于收集有关联络的相关知识（每次拆卸任务的持续时间、特殊工具的需要、拆卸或提取操作的不同之处），电子表格用来收集分析部件和冶金设备的条件和拆卸时间。

2）基于 k-means 算法的单因素影响的校正因子计算。采用聚类算法的目的是将观测数据分为多个聚类，其中每一个观测数据都以最近的平均值聚类，从而作为聚类的原型，然后使用该方法确定每个参数的最佳簇数。影响校正因子计算的参数为连接件的连接方式以及实际损伤情况。

连接结构是指通过连接件或物理、化学等连接方式约束在一起的组件集合，并将连接件以外的组件称为功能组件，因此，连接结构一般由连接件和功能组件构成。具体的连接结构根据拆卸类型可以分为可拆卸连接和不可拆卸连接，可拆卸连接又可以分为紧固件连接和无紧固件连接，不可拆卸连接包括焊接、粘接、铆接等。其中，可拆卸零件间的连接方式见表 2-5。

表 2-5　可拆卸零件间的连接方式

分类	连接结构形式	实例
紧固件连接	螺纹紧固件连接	螺栓-螺母连接
		双头螺柱连接
		螺钉连接（自攻螺钉连接、紧固螺钉连接）
		其他
	销连接	圆柱销、圆锥销、槽销、弹性销、开口销
	键连接	静连接（平键、半圆键、切向键、楔键）
		动连接（导向平键、滑键）
	楔连接	松连接
		紧连接
无紧固件连接	可拆卸过盈连接	圆柱面过盈连接、圆锥面过盈连接
	伸张连接	卡扣连接
	形状连接	齿轮连接、盒性连接、凸耳连接

零件连接处由于受力情况复杂，其受损也较为常见，受损的连接件对拆卸工作增加了难度，相应地增加了实际拆卸时间。按失效机理，零件失效可分为疲劳裂纹、累积塑性变形和磨损三类。疲劳裂纹如开裂、剥层等，累积塑性变

形如墩粗、凹陷，磨损则包括磨粒磨损和疲劳磨损（如点蚀）。根据失效分析的相关材料，将失效类型进行总结，结果见表 2-6。

表 2-6　零件失效类型汇总

故障分类	失效特征	实例
过量变形	扭转与弯曲	花键
	拉长与压缩	紧固件
	胀大超限	活塞缸体
	蠕变	曲轴、转向器
	弹性元件发生永久变形	弹簧
开裂断裂	一次加载断裂	拉伸、弯曲、冲击
	环境介质引起断裂	应力腐蚀、液态金属脆化、辐照脆化、疲劳腐蚀
	疲劳断裂	低周疲劳、高周疲劳、弯曲、扭转、接触、拉压、高温疲劳、振动疲劳
表面损伤	磨损	黏着磨损、磨粒磨损
	腐蚀	局部腐蚀、均匀腐蚀

基于控制变量法的思想，可计算得每种连接件连接方式及受损情况下的校正因子，聚类各校正因子，分析获得每个参数的校正因子，具体步骤如下：

①组合与特定连接方式相关的各种可能存在的失效形式，以其作为参数，并测得相应的平均拆卸时间。

②对每个参数组合测得的平均拆卸时间归一化处理，以此得到每个参数组合影响的校正因子。

③对②中计算的单个参数组合影响的校正因子取群集平均值。

④计算③中单个参数影响的校正因子中的最小校正因子，该校正因子对应的是针对特定连接方式下的最佳失效情况，例如带有凹口圆柱头的轴承比其他类型的轴承更容易拆卸。

⑤按上述步骤，基于最易拆卸的连接方式计算归一化校正因子。

3）基于 C4. 5 算法的单零件校正因子计算。用 *k*-means 算法可求得单因素各自对应的校正因子，一旦获取废旧冶金设备整体对应的校正因子，就可以在标准拆卸时间的基础上计算出较为符合实际的有效拆卸时间。利用决策树可以找到对象的属性和值之间的映射关系。对拆卸时间影响因素构建决策树，可以建立拆卸对象的状态和校正因子的映射关系，在确定拆卸对象之后，得到其对应的总的拆卸时间校正因子。

具体地，基于 C4. 5 算法构建决策树，其选择特征的准则是信息增益比，避免了 ID3 算法以信息增益为特征选择准则时出现的过拟合现象。

信息增益比定义为

$$\mathrm{Gain\_ratio}(D,a)=\frac{\mathrm{Gain}(D,a)}{\mathrm{IV}(a)} \tag{2-12}$$

式中，特征 a 将数据集 D 划分为 D_1，D_2，…，D_v。

$$\mathrm{IV}(a)=-\sum_{i=1}^{v}\frac{|D_i|}{|D|}\log_2\left(\frac{|D_i|}{|D|}\right) \tag{2-13}$$

$$\mathrm{Gain}(D,a)=\mathrm{Ent}(D)-\mathrm{Ent}(D|a) \tag{2-14}$$

$$\mathrm{Ent}(D|a)=\sum_{i=1}^{v}\frac{|D_i|}{|D|}\mathrm{Ent}(D_i) \tag{2-15}$$

$$\mathrm{Ent}(D)=\sum_{k=1}^{N}p(k)\log_2 p(k) \tag{2-16}$$

式中，D 代表数据集；k 表示某类别；$p(k)$ 表示类别 k 的发生概率；N 代表类别总体个数。

（4）求解最优拆卸序列　在前面的单个目标件拆卸序列中，每个箭头都标识了一个拆卸操作，即拆卸一个组件的过程就是删除组件与其余部分连接起来的所有连接。拆卸每个目标件的有效拆卸时间为其可行拆卸序列中所有连接件拆卸时间之和。将每个可行序列的拆卸时间计算为特定拆卸序列所涉及的不同拆卸操作的时间和，计算式为

$$S_i=\sum_{m}t_m \tag{2-17}$$

式中，S_i 是第 i 个拆卸目标件的拆卸时间，单位为 s；t_m 是第 i 个拆卸序列中第 m 个拆卸操作的时间，单位为 s。

$$T_x=\min\{S_1,S_2,\cdots,S_n\} \tag{2-18}$$

式中，T_x 表示最短拆卸时间，单位为 s。

拆卸序列的长短影响着拆卸生产线上的工位多少，求解最短拆卸序列的目的是减少生产线上的工位，以减少拆卸成本。为了进一步提高拆卸效率以及增加企业盈利，应该在拆卸序列最短的情况下，通过计算并比较各最短拆卸序列所需的拆卸时间，得到序列最短、耗时最少的拆卸序列作为最优拆卸序列。

图 2-19　某变速器总成

3. 案例

某变速器总成如图 2-19 所示。图 2-20 所示为七档位变速器拆除后箱体后的主要组件，包括主轴一、

主轴二、副轴一、副轴二、倒档轴、差速器、换档机构、接合机构以及附件，未列附件包括油封、螺栓、卡簧等。相较于主要组件，附件多为标准件，成本较低，可直接更换新零件。为了节省分析时间和成本，提高拆卸效率，本案例只考虑主要的受损零件是否满足再制造要求，从主要的零件中选择目标件。变速器在运行过程中，经常出现的附件受损导致变速器需要小范围拆卸维修的情况，不在考虑范围。除附件外，主要零件共计 78 个，再加上前箱体和后箱体，共 80 个零件，见表 2-7。由于零件众多，在放置拆卸、分解零件时，必要时需做上标记，按次序放置，避免发生混乱、放错。一次性用品（如箱体上的密封盖等）应当报废，换上新品。

图 2-20　七档位变速器的主要组件

本节将结合查询的有关废旧变速器的资料和在企业调研中获得的变速器拆卸信息，按照前文提到的拆卸序列规划方法，首先选择出该变速器的多个目标拆卸零件，再求出其最短拆卸序列，最后计算出各最短拆卸序列的有效拆卸时间，选择其中消耗时间最少的序列为最佳拆卸序列。

（1）选择变速器的拆卸目标件　根据提出的目标件筛选方法，通过对各主要零件的失效状况进行调查，统计出各主要零件的失效概率，并计算出其可再制造加工性、可拆洗性以及经济性三个指标值。资料显示变速器常见的机械失效包括：

1）齿轮磨损。由于转速和负载的不断变化，齿轮在冲击载荷的作用下，受到的损伤也呈现多样性，主要损伤包括齿轮齿面磨损，齿轮轮齿破碎，齿轮端面磨损，常啮合齿轮轴颈、滚针轴承及座孔磨损。

2）壳体磨损。变速器壳主要用于保证内部零件的正确位置，对各零件起着支撑作用，承受着一定的负载和冲击，其常见损伤有轴承座孔磨损、壳体螺纹孔磨损。

3）轴失效。变速器各轴主要承受变化扭转力矩、弯曲力矩作用。各轴的常见损伤有轴颈磨损、轴颈烧蚀、键齿磨损、轴弯曲。

表 2-7 变速器主要零件汇总

所属组件	序号	零件名称	所属组件	序号	零件名称
主轴一组件	1	主轴一合件	副轴二组件	41	副轴二齿圈
	2	主轴定距环		42	五档同步器组件
	3	主轴一后滚针轴承		43	五档定距环
	4	主轴一前滚针轴承		44	五档滚针轴承
主轴二组件	5	主轴四六档滚子轴承		45	副轴五档齿轮合件
	6	主轴二		46	副轴二后轴承
	7	主轴二承压板	倒档轴组件	47	倒档轴副轴锥轴承
	8	主轴二轴承		48	倒档轴
副轴一组件	9	副轴一前轴承		49	倒档滚针轴承
	10	副轴一		50	倒档齿轮合件
	11	四六档滚针轴承		51	倒档同步环
	12	副轴二档齿轮合件		52	倒档同步器组件
	13	二档同步环组件		53	同步卡簧压板
	14	二四档同步器组件		54	倒档棘轮
	15	四档同步环组件	差速器	55	差速器右半轴
	16	四六档定距环		56	差速器右半轴弹簧
	17	副轴四档齿轮组件		57	差速器右半轴弹簧座
	18	三四档定距环挡圈		58	差速器右半轴锥形环
	19	三档定距环		59	右半轴卡圈
	20	三档滚针轴承		60	差速器左半轴
	21	副轴三档齿轮合件		61	差速器组件
	22	一三档同步器组件		62	差速器左半轴弹簧
	23	一档滚针轴承		63	差速器左半轴弹簧座
	24	一档定距环		64	差速器左半轴锥形环
	25	副轴一档齿轮合件		65	左半轴卡圈
	26	副轴一档齿轮压板	换档机构	66	五档换档拨叉组件
	27	副轴锥轴承		67	六档换档拨叉组件
	28	副轴压紧螺钉		68	一三档换档拨叉组件
副轴二组件	29	副轴锥轴承		69	二四档换档拨叉组件
	30	副轴二	接合机构	70	接合臂支座
	31	副轴倒档前端面轴承		71	接合轴承二套筒
	32	副轴倒档空档齿轮合件		72	接合轴承一套筒压板
	33	副轴倒档后端面轴承		73	接合轴承一套筒
	34	副轴倒档滚针轴承		74	接合臂二组件
	35	六档限位钢圈		75	接合臂一组件
	36	六档同步器组件		76	接合轴承一
	37	五六档同步环		77	接合轴承二
	38	四六档滚针轴承		78	双离合器总成
	39	四六档定距环	前箱体	79	前箱体
	40	副轴六档齿轮合件	后箱体	80	后箱体

4）同步器失效。惯性同步器失效的主要形式包括锁环式惯性同步器的锥面

角变形和锁销式惯性同步器的锥环、锥盘磨损。

通过对以上变速器的失效形式出现的频率进行统计，得到各零件失效概率 B 大致为：密封失效 50.2%，轴承失效 22.5%，齿轮失效 10.3%，静态连接失效 9%，轴失效 7%，齿轮箱失效 1%。同时，计算各主要零件的可再制造加工性 P_m、可拆洗性 P_d、经济性 E。统计结果见表 2-8。然后根据各指标的信息熵 e_j 计算得到各指标的差异系数 g_j，进而求得各指标的权重 W_j，通过熵权法计算得到各指标的权重值，以权衡各指标对零件拆卸优先性的影响，其结果见表 2-9。最后，应用 PROMETHEE Ⅱ法计算出各零件拆卸优先顺序，构建废旧零件的两两比较优先指数矩阵 $\boldsymbol{\pi}$，在此计算基础上，计算得到各主要零件的拆卸优先排序，见表 2-10，其中净流量大的代表其更适合作为目标件。在实际应用过程中，可根据生产条件选择排序靠前的零件作为目标件。为便于验证，本案例选取排名前八的零件作为目标件。

表 2-8　变速器各主要零件的四个指标值

零件编号	失效概率（%）	可拆洗性	可再制造加工性	经济性
1	5	3.4	4.125	1
2	56	3	2.75	1
3	4.7	3.4	2.875	0.885
4	57	3.5	2.75	0.885
5	48	3.4	2.875	0.889
6	70	3	4	0.8
7	1	3.5	2.75	0.75
8	82	2.6	2.75	0.8
9	90	3.5	2.75	0.75
10	7.3	2.6	2.875	0.889
11	3	2.6	2.875	0.889
12	57	2.4	4	1
13	1	3.4	4.125	1
14	89	3.2	4.125	1
15	89	3	2.625	0.75
16	1	3.5	2.75	0.75
17	2	2.6	2.75	0.8
18	90	3.5	2.75	0.75
19	38	3	2.75	1
20	2.5	3.5	2.875	0.885

（续）

零件编号	失效概率（%）	可拆洗性	可再制造加工性	经济性
21	4	3.4	2.625	0.885
22	6.8	2.6	2.625	0.8
23	2.4	2.6	2.75	0.8
24	6	2.6	2.75	0.889
25	35	2.6	2.875	0.889
26	5	2.4	2.875	1
27	6.3	3.4	4	1
28	15	2.6	4.125	1
29	15	2.6	4.125	0.75
30	15	2.4	2.875	0.75
31	2.6	3.4	4	0.885
32	2.6	3.2	4.125	0.885
33	6	3.5	4.125	0.885
34	2.2	3.5	2.75	0.8
35	8	3.5	2.75	1
36	1	3.5	2.75	1
37	67	3	2.875	1
38	67	3	2.625	1
39	89	3	2.625	0.75
40	1	3	2.875	1
41	1	3	2.75	0.75
42	76	2.6	2.75	0.8
43	1	2.6	2.875	0.8
44	96	2.6	2.875	0.889
45	56	3	2.75	1
46	4	2.4	4	0.889
47	4.5	2.6	4.125	1
48	3	2.6	2.875	1
49	5	2.6	4	0.885
50	2	2.6	4.125	0.885
51	4.3	2.4	4.125	0.885
52	2.4	3.4	2.75	0.8

（续）

零件编号	失效概率（%）	可拆洗性	可再制造加工性	经济性
53	4.5	3.2	2.75	0.8
54	5.2	3.5	2.75	0.889
55	2.3	3.5	2.75	0.889
56	3.6	3.5	2.75	1
57	53	3.5	2.875	1
58	23	3.4	2.625	1
59	22.5	3.2	2.625	0.75
60	2	3.5	2.75	0.75
61	26	3.5	2.75	0.885
62	22.5	3.5	2.875	0.885
63	31	3.5	2.875	0.885
64	22	3	4	0.8
65	11	3	4.125	0.889
66	34	3	4.125	0.889
67	3	3	2.875	1
68	4	2.6	2.625	1
69	55	2.6	2.625	1
70	2	2.6	2.75	0.885
71	95	2.4	2.75	0.885
72	1	3	2.75	1
73	2	3.5	2.875	0.8
74	2.7	3.5	4	0.8
75	25	3.5	4.125	0.889
76	3	3.4	4.125	0.889
77	2	3.2	2.875	1
78	24	3.5	4	1
79	1.3	3.5	4.125	1
80	6	2.6	2.75	0.889

表 2-9　各指标权重

指标	失效概率	可拆洗性 P_d	可再制造加工性 P_m	经济性 E
e_j	0.844 4	1.003 8	1.001 8	1.004 6
g_j	0.002 1	−0.000 1	0.000 0	−0.000 1
W_j	1.070 6	−0.026 2	−0.012 5	−0.031 9

表 2-10　变速器各零件的拆卸优先排序

编号	流入量	流出量	净流量	排序	编号	流入量	流出量	净流量	排序	编号	流入量	流出量	净流量	排序
1	0. 693 759	-3. 828	4. 521 759	1	60	-0. 208 28	-0. 130 31	-0. 077 97	28	70	-0. 758 68	0. 218 628	-0. 977 308	55
3	0. 688 283	-3. 733 08	4. 421 363	2	25	-0. 383 84	0. 012 043	-0. 395 883	29	29	-0. 762 1	0. 220 085	-0. 982 185	56
4	0. 659 929	-3. 286 63	3. 946 559	3	26	-0. 383 94	0. 012 141	-0. 396 081	30	28	-0. 762 11	0. 220 098	-0. 982 208	57
5	0. 654 512	-3. 203 19	3. 857 702	4	27	-0. 384 54	0. 012 745	-0. 397 285	31	17	-0. 766 04	0. 222 057	-0. 988 097	58
13	0. 653 705	-3. 202 38	3. 856 085	5	61	-0. 495 75	0. 084 853	-0. 580 603	32	48	-0. 769 6	0. 223 642	-0. 993 242	59
15	0. 607 709	-2. 658 54	3. 266 249	6	32	-0. 586 26	0. 136 257	-0. 722 517	33	20	-0. 769 78	0. 223 817	-0. 993 597	60
22	0. 578 384	-2. 380 3	2. 958 684	7	9	-0. 608 24	0. 147 894	-0. 756 134	34	51	-0. 773 01	0. 225 057	-0. 998 067	61
37	0. 562 833	-2. 249 32	2. 812 153	8	19	-0. 624 15	0. 156 122	-0. 780 272	35	31	-0. 776 51	0. 226 56	-1. 003 07	62
34	0. 484 789	-1. 720 82	2. 205 609	9	24	-0. 639 2	0. 163 257	-0. 802 457	36	76	-0. 782 96	0. 228 97	-1. 011 93	63
35	0. 484 677	-1. 720 71	2. 205 387	10	30	-0. 648 79	0. 167 987	-0. 816 777	37	46	-0. 783 03	0. 229 036	-1. 012 066	64
77	0. 434 641	-1. 465 52	1. 900 161	11	21	-0. 649 6	0. 168 798	-0. 818 398	38	73	-0. 783 4	0. 229 421	-1. 012 821	65
11	0. 379 963	-1. 235 22	1. 615 183	12	50	-0. 675 36	0. 181 164	-0. 856 524	39	69	-0. 783 42	0. 229 433	-1. 012 853	66
16	0. 379 604	-1. 234 86	1. 614 464	13	42	-0. 681 28	0. 183 636	-0. 864 916	40	56	-0. 783 49	0. 229 508	-1. 012 998	67
40	0. 367 817	-1. 191 33	1. 559 147	14	45	-0. 681 56	0. 183 913	-0. 865 473	41	66	-0. 783 64	0. 229 652	-1. 013 292	68
65	0. 355 713	-1. 148 59	1. 504 303	15	23	-0. 682 05	0. 184 415	-0. 866 465	42	8	-0. 783 67	0. 229 685	-1. 013 355	69
53	0. 331 373	-1. 066 21	1. 397 583	16	68	-0. 691 76	0. 188 883	-0. 880 643	43	79	-0. 783 78	0. 229 793	-1. 013 573	70
67	0. 111 27	-0. 540 89	0. 652 16	17	43	-0. 697 96	0. 191 531	-0. 889 491	44	75	-0. 807 36	0. 238 952	-1. 046 312	71
78	0. 058 722	-0. 453 4	0. 512 122	18	49	-0. 698 51	0. 192 094	-0. 890 604	45	12	-0. 818 03	0. 243 284	-1. 061 314	72
62	0. 041 161	-0. 426 05	0. 467 211	19	47	-0. 704 69	0. 194 685	-0. 899 375	46	33	-0. 818 61	0. 243 878	-1. 062 488	73
59	-0. 016 13	-0. 344 91	0. 328 78	20	41	-0. 714 77	0. 199 317	-0. 914 087	47	7	-0. 818 67	0. 243 932	-1. 062 602	74
57	-0. 118 84	-0. 220 67	0. 101 83	21	18	-0. 715 16	0. 199 715	-0. 914 875	48	14	-0. 818 71	0. 243 976	-1. 062 686	75
71	-0. 140 02	-0. 197 91	0. 057 89	22	64	-0. 715 29	0. 199 845	-0. 915 135	49	2	-0. 818 72	0. 243 988	-1. 062 708	76
74	-0. 162 27	-0. 174 98	0. 012 71	23	52	-0. 728 49	0. 205 652	-0. 934 142	50	37	-0. 818 82	0. 244 086	-1. 062 906	77
54	-0. 185 58	-0. 151 88	-0. 033 7	24	72	-0. 748 33	0. 214 1	-0. 962 43	51	39	-0. 818 83	0. 244 098	-1. 062 928	78
80	-0. 185 83	-0. 151 63	-0. 034 2	25	63	-0. 748 93	0. 214 705	-0. 963 635	52	—	—	—	—	—
58	-0. 197 01	-0. 140 9	-0. 056 11	26	44	-0. 749 02	0. 214 792	-0. 963 812	53	—	—	—	—	—
55	-0. 197 24	-0. 140 67	-0. 056 57	27	10	-0. 749 06	0. 214 836	-0. 963 896	54	—	—	—	—	—

（2）求解变速器的最短拆卸序列　根据2.1.1节提出的目标件选择方法，考虑变速器零件的失效情况及其可再制造性，计算出各主要零件的拆卸优先顺序，从中选出了零件1、3、4、5、13、15、22、37作为目标件。在2.1.2节提出的单目标件的拆卸序列规划方法的基础上，可以得到变速器的结构混合图，如图2-21所示。在此基础上，用2.1.3节提出的方法计算出目标件的最短拆卸序列，得到计算结果为

80→差速器→28→27→26→22→23→20→19→18→15→14→12→13→46→42→41→37→3→4→1→5

或者

80→差速器→28→25→22→21→20→19→18→15→14→12→13→45→44→43→37→3→4→2→1→5。

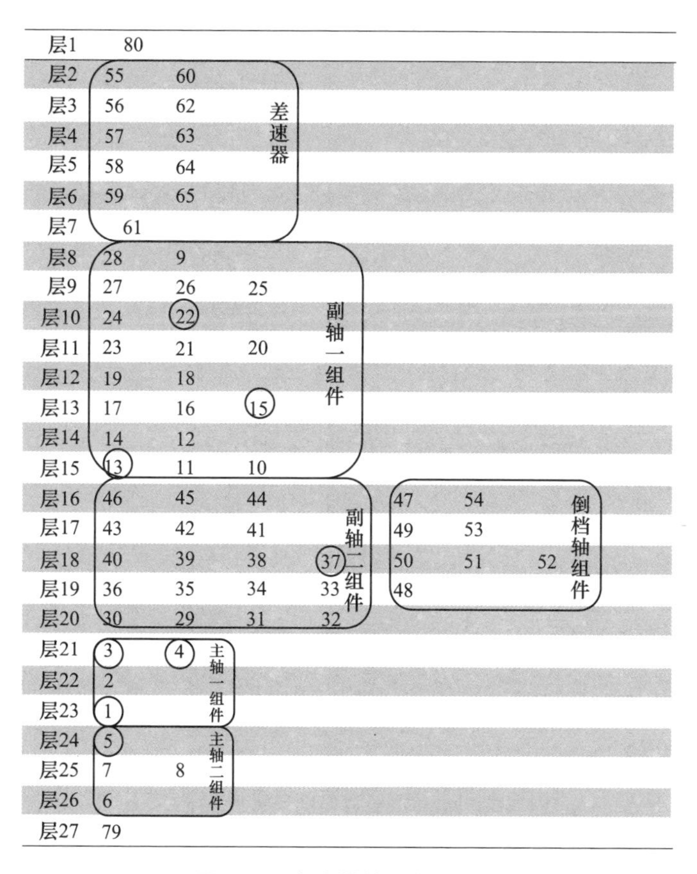

图2-21　变速器的结构混合图

（3）求解变速器的最优拆卸序列　计算得到能实现目标件拆卸的最短序列

有两条，根据 2. 1. 3 节提出的方法可通过比较各序列所需的拆卸时间，选取拆卸时间最短的序列作为最优拆卸序列。

通过聚类分析，可求得影响拆卸的零件连接方式和零件受损情况对应的有效拆卸时间校正因子，见表 2-11。

表 2-11　校正因子汇总

影响因素	校正因子	影响因素	校正因子
螺栓-螺母连接	1. 25	圆柱面过盈连接	2. 10
双头螺柱连接	1. 29	圆锥面过盈连接	2. 25
螺钉连接	1. 30	卡扣连接	1. 50
圆柱销	1. 36	齿轮连接	1. 36
圆锥销	1. 38	盒性连接	1. 44
槽销	1. 40	凸耳连接	1. 50
弹性销	1. 37	扭转与弯曲	1. 30
开口销	1. 25	拉长与压缩	1. 20
平键	1. 40	胀大超限	1. 10
半圆键	1. 45	蠕变	1. 10
切向键	1. 48	弹性元件发生永久变形	1. 35
楔键	1. 49	一次加载断裂	1. 25
导向平键	1. 42	环境介质引起断裂	1. 25
滑键	1. 43	疲劳断裂	1. 35
楔松连接	1. 46	磨损	1. 56
楔紧连接	1. 52	腐蚀	1. 65

通过 MOD 法，计算拆卸各最短拆卸序列中的零件消耗的标准拆卸时间，计算结果见表 2-12。

表 2-12　MOD 法计算值

零件序号	动作分析	总 MOD 值
1	M5G3M5P2M3G3M3(P5×3)A4E2D3M3G3M3(P5×3)A4E2D3M5P2M5P0	93
2	M5G3M5P2(P5×5)A4E2D3M3G3M3(P5×3)A4E2D3M5P2M5P0	94

（续）

零件序号	动作分析	总 MOD 值
3	M5G3M5P2(P5×5)A4E2D3M3G3M3(P5×3)A4E2D3M5P2M5P0	94
4	M5G3M5P2(P5×3)A4E2D3M3G3M3P2C4(P5×3)A4E2D3M5P2M5P0	90
5	M5G3M5P2(M3G3M3P5)×2A4E2D3M3G3M3P2C4(P5×3)A4E2D3M5P2M5P0	103
12	M5G3M5P2(P5×3)A4E2D3(M3G3M3P5)×2A4E2D3M3G3M3(P5×3)A4E2D3M5P2M5P0	121
13	M5G3M5P2(P5×5)M3G3M3(P5×5)E2D3M5P2M5P0	91
14	M5G3M5P2(P5×3)A4E2D3M3G3M3(P5×3)A4E2D3M3G3M3(P5×3)A4E2D3M5P2M5P0	117
15	M5G3M5P2(P5×2)A4E2D3M3G3M3(P5×3)A4E2D3M3G3M3(P5×3)A4E2D3M5P2M5P0	112
18	M5G3M5P2(P5×2)A4(M3G3M3P5)×2A4E2D3M3G3M3(P5×3)A4E2D3M5P2M5P0	111
19	M5G3M5P2(P5×5)C4(P5×5)A4E2D3M5P2M5P0	90
20	M5G3M5P2(P5×5)A4E2D3M3G3M3(P5×3)A4E2D3M5P2M5P0	94
21	M5G3M5P2(P5×5)A4E2D3(M3G3M3P5)×2A4E2D3M5P2M5P0	98
22	M5G3M5P2(P5×5)A4E2D3M3G3M3(P5×5)A4E2D3M5P2M5P0	104
23	M5G3M5P2(P5×3)A4E2D3M3G3M3(P5×5)A4E2D3M3G3M3(P5×2)A4E2D3M5P2M5P0	122
25	M5G3M5P2(M3G3M3P5)×2A4E2D3M3G3M3(P5×2)A4E2D3M5P2M5P0	92
26	M5G3M5P2(P5×3)A4E2D3(D3×8)×5(M3G3M3P5)×2A4E2D3M5P2M5P0	208
27	M5G3M5P2(P5×12)A4E2D3M5P2M5P0	96
28	M5G3M5P2(P5×5)A4E2D3M3G3M3(P5×12)C4(P5×12)A4E2D3M5P2M5P0	203
37	M5G3M5P2C4(P5×4)(M3G3M3P5)×2(P5×4)A4E2D3M5P2M5P0	108
41	M5G3M5P2(M3G3M3P5)×2A4E2D3M3G3M3(P5×3)A4E2D3M5P2M5P0	97
42	M5G3M5P2(P5×5)A4E2D3D3×8(M3G3M3P5)×2A4E1	106
43	M5(G3×3)(M5×2)P2(P5×2)(A4×2)(E2×3)D3M3G3M3P5(A4×2)D3M5P2M5P0	90
44	M5G3M5P2C4(P5×5)A4E2G3(D3×3)(A4×2)P2M3E2D3M5E3P2M5P0	95
45	M5G3M5P2(P5×6)A4(E2×2)D3M3(G3×3)M3(M5×3)P2M5P0	93
46	M5G3M5P2(P5×2)(A4×2)(E2D3)×3M3(G3×3)M3(P5×3)(A4E2D3M5)×2P2M5P0	113
80	M5G3M5P2A4E2(A4E2D3M3G3)×3M3D3P2M5P0	79
差速器	M5G3M5P2(M3G3M3P5)×3A4E2D3M3(A4E2D3G3)×4(P5×3)M5P2M5P0	144

第一条最短序列所需总时间为

T_{e1} = （79+144+203+96+208+104+122+94+90+111+112+117+121+91+113+106+97+108+94+90+93+103）×1.25×1.40×1.50×1.36×1.56×1.65×1.30×0.129s=3 846.399 6s

第二条最短序列所需总时间为

T_{e2} = （79+144+203+92+104+98+94+90+111+112+117+121+91+93+95+90+108+94+90+94+93+103）×1.25×1.40×2.10×1.36×1.30×1.56×1.65×0.129s=4 996.621 0s

因为 $T_{e1}<T_{e2}$，所以最佳拆卸序列为第一条拆卸序列。

4. 结果分析

本案例在相关专家评价的基础上，通过综合分析变速器废旧零件的失效概率 P_m、P_d 和 E，计算得到的 8 个目标件，具有受损严重、可再制造与再制造价值高的特点，在实际拆卸工作中也常作为拆卸目标。例如，目标件 1 为主轴一合件，在工作时受力较大且受力情况复杂，是常见的失效零件。目前，轴类零件的再制造加工研究和应用较成熟，对其进行再制造，具有较高的经济价值。

表 2-13 列出了 RRT 算法和改进 RRT 算法在探索零件 1 拆卸路径问题上所耗时间，为减少误差，每种算法运行三遍，将平均消耗时间进行比较。由表中结果可知，通过改进 RRT 算法，提升了算法的空间探索效率，有助于求解最短拆卸序列。

表 2-13　算法耗时比较　（单位：s）

算法	第一次	第二次	第三次	平均时间
RRT 算法	13.03	13.59	14.19	13.60
改进 RRT 算法	12.06	12.45	12.94	12.48

为了验证废旧零件有效拆卸时间数据的有效性，将废旧变速器的 13 个零件在拆卸现场的实际拆卸时间和计算得到的有效拆卸时间比较，见表 2-14，其平均偏差率为 9.70%，偏差较小，说明该方法较有效。

表 2-14　实际拆卸时间与有效拆卸时间的比较

序号	零件	实际拆卸时间/s	有效拆卸时间/s	偏差率（%）
1	倒档同步器	36	32	-11.111 1
2	差速器左半轴	58	46	-20.689 7
3	四档同步环	40	34	-15.000 0
4	五档换档拨叉	138	126	-8.695 7
5	二四档同步器	69	65	-5.797 1
6	主轴一后滚针轴承	88	80	-9.090 9

(续)

序号	零件	实际拆卸时间/s	有效拆卸时间/s	偏差率(%)
7	主轴定距环	30	25	-16.666 7
8	主轴二承压板	135	112	-17.037 0
9	双离合器总成	72	69	-4.166 7
10	后箱体	953	865	-9.234 0
11	主轴一	187	185	-1.069 5
12	倒档棘轮	432	426	-1.388 9
13	主轴二	386	362	-6.217 6

2.2 冶金设备典型无损拆卸技术

在选出目标拆卸零件及得到相应的拆卸序列之后，保证目标零件能不被破坏地拆除是拆卸成功的标志之一。冶金设备的无损拆卸技术是冶金设备再制造过程中的一种典型拆卸技术。

2.2.1 过盈冶金设备拆卸问题分析

过盈配合就是利用材料的热胀冷缩性能使孔（轴）胀大（小），将包容件（孔）套在被包容件（轴）上，当包容件（孔）复原时，产生对被包容件（轴）的箍紧力，使两个零件连接。在冶金设备装配过程中，很多大型传动部件轴和套之间的连接采用了大过盈量无键连接，如热轧飞剪齿轮、厚板轧机主传动轴轴套、轧机红装柱销接手等，再制造过程中，需要将其拆下进行再制造加工，而大型圆柱面大过盈连接无损拆卸一直是机械拆装作业中的难点。

图 2-22 所示为典型冶金设备轧机红装柱销接手过盈配合示意图。柱销接手是轧管机组主传动系统上的连接件，由于其承受重载、冲击和高达 103tf · m（$1tf \cdot m = 9.8 \times 10^3 N \cdot m$）的扭矩，要求装配设计上常常选用大过盈量的静配合，装配时一般都采用红装。过去受传统拆卸理论的束缚，认为大过盈量红装连接件无法进行拆卸解体，因此，在需要更换其中一件时，都是采用破坏（氧割）法，对轧机的飞轮轴、减速器Ⅰ/Ⅱ轴、连接机齿轮轴和接手等零部件造成了极大的浪费。如何实现过盈冶金设备的无损拆卸是再制造资源循环利用的关键所在。

2.2.2 过盈冶金设备拆卸方法

一般来讲，过盈冶金设备常用三种拆卸方法：破坏性拆卸、热胀拉出法拆卸、轴向顶出拆卸。

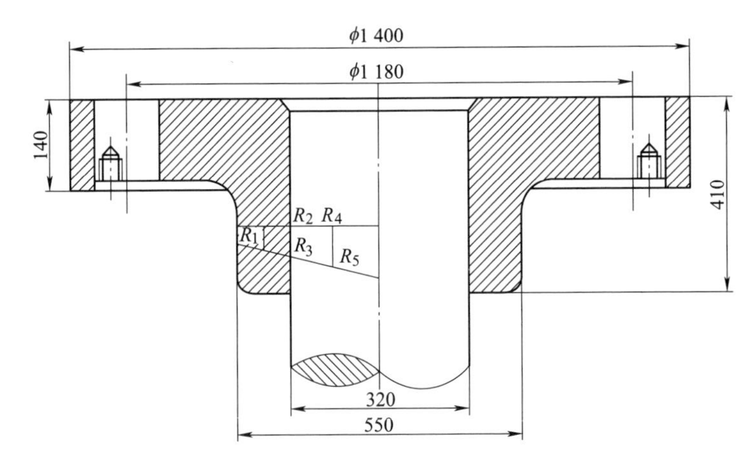

图 2-22　轧机红装柱销接手过盈配合示意图

破坏性拆卸即利用气割或机械加工的方法直接破坏包容件，虽然该方法可以保留轴，但内套却遭受彻底破坏，且在施工过程中要求操作者操作水平较高，一旦操作失误将导致轴表面损伤，同时现场施工采用人工操作，工期较长。

热胀拉出法拆卸是预先加热轴内套，短时间内使其受热膨胀（此时轴还未来得及受热膨胀）直到完全胀开，再使用一定的轴向力将其拉出。由于工件较大，加热时难以做到及时、均匀；同时，温度不能过高（约 300℃），否则，会造成工件局部退火失效。另外，包容件和被包容件的间隙不容易判断，若结合面缺乏有效润滑，拉出时还会造成两工件结合面均被破坏，也需要有一定的施工经验。

轴向顶出拆卸一般适用于轴和套之间过盈量不大的情况，将工装夹具安装在外套上，千斤顶装在工件和轴之间，靠千斤顶实施轴向力，使轴和套之间产生相对位移后将外套拆除。此方法虽然操作简单，但仅适合轴向力不大的场合，且较容易使轴和套的结合面拉伤。

对于大过盈量紧配件只采用加压或只采用加热的单一方法是不能使其解体的。若采用加压法解体，势必要用相当大的专用压力机，则会造成被解体的配合件的配合表面受到破坏，收不到应有的经济效益；若采用加热法解体，由于工件大，受加热升温速度的限制，加热时间相应地要长些，则会导致包容件和被包容件同时膨胀，仍然无法解体。

借助于加压和加热联合作用，一方面不需要很大的解体压力；另一方面对包容件很快加热，利用它和被包容件的导热系数、透热深度、材质等的不同，在较短的时间内使包容件产生一定的膨胀量，而被包容件（轴）还来不及膨胀或膨胀较小，配合面间就能够造成一定的间隙或减少过盈量。在加压和加热同时作用下，当达到紧配合件需要的解体条件时，包容件和被包容件的配合面就产生相对运动，最终达到解体的目的，下面分别计算加热和加压两种方法克服的过盈量。

1. 加热膨胀量的计算

在用天然气直接加热轴套使其表面温度迅速升高时，可以看作加热的第一类边界条件——表面温度等速上升。在这种条件下，当金属的形状和导热系数一定时，加热过程的温差就完全取决于加热速度，以此来控制装配零件内部温度的高低。在一定时间之内，轴套处于加热的正规期，轴套内外表面的温度以相同的速度升高，轴套内外的温差保持定值，而轴由于升温很快，时间很短，加之导热系数、材质、深度等原因，因此轴的中心与轴表面温差逐渐增大，可利用表面等速升温公式来计算轴和轴套的各点温差 Δt，即

$$\Delta t = \frac{CR^2}{4a} - \frac{CR^2}{a}\Phi\left(\frac{a\tau}{R^2};\frac{r}{R}\right) \tag{2-19}$$

式中，C 是升温速度，单位为℃/h；R 是距加热表面的距离，单位为 m；a 是系数，单位为m^2/h；τ 是时间，单位为 h；Φ 是傅里叶函数。

现取五点（即 R_1，R_2，R_3，R_4，R_5），如图 2-22 所示，各点距离加热表面分别为：R_1，57.5mm（轴套外表面）；R_2，115mm（轴套内表面）；R_3，115mm（轴的外表面）；R_4，195mm（轴中心与轴外表面的中点处）；R_5，275mm（轴中心）。加热时间取 22min，即 $\tau=0.366h$；加热表面温度 $t_B=300℃$。

求 R_1点的温度 T_{R_1}，即先求 R_1与加热表面点的温差即可。因$\frac{a\tau}{R^2}>0.60$，$\Phi=0$，已进入正规期，可求得 $\Delta t_{R_1}=17.25℃$，$T_{R_1}=t_B-\Delta t_{R_1}=282.75℃$。

按上述方法，同样可求得 $T_{R_2}=217℃$（轴套内表面温度，已进入正规期），$T_{R_3}=170℃$，$T_{R_4}=64.3℃$（因$\frac{a\tau}{R^2}<0.60$，处于惰性期），$T_{R_5}=13.3℃$（因$\frac{a\tau}{R^2}<0.60$，则处于惰性期）。

各点的相应的膨胀量为

$$\delta_R = \alpha tb \tag{2-20}$$

式中，δ_R 是相应点的线膨胀量，单位为 mm；α 是线膨胀系数，单位为$℃^{-1}$；t 是温度，单位为℃；b 是相应点处的公称尺寸，单位为 mm。

2. 压力计算

由于接手配合的过盈量为 0.35~0.38mm，过盈量较大，仅靠热膨胀增加的膨胀量不能完全消除剩余 0.15~0.18mm 的过盈量，难以达到解体的目的。压力计算式为

$$P_e = f_e p \pi d l \tag{2-21}$$

式中，f_e 是摩擦系数；p 是单位压力，单位为 kgf/mm^2（1kgf=9.8N）；d 是配合面的公称直径，单位为 mm；l 是配合长度，单位为 mm。

单位压力 p 计算式为

$$p = \frac{\delta}{\left(\frac{C_1}{E_1} + \frac{C_2}{E_2}\right) d} \tag{2-22}$$

式中，δ 是实际过盈量，单位为 mm；E_1 是被包容材料的弹性模量；E_2 是包容材料的弹性模量；C_1 是被包容件的刚性系数；C_2 是包容件的刚性系数。

$C_1 = \frac{d^2 + d_1^2}{d^2 - d_1^2} - \mu_1$，因为实心轴 $d_1 = 0$，故 $C_1 = \frac{d^2}{d^2} - \mu_1 = 1 - \mu_1$

式中，d_1 是被包容件的内径，单位为 mm；μ_1 是被包容件材料的泊松比。

$$C_2 = \frac{d_2^2 + d^2}{d_2^2 - d^2} - \mu_2$$

式中，d_2 是包容件的外径，单位为 mm；μ_2 是包容件材料的泊松比。

3. 数值计算与分析

根据实际情况，代入相应参数可计算出 R_1 处膨胀量：

$$\delta_{R_1} = \alpha t d = 13 \times 10^{-6} ℃^{-1} \times 282.75℃ \times 435\text{mm} = 1.60\text{mm}$$

R_2 处膨胀量：

$$\delta_{R_2} = \alpha t d = 12.14 \times 10^{-6} ℃^{-1} \times 217℃ \times 320\text{mm} = 0.84\text{mm}$$

R_3 处膨胀量：

$$\delta_{R_3} = \alpha t d = 11.69 \times 10^{-6} ℃^{-1} \times 170℃ \times 320\text{mm} = 0.64\text{mm}$$

从计算结果可以看出，轴套内孔的膨胀量为 0.84mm，而与之配合的轴表面的膨胀量为 0.64mm，膨胀量之差为 0.20mm，即配合面处，孔件比轴件多膨胀 0.20mm。

根据实际情况，将数值代入式（2-22）中得

$$p = 3\text{kgf/mm}^2$$

将 p 值代入式（2-21）中得

$$P_e = 299\ 180\text{kgf}$$

由计算结果可知，采用 300t 的油压千斤顶是完全可行的。通过加热和加压的理论计算说明：

1）提高升温速度，在 22min 内，轴套处于正规期，内表面的温度为 217℃，

其膨胀量为 0.84mm；而轴由于升温速度低，透热深度大，以及材质和导热系数不同，轴表面温度只有 170℃，其膨胀量为 0.64mm。轴套比轴件在配合面处多膨胀 0.20mm，即减少 0.20mm 的过盈量。

2）由于接手红装时的过盈量为 0.35~0.38mm，尚有 0.15~0.18mm 的过盈量需借助压力去克服，计算说明需 299 180kgf 的压力，采用 300t 的油压千斤顶是能够满足需要的。因此，在加热和加压联合作用下，能够达到解体的目的，而且配合件的配合面均完好无损，可以多次使用。这有助于降低备件消耗，节约检修时间，提高检修质量和改革检修工艺，能够得到一定的经济效益。

2.3 冶金设备批量拆卸线及其平衡技术

批量拆卸是实现大量退役冶金设备高效拆卸的有效途径。然而退役冶金设备及其零部件存在种类繁多、来源复杂且服役时间、磨损程度以及工作环境不同等不确定因素，这导致实际拆卸过程中，一方面采用不同的具体拆卸操作技术，另一方面要考虑许多不确定因素来实现大批量零部件的生产线拆卸。这些不确定因素的存在，决定了拆卸线不能够简单地理解成装配线的逆向过程。在设计平衡拆卸线时，根据零件的损坏程度将拆卸方式分为两类：①常规拆卸方式，是指去除两个部件之间的所有连接，无须考虑破坏性拆卸和拆卸成本而获得所有零件，即完全拆卸；②部分破坏性拆卸方式，是指出于成本考虑，破坏一些连接以获得主要零件。因此，根据不同的拆卸方式，拆卸线平衡问题（disassembly line balancing problem，DLBP）可分为两类：常规拆卸线平衡问题（conventional disassembly line balancing problem，CDLBP）和部分破坏性拆卸线平衡问题（partial destructive disassembly line balancing problem，PDDLBP）。

针对上述拆卸线平衡问题，需要建立更有效的拆卸模型和更精益的评估指标。本节首先提出了一种新的拆卸方法，不仅针对不可拆卸零件，还考虑了低价值、高能耗、长拆卸时间的可拆卸零件的破坏性拆卸方式；然后结合 DLBP 模型，建立了一种新的面向多效率的优化模型，以实现最高的时间效率、价值效率和能耗效率；最后提出了一种基于帕累托（Pareto）边界的离散双种群人工蜂群算法（discrete dual-population artificial bee colony algorithm，DDABCA）来解决这一问题。

2.3.1 问题描述

假设在对退役冶金设备检测和评估之后，零件 A、B、C 和 D 可被完整拆卸，拆卸顺序图如图 2-23a 所示，箭头表示优先级关系。只考虑 DLBP 中的“与”关系类型，拆卸顺序先是 A，然后是 B 和 C，最后是 D。

材料、加工技术和其他因素导致不同零件的价值具有很大差异。例如，B 表示价值较低的零件，D 表示价值较高的零件。在 CDLBP 中，可以将 A、B、C 和 D 以常规方式拆卸，并分别考虑拆卸时间、能耗和拆卸零件的价值。在这种方式下难以实现经济集约与环境友好。例如对于价值低但难以拆卸并且能耗高的零件 B，如果按常规方式进行拆卸，将造成比获得的零件价值更大的资源浪费，这违背了再制造的初衷。相反，通过破坏性的拆卸可以消耗较少的能量或时间，虽然获得的零件价值会较小，但每单位时间产生的价值和能量可能更高。因此，拆卸方式和任务分配将对拆卸线的效率、经济性和环境保护产生重大影响。

为了解决该问题，本节提出了一种新颖的拆卸方式，如图 2-23b 所示。零件 A、B、C、D 既可以通过常规拆卸方式获得，也可以通过破坏性拆卸方式获得 A′、B′、C′和 D′的原材料。这意味着无论 A、B、C、D 是否可以正常拆卸，它们均可被破坏性拆卸。显然，破坏性拆卸所花费的时间、能量消耗和所获得零件的价值与常规拆卸不同。在新的拆卸方式下仅考虑总时间或能源消耗不再合适，因此，定义了新的面向效率的综合优化指标，包括时间效率（TE）、价值效率（VE）和能耗效率（EE）。这种新的拆卸问题称为面向多效率的拆卸线平衡问题（MEoDLBP），其最终目标是实现每个零件的最佳拆卸顺序（拆卸任务分配）和拆卸方式（是否破坏）。

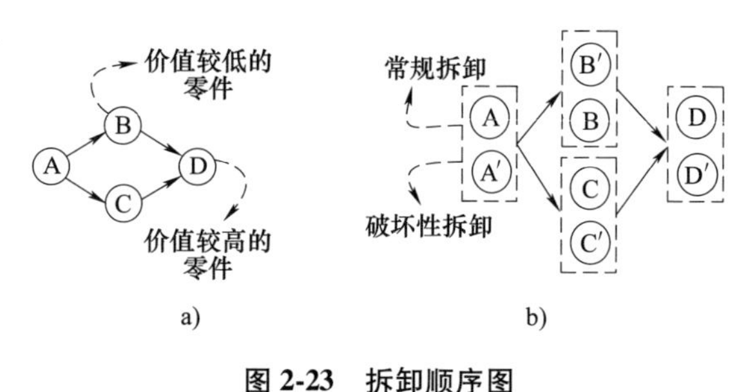

图 2-23　拆卸顺序图

a）常规拆卸方式　b）破坏性拆卸方式

2.3.2　模型构建与表示

假设有种要拆卸的零件，每个零件 n 都对应一个拆卸任务，并且可以在常规方式（$d_n=0$）或破坏性方式（$d_n=1$）下完成拆卸任务。任务 n 的拆卸时间 t_n、能耗 e_n 和拆卸后零件的价值v_n 取决于拆卸方式和拆卸后零件的使用（重复使用、再制造或材料）。N 个任务需要在 M 个工作站上完成拆卸，并且每个任务的拆卸顺序必须满足拆卸优先关系。应当注意的是，某些部件在生产环境中不能被破坏性地拆卸，如危险、高需求、高价值的部件等。因此，为了使模型更通用，$d_n=0$ 表示零件 n 不能被破坏性地拆卸。

拆卸线平衡问题假设如下：

1）每个任务都可以在任何工作站上完成。实际上，危险或某些特殊部件只能在某些固定工作站上拆卸，为了简化模型，未考虑此因素。

2）拆卸时间、能耗和拆卸零件的价值可以通过拆卸前的评估或历史经验数据获得。

3）由于要根据检查和评估对要拆卸的再制造产品进行分类，因此可以认为同一批次的再制造产品是无区别的。

4）工作站已经设置好，工作站的数量 M 是固定的。

5）破坏性拆卸对拆卸顺序没有影响。

1. 目标函数

（1）时间效率（TE） TE 的计算类似于传统的拆卸线，拆卸线的平衡是拆卸效率的直接体现。为了最大限度地利用工作站，TE 被定义为整个拆卸生产线的最小空闲时间，这意味着每个工作站的工作时间均接近于工作节拍时间（CT）。式（2-24）是 CT 的计算公式，它是所有工作站中的最长拆卸时间。

$$\max TE = \frac{\sum_{n=1}^{N}\left[t_n^{d_0}(1-d_n)+t_n^{d_1}d_n\right]}{CT \cdot M} \tag{2-23}$$

$$CT = \max_{m=1,2,\cdots,M}\left\{\sum_{n=1}^{N}\left[t_n^{d_0}(1-d_n)x_{mn} \mid t_n^{d_1}d_n x_{mn}\right]\right\} \tag{2-24}$$

（2）能耗效率（EE） 能耗效率 EE 表示拆卸零件值与拆卸过程所消耗的能量之比，即每单位能耗所产生的拆卸价值，利用式（2-25）计算。EE 考虑了价值与能耗之间的矛盾关系，可以克服常规拆卸方式下单纯追求价值最大化或能耗最小的弊端。拆卸零件的总价值包括再利用价值、再制造价值和材料价值。能耗包括常规拆卸能耗或破坏性拆卸每个零件的能耗。

$$\max EE = \frac{V_{total}}{E_{total}} = \frac{\sum_{n=1}^{N}\left[v_n^{d_0}(1-d_n)+v_n^{d_1}d_n\right]}{\sum_{n=1}^{N}\left[e_n^{d_0}(1-d_n)+e_n^{d_1}d_n\right]} \tag{2-25}$$

（3）价值效率（VE） 式（2-26）用于计算价值效率 VE。装配方式和失效形式的不同导致拆卸时间差异大。同时，由于生产工艺和原材料的不同，再制造零件的价值差异很大。而且拆卸时间长的组件并不总具有很高的再制造价值。因此在某些常规的拆卸方式下，花费很长时间拆卸无价值的零件是不合理的。为了避免这种现象并使拆卸线的价值和拆卸效率最大化，定义了 VE，它不是从拆卸零件获得价值的最大值，而是每单位时间的拆卸价值的最大值。

$$\max VE = \frac{V_{total}}{T_{total}} = \frac{\sum_{n=1}^{N}\left[v_n^{d_0}(1-d_n)+v_n^{d_1}d_n\right]}{\sum_{n=1}^{N}\left[t_n^{d_0}(1-d_n)+t_n^{d_1}d_n\right]} \tag{2-26}$$

2. 约束条件

式（2-27）、式（2-28）是目标函数的约束条件。式（2-27）表示任何任务只能分配给一个工作站；约束（2-28）表示必须根据给定的优先级关系集φ_{kn}完成每个拆卸任务，如果必须在任务 n 之前完成任务 k，则不能将任务 k 分配给任务 n 的下游工作站。也就是说，任务 k 的工作站索引应小于或等于任务 n 的工作站索引。

$$\sum_{m=1}^{M} x_{mn} = 1 \tag{2-27}$$

式中，当 $x_{mn}=1$ 时，表示任务 n 在工作站 m 上；当 $x_{mn}=0$ 时，表示任务 n 不在工作站 m 上。

$$\sum_{m=1}^{M}(mx_{mk}) \leqslant \sum_{m=1}^{M}(mx_{mn}), \forall\ \varphi_{kn}=1 \tag{2-28}$$

2.3.3　批量拆卸线平衡多目标优化算法

拆卸线平衡问题被证明是一种 NP 完全问题，其求解难度将随着问题规模的增加而呈几何增加，传统的数学方法难以获得最优解，元启发式优化算法是一种有效的方法，如蚁群算法、遗传算法、粒子群优化、禁忌搜索等。作为一种新型的群智能优化算法，人工蜂群算法（artificial bee colony algorithm，ABCA）具有操作简单、控制参数低、搜索精度高、对复杂问题进行优化的鲁棒性等特点，已广泛应用于流水线平衡问题，以及 DLBP。然而，由于经典的 ABCA 主要用于解决连续问题，因此解的离散化和新解的产生是研究的重点。本节中，在介绍了基本的 ABCA 之后，提出了一种基于非支配排序的多目标优化方法，该算法主要用于求解 MEoDLBP 模型。

1. 经典 ABCA

在 ABCA 中，食物来源代表问题的可能解决方案，而目标值用于描述其质量。雇佣蜂、观察蜂、侦察蜂被用来寻找良好的食物来源。以下步骤描述了算法的操作：

步骤 1：初始化阶段。初始解表达式为

$$x_{id} = x_d^{\min} + \text{rand}(0,1)(x_d^{\max} - x_d^{\min}) \tag{2-29}$$

式中，$i=1, 2, \cdots, N_p$，N_p是食物来源的数量，即蜂群的数量；$d=1, 2, \cdots, D$；$x_d^{\max}$ 和 $x_d^{\min}$ 分别表示搜索空间中 d_{th}变量的上限和下限；D 是个体的变量数。

步骤 2：雇佣蜂阶段。通过蜜蜂寻找潜在的解决方案 V_{id}，计算式为

$$v_{id} = x_{id} + \mu(x_{id} - x_{kd}) \tag{2-30}$$

式中，k 代表随机选择的蜜蜂编号，与当前使用的蜜蜂 x_i 的编号不同，$k\neq i$；μ 是在区间［−1，1］中随机产生的实数值。

步骤 3：观察蜂阶段。观察蜂的任务是开发被雇佣蜂发现的区域。每个观察蜂都基于以下概率 P_r 选择食物来源：

$$P_r(x_i)=\frac{\mathrm{fit}(x_i)}{\sum_{j=1}^{N_p}\mathrm{fit}(x_j)} \tag{2-31}$$

式中，$\mathrm{fit}(x_i)$ 表示第 i 个食物源的适应度值。

对于任何观察蜂，如果 $P_r(x_i)$ 大于［0，1］内的随机数，则选择第 i 个食物来源。在此阶段观察蜂采用相同的贪婪选择策略，在当前观察蜂与产生的蜜蜂之间选择更好的个体。

步骤 4：侦察蜂阶段。如果迭代后无法改进食物来源，则与之相关的雇佣蜂将成为侦察蜂。侦察蜂将根据式（2-31）产生新的食物来源，而旧的食物来源将被删除。

2. 离散双种群 ABCA

众所周知，基本 ABCA 用于解决连续优化问题，而 MEoDLBP 的解是离散的，必须修改编码、解码、雇佣蜂过程，因此提出了离散双种群 ABCA（DDABCA）。

（1）编码和解码　MEoDLBP 的决策变量为 $\boldsymbol{x}$ 和 $\boldsymbol{d}$。$\boldsymbol{x}$ 是 m 行、n 列的 0-1 矩阵。为了减少解决方案的存储空间并提高运算效率，将 $\boldsymbol{x}$ 编码为包含 n 个元素的向量 $\boldsymbol{x}'$。第 i 个元素值 $x(i)$ 表示第 i 个任务在第 $x(i)$ 个工作站上完成。$\boldsymbol{d}$ 是包含 n 个元素的 0-1 向量，如果第 i 部分将以破坏性方式分解，则 $d(i)=1$，否则 $d(i)=0$。最后，蜂群被编码为由 $\boldsymbol{x}'$ 和 $\boldsymbol{d}$ 组成的包含 $2n$ 个元素的行向量。编码过程如图 2-24 所示，其中 $M=5$，$N=9$。解码过程相反。

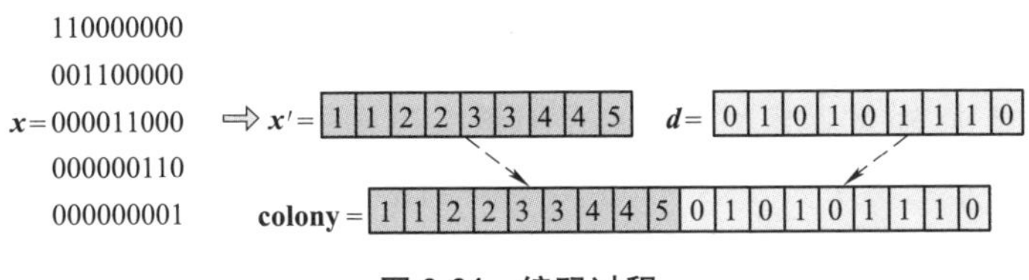

图 2-24　编码过程

（2）交叉操作　交叉操作用于雇佣蜂过程和观察蜂过程。由于个体由两部分组成（$\boldsymbol{x}$ 和 $\boldsymbol{d}$），因此交叉操作也分两部分进行。首先，对于每个雇佣蜂（父代 1），随机选择另一个个体父代 2（父代 2≠父代 1）；然后，在式（2-27）、式（2-28）的约束下，在父代 1 中随机选择一个可交换区域，并在父代 2 中随机选择一个可交换区域交换它们的位置，生成四个 $\boldsymbol{x}$ 片段（x_1，x_2，x_3，x_4）和四个 $\boldsymbol{d}$ 片段（d_1，d_2，d_3，d_4）。根据这些片段，可以通过成对组合获得 14（4×4−2）个新个体，并将其与父代 1 和父代 2 相比，保留更好的下一代，如图 2-25

所示。

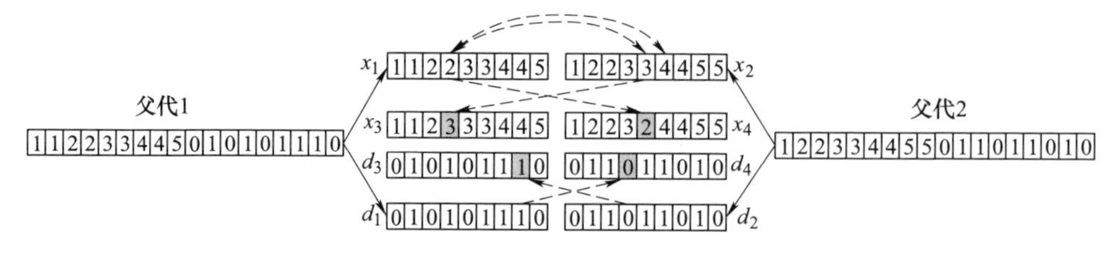

图 2-25　交叉操作

（3）插入操作　通过插入操作以增强 DDABCA 的本地搜索能力。对于 MEoDLBP 问题，插入操作在 $\boldsymbol{x}$ 和 $\boldsymbol{d}$ 区域中独立执行。首先，从父代个体中随机选择插入位置和插入内容，然后将插入内容放入插入点，生成子进程的过程如图 2-26 所示。

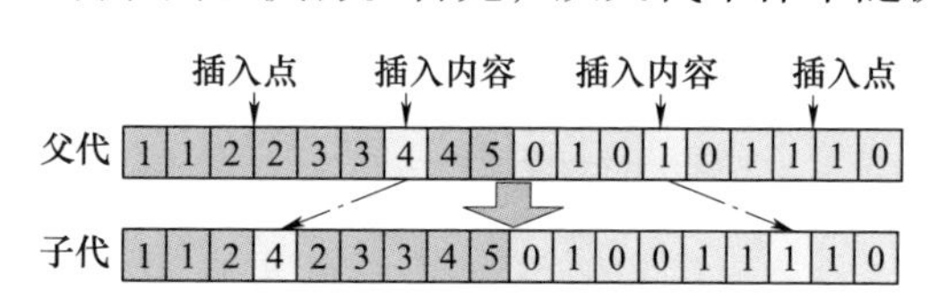

图 2-26　插入操作

（4）双种群机制　对于具有约束的多目标问题，最优解可能位于边界上或边界附近，并且最优解附近的不可行解的适应度值可能会比可行域内解的适应度更好。这种不可行解可能对于找到最佳解更为有用。因此，解决此类问题的难点在于如何在搜索过程中有效利用性能不佳的不可行解。

为了保留一些不可行解，这里提出一种双种群搜索机制，其中X_{f} 存储可行解，X_{if}存储不可行解，N_{f}、N_{if}分别是可行解和不可行解个体规模，$N_{\mathrm{f}}>N_{\mathrm{if}}$。生成新个体 X 时，其存储规则如下：

规则 1：如果 X 是可行解，且其中X_{f} 中可行解的数目小于 N_{f}，将 X 直接插入X_{f}。如果X_{f} 中可行解的数目大于 N_{f}，将 X 与 X_{f} 中的每个个体进行比较，如果在X_{f} 中存在X_i 并且 X 帕累托支配X_i，则用 X 代替X_i；如果不存在，则将 X 插入X_{f}。计算X_{f} 中每两个个体之间的距离，并随机删除两个最接近的个体之一。

规则 2：如果 X 是不可行解，而X_{if}中不可行解数目少于 N_{if}，X 将被直接插入 X_{if}。如果X_{if}中不可行解的数目大于 N_{if}，将 X 与X_{if}中的每个个体进行比较，如果X_{if}中存在X_j 并且 X 帕累托支配X_j，则由 X 代替X_j；如果不存在，则将 X 插入X_{if}。计算X_{if}中每两个个体之间的距离，并随机删除两个最接近的个体之一。

规则 3：如果 X 是不可行解，并且在 L_{if}次迭代后仍然不可行，则随机初始化，寻找代替它的可行解 X。该规则主要是确保不可行解向可行解发展，这可以提高不可行解集的转换率，并提高算法的效率。

为了确保算法的高效率，可行解和不可行解的最大数量分别受到 N_{f} 和 N_{if}的限制。同时，为了确保解决方案的多样性，可行的解决方案和不可行的解决方案随着发展而不断地相互转化。

3. 算法验证

通过拆卸18个任务的减速器和拆卸52个任务的电子打钉机，验证所提方法的有效性和优越性。

DDABCA的基本参数设置（取值范围与最优参数）见表2-15，其中初始种群数量取值分别为80、100、150、200，最优值为150；迭代次数取值分别为100、200，最优值为200；侦察蜂限制取值分别为3、4、5，最优值为5；限制不可行解决方案的迭代时间取值分别为7、9、11，最优值为9；可行解个体规模取值分别为40、50、80、100，最优值为80；不可行解个体规模取值分别为40、50、70、100，最优值为40。

表2-15　DDABCA的基本参数设置

参数	范围	值
初始种群数量	80、100、150、200	150
迭代次数	100、200	200
侦察蜂限制	3、4、5	5
限制不可行解决方案的迭代时间	7、9、11	9
可行解个体规模	40、50、80、100	80
不可行解个体规模	40、50、70、100	40

根据文献中的数据（拆卸时间、拆卸优先关系等）以及从调研和实验中获得的数据（能耗、拆卸零件的价值等），为这两个实例分别建立MEoDLBP模型和CDLBP模型，基于教学学习的优化（TLBO）算法、蚁群（AC）算法和DDABCA求解。TLBO和AC的参数与本章参考文献［17］和［18］相同，DDABCA的参数见表2-15。“范围”表示已对DDABCA测试了不同的参数，“值”是测试后的最佳参数。所有算法均以MATLAB编程语言编码，并在具有4GB RAM的Intel（R）i5-4430S CPU @ 2.70GHz计算机上进行了测试。每种算法均测试50次。为了使结果具有可比性，18个拆卸任务的终止条件是帕累托解决方案在连续5次迭代中不发生变化或迭代达到200次；52个拆卸任务的终止条件是帕累托解决方案连续7次迭代不发生变化，或者循环达到500次迭代。优化结果如图2-27所示，其中横坐标代表不同的优化目标，纵坐标代表MEoDLBP相对于CDLBP的改进百分比。

从图2-27a中不同模型优化结果可以发现，与CDLBP模型相比，MEoDLBP模型的循环节拍时间大大缩短了，文献中提出的算法TLBO、AC和DDABCA的减少量依次为21.9%、24.6%、31.4%；同时，所有算法对目标函数TE、EE、VE都有很大的改进；在MEoDLBP和CDLBP之间，TE、EE、VE的最大优化程度达到了惊人的8%、31.9%和26.3%，从图2-27b也可以得出类似的结论。也

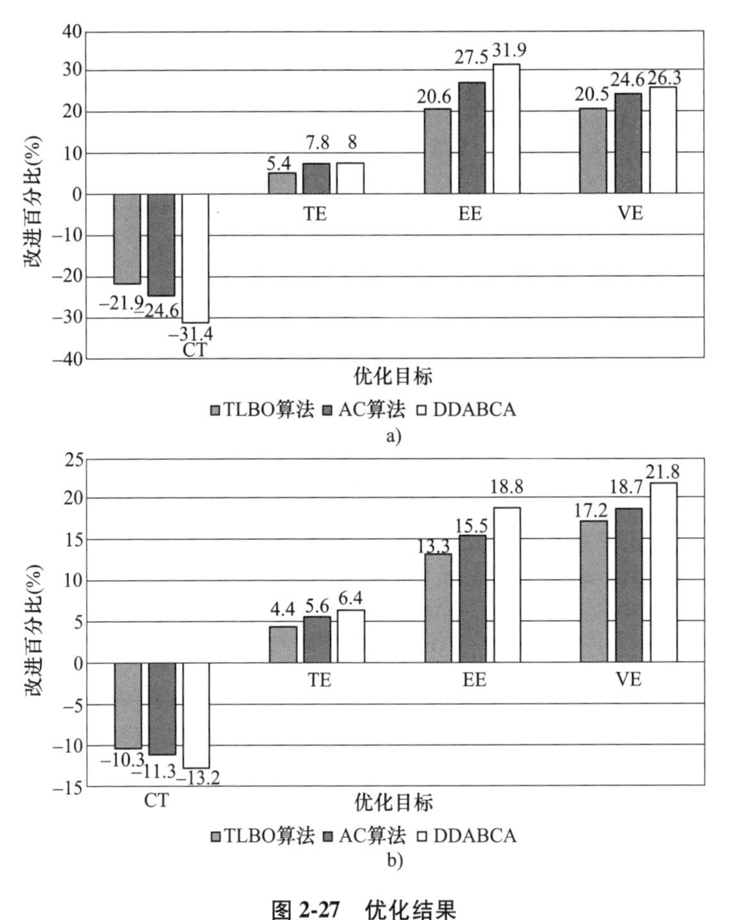

图 2-27 优化结果

a）减速器优化结果　b）电子打钉机优化结果

就是说，对于拆卸复杂度不同的不同类型产品，本节提出的模型在 CT、TE、EE 和 VE 的指标下要优于常规拆卸模型，这意味着更加高效、节能和环境友好。同时，从图 2-27a 和图 2-27b 中不同算法的角度来看，DDABCA 是三种算法中最好的，其次是 AC，TLBO 的结果最差。也就是说，DDABCA 具有更好的全局最优性。

针对不同任务规模的不同算法的最大、平均、最小迭代时间对比如图 2-28 所示。在图 2-28a 中，DDABCA 的最大、平均和最小迭代时间优于 AC 和 TLBO，证明 DDABCA 的性能是最好的。同时，从图 2-28a 可以看出，DDABCA 的迭代时间波动范围最小，证明 DDABCA 鲁棒性更高，主要原因是 DDABCA 的雇佣蜂、观察蜂和侦察蜂机制确保了其全局优化。同时，双种群机制可以更好地保持种群的多样性，从而使其能够更快地找到最佳解决方案。但是，当问题规模变大时，双种群机制会限制其收敛速度，如图 2-28b 所示。因此，如何保证解决大型复杂问题的效率将是后续研究的方向。

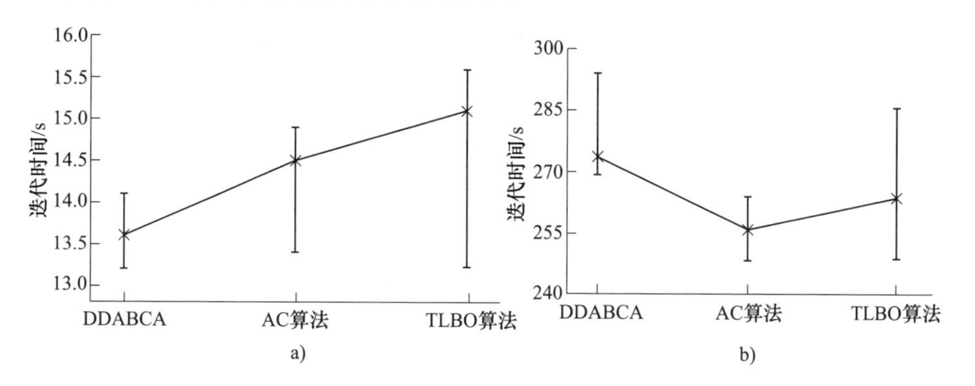

图 2-28　不同算法的最大、平均、最小迭代时间对比

a）减速器迭代时间　b）电子打钉机迭代时间

4. 案例

减速器是由封闭在箱体内的齿轮传动或蜗杆传动所组成的独立部件。为了提高电动机的效率，原动机提供的回转速度一般比工作机械所需的转速高，因此齿轮减速器、蜗杆减速器常安装在机械的原动机与工作机之间，用以降低输入的转速并相应地增大输出的转矩，减速器在机器设备中被广泛采用，如宝山钢铁公司就有 10 多万台减速器，在其他机器中减速器也有大量应用。为了验证所提方法的实用性，在现场调研的基础上，将所提算法应用于解决减速器拆卸线问题。常用齿轮减速器的结构如图 2-29 所示，其中仅包括要拆卸的主要零件，其他零件已被移除。

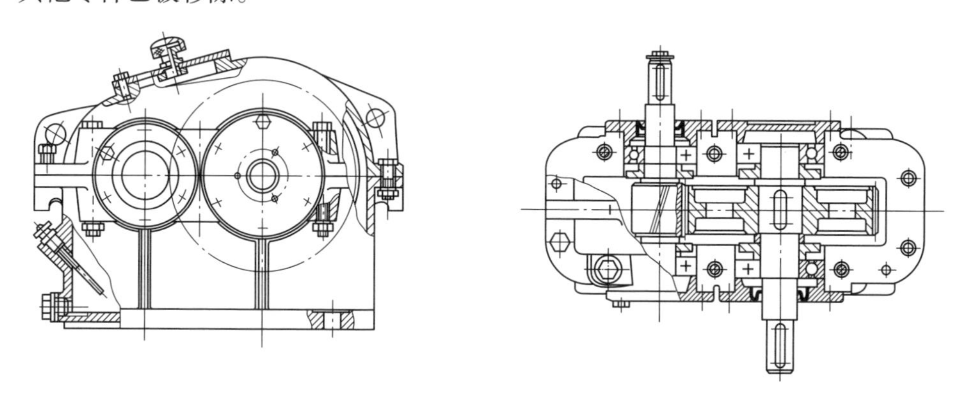

图 2-29　常用齿轮减速器的结构

为了确定每个零件的可再制造性，通常在拆卸之前对回收产品进行检测和评估，然后可以得到常规拆卸方式和破坏性拆卸方式下的拆卸时间、能耗和被拆卸零件的价值，见表 2-16。为了提高数据的准确性，所有数据都是基于再制造历史经验的统计数据，如在襄阳博亚精工公司收集的实际生产数据等。拆卸时间的单位是 s，能耗单位为 kW · h，能耗只是一个等效值，实际值可能是电

表 2-16 各零件在不同拆卸方式下的拆卸时间、能耗和价值

零件编号	零件名称	时间/s		能耗/kW · h		价值（元）	
		常规拆卸	破坏性拆卸	常规拆卸	破坏性拆卸	常规拆卸	破坏性拆卸
1	通气器	66.86	16.93	7.36	0.32	5.50	4.84
2	观察孔盖板	134.57	67.72	10.40	1.90	273.90	41.28
3	纸质密封垫片	83.82	33.86	850	0.76	68.81	28.25
4	箱盖	117.68	33.86	8.88	0.76	412.83	27.52
5	定位销	83.82	16.93	7.74	0.57	206.42	55.04
6	放油螺塞	117.68	46.17	8.50	6.07	1128.4	412.83
7	防漏垫圈	49.93	13.54	6.98	0.76	5.74	3.64
8	油面指示器	66.86	23.70	8.88	1.52	412.83	137.61
9	高速轴与齿轮	83.82	33.858	9.2598	1.1418	550.44	220.176
10	高速轴唇形密封圈	100.65	52.80	8.50	1.14	13.86	13.76
11	高速轴轴承端盖 1	93.92	33.86	10.02	1.90	277.86	165.13
12	低速轴轴承端盖 1	66.86	10.33	7.74	0.46	2.31	1.65
13	高速轴	138.93	—	18.37	—	2 818.20	—
14	平键	170.15	52.93	17.23	4.94	1 238.49	412.83
15	调整垫片组	102.43	48.95	12.67	3.04	1 155.92	272.58
16	箱座	109.56	44.58	12.30	1.52	1 100.88	330.26
17	低速轴轴承端盖 2	210.94	67.72	11.15	2.66	825.66	247.70
18	轴套	127.78	57.56	10.78	3.04	688.05	302.74
19	低速轴唇形密封圈	97.02	16.93	7.74	0.36	6.93	5.61
20	低速轴封油环	120.25	52.50	18.74	6.45	743.09	330.26
21	低速轴角接触球轴承	134.57	84.68	11.54	2.28	1 073.36	137.61
22	低速轴齿轮	100.72	101.57	12.30	2.66	1 376.10	268.62
23	高速轴轴承端盖 2	66.86	17.10	8.88	1.52	412.83	137.61
24	高速轴角接触球轴承	136.29	55.37	17.23	5.70	935.75	412.83
25	调整垫片组	103.62	27.26	10.40	0.38	8.84	8.26
26	高速轴封油环	130.88	50.79	12.30	1.14	1 018.31	423.79

能、机械能、光能或化学能等。可拆卸零件的价值单位为元。高速齿轮是减速器再制造中需求最大、价值最高的组件，不能被破坏性地拆卸，即 $d_{13}\equiv0$。拆卸生产线中有 5 个工作站。根据各个组件之间的约束，拆卸顺序如图 2-30 所示，同时图 2-30 显示了 CDLBP 方式下的任务分配。例如任务 1、2、3、4、5、6 和 7 在工作站 1 中完成。

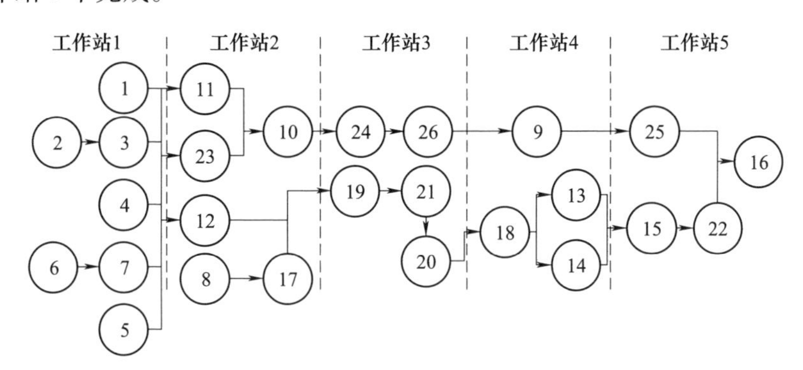

图 2-30　CDLBP 下的拆卸顺序

5. 结果分析

DDABCA 的参数值见表 2-15。MEoDLBP 模型中存在三个互相冲突的目标函数，一个目标函数的改进可能导致另一个目标函数的退化，这种问题被称为多目标优化问题，在该类优化中，不存在可以同时优化所有目标函数的单个解决方案，解决多目标优化问题的算法将找到一组非支配解，称为帕累托边界。如图 2-31 所示，每个 * 点是一个最佳解决方案。

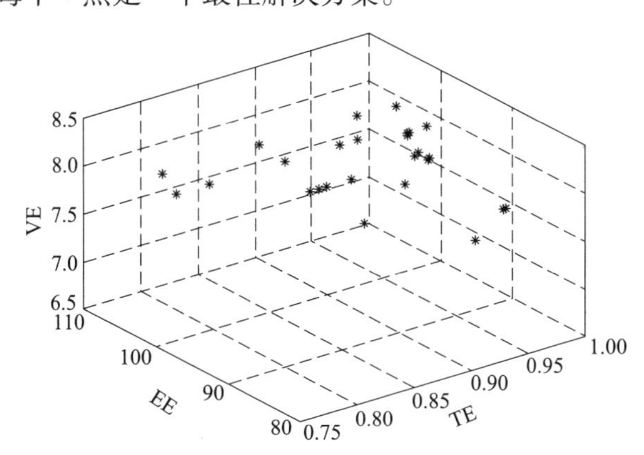

图 2-31　DDABCA 求得的帕累托边界

从帕累托解集中随机选择一个最佳解 S^*，各拆卸任务在 5 个工作站的分布如下：{1，2，3，4，5}，{6，7，8，11，17，23}，{10，12，19，21，24，

26}，{9，13，18，20，25}，{14，15，16，22}。如图 2-32 所示，虚线圆圈表示该过程以破坏性方式分解，而其他过程则以常规方式分解。例如 1、2、3 等以破坏性方式拆卸，任务 4、6、7 等以常规方式拆卸。

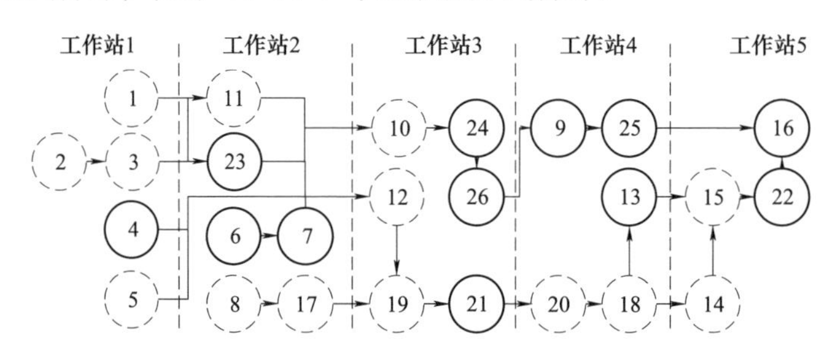

图 2-32　MEoDLBP 下的优化拆卸顺序

表 2-17 列出了解的时间、能耗、价值，表 2-18 将 MEoDLBP 与 CDLBP 下的最优解进行了比较。结果表明，尽管 CDLBP 下的可拆卸零件的价值高于 MEoDLBP 下的可拆卸零件的价值，但在破坏性拆卸方式下，CT 降低了约 47.39%，TE、EE 和 VE 分别提高了约 10.17%、51.99%和 25.70%，这表明破坏性拆卸方式相比常规拆卸方式，具有更高的拆卸效率且单位能耗和单位时间能产生更高的利润。结果产生的背后原因是在 CDLBP 下，一些无价值的零件（如零件 1、2、11 等）需要花费大量时间和能耗才能拆卸，而在 MEoDLBP 下则需要较少的时间和能耗。最终，MEoDLBP 下的时间和能耗远小于 CDLBP 下的时间和能耗。

表 2-17　MEoDLBP 和 CDLBP 下各工作站的 TE、EE 和 VE

工作站	MEoDLBP			CDLBP		
	时间/s	能耗/kW · h	价值（元）	时间/s	能耗/（kW · h）	价值（元）
1	320.83	15.07	789.95	553.58	54.40	2 142.88
2	326.74	23.43	2 510.11	623.04	55.16	2 149.46
3	327.77	55.77	2 537.77	570.83	58.81	3 093.62
4	324.19	59.64	2 087.82	579.08	58.81	4 052.66
5	325.18	36.35	4 249.34	489.92	57.14	5 322.70
总计	1 624.71	190.26	1 2174.99	2 816.45	284.31	16 761.32

表 2-18　MEoDLBP 和 CDLBP 的最优解

拆卸方式	CT/s	TE	EE/[元/(kW · h)]	VE/(元/s)
MEoDLBP	327.77	0.65	59.14	4.94
CDLBP	623.04	0.59	38.91	3.93
改进程度	−47.39%	10.17%	51.99%	25.70%

本章小结

冶金设备的拆卸是冶金设备进行绿色再制造的必要环节，其拆卸技术的研究对冶金设备绿色再制造具有重要意义。本章从拆卸序列规划方法、典型无损拆卸技术及批量拆卸生产线及其平衡三个方面介绍了冶金设备的拆卸技术。本章第一节介绍的拆卸序列规划方法是指在定量计算出各零件的拆卸优先顺序后，选择出合适的再制造拆卸目标零件，再基于协同合作的思想，结合 RRT 算法的空间拓展能力，求解多个目标零件的最优拆卸序列规划。在实际再制造拆卸操作之前，规划拆卸序列有助于提高拆卸效率，节约拆卸成本。在实际拆卸操作过程中，尽量减少目标拆卸零件的损伤也是提高目标拆卸零件拆卸价值、拆卸效率的重要手段。为此，本章第二节以拆卸典型冶金设备轧机红装柱销接手为案例，对过盈冶金设备的拆卸问题进行分析及计算，并提出相应的无损拆卸方案。最后，本章第三节从实际拆卸线的角度，针对拆卸线平衡问题，提出了一种新的面向多效率的拆卸线平衡模型，定义了时间效率、价值效率、能耗效率的目标函数，并提出了一种离散双种群人工蜂群算法，通过两个实例对所提出的模型和算法进行了验证。

参考文献

[1] SEN D K，DATTA S，PATEL S K，et al. Multi-criteria decision making towards selection of industrial robot：exploration of PROMETHEE Ⅱ method [J]. Benchmarking，2015，22（3）：465-487.

[2] 余卓平，李奕姗，熊璐. 无人车运动规划算法综述 [J]. 同济大学学报（自然科学版），2017，45（8）：1150-1159.

[3] LI C，SHI Y，GAO P，et al. Diagnostic model of low visibility events based on C4. 5 algorithm [J]. Open physics，2020，18（1）：215-216.

[4] 谢林枝. 基于 MOD 法木门木工工序生产线平衡改善研究 [D]. 杭州：浙江农林大学，2019.

[5] 杜彦斌，廖兰. 基于失效特征的机械零部件可再制造度评价方法 [J]. 计算机集成制造系统，2015，21（1）：135-142.

[6] BRANS J P，VINCKE P，MARESCHAL B. How to select and how to rank projects：the PROMETHEE method [J]. European journal of operational research，1986，24（2）：228-238.

[7] 李志强，徐廷学，顾钧元，等. 不确定条件下复杂系统可靠性建模与分析综述 [J]. 战术导弹技术，2018，192（6）：19-25.

[8] 郭方炜，许峰．基于搜索空间分割的协同进化遗传算法［J］．软件导刊，2018，17（1）：92-94.
[9] TAHERI E，FERDOWSI M H，DANESH M. Fuzzy greedy RRT path planning algorithm in a complex configuration space［J］. International journal of control，automation and systems，2018，16：3026-3035.
[10] WANG W，ZUO L，XU X. A Learning-based multi-RRT approach for robot path planning in narrow passages［J］. Journal of intelligent & robotic systems，2018，90：81-100.
[11] 胡扬，张则强，李明，等．拆卸线平衡问题的改进细菌觅食优化算法［J］．计算机工程与应用，2016，52（21）：258-262.
[12] XIA X H，LIU W，ZHANG Z L，et. al. A balancing method of mixed-model disassembly line in random working environment［J］. Sustainability，2019，11（8）：2304-2319.
[13] KALAYCILAR E G，AZIZOGLU M，YERALAN S. A disassembly line balancing problem with fixed number of workstations［J］. European journal of operational research，2016，249（2）：592-604.
[14] LIU J，WANG S W. Balancing disassembly line in product recovery to promote the coordinated development of economy and environment［J］. Sustainability，2017，9（3）：309-323.
[15] LI X X，PENG Z，DU B G，et al. Hybrid artificial bee colony algorithm with a rescheduling strategy for solving flexible job shop scheduling problems［J］. Computers & industrial engineering，2017，113：10-26.
[16] KIRAN M S. The continuous artificial bee colony algorithm for binary optimization［J］. Applied soft Computing，2015，33（C）：15-23.
[17] 夏绪辉，周萌，王蕾，等．再制造拆卸服务生产线及其平衡优化［J］．计算机集成制造系统，2018，24（10）：2492-2501.
[18] 丁力平，谭建荣，冯毅雄，等．基于Pareto蚁群算法的拆卸线平衡多目标优化［J］．计算机集成制造系统，2009，15（7）：1406-1413.
[19] NILAKANTAN J M，LI Z X，TANG Q H，et al. Multi-objective co-operative co-evolutionary algorithm for minimizing carbon footprint and maximizing line efficiency in robotic assembly line systems［J］. Journal of cleaner production，2017，156（10）：124-136.

参数说明

2.1 节参数说明

参数	说　明
B	失效概率
P_m	可再制造加工性

（续）

参数	说　　明
P_d	可拆洗性
E	经济性
$\Delta \boldsymbol{w}$	可拆洗性评价值
$\boldsymbol{W}$	可拆洗性评判结果
w_i	第 i 种评价结果的隶属度
N_w	专家数
n_{w_i}	选择第 i 种评价结果的专家数
$\boldsymbol{F}$	失效程度评价值
$\boldsymbol{A}$	失效程度评价结果
f	失效程度的量化值
Δm_i	可再制造加工性评价值
$M(f_m^i)$	失效程度隶属度
C_r	再制造成本，单位为元
C_n	购买新零件的成本，单位为元
C_{ij}	第 j 项指标下第 i 个零件指标值的比重
$\boldsymbol{X}$	原始数据矩阵
e_j	第 j 项指标的信息熵
W_j	指标权重
g_j	差异系数
$P(d)$	偏好函数
$\boldsymbol{\pi}$	零件两两比较的优先指数矩阵
ϕ	零件净流量
ϕ^+	零件流入量
ϕ^-	零件流出量
Ω	待拆卸设备中的所有零件集合
P_n	第 n 层零件的集合
q_{start}	RRT 算法中的初始点
q_{new}	RRT 算法中的新节点
q_{near}	RRT 算法中的相邻节点
q_{goal}	RRT 算法中的目标节点
q_{cur}	RRT 算法中的当前节点

（续）

参数	说　明
P	已经判断其可拆卸性的零件集合
R_x	剩余零件集合
H_x	拆卸序列第 x 层
e_g	目标件
$Fit(C)$	适应度函数
C_{pi}	拆卸目标件 pi 时需拆卸的零件数量
L_{pi}	其他子种群与 pi 种群（作为主干种群）的重复零件数
G	质心之间的欧氏距离
x_i	某元素值
u_k	第 k 簇的质心
T_e	有效拆卸时间
T_s	标准拆卸时间
F_k	校正因子
$Gain\_ratio(D,a)$	信息增益比
D	数据集
k	类别
$p(k)$	类别 k 的发生概率
N	类别总体个数
S_i	第 i 个拆卸目标件的拆卸时间
t_m	第 i 个拆卸序列中第 m 个拆卸操作的时间，单位为 s
T_x	最短拆卸时间，单位为 s

2.2~2.3 节参数说明

参数	说　明
Δt	零件间的各点温差
C	升温速度，单位为℃/h
R	距加热表面的距离，单位为 m
a	系数，单位为m^2/h
τ	时间，单位为 h
Φ	傅里叶函数
δ_R	相应点的线膨胀量，单位为 mm
α	线膨胀系数，单位为$℃^{-1}$
t	温度，单位为℃

（续）

参数	说　明
b	公称尺寸，单位为 mm
f_e	摩擦系数
p	单位压力，单位为 kgf/mm^2
d	配合面的公称直径，单位为 mm
l	配合长度，单位为 mm
δ	实际过盈量，单位为 mm
E_1	被包容材料的弹性模量
E_2	包容材料的弹性模量
C_1	被包容件的刚性系数
d_1	被包容件的内径，单位为 mm
μ_1	被包容件材料的泊松比
C_2	包容件的刚性系数
d_2	包容件的外径，单位为 mm
μ_2	包容件材料的泊松比
d_n	拆卸方式
t_n	任务 n 的拆卸时间
e_n	能耗
v_n	拆卸后零件的价值
M	工作站的数量
TE	时间效率
CT	工作节拍时间
EE	能耗效率
VE	价值效率
φ_{kn}	给定的优先级关系集
x_d^{max}	ABCA 中搜索空间中 d_{th} 变量的上限
x_d^{min}	ABCA 中搜索空间中 d_{th} 变量的下限
N_p	ABCA 中食物来源的数量，即蜂群的数量
D	ABCA 中个体的变量数
$fit(x_i)$	第 i 个食物源的适应度值
X_f	存储可行解
X_{if}	存储不可行解
N_f	可行解个体规模
N_{if}	不可行解个体规模

第3章

冶金设备再制造分类与无损检测技术

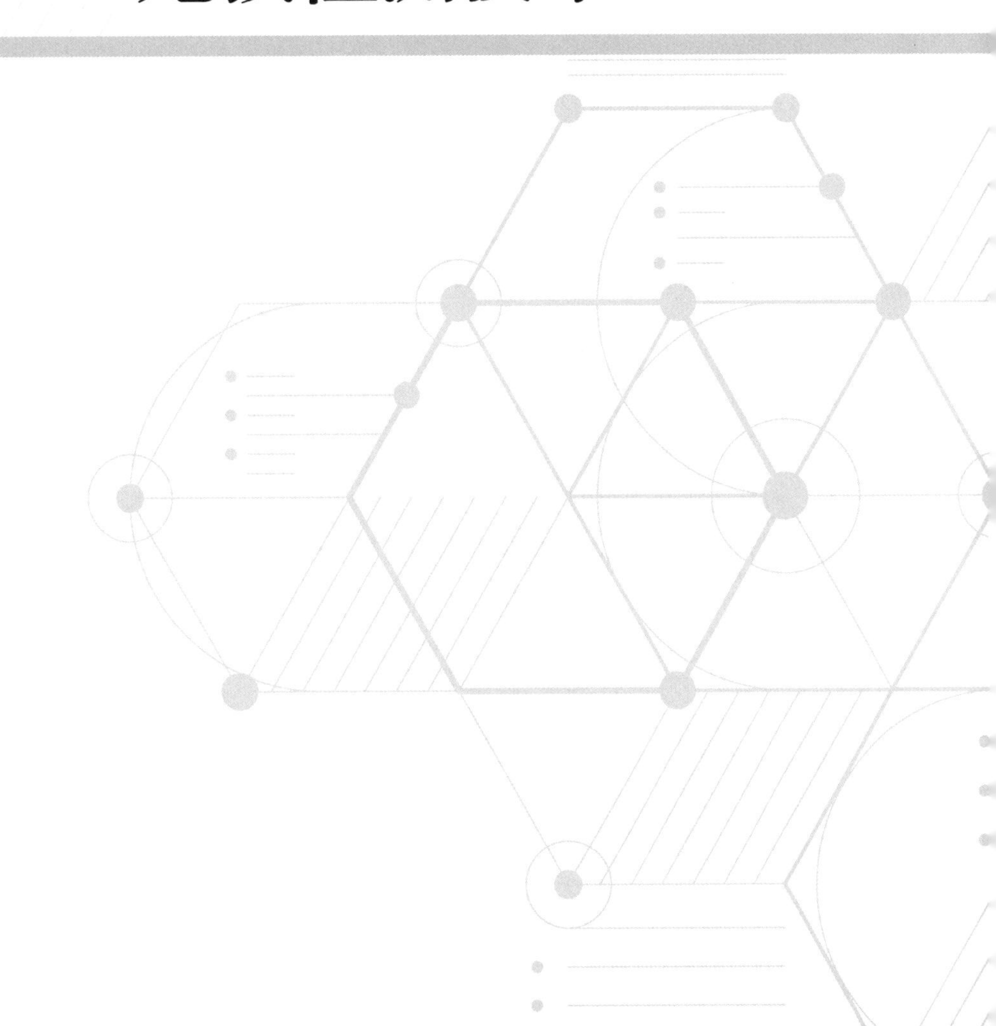

冶金设备拆卸后的零部件会出现不同程度的失效，必须采用再制造检测技术对其失效信息进行分析，根据其失效形式和失效程度选择合适的再制造加工技术和工艺，这样在得到性能完好的产品的同时减少了资源浪费。聚焦于冶金设备再制造分类与检测技术，本章首先提出冶金设备零部件在线分类与无损检测流程。其次针对常用零部件，提出基于三维点云的冶金设备零部件分类方法。最后介绍一种基于机器视觉的冶金设备零部件检测技术。

3.1 冶金设备再制造分类与无损检测流程

3.1.1 常用检测技术

检测手段按照对冶金设备零部件造成的影响可划分为有损检测以及无损检测两种。目前发展较快的检测方法——无损检测，是在不损害或不影响检测对象使用性能的前提下，利用材料内部结构异常或表面缺陷存在引起的热、声、光、电、磁等产生相应变化，以物理或化学方法为手段，借助相应仪器，对试件内部或表面的结构变化等进行检查和测试的方法。

针对冶金设备的再制造需求，无损检测工艺技术是通过视觉检测、超声检测（ultrasonic testing，UT）等各种检测技术对在役或退役的可再制造产品及其零部件进行失效分析，从而为其再制造价值评估、再制造服务方案决策、再设计，以及再制造加工工艺选择等提供依据。

目前常见的再制造无损检测技术有超声检测（ultrasonic testing，UT）、射线检测（radiographic testing，RT）、涡流检测（eddy current testing，ET）、磁粉检测（magnetic particle testing，MT）、渗透检测（penetrant testing，PT）等五大常规检测技术。随着无损检测技术的发展，涌现出许多新型检测技术，如金属磁记忆、声发射技术、红外检测、激光超声检测等。按照检测深度的不同，可将无损检测方法分为表面、表面/近表面、表面/内部、内部四种类型，如图 3-1 所示。

部分无损检测技术的原理见表 3-1。

上述检测方法都有应用范围的局限性，并在不断发展改善之中。在所有的无损检测手段中，视觉检测可以实现加工过程全方位监控，直观呈现出零部件表面损伤信息，在再制造检测中逐渐占据重要地位。但因计算量、照明光线等限制性因素，目前视觉技术在冶金设备再制造检测上的应用还需大量研究以及实验推进。

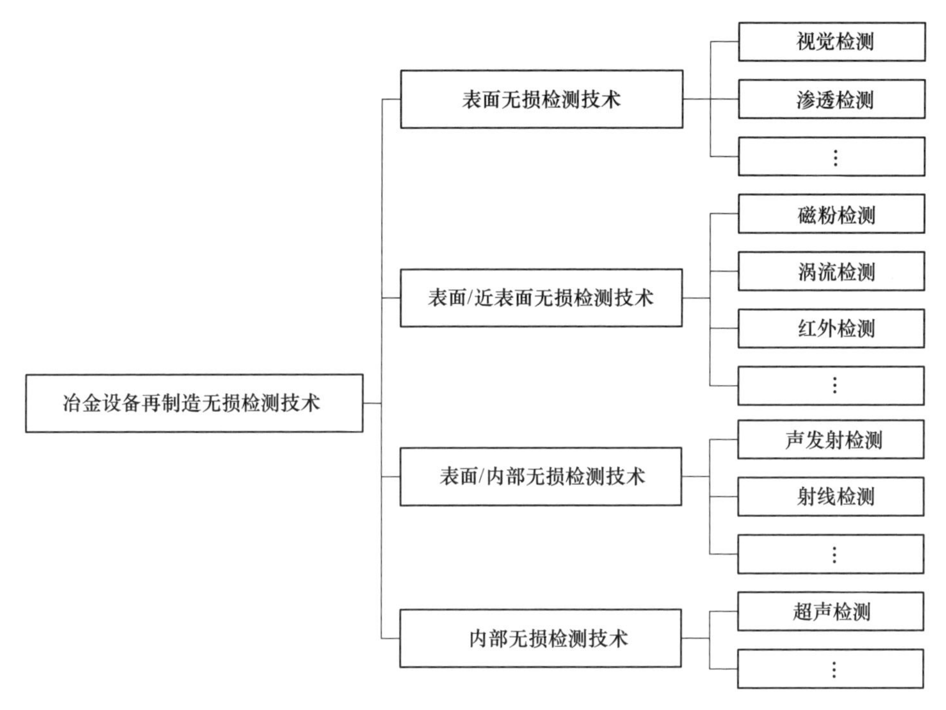

图 3-1 常见冶金设备再制造无损检测技术

表 3-1 部分无损检测技术的原理

无损检测技术	原　　理
视觉检测	通过机器将拍摄目标转换为图像信号，通过提取图像特征来检测目标是否存在缺陷
磁粉检测	利用磁粉在缺陷漏磁场处的聚集效应，将缺陷实现放大且对比度提高，以磁痕的形式显示材料变化情况
涡流检测	用电磁感应原理，通过测定被检导电工件在交变磁场激励作用下所感生的涡流特征，来检测有无缺陷
红外检测	利用红外热像设备，根据其温度场的分布情况，来推算被检试件是否存在缺陷
超声检测	利用超声在被检件中不同位置的反射或折射的波与发射波进行对比从而检测该试件是否存在缺陷
渗透检测	利用渗透液将试件内的缺陷进行放大显示

3.1.2 分类与无损检测流程

本章根据课题组前期研究成果，重点对基于机器视觉的再制造零部件表面无损检测工艺进行介绍。首先，以视觉技术为基础构建了一套冶金设备再制造分类与无损检测流程，如图 3-2 所示。

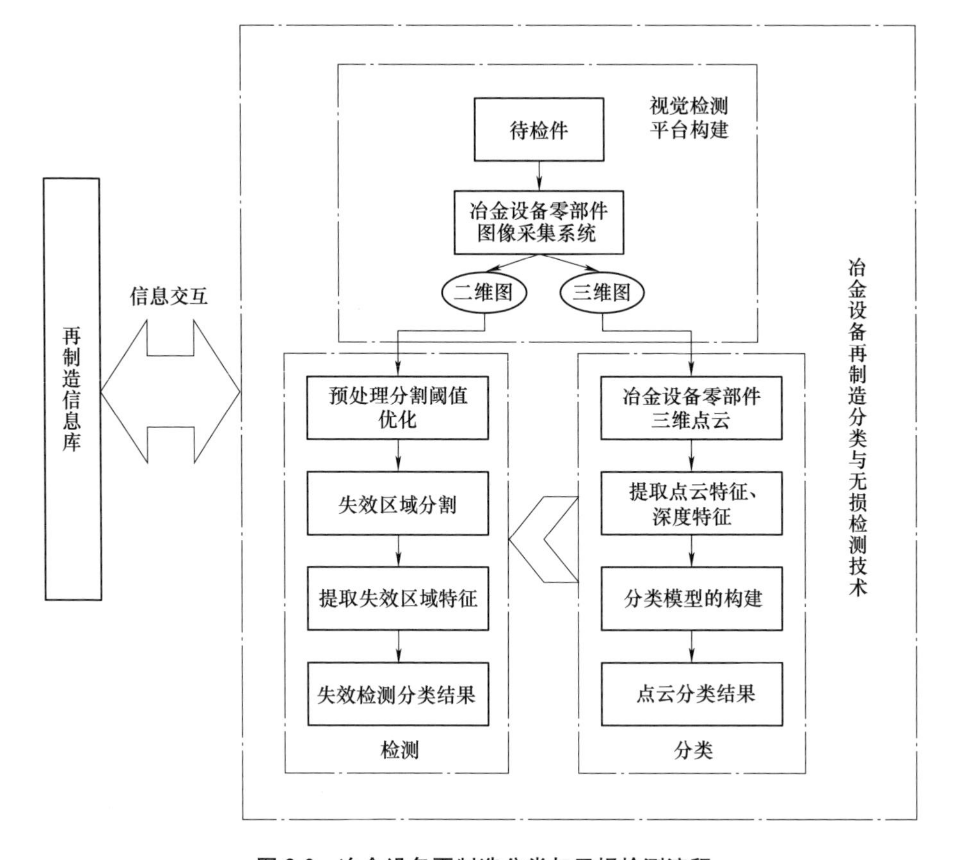

图 3-2　冶金设备再制造分类与无损检测流程

步骤 1：构建视觉检测平台，输入再制造信息库数据，获取冶金设备零部件基本信息。

步骤 2：将大批量冶金设备零部件待检件输送至检测平台，采集待检件表面视觉信息。

步骤 3：待检件图像信息分为二维与三维信息，首先利用三维扫描仪获取冶金设备零部件三维点云数据，并进行储存与预处理。

步骤 4：提取点云特征，完成零件簇分类；获取同类冶金设备零部件三维点云模型多视角图像，提取多视角深层次特征，采用深度学习模型实现深度分类。

步骤 5：确定待检件类型，查询再制造信息库中对应信息，获取标准件图像。

步骤 6：采用最大化二维倒数交叉熵寻找二维图像预处理中的最佳分割阈值。

步骤 7：分割二维图像中属于失效的区域，并提取其特征。
步骤 8：构建失效分类模型，检测该失效区域具体失效信息。
步骤 9：将信息输入至再制造信息库，对信息库知识进行扩充。

3.2 基于三维点云的冶金设备零部件分类方法

在对大批量冶金设备零部件进行无损检测时，零部件的混合检测往往时耗高、效率低，因此，在检测前需要对冶金设备零部件进行分类，但人工分类方法存在效率低、误差大等问题。为了有效地对冶金设备零部件进行分类，提高后续再制造的效益，本节采用三维点云对冶金设备零部件进行深度分类，构建了两层的深度分类模型，通过提取不同类别的点云特征和同一类别的深层点云特征，实现了基于三维点云模型的深层分类。

3.2.1 三维点云获取

点云是通过一定的测量手段直接或间接采集的符合测量规则且能够刻画目标表面特性的密集点集合，是目标表面海量三维点集合。点云数据（point cloud data）包含了每个点的空间坐标（X，Y，Z）和其他信息，它的数据格式有多种，如 LAS、ASCII、PCD 等。点云数据是继矢量、影像后的第三类空间数据，为刻画三维现实世界提供了最直接和有效的表达方式。本节所用的三维点云数据是通过三维扫描仪对冶金设备零部件进行扫描获得，并使用计算机辅助三维交互应用（CATIA）软件对数据进行了后续处理。

3.2.2 基于聚类的冶金设备零件簇分类方法

1. 冶金设备零件簇点云特征提取

三维空间内的点按照所属维度可分为线状点、面状点以及散乱点三类，分别代表一维、二维以及三维特征。主成分分析法能够对点云邻域进行分析，确定待定点的所属维度。

主成分分析是对平面上未定点的邻域进行拟合，其协方差矩阵的三个特征值（$\alpha_0 \geqslant \alpha_1 \geqslant \alpha_2$）是它在三个方向上的拟合平方差。设 $\beta_0=\sqrt{\alpha_0}$，$\beta_1=\sqrt{\alpha_1}$，$\beta_2=\sqrt{\alpha_2}$ 分别表示三个方向上的拟合残差，则当 $\beta_0 \gg \beta_1$，β_2 时，拟合区域只有一个方向上有较大的拟合残差，该点为线状点。同理，当 β_0，$\beta_1 \gg \beta_2$ 时，该点为面状点，与 α_2 对应的特征向量为该点的法向量。当 $\beta_0 \approx \beta_1 \approx \beta_2$ 时，该点为散乱点。使用拟合残差来计算指定点属于哪个维度的概率，计算式为

$$z_{1D}=\frac{\beta_0-\beta_1}{\beta_0}, z_{2D}=\frac{\beta_1-\beta_2}{\beta_0}, z_{3D}=\frac{\beta_2}{\beta_0} \tag{3-1}$$

式中，z_{1D}、z_{2D} 以及 z_{3D} 分别是空间中某一点属于上述三种维度的概率。

该点所属维度 d_v 计算式为

$$d_v = \arg_{d \in [1,3]} \max z_{dD} \tag{3-2}$$

根据香农熵定义，该点邻域所包含的信息熵计算式为

$$E_f = - z_{1D} \ln z_{1D} - z_{2D} \ln z_{2D} - z_{3D} \ln z_{3D} \tag{3-3}$$

式中，E_f 是点邻域包含的信息熵值。

E_f 越小，点的邻域包含的信息越少，即点的维度特征越单一。因此，使用不同邻域半径 r_i 下 E_f 的变化能够有效判断当前邻域是否适合该点。当邻域半径 r_i 逐渐变化时，E_f 也将变化，当 E_f 最小时，特征是最单一的，那么半径就是当前点的最佳邻域半径，即

$$r_{opt} = \arg_{r_i \in [r_{min}, r_{max}]} (\min E_f(r_i)) \tag{3-4}$$

式中，r_{opt} 是最佳邻域半径；r_{min}，r_{max} 是邻域半径的下上限；$E_f(r_i)$ 是在半径 r_i 下的熵值。这一点的真实维度特征是在最佳半径下显示的维度特征 $d_v(r_{opt})$。

为了实现冶金设备零件簇高精度分类，本节在结合主成分分析法确定待定点所属维度后，进一步区分了面状点。先选取零件最窄维度，设置为 1，并在其中按照一定的距离选取 9 个点，考虑到零件放置方式不同，最窄维度无法确定，所以总共选取 27 个点。实际上零件在某个维度上已经为 1，所以在 x 轴、y 轴、z 轴上各选取 3 个点，总共选取 9 个点。在得到点的坐标后，获得点与最近邻点距离，组成距离数组。当点与最近邻点距离大于 10 时，该处存在较大空隙，当空隙数量大于 5，则存在大范围腔体。反之，则为面状点。

2. 分类模型构建

给定了冶金设备零件三维点云数据及其对应的维度特征，下面以其为输入，构建基于聚类的分类模型，完成零件簇分类。基于主成分分析法确定待定点的所属维度，并通过构建距离数组对面状点进行区分。基于聚类的分类模型如图 3-3 所示。

3. 冶金设备零件簇分类实验

为验证方法的分类性能，选用的三维点云数据由三维扫描仪扫描冶金设备零件获得。具体冶金设备零件选定为齿轮、端盖、法兰盘、齿轮泵体、传动箱体、阀体、阶梯轴、曲轴、凸轮轴 9 类，每类包含 11 种不同损伤形式的冶金设备零件，共计 99 个模型。将所有模型保存于一个文件夹中，构成零件簇分类数据集。所得三维点云模型如图 3-4 所示。

将数据集输入基于聚类的分类模型中得到分类结果，见表 3-2。实验结果表明，零件簇分类精度可达 100%。

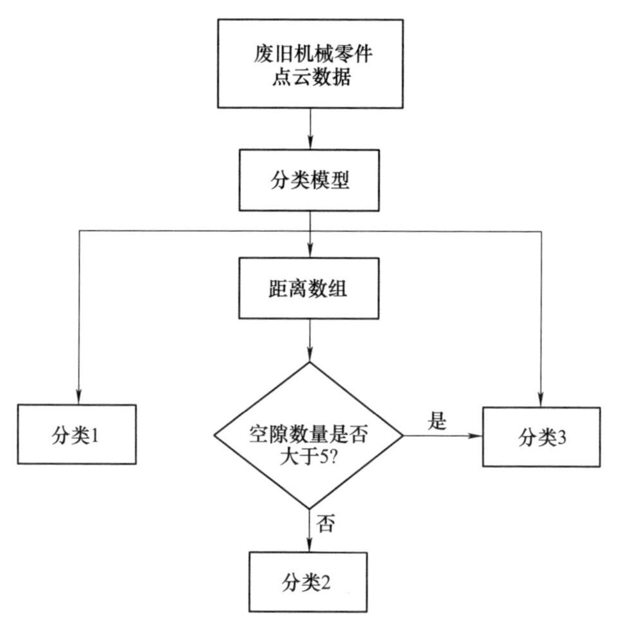

图 3-3　基于聚类的分类模型

图 3-4　数据集部分三维点云模型

表 3-2 初步分类结果

样品类型	分类结果
盘盖类	端盖 1，端盖 2，…，端盖 11
	法兰盘 1，法兰盘 2，…，法兰盘 11
	齿轮 1，齿轮 2，…，齿轮 11
箱体类	齿轮泵体 1，齿轮泵体 2，…，齿轮泵体 11
	传动箱体 1，传动箱体 2，…，传动箱体 11
	阀体 1，阀体 2，…，阀体 11
轴类	阶梯轴 1，阶梯轴 2，…，阶梯轴 11
	曲轴 1，曲轴 2，…，曲轴 11
	凸轮轴 1，凸轮轴 2，…，凸轮轴 11

3.2.3 基于 VGG-16 的同类冶金设备零部件分类方法

1. VGG-16 网络结构及参数设计

深度学习通过多层处理，将初始的低层次特征表示转化为深层次特征表示后，用简单模型即可完成复杂分类等学习任务。然而，与传统的机器学习算法相比，深度神经网络需要更多的训练数据。当前的深度神经网络通常只能基于多次试验获得最优参数，这导致参数调整过程需要大量时间，因此，使用迁移学习的方法能够取得更好的学习效果。基于网络的深度迁移学习通过复用现有深度网络的结构和参数，实现将源领域中的知识迁移到目标领域中，可减少训练时间及避免复杂的网络结构设计。同时，VGG（visual geometry group）、AlexNet、Inception、ResNet（residual network）、LeNet 是深度迁移学习较好的网络模型。其中 VGG 是牛津大学研究组 VGG 提出的，2014 年 ILSVRC 竞赛获得第二名（第一名是 GoogLeNet）。但 VGG 模型在多个迁移学习任务中的表现要优于 GoogLeNet。此外，大型自然图像训练数据集 ImageNet 的提出，为保证深度学习网络模型的泛化性提供了较好的数据支持。

为了提取同类冶金设备零部件三维点云特征，本节采用在 ImageNet 上预训练的 16 层神经网络（VGG-16）模型（含有权重参数的有 16 层）。该模型由输入层、13 个卷积层、5 个最大池化层以及 3 个全连接层构成，其网络参数见表 3-3。

表 3-3 VGG-16 网络参数

层（类型）	神经元数量	卷积核大小	步长
输入层	224×224×3	—	—
卷积层	224×224×64	3×3×3	1
卷积层	224×224×64	3×3×64	1
最大池化层	112×112×64	2×2	2
卷积层	112×112×128	3×3×64	1
卷积层	112×112×128	3×3×128	1
最大池化层	56×56×128	2×2	2
卷积层	56×56×256	3×3×128	1
卷积层	56×56×256	3×3×256	1
卷积层	56×56×256	3×3×256	1
最大池化层	28×28×256	2×2	2
卷积层	28×28×512	3×3×256	1
卷积层	28×28×512	3×3×512	1
卷积层	28×28×512	3×3×512	1
最大池化层	14×14×512	2×2	2
卷积层	14×14×512	3×3×512	1
卷积层	14×14×512	3×3×512	1
卷积层	14×14×512	3×3×512	1
最大池化层	7×7×512	2×2	2
全连接层	4 096	—	—
全连接层	4 096	—	—
全连接层	1 000	—	—

为了得到多视角（multi-view，MV）深层次特征，将三维点云模型按多视角截取图片，并输入预训练的 VGG-16 网络模型，提取 MV 深层次特征。其流程如图 3-5 所示。

2. 分类模型构建

基于预训练的 VGG-16 网络模型提取的 MV 深层次特征具有良好的泛化性，但为了更好地实现迁移学习以及提高分类精度，下面采用特征提取方法将新的全连接层与 VGG-16 网络模型的卷积核组合在一起，从而能将训练数据中提取的深层次特征输入到新的分类器进行训练，并且能使输入数据进行数据增强，降

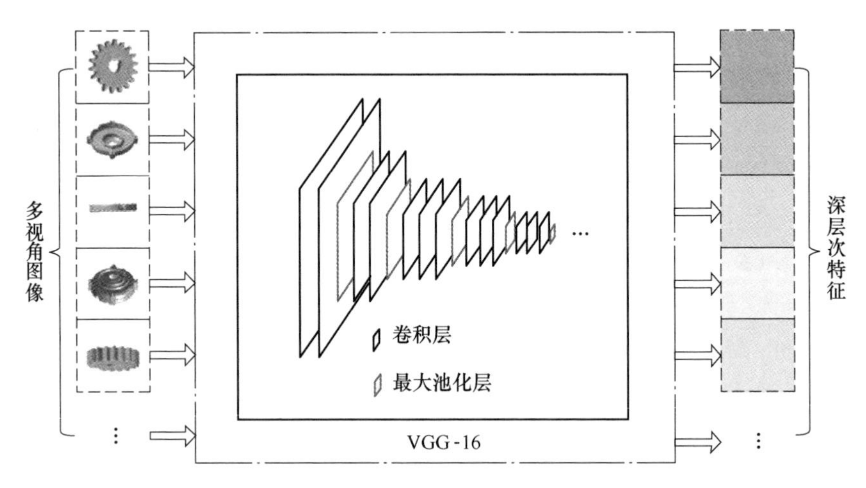

图 3-5　MV 深层次特征提取过程

低过拟合概率。其结构如图 3-6 所示。

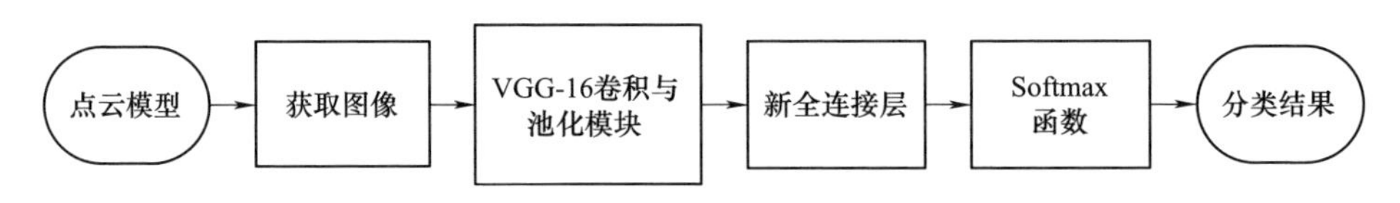

图 3-6　基于 VGG-16 的分类模型

本节设计的全连接层有三层，其中两层包含 4 096 个神经元，一层包含 3 个神经元。经过 VGG-16 的卷积层和池化层运算后，由 MV 图像得到相应的特征图。然后通过全连接层进行分类，并使用 Softmax 函数计算得到最终的分类结果。计算式为

$$p_j = \frac{\exp(v_j)}{\sum_{k=1}^{3} \exp(v_k)} \tag{3-5}$$

式中，p_j 是第 j 个分量的分类概率；v_j 是向量中第 j 个分量；k 是分量的序号。

3. 同类冶金设备零部件分类实验

本实验所用数据集是由齿轮、端盖、法兰盘、齿轮泵体、传动箱体、阀体、阶梯轴、曲轴、凸轮轴 9 部分构成，共 31 680 张图片，其中每种冶金设备零部件各 3 520 张，每张图片都通过 CATIA 软件截取冶金设备零部件三维点云模型不同视角获得，再使用 PyCharm 软件完成分类任务。为了评价方法的效果，每种冶金设备零部件随机选取 80% 的图片作为训练样本，其余图片作为测试集。数据集组成见表 3-4。

表 3-4 数据集组成

样品类型	训练集数量	测试集数量
端盖	2 816	704
法兰盘	2 816	704
齿轮	2 816	704
传动箱体	2 816	704
齿轮泵体	2 816	704
阀体	2 816	704
阶梯轴	2 816	704
曲轴	2 816	704
凸轮轴	2 816	704
总数	25 344	6336

为了减少随机选择造成的误差，采用 10 组随机样本作为实验数据。表 3-5 所示为 10 组数据集的分类精度和交叉熵损失函数值。取测试集精度平均值作为最终的数据集分类准确率。测试集精度平均值见表 3-6。

卷积神经网络（CNN）是一种黑盒技术，通过理论推导，以及梯度传播，去不断逼近局部最优解，而黑盒模型无法给出研究人员进行改进的思路，导致人们对神经网络研究进展缓慢。通过对 CNN 可视化，能够直观地了解不同冶金设备零部件的基本特征差异，探究黑盒内卷积运算。表 3-7 所示为不同冶金设备零部件的综合特征图以及热力图。本节采用卷积神经网络 VGG-16 提取不同冶金设备零部件中最强特征（亮黄色区域），并在输入图像上生成热力图。热力图是与特定输出类相关的 2D 分数网格，计算任何输入图像中的每个位置，表明每个位置相对于所考虑类的重要性。这也是模型对不同冶金设备零部件进行分类的重要依据。

表 3-5 随机样本实验结果

组次	类别	训练损失	训练精度	测试损失	测试精度
1	盘盖类	0. 030 4	0. 986 9	0. 020 5	0. 987 2
	箱体类	0. 050 8	0. 978 2	0. 040 2	0. 979 6
	轴类	0. 075 9	0. 970 0	0. 033 9	0. 985 3
2	盘盖类	0. 020 9	0. 988 8	0. 014 1	0. 988 6
	箱体类	0. 048 4	0. 980 1	0. 028 2	0. 983 4
	轴类	0. 072 3	0. 971 1	0. 036 9	0. 979 6

（续）

组次	类别	训练损失	训练精度	测试损失	测试精度
3	盘盖类	0.025 8	0.987 6	0.017 6	0.988 6
	箱体类	0.062 7	0.977 2	0.041 6	0.981 0
	轴类	0.084 3	0.966 8	0.051 7	0.977 7
4	盘盖类	0.035 2	0.986 6	0.023 1	0.988 6
	箱体类	0.040 0	0.982 0	0.031 1	0.983 4
	轴类	0.094 1	0.964 6	0.047 4	0.982 0
5	盘盖类	0.049 4	0.984 4	0.030 9	0.986 7
	箱体类	0.054 1	0.978 4	0.041 3	0.980 1
	轴类	0.076 3	0.969 6	0.045 7	0.977 2
6	盘盖类	0.026 3	0.987 5	0.020 6	0.987 6
	箱体类	0.067 1	0.976 5	0.047 8	0.979 6
	轴类	0.084 5	0.966 9	0.046 5	0.977 2
7	盘盖类	0.026 6	0.987 9	0.016 8	0.988 1
	箱体类	0.043 6	0.981 2	0.034 5	0.979 1
	轴类	0.092 0	0.965 7	0.051 1	0.977 2
8	盘盖类	0.026 0	0.987 8	0.015 5	0.988 6
	箱体类	0.050 9	0.979 9	0.040 1	0.979 6
	轴类	0.078 6	0.968 9	0.039 2	0.978 6
9	盘盖类	0.028 1	0.987 4	0.016 8	0.989 1
	箱体类	0.056 2	0.980 6	0.045 9	0.978 6
	轴类	0.072 0	0.970 6	0.037 1	0.983 8
10	盘盖类	0.024 2	0.987 8	0.011 9	0.989 5
	箱体类	0.055 6	0.978 0	0.039 0	0.981 0
	轴类	0.095 7	0.963 4	0.045 6	0.979 6

表 3-6 测试集精度平均值

类别	盘盖类	箱体类	轴类
平均精度	0.988 2	0.980 5	0.979 8

表 3-7 冶金设备零部件的综合特征图及热力图

样本类别	综合特征图	热力图
	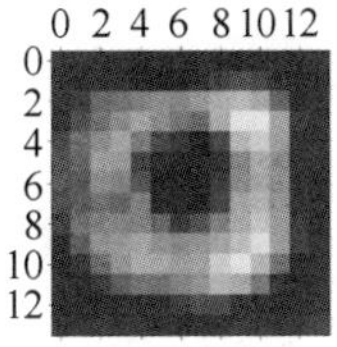	
	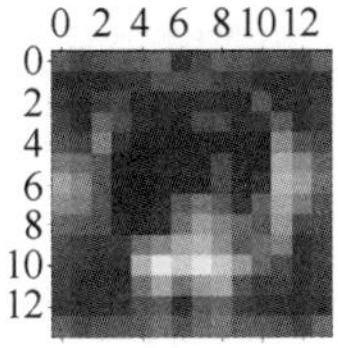	
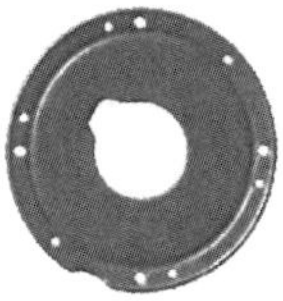	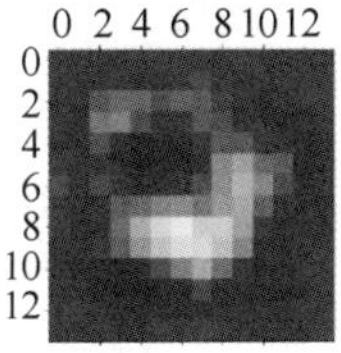	
	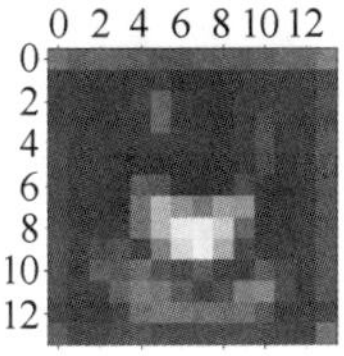	
	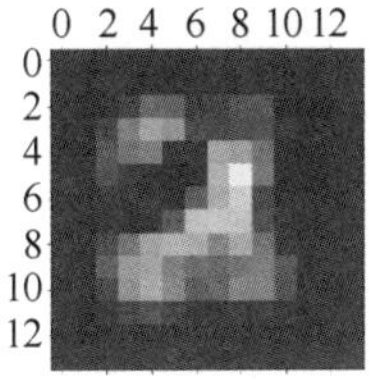	
	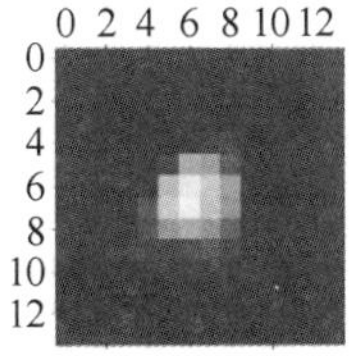	

（续）

样本类别	综合特征图	热力图
	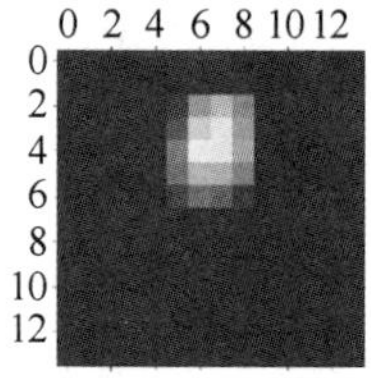	
	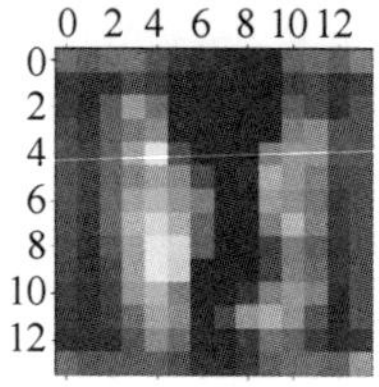	
	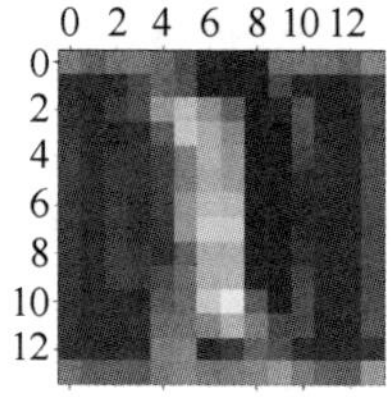	

4. 对比实验分析

为验证同类冶金设备零部件分类方法的优越性，下面主要从聚类模型、支持向量机（support vector machine，SVM）模型、不同深度学习模型三个方面进行对比分析。同时，对比不同冶金设备零部件的特征图及热力图来分析卷积神经网络的误判原因。

（1）聚类模型对比　相比于深度学习的方法，聚类分析较为简便，但在大批量冶金设备零部件分类任务中，传统分类方法难以达到预期分类效果。本节采用 3. 2. 2 节提出的冶金设备零件簇分类方法以及数据集进行对比实验。提取冶金设备零部件三维点云模型的维度特征，采用聚类模型对同类冶金设备零部件进行分类，得到分类结果，见表 3-8。

表 3-8　聚类模型与 VGG-16 模型分类精度对比

类别	聚类模型	VGG-16 模型
盘盖类	0. 909 1	0. 988 2
箱体类	0. 939 4	0. 980 5
轴类	0. 878 8	0. 979 8

（2）支持向量机模型对比　基于 SVM 的分类模型如图 3-7 所示。选用 3.2.3 节数据集作为实验数据集，采用灰度共生矩阵（GLCM）提取图像对比度、逆差距、熵、自相关 4 个纹理特征作为分类器的输入。灰度共生矩阵的纹理描述方法是从图像中灰度为 i 的像素［其位置为 (x, y)］出发，统计与其距离为 d 灰度为 j 的像素 $(x+D_x, y+D_y)$ 同时出现的次数 $p(i, j, d, \theta)$，其表达式为

$$p(i,j,d,\theta)=[(x,y),(x+D_x,y+D_y) \mid f(x,y)=i,f(x+D_x,y+D_y)=j] \tag{3-6}$$

式中，(x, y) 是图像中的像素坐标；i，j 是灰度级；θ 是生成方向；d 是生成灰度共生矩阵的步长；D_x，D_y 是位置偏移量。

本实验选取 0°、45°、90°、135° 四个方向，目的是生成不同方向的灰度共生矩阵，通过循环计算各个方向的灰度共生矩阵并进行归一化处理（计算对比度、逆差距、熵、自相关），然后取平均值和方差作为最终提取的 4 个纹理特征。

在 SVM 中，采用不同的内积函数将导致不同的 SVM 算法，本节采用高斯核函数，从而得到径向基函数分类器。其函数表达式为

$$k(\|x-x_c\|)=\exp\left[-\frac{\|x-x_c\|^2}{(2\sigma)^2}\right] \tag{3-7}$$

式中，x_c 是核函数中心；σ 是函数的宽度参数。

将 SVM 模型与 VGG-16 模型分类精度进行对比，结果见表 3-9。

图 3-7　基于 SVM 的分类模型

表 3-9　SVM 模型与 VGG-16 模型分类精度对比

类别	SVM 模型	VGG-16 模型
盘盖类	0.880 6	0.988 2
箱体类	0.863 4	0.980 5
轴类	0.872 3	0.979 8

（3）不同深度学习模型对比　参与对比的深度学习模型包括 ResNet、AlexNet、Inception、LeNet。

本次实验采用的 ResNet50 深度学习模型总共包含了 50 层，将网络中的 50 层主要分成 5 部分，分别是 conv1、conv2_x、conv3_x、conv4_x、conv5_x。其

网络参数见表 3-10。最后分类层由 3 部分组成，首先是一个全局平均池化，接着是一个输出通道为 3 的全连接层，随后是一个 Softmax 层。AlexNet 深度学习模型由 12 层网络构成，输入层之后的 8 层网络由卷积层与池化层组合，最后 3 层为全连接层，每一个卷积层均采用 ReLU 激活函数，其网络参数见表 3-11。Inception-v3 深度学习模型从输入端开始，先设置 3 个卷积层，连接 1 个池化层；再设置 3 个卷积层，连接 3 层模块和 1 个池化层；最后连接线性层以及 Softmax 层。其中使用 2 个 3×3 卷积核代替 5×5 卷积核，3 个 3×3 卷积核代替 7×7 卷积核，减少参数量，加快计算，其网络参数见表 3-12。LeNet-5 深度学习模型一共由 8 层网络构成，其中包括输入层、2 层卷积层、2 层池化层和 3 层全连接层，每层都包含不同数量的训练参数，其网络参数见表 3-13。

表 3-10　ResNet50 网络参数

层（类型）	输出大小	步长	50 层
conv1	112×112	2	7×7，64
		2	3×3，最大池化
conv2_ x	56×56	1	$\begin{pmatrix}1\times1, 64\\3\times3, 64\\1\times1, 256\end{pmatrix}\times3$
conv3_ x	28×28	2	$\begin{pmatrix}1\times1, 128\\3\times3, 128\\1\times1, 256\end{pmatrix}\times4$
conv4_ x	14×14	2	$\begin{pmatrix}1\times1, 256\\3\times3, 256\\1\times1, 1\,024\end{pmatrix}\times6$
conv5_ x	7×7	2	$\begin{pmatrix}1\times1, 512\\3\times3, 512\\1\times1, 2\,048\end{pmatrix}\times3$
	1×1	—	全局平均池化，输出通道为 3 的全连接层，Softmax 层

表 3-11　AlexNet 网络参数

层（类型）	输出大小	步长	卷积核
输入层	227×227×3	—	—
卷积层	55×55×96	4	11×11
池化层	27×27×96	2	3×3

（续）

层（类型）	输出大小	步长	卷积核
卷积层	27×27×256	1	5×5
池化层	13×13×256	2	3×3
卷积层	13×13×384	1	3×3
卷积层	13×13×384	1	3×3
卷积层	13×13×256	1	3×3
池化层	6×6×256	2	3×3
全连接层	4 096	1	6×6
全连接层	4 096	1	1×1
全连接层	3	1	1×1

表 3-12　Inception-v3 网络参数

层（类型）	补丁大小/步幅或备注	输入大小
卷积层	3×3/2	299×299×3
卷积层	3×3/1	149×149×32
卷积层	3×3/1	147×147×32
池化层	3×3/2	147×147×64
卷积层	3×3/1	73×73×64
卷积层	3×3/2	71×71×80
卷积层	3×3/1	35×35×192
3×Inception 模块	—	35×35×288
5×Inception 模块	—	17×17×768
2×Inception 模块	—	8×8×1 280
池化层	8×8	8×8×2 048
线性层	辅助分类节点	1×1×2 048
Softmax 层	分类器	1×1×1 000

表 3-13　LeNet-5 网络参数

层（类型）	卷积核大小	特征图大小/数量
输入层	—	32×32/—
卷积层 1	5×5	28×28 / 6
池化层 2	2×2	14×14 / 6
卷积层 3	5×5	10×10 / 16

（续）

层（类型）	卷积核大小	特征图大小/数量
池化层 4	2×2	5×5 / 16
全连接层 5	5×5	1×1 / 120
全连接层 6	1×1	1×1 / 84
全连接层 7	1×1	1×1 / 10

为了证实本小节模型具有更好的分类效果，4 个深度学习模型均采用迁移学习的方法对同类冶金设备零部件图像进行分类。保留模型通过 ImageNet 数据集训练好的所有参数，仅替换最后一层全连接层。使用同类冶金设备零部件图像数据集训练新模型，并通过 Softmax 函数得到最终分类精度。对比结果见表 3-14。

表 3-14　深度学习模型实验结果对比

深度学习模型	盘盖类	箱体类	轴类
VGG-16	0. 988 2	0. 980 5	0. 979 8
ResNet50	0. 983 2	0. 978 5	0. 976 0
AlexNet	0. 950 1	0. 953 8	0. 951 0
Inception	0. 971 5	0. 978 6	0. 973 1
LeNet	0. 926 9	0. 923 8	0. 920 8

（4）综合特征图和热力图可视化对比　热力图可视化有助于了解一张图像的哪一部分使卷积神经网络做出了最终的分类决策。这有助于对卷积神经网络的决策过程进行调试，特别是在分类错误的情况下。本节选用轴类中阶梯轴与凸轮轴进行对比，通过截取零件俯视图的图片，在相同视角下将冶金设备零部件的综合特征图和热力图可视化。对比结果见表 3-15。

表 3-15　同一视角下不同冶金设备零部件的综合特征图和热力图对比

样本类型	综合特征图	热力图

（续）

样本类型	综合特征图	热力图
	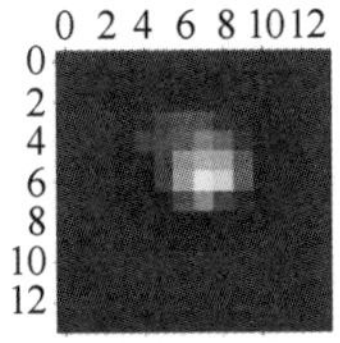	

（5）对比结果分析　为了验证本节同类冶金设备零部件分类方法的优势，本节通过实验的方法分别与不同的分类模型进行对比。首先，与聚类模型进行对比，在实验过程发现冶金设备零部件失效程度会影响聚类模型最终影响分类精度，其中轴类零件受影响程度最大，实验结果表明基于卷积神经网络的深度分类方法更适用于本节分类任务。然后，与传统分类方法进行对比，经典的SVM算法是二分类的算法，对于本节多分类任务稍显不足，在具有充足数据量的情况下，深度学习相比于SVM具有更大的优势。最后，与不同深度学习模型进行对比，实验结果表明VGG-16分类模型在本节小数据集分类任务中具备更高的分类水平。同时，对比阶梯轴与凸轮轴的综合特征图可以发现，提取的最强特征的分布相似，且热力图中呈现的发热量差异不大，容易让卷积神经网络做出错误的分类决策。

本节通过提取三维点云的不同特征，采用聚类、深度学习方法实现零部件的分类。与深度学习相比，机器视觉可以完成更多的任务，在冶金设备零部件分类完成后，通过机器视觉对零部件进行准确的检测，可以提高后续再制造加工效率。

3.3 基于机器视觉的冶金设备零部件检测技术

3.3.1 基于频域与空域图像特征的回转类零部件表面无损检测技术

再制造的零件来源复杂、损伤类型多、不确定因素多等增加了再制造的难度。现有的零件表面缺陷发现方法，如化学药剂渗透检测、红外检测、涡流检测等虽对发现表面缺陷比较敏感，但很难提取能供计算机处理的缺陷特征信息，缺陷发现过程的自动化程度低、主观性强。以计算机技术为核心的机器视觉与模式识别的发展为解决这一问题找到了新途径。通过计算机发现并识别缺陷不仅大大地提高了工作效率、降低了人为主观性，而且还可以为再制造服务企业进行再制造服务活动提供决策支持。本节以冶金设备中容易出现磨损、裂纹、孔洞、表面剥落等失效，且再制造比例较高的回转类零部件为例，对基于机器视觉的回转类零件表面缺陷无损检测技术进行探讨。

1. 回转类表面图像采集和处理

图像采集模块的核心是其中的图像采集控制终端，该终端负责控制模块内各种硬件资源协调配合工作，包括控制摄像头的技术参数与拍摄取图、被检回转类零件的方位、场景内光照明暗强度。此外，它还要负责对采集图像的初级预处理以及图像数据库的更新维护。

图像处理模块从图像数据库中获取图像并进行实时处理，图像处理过程包括图像预处理、图像分割、特征提取及分类判别等多个步骤，如图 3-8 所示，其中的每个步骤都设计了与之相适应的图像处理算法。图像处理的结果存储于专门的缺陷分类数据存储器中，供再制造服务模块进行再制造服务活动时调取使用。

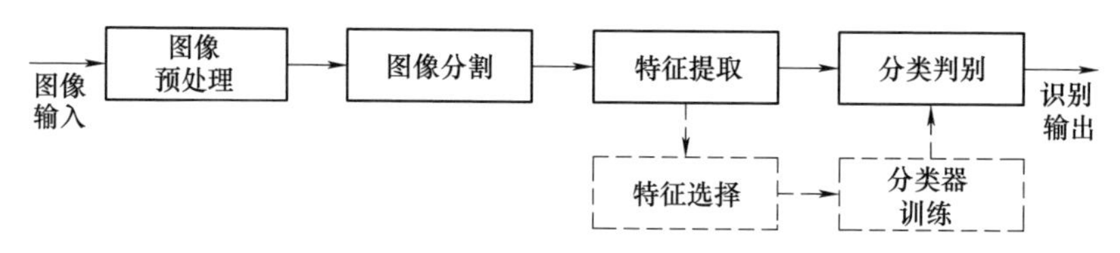

图 3-8 图像处理过程

数据存储模块用于系统中各种处理数据的存储并对其进行管理。由于图像数据量巨大，必须对存储资源进行有效的管理，及时删除无效数据，防止存储资源耗尽造成系统瘫痪甚至崩溃。

再制造服务模块的主要服务对象是提供再制造服务的企业或提出再制造服务需求的客户，它是系统输出端的人机接口单元。该模块的工作过程示意图如图 3-9 所示。再制造服务模块将图像处理模块中缺陷分类的结果与零件失效形式及其修复技术、零件修复成本费用等信息综合在一起，再根据企业或客户提出的具体要求制订出个性化的再制造服务解决方案。同时，为了提高再制造服务

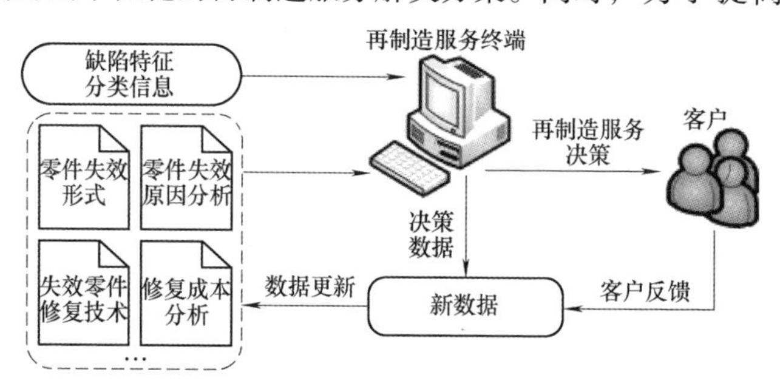

图 3-9 再制造服务模块的工作过程示意图

终端服务决策的准确性，需要在提供决策服务的过程中不断地对零件失效形式及修复技术、成本分析等数据进行更新。这些新数据既可以来自再制造服务终端本身，也可以来自对企业或客户的服务跟踪反馈。

2. 倒数交叉熵定义式的改进

在回转类表面再制造服务系统框架中，图像处理模块是联系再制造服务与图像数据的纽带。而在图像处理模块中，缺陷的完整分割是后续分类识别的基础。基于交叉熵准则的分割算法在有效性、合理性及鲁棒性等方面具有优势，因此引起了学者们的关注。

假设存在两个分布 P、Q，记为 $P=\{p_i\}$，$Q=\{q_i\}$，其中 $p_i \geqslant 0$，$q_i \geqslant 0$，$i=1, 2, \cdots, N$，$\sum_{i=1}^{N} p_i = 1$，$\sum_{i=1}^{N} q_i = 1$。那么这两个分布之间信息论意义的距离是 $D(P, Q)$，可用交叉熵来度量这个距离。其数学表达式为

$$D(P,Q) = \sum_{i=1}^{N} q_i \log_2 \frac{q_i}{p_i} \tag{3-8}$$

根据式（3-8）中关于交叉熵的定义，吴一全等定义了形如式（3-9）的倒数交叉熵，其表达式为

$$D(P,Q) = 1 - 2\sum_{i=1}^{N} p_i \frac{1}{1 + \frac{p_i}{q_i}} \tag{3-9}$$

对式（3-9）观察可发现，当 $q_i=0$ 时式（3-9）在计算时会出现无意义的值，这是式（3-9）所定义的倒数交叉熵的一个缺陷。本节对倒数交叉熵的定义式进行了改进，在分母 q_i 处加上一个不等于零的正系数，保证了计算结果始终有意义。经过改进后的倒数交叉熵形式为

$$D(P,Q) = 1 - \frac{2}{1+N\alpha}\sum_{i=1}^{N} (p_i + \alpha) \frac{1}{(1+N\alpha) + \left(\frac{p_i + \alpha}{q_i + \alpha}\right)} \tag{3-10}$$

由于信息熵可理解成某种特定信息的出现概率，因此熵函数的取值区间应在 0~1。下面对式（3-10）的取值范围予以证明，即 $D(P, Q) \in [0, 1)$。

证明：

设 $D'(P, Q) = (1+N\alpha) - 2\sum_{i=1}^{N} (p_i + \alpha) \frac{1}{(1+N\alpha) + \left(\frac{p_i + \alpha}{q_i + \alpha}\right)} = (1+N\alpha) -$

$$\sum_{i=1}^{N}(q_i+\alpha)\frac{2\left(\dfrac{p_i+\alpha}{q_i+\alpha}\right)}{(1+N\alpha)+\left(\dfrac{p_i+\alpha}{q_i+\alpha}\right)}。$$

令 $p_i+\alpha=p'_i$，$q_i+\alpha=q'_i$，由于 $\sum_{i=1}^{N}p_i=\sum_{i=1}^{N}q_i=1$，则 $\sum_{i=1}^{N}p'_i=\sum_{i=1}^{N}q'_i=1+N\alpha$。

$$D'(P,\ Q)=(1+N\alpha)-\sum_{i=1}^{N}q'_i\frac{2\left(\dfrac{p'_i}{q'_i}\right)}{(1+N\alpha)+\left(\dfrac{p'_i}{q'_i}\right)}$$

记 $F(x)=1-\dfrac{2x}{(1+N\alpha)+x}$，$x_i=\dfrac{p'_i}{q'_i}$

$$D'(P,\ Q)=\sum_{i=1}^{N}q'_iF(x_i)\geqslant\sum_{i=1}^{N}F(q'_i\,x_i)=1-\frac{2\sum_{i=1}^{N}p'_i}{(1+N\alpha)+\sum_{i=1}^{N}p'_i}$$

$$=1-\frac{2(1+N\alpha)}{(1+N\alpha)+(1+N\alpha)}=1-1=0$$

再记 $G(x)=\dfrac{2x}{(1+N\alpha)+x}$，$x>0$，显然 $G(x)$ 在定义域内是单调增函数，并且有 $G(x)>0$。

$$因此，D'(P,\ Q)=(1+N\alpha)-\sum_{i=1}^{N}q'_i\frac{2\left(\dfrac{p'_i}{q'_i}\right)}{(1+N\alpha)+\left(\dfrac{p'_i}{q'_i}\right)}<1+N\alpha-0=1+N\alpha$$

即 $0\leqslant D'(P,\ Q)<1+N\alpha$，而 $D(P,\ Q)=\dfrac{1}{1+N\alpha}D'(P,\ Q)$，故 $D(P,\ Q)\in[0,\ 1)$ 得证。

证毕。

显然式（3-9）是式（3-10）在 $\alpha=0$ 时的特殊情况，也可将式（3-10）看成是式（3-9）的推广。

3. 基于改进的倒数交叉熵图像分割准则函数

（1）一维倒数交叉熵阈值分割的准则函数　设灰度图像尺寸为 $M\times N$，图像中任意一点的灰度值为$f(m, n)$，图像的灰度级为0，1，2，…，$L-1$，$H(i)$为图像的直方图函数。那么，灰度级为 i 的像素点出现的概率为 $p(i)=H(i)/(M\times N)$。令 $T=M\times N$，$p(i)=H(i)/T$，$\sum_{i=0}^{L-1}p(i)=1$。再假设阈值 t 将图像分为目标与背景两大类，其中目标类的灰度小于背景类，那么这两大类可表示为

$$C_{\mathrm{o}}=\{f(m, n)\mid f(m, n)=0, 1, \cdots, t;\ m\in[1, M],\ n\in[1, N]\}$$

$$C_{\mathrm{b}}=\{f(m, n)\mid f(m, n)=t+1, t+2, \cdots, L-1;\ m\in[1, M],\ n\in[1, N]\}$$

两类的先验概率分别为 $\omega_{\mathrm{o}}(t)=\sum_{i=0}^{t}p(i)=\frac{1}{T}\sum_{i=0}^{t}H(i)$，$\omega_{\mathrm{b}}(t)=\sum_{i=t+1}^{L-1}p(i)=\frac{1}{T}\sum_{i=t+1}^{L-1}H(i)$，两类的类内灰度均值分别为 $\mu_{\mathrm{o}}(t)=\frac{\sum_{i=0}^{t}ip(i)}{\sum_{i=0}^{t}p(i)}=\frac{\sum_{i=0}^{t}ip(i)}{\omega_{\mathrm{o}}(t)}$，$\mu_{\mathrm{b}}(t)=\frac{\sum_{i=t+1}^{L-1}ip(i)}{\sum_{i=t+1}^{L-1}p(i)}=\frac{\sum_{i=t+1}^{L-1}ip(i)}{\omega_{\mathrm{b}}(t)}$。整幅图像的均值为$\mu_{\mathrm{T}}=\mu_{\mathrm{o}}(t)+\mu_{\mathrm{b}}(t)=\frac{1}{T}\sum_{f(x, y)\in C_{\mathrm{T}}}f(x, y)=\omega_{\mathrm{o}}(t)\mu_{\mathrm{o}}(t)+\omega_{\mathrm{b}}(t)\mu_{\mathrm{b}}(t)$，其中，$C_{\mathrm{T}}$ 代表图像全体像素的集合，即 $C_{\mathrm{T}}=\{f(m, n)\mid f(m, n)=0, 1, \cdots, L-1;\ m\in[1, M],\ n\in[1, N]\}$。图像所有像素之和为 $S=\sum_{f(x, y)\in C_{\mathrm{T}}}f(x, y)=\mu_{\mathrm{T}}T$。

若令

$$p_{m, n}=\frac{f(m, n)}{\sum_{f(x, y)\in C_{\mathrm{T}}}f(x, y)}=\frac{f(m, n)}{S}$$

$$q_{m, n}=\begin{cases}\dfrac{\mu_{\mathrm{o}}(t)}{\sum_{f(x, y)\in C_{\mathrm{T}}}f(x, y)}=\dfrac{\mu_{\mathrm{o}}(t)}{S} & f(m, n)\in C_{\mathrm{o}}\\ \dfrac{\mu_{\mathrm{b}}(t)}{\sum_{f(x, y)\in C_{\mathrm{T}}}f(x, y)}=\dfrac{\mu_{\mathrm{b}}(t)}{S} & f(m, n)\in C_{\mathrm{b}}\end{cases}$$

不难发现，$p_{m, n}\geqslant 0$，$q_{m, n}\geqslant 0$，$\sum_{f(x, y)\in C_{\mathrm{T}}}p_{m, n}=1$，$\sum_{f(x, y)\in C_{\mathrm{T}}}q_{m, n}=\frac{1}{S}\left[\left(\sum_{i=0}^{t}H(i)\right)\mu_{\mathrm{o}}(t)+\left(\sum_{i=t+1}^{L-1}H(i)\right)\mu_{\mathrm{b}}(t)\right]=1$。

这表明$p_{m, n}$与$q_{m, n}$符合式（3-10）中的条件。由式（3-10）可得两个分布 $P=\{p_{m, n}\}$ 与 $Q=\{q_{m, n}\}$ 之间的倒数交叉熵为

$$D(P,Q)=1-\frac{2}{(1+L\alpha)ST}\left(\sum_{i=0}^{t}p(i)(i+S\alpha)\frac{1}{(1+L\alpha)+\left[\frac{i+S\alpha}{\mu_{o}(t)+S\alpha}\right]}+\sum_{i=t+1}^{L-1}p(i)(i+S\alpha)\frac{1}{(1+L\alpha)+\left[\frac{i+S\alpha}{\mu_{b}(t)+S\alpha}\right]}\right) \quad (3\text{-}11)$$

当分割前后图像间的交叉熵最小时，这两个分布之间信息量的差异最小。选取使交叉熵最小的 t 值作为图像分割的阈值可得到最佳的分割效果。考虑到 $2/[(1+L\alpha)ST]$ 为一常数，使式（3-11）取得最小值等价于下式取得最大值：

$$\eta(t)=\sum_{i=0}^{t}p(i)(i+S\alpha)\frac{1}{(1+L\alpha)+\left[\frac{i+S\alpha}{\mu_{o}(t)+S\alpha}\right]}+\sum_{i=t+1}^{L-1}p(i)(i+S\alpha)\frac{1}{(1+L\alpha)+\left[\frac{i+S\alpha}{\mu_{b}(t)+S\alpha}\right]} \quad (3\text{-}12)$$

一维倒数交叉熵阈值分割时的最佳阈值 t^* 应满足：$t^*=\underset{t\in[0,\ L-1]}{\arg\max}\{\eta(t)\}$。

（2）二维倒数交叉熵阈值向量选取准则函数　与一维时的情况类似，建立二维倒数交叉熵阈值向量选取准则函数需要图像的二维直方图。多数文献都是利用图像灰度及其 3×3 邻域均值（或邻域中值）建立均值（或中值）二维直方图，其实质是通过均值或中值滤波的方法增强分割算法的抗噪性。但无论是均值滤波还是中值滤波在去噪时都有局限性，所以利用均值或中值二维直方图建立的分割准则函数对噪声抑制的程度有限，为了达到更佳的抑制噪声效果，这里采用多尺度多结构元素的形态学自适应滤波来改善算法的抗噪性。

如图 3-10 所示，选取了 8 种结构元素按照低尺度在前、高尺度在后的顺序进行形态学自适应滤波。具体步骤是：先使用相同方向上的两种尺度结构元素进行开闭滤波运算，再对不同方向滤波的结果赋以不同的权值，最后将各个方向的结果按照各自的权值进行加权得到最终的结果，整个过程如图 3-11 所示。各方向滤波结果的权值可由各方向结构元素填入图像的次数决定。由于同一结构元素填入不同图像中的次数不同，权值就可以随着图像的变化自适应地变化。设各结构元素可填入图像的次数分别为 n_1、n_2、n_3 和 n_4，各方向结构元素的归一化权值可定义为

$$\begin{cases}\alpha_1=n_1/(n_1+n_2+n_3+n_4)\\ \alpha_2=n_2/(n_1+n_2+n_3+n_4)\\ \alpha_3=n_3/(n_1+n_2+n_3+n_4)\\ \alpha_4=n_4/(n_1+n_2+n_3+n_4)\end{cases} \quad (3\text{-}13)$$

设f_i为各方向上结构元素滤波的结果，那么形态学自适应滤波的最终结果为

$$F = \sum_{i=1}^{4} \alpha_i f_i \tag{3-14}$$

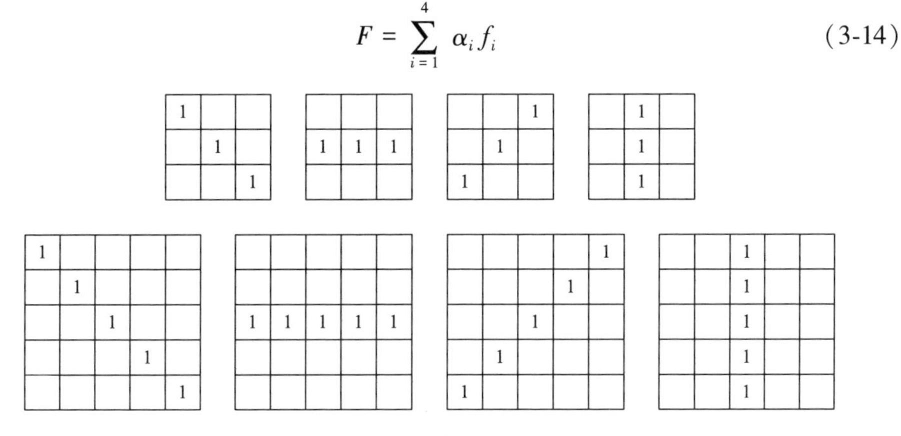

图 3-10　两种尺度的结构元素示意图

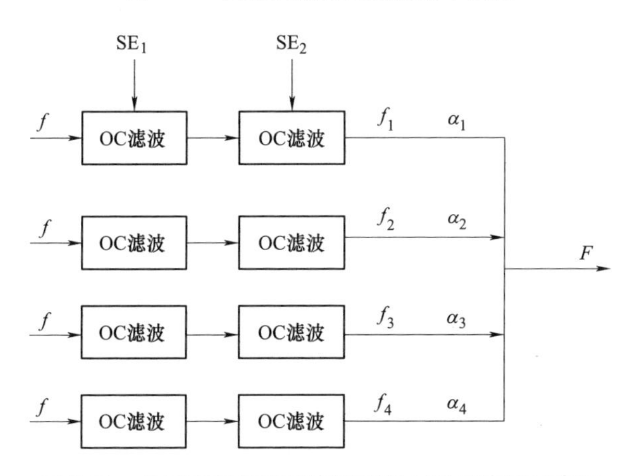

图 3-11　多尺度多结构元素形态学自适应滤波示意图

设 $H(i, j)$ 为二维直方图函数，它表示在原始图像中灰度值为 i 、在形态学滤波图像中灰度值为j的像素对个数。其联合概率分布可表示为：$p(i, j)=H(i, j)/(M\times N)$ 。M 与 N 分别表示图像的行列数，$i, j = 0, 1, 2, \cdots, L-1$。显然 $p(i, j) \geqslant 0$，$\sum_{i=0}^{L-1}\sum_{j=0}^{L-1} p(i, j) = 1$。

阈值向量（t, s）将二维直方图分成了四个部分。横轴 i 表示原始图像灰度分布，纵轴j表示形态学滤波图像灰度分布，如图 3-12a 所示。图像中平坦连续区域的灰度值在滤波前后的变化不大，这些区域的像素在二维直方图中将沿着主对角线方向分布，如图 3-12b 所示。平坦区域的像素在 Oij 平面的投影主要落于区域 1、3 之中，而图像的边缘与噪声灰度值在滤波前后会发生显著的变化，这部分区域的像素在 Oij 平面的投影将主要分布于区域 2、4 之中。

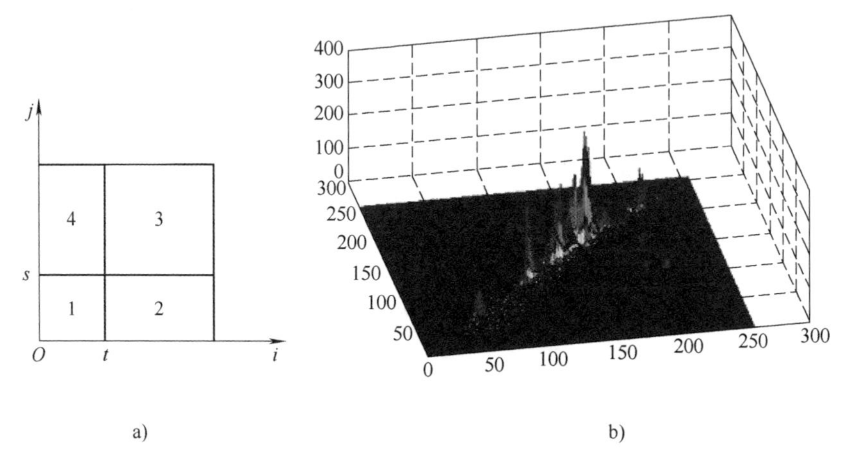

a) b)

图 3-12 二维直方图及其分割区域示意图

与一维情况下得到式（3-11）类似，通过对二维直方图进行统计可得到二维倒数交叉熵阈值选取准则函数，其表达式为

$$\eta(t,s)=\sum_{i=0}^{t}\sum_{j=0}^{s}p(i,j)\left[\frac{i+S\alpha}{(1+L\alpha)+\dfrac{i+S\alpha}{\mu_{oi}(t,s)+S\alpha}}+\frac{j+S\alpha}{(1+L\alpha)+\dfrac{j+S\alpha}{\mu_{oj}(t,s)+S\alpha}}\right]+$$
$$\sum_{i=t+1}^{L-1}\sum_{j=s+1}^{L-1}p(i,j)\left[\frac{i+S\alpha}{(1+L\alpha)+\dfrac{i+S\alpha}{\mu_{bi}(t,s)+S\alpha}}+\frac{j+S\alpha}{(1+L\alpha)+\dfrac{j+S\alpha}{\mu_{bj}(t,s)+S\alpha}}\right] \tag{3-15}$$

式中，$\mu_{oi}(t,\ s)=\sum_{i=0}^{t}\sum_{j=0}^{s}ip(i,\ j)/\omega_o(t,\ s)$

$$\mu_{oj}(t,\ s)=\sum_{i=0}^{t}\sum_{j=0}^{s}jp(i,\ j)/\omega_o(t,\ s)$$
$$\mu_{bi}(t,\ s)=\sum_{i=t+1}^{L-1}\sum_{j=s+1}^{L-1}ip(i,\ j)/\omega_b(t,\ s)$$
$$\mu_{bj}(t,\ s)=\sum_{i=t+1}^{L-1}\sum_{j=s+1}^{L-1}jp(i,\ j)/\omega_b(t,\ s)$$
$$\omega_o(t,\ s)=\sum_{i=0}^{t}\sum_{j=0}^{s}p(i,\ j)$$
$$\omega_b(t,\ s)=\sum_{i=t+1}^{L-1}\sum_{j=s+1}^{L-1}p(i,\ j)$$

二维倒数交叉熵阈值分割的最佳阈值向量（t^*，s^*）应满足：$(t^*,\ s^*)=\mathrm{argmax}\{\eta(t,\ s)\}t,\ s\in[0,\ L-1]$。

4. 最佳阈值向量的计算方法

通过分析可知，若采用穷举法求解式（3-15）的最大值计算复杂度为 $O(L^4)$，很难对采集图像进行实时处理。岳峰等在求解二维 Otsu 法分割最佳阈值时采用了分解降维的方法，即用两个一维 Otsu 法的阈值来替代二维 Otsu 法的最佳阈值。通过分解降维使求解最佳阈值的计算复杂度下降到 $O(L)$，同时证明了在忽略二维直方图中远离对角线的噪声和边缘区域的前提下，采用分解降维的方法得到的阈值与原二维 Otsu 法得到的阈值相同。基于这种分解降维的思想，并假设图 3-12 中像素分布在区域 2、4 中的概率为零。那么有

$$\mu_{oi}(t,s)=\sum_{i=0}^{t}\sum_{j=0}^{s}ip(i,j)/\omega_o(t,s)=\sum_{i=0}^{t}\sum_{j=0}^{L-1}ip(i,j)/\sum_{i=0}^{t}\sum_{j=0}^{L-1}p(i,j)=\sum_{i=0}^{t}iV_i/\sum_{i=0}^{t}V_i=\mu_o(t)$$

$$\mu_{oj}(t,s)=\sum_{i=0}^{t}\sum_{j=0}^{s}jp(i,j)/\omega_o(t,s)=\sum_{i=0}^{L-1}\sum_{j=0}^{s}jp(i,j)/\sum_{i=0}^{L-1}\sum_{j=0}^{s}p(i,j)=\sum_{j=0}^{s}jH_j/\sum_{j=0}^{s}H_j=\mu_o(s)$$

式中，$V_i=\sum_{j=0}^{L-1}p(i,j)$ 为联合概率分布相对于 i 的边缘概率分布；$H_j=\sum_{i=0}^{L-1}p(i,j)$ 为联合概率分布相对于 j 的边缘概率分布。

同理可得：$\mu_{bi}(t,s)=\mu_b(t)$，$\mu_{bj}(t,s)=\mu_b(s)$。将上述结果代入式（3-15）中，将其重写为

$$\begin{aligned}\eta(t,s)=&\sum_{i=0}^{t}\sum_{j=0}^{s}p(i,j)\left[\frac{i+S\alpha}{(1+L\alpha)+\dfrac{i+S\alpha}{\mu_{oi}(t,s)+S\alpha}}+\frac{j+S\alpha}{(1+L\alpha)+\dfrac{j+S\alpha}{\mu_{oj}(t,s)+S\alpha}}\right]+\\&\sum_{i=t+1}^{L-1}\sum_{j=s+1}^{L-1}p(i,j)\left[\frac{i+S\alpha}{(1+L\alpha)+\dfrac{i+S\alpha}{\mu_{bi}(t,s)+S\alpha}}+\frac{j+S\alpha}{(1+L\alpha)+\dfrac{j+S\alpha}{\mu_{bj}(t,s)+S\alpha}}\right]\\=&\left[\sum_{i=0}^{t}V_i\frac{i+S\alpha}{(1+L\alpha)+\dfrac{i+S\alpha}{\mu_o(t)+S\alpha}}+\sum_{i=t+1}^{L-1}V_i\frac{i+S\alpha}{(1+L\alpha)+\dfrac{i+S\alpha}{\mu_b(t)+S\alpha}}\right]+\\&\left[\sum_{j=0}^{s}H_j\frac{j+S\alpha}{(1+L\alpha)+\dfrac{j+S\alpha}{\mu_o(s)+S\alpha}}+\sum_{j=s+1}^{L-1}H_j\frac{j+S\alpha}{(1+L\alpha)+\dfrac{j+S\alpha}{\mu_b(s)+S\alpha}}\right]\\=&\eta_1(t)+\eta_2(s)\end{aligned}\tag{3-16}$$

最佳阈值向量 (t^*,s^*) 应满足：

$$(t^*,s^*)=\operatorname{argmax}\{\eta_1(t)\}+\operatorname{argmax}\{\eta_2(s)\}\qquad t,s\in[0,L-1]\tag{3-17}$$

由此可知，要得到使式（3-15）取最大值的阈值向量（t^*，s^*），可以将式（3-15）转化为两个独立的一维边缘分布的倒数交叉熵和的形式，然后分别计算这两个一维情况下的最佳阈值，最后再将这两个结果组合成一个向量即可。一般情况下，求解一维倒数交叉熵最佳阈值的计算复杂度为 $O(L)$，故采用这种方法求解最佳分割阈值向量的计算复杂度为 $O(L) + O(L) = 2O(L) \approx O(L)$。

两个一维边缘分布分别对应原始像素灰度的分布与形态学滤波后像素的灰度分布，因此分解降维法可理解为先对原始灰度进行分割得到目标，再在形态学滤波后的图像中选取阈值滤除噪声，最后将两者进行组合。由于这种方法同时考虑了滤波前后的两种灰度，保留了更多的图像空间信息，因而在抗噪性方面较一维熵分割方法有明显改善。

5. 案例分析

为了对本节算法的有效性进行验证，选取了来自某企业紧凑带钢生产（CSP）分厂现场的轧辊零件表面缺陷图像作为案例进行了实验，并将其与 J. N. Kapur 提出的一维最大熵分割法（算法一）、张毅军提出的二维最大熵法（算法二）以及汪海洋提出的二维 Osth 法（算法三）进行了比较。各种算法的实验结果如图 3-13 所示，图 3-14 中列出了各种算法对每种缺陷进行 5 次实验的运行时间。为便于比较，各算法得到的阈值及运行时间列于表 3-16 中。

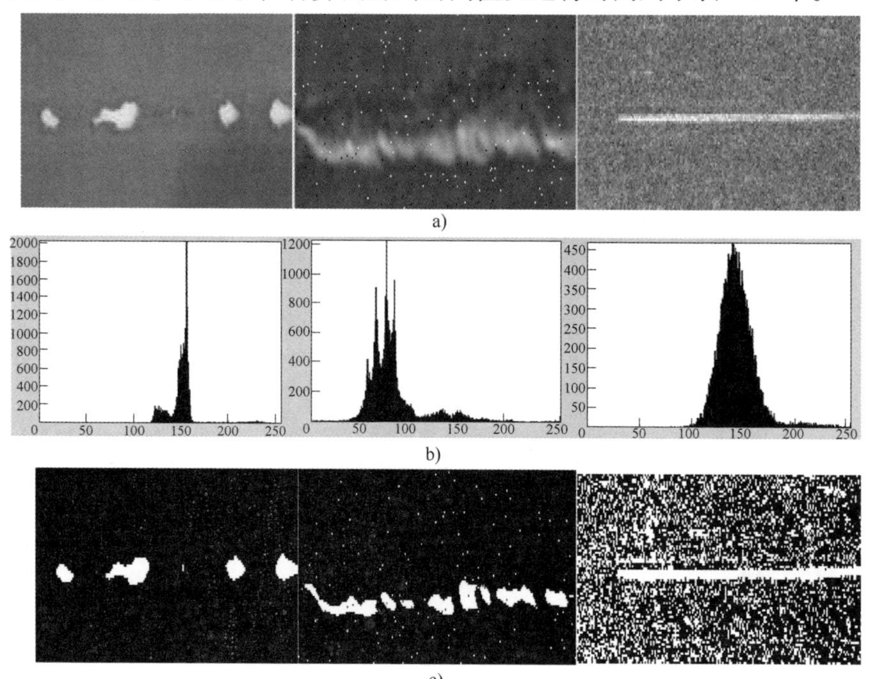

图 3-13 各种算法的实验结果

a）原始图像 b）原始图像的直方图 c）算法一分割结果

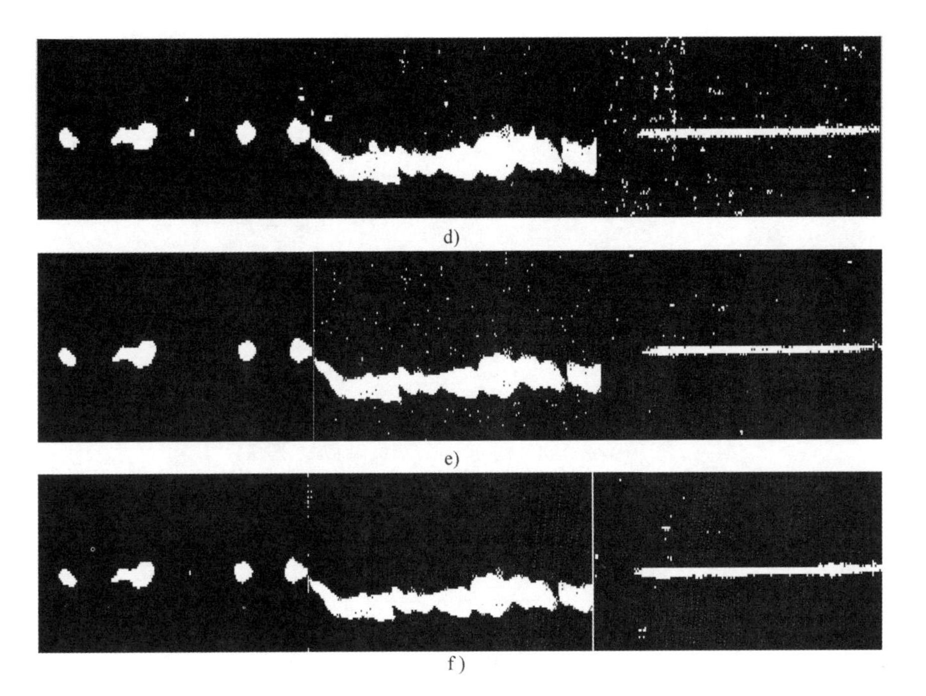

d)

e)

f)

图 3-13　各种算法的实验结果（续）

d）算法二分割结果　e）算法三分割结果　f）本节算法分割结果

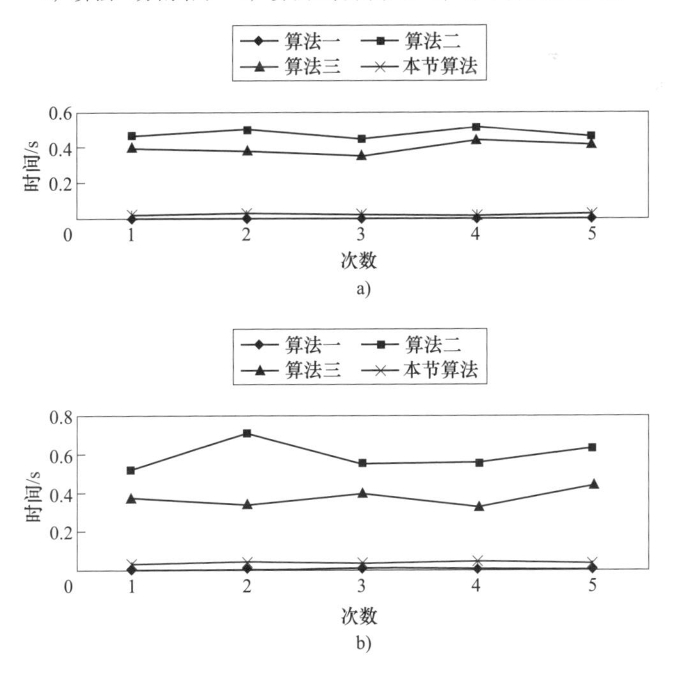

图 3-14　各算法运行时间

a）各算法 5 次运行的时间（表面孔洞缺陷图像）　b）各算法 5 次运行的时间（表面脱落缺陷图像）

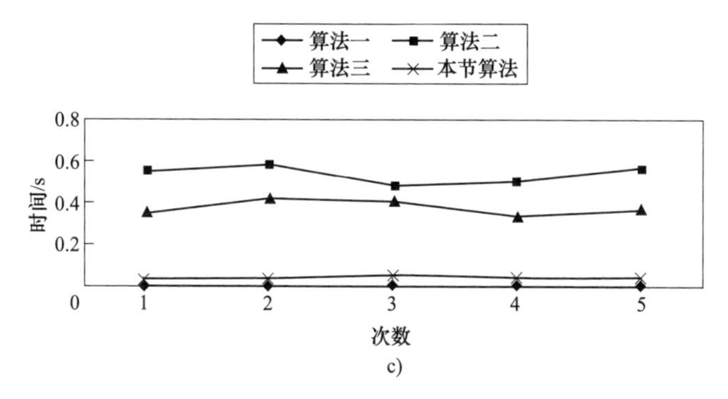

图 3-14 各算法运行时间（续）

c）各算法 5 次运行的时间（表面划痕缺陷图像）

表 3-16 各算法得到的阈值及运行时间

算法	表面孔洞缺陷图像		表面脱落缺陷图像		表面划痕缺陷图像	
	阈值	平均耗时/s	阈值向量	平均耗时/s	阈值向量	平均耗时/s
算法一	174	0.003 32	149	0.002 82	141	0.006 30
算法二	(163，162)	0.473 10	(100，99)	0.594 30	(173，156)	0.531 20
算法三	(230，182)	0.395 54	(112，151)	0.376 94	(154，183)	0.374 56
本节算法	(182，142)	0.024 84	(108，106)	0.034 18	(148，182)	0.041 04

图 3-13a 中三幅图像是用于实验的原始图像，图像的分辨率均统一为 160×120 像素。其中左边为表面孔洞缺陷图像；中间为加入了密度为 0.01 椒盐噪声的表面脱落缺陷图像；右边为加入了均值为 0、方差为 0.005 高斯噪声的表面划痕缺陷图像。如图 3-13b 所示为这三幅图像的一维直方图。需要指出的是，本节算法在选取 α 值时需要满足下式

$$\alpha < 0.01 \times \min\{\mu_o(t), \mu_o(s), \mu_b(t), \mu_b(s)\}/S \tag{3-18}$$

表面孔洞缺陷图像中未混入噪声，并且光照比较均匀，此时三种算法均可得到满意的分割效果，但一维最大熵分割法在运算速度上有较大优势。表面脱落缺陷图像加入了椒盐噪声，图 3-13c 中分割的缺陷部分不完整，并且结果中还混有大量的噪声。这说明：①噪声干扰了分割阈值的选取；②一维最大熵分割法对椒盐噪声比较敏感。图 3-13d 中缺陷部分分割完整，但仍有部分噪声成分。这主要是由于算法二采用邻域均值与原灰度值构造二维直方图，能在一定程度上抑制椒盐噪声，但当噪声密度较大时抗噪性显著下降。图 3-13d 中缺陷部分分割完整，残留的噪声成分较图 3-13c 大幅度减少，这说明本节算法在抑制椒盐噪声的性能上远高于算法一。另外，在运算速度上算法一速度最快，但分割效果最差，本节算法的速度仅为算法二的 5.5%左右。分析表面划痕缺陷图像实验结

果也可得到与表面脱落缺陷图像类似的结论。

综上所述，本节算法在分割的精确性和抗噪性方面都优于其他三种算法，在保证完整分割缺陷目标的前提下，运行速度仅为算法二的5%~6%。

3.3.2 冶金设备零部件表面失效状态检测技术

对于同类冶金设备零部件，其退役前服役环境差异导致的不同失效形式，直接影响着再制造加工工艺的选择。例如，变形一般只需进行简单机械加工处理，而腐蚀修复工艺则较为复杂。找到符合再制造特性的失效形式识别与分类方法是再制造失效检测的热点问题，也是提高再制造加工效率的重要环节。依照损伤性质与失效层面将失效形式进行归类，见表3-17。

表3-17 失效形式

失效形式	失效层面	失效原因
断裂失效	表层、内层	韧性断裂、宏观裂纹、脆性断裂、微观裂纹等
磨损失效	表层	黏着磨损、腐蚀与微动磨损、疲劳磨损、磨粒磨损等
腐蚀失效	表层	孔腐蚀、晶体间腐蚀、磨损腐蚀、氢腐蚀等
变形失效	表层、内层	弹性变形、塑性变形等

结合表3-17与数据统计发现，冶金设备零部件中的损伤大多为表层损伤，仅磨损失效一项就占到产品全部失效形式的70%。图像检测作为一种无接触式的无损表面检测方法，不仅高效率、低成本，而且容易直观地呈现出表面失效位置、外观、损伤状态，以及不同失效形式的差异性等信息，能较好地满足冶金设备零部件批量在线表面失效形式识别的需求。

因此，本小节将重点对冶金设备零部件中普遍存在的表面失效问题，探索一种基于机器视觉的表面失效形式识别分类方法，为后续再制造价值评估、再制造工艺选择提供可靠的信息支撑。

1. 表面失效形式识别分类流程

在冶金设备零部件表面失效形式识别分类过程中，失效形式在图像中呈现的状态可能会对识别结果产生干扰，如划痕与裂纹因在形状上的相似度较高，在分类过程中可能产生错分类现象。只有准确定位失效区域并提取能够区分不同失效形式的关键特征才能最大限度降低错分类的概率。现结合视觉在失效检测应用中存在的难题，构建冶金设备零部件表面失效形式识别分类流程，如图3-15所示，该流程能够准确定位失效区域并降低运算量且可准确分类出冶金设备零部件失效形式。

步骤1：对图像预处理后使用轮廓外接矩形算法获取冶金设备零部件区域并重绘区域。本节将重绘区域定义为ROI，在后续步骤中对其进行分析处理。

步骤 2：利用 ROI 高斯学习策略进行建模，采用标准件图像作为背景。

步骤 3：结合背景、均值与方差等指标判定是否存在失效区域，若存在，则对其进行定位。

步骤 4：对失效区域进行掩膜处理，提取不同失效形式的纹理、形状等特征，采用 GA 对失效特征的冗余信息进行筛减，构建失效特征矩阵。

步骤 5：采用 LIBSVM 构建表面失效形式分类器，将失效特征矩阵输入至分类器中对网络进行训练，输入测试数据，获取分类器对失效形式的分类结果。

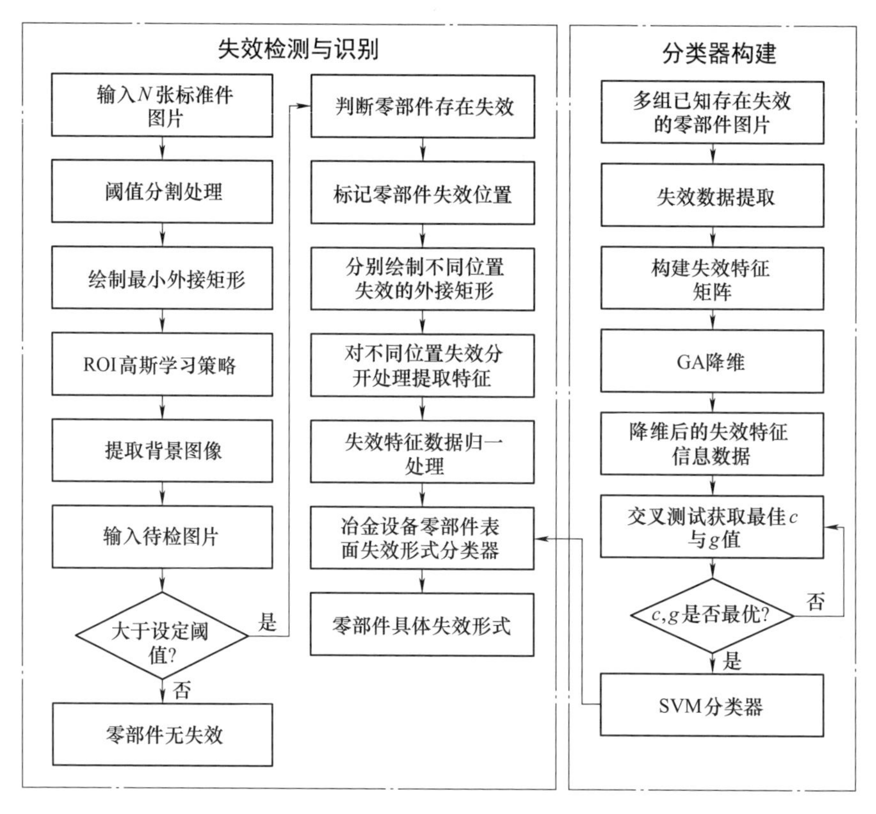

图 3-15　冶金设备零部件表面失效形式识别分类流程

2. 失效特征提取与筛选

图像识别与分类结果依赖于失效区域定位的准确性以及提取特征的有效性。如何准确定位冶金设备零部件失效区域以及选取何种特征作为分类依据是图像技术应用在失效检测中的难点。在大批量冶金设备零部件的表面失效形式检测过程中，既要准确完整地定位出失效区域，同时还要考虑检测时间对生产效率的影响。因此，除了对计算机硬件配置有较高要求外，还对要求算法运行具有较高的实时性。为提升识别效率，本小节在初始阶段采用 3.3.1 节中分割方法对图片粗定位，以避免信息缺失扩大定位面积，减少后续高斯建模定位失效区域的运算量，同时保证信息完整度。

（1）基于ROI高斯学习策略的表面失效区域精准定位　高斯背景建模具有高精度分离目标区域的优点，能够提取出完整的失效区域。根据这一理论，作为背景的标准件图像 B，每个像素点（x，y）的像素值满足 $B(x, y) \sim Y(u, d)$，即每一个像素点（x，y）都包含了两种代表性属性，均值 u 与方差 d，这里 Y 为 B 的像素值服从的分布。

对于待检图像 G，对 G 上的像素点（x，y）分别进行计算，计算式为

$$\frac{1}{\sqrt{2\pi}\,d}\mathrm{e}^{-\frac{[G(x,y)-u]^2}{2d^2}} > B \tag{3-19}$$

式中，B 为失效判断值；$G(x, y)$ 为图片中坐标（x，y）的像素值。

若式（3-19）成立，则认为该像素点属于失效区域。

传统高斯背景建模需要对整张图片进行建模，这会增加计算机的运算量，在大批量冶金设备零部件的检测失效过程中造成大量的时间成本，所以本节基于传统的高斯背景建模方法，提出了ROI高斯学习策略（见图3-16）对建模步骤进行改进。

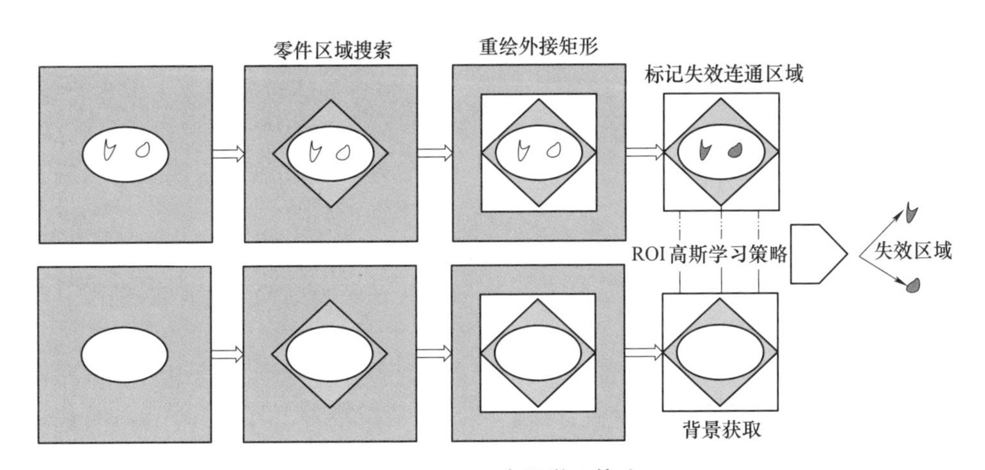

图3-16　ROI高斯学习策略

步骤1：图像获取模块获得 $N(N \geqslant 10)$ 张标准件图像，通过阈值分割与改进外接矩形算法获取ROI，假定ROI中像素横纵坐标最大值分别为 m 与 q，将ROI表示为 $R_i(i=1, 2, \cdots, N)$。

步骤2：计算 R_i 上每个对应位置像素均值 u_{jk} 与标准差 $d_{jk}(j=1, 2, \cdots, m;\ k=1, 2, \cdots, q)$。

$$u_{jk}=\frac{\sum_{i=1}^{N}R_i(j,k)}{N} \tag{3-20}$$

$$d_{jk}=\sqrt{\frac{\sum_{i=1}^{N}\left(R_i(j,k)-u_{jk}\right)^2}{N}} \tag{3-21}$$

式中，$R_i(j,\ k)$ 为第 i 张 ROI 图像中坐标为 $(j,\ k)$ 的像素值。

步骤 3：输入待检图像 G，分割前景，前景输出规则如下：$G(j,\ k)$ 为坐标 $(j,\ k)$ 的像素值，若满足式（3-22），则该像素点作为前景进行分割处理：

$$G(j,k)\geqslant u_{jk}+3d_{jk} \text{ 或 } G(j,k)\leqslant u_{jk}-3d_{jk} \tag{3-22}$$

步骤 4：使用滤波与膨胀腐蚀算法对前景进行去噪以及对连通域中出现的分离进行处理。

步骤 5：将前景作为掩膜，对原图的部分区域进行屏蔽，提取冶金设备零部件表面失效形式的纹理等特征。

（2）基于遗传算法的表面失效区域关键分类特征信息筛选　特征提取是从图像中提取可以表示目标特性的向量，把不同失效的特征差异从高维空间映射到低维空间中。有些算法运算时对低维数的特征有一定的抗检性，所以在图像特征提取中需要获取足够维数特征去保证分类准确率。本节依据失效形式性质差异选取纹理、颜色、几何等 30 个特征作为分类依据。特征维数过高时，存在大量冗余信息，会对分类结果产生负面影响，造成过训练以及维数灾难等问题。因此，在提取特征后需要采用降维算法对特征中无效信息与冗余信息进行筛减。常用数据降维方法较多，如主成分分析、遗传算法、拉普拉斯特征映射、偏小二乘法等。

遗传算法能够将信息重合较多的特征删减，保留识别度较高的特征进而达到提升计算机运行效率的目的，因而，本节选择遗传算法对高维数据进行降维处理，下面描述了主要的设计思路。

将编码的长度依据提取出的特征数量设定为 $M(M>1)$，其中每一位对应一个输入的自变量，最终结果只有 1 或 0。当对应位置为 1 时，表示该种特征作为最后失效形式分类筛选依据；当对应位置为 0 时，表示此特征作为冗余数据从分类中剔除。对于分类问题，为放大个体间差异，本节选取测试集数据误差平方和的倒数作为遗传算法的适应度函数，通过不断迭代，获得最终的筛选结果。遗传算法的适应度函数为

$$f(x)=\frac{1}{\mathrm{sse}(a-o)}=\frac{1}{\sum_{i=1}^{n}\left(a_i-o_i\right)^2} \tag{3-23}$$

式中，$a=\{a_1,\ a_2,\ \cdots,\ a_i\}\ (i=1,\ 2,\ \cdots,\ n)$ 为冶金设备零部件失效类型预测

值；$o=\{o_1, o_2, \cdots, o_i\}$ $(i=1, 2, \cdots, n)$ 为冶金设备零部件失效类型期望值；n 为测试样本个数，sse 为误差平方和。

3. 冶金设备零部件失效形式分类模型

不同的失效形式在模式特征上具有一定区别，存在"失效相同，特征不同""特征类似，失效不同"等情况，因此需要具有较高识别精度的分类器。同时再制造检测对速度有较高需求，因此，本节选择 LIBSVM 构建分类器。LIBSVM 主要通过建立一个超平面作为分类标准，使得不同属性间的隔离边缘最大化，具有通用性、鲁棒性、泛化错误率低、能处理高维数据、推广性强等优点，广泛应用于分类、模式识别、回归分析等场景。本节选取径向基核函数并利用 K-CV（K-fold cross validation）的方法通过获取能令验证时获得最大分类准确率的惩罚参数 c 与核函数参数 g 来提升分类器的分类效果。提取测试集，对数据进行预处理后使用训练集训练 LIBSVM 网络并通过 K-CV 获取最佳 c 与 g，最后利用得到的模型预测测试集分类标签。

冶金设备零部件失效形式分类步骤如下：

步骤 1：对失效数据进行降维处理，将降维后的数据输入至冶金设备零部件分类器中。

步骤 2：将获得的数据集分为 5/6 的训练样本、1/6 的测试样本，标签断裂形式为"1"，磨损形式为"2"，腐蚀形式为"3"，变形形式为"4"。

步骤 3：使用 K-CV 获取对冶金设备零部件失效形式分类的最优效果下的参数 c 与 g。

步骤 4：将获取的参数 c 与 g 输入至分类器中得到分类结果。

步骤 5：综合分析训练集和测试集的分类结果，得到分类器对冶金设备零部件失效形式的分类准确率。

4. 案例分析

为验证大批量冶金设备零部件表面失效形式识别与分类方法的准确性与可靠性，对所收集的一批废旧齿轮，进行清洗后，进行下一步实验分析。采用 MATLAB R2014b 进行图像分析处理，运算的平台配置为处理器 Inter（R）Core（TM）CPU@ 2. 60GHz 和内存 8GB 的个人计算机，采集平台由工业数字照相机、光源、测试平台、运动导轨以及计算机控制系统组成，采集平台如图 3-17 所示。照相机为

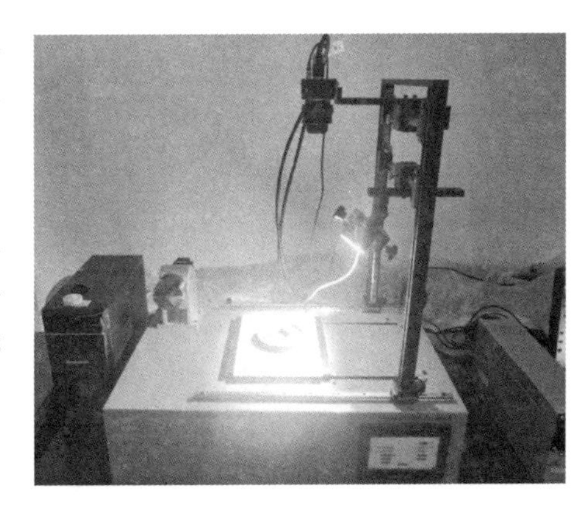

图 3-17　冶金设备零部件图像采集平台

MER-231-41GM，采用Sony IMX249 CMOS感光芯片，分辨率为1 920×1 200像素，镜头可手动调焦。使用LIBSVM工具箱、BP工具箱。为验证提出的检测与分类方法的可行性，利用实验设备随机对这一批齿轮图像进行采集，采集样本为500幅，获取的失效区域540个，识别与分类流程如图3-18所示。其中，部分齿轮表面失效形式如图3-19所示。

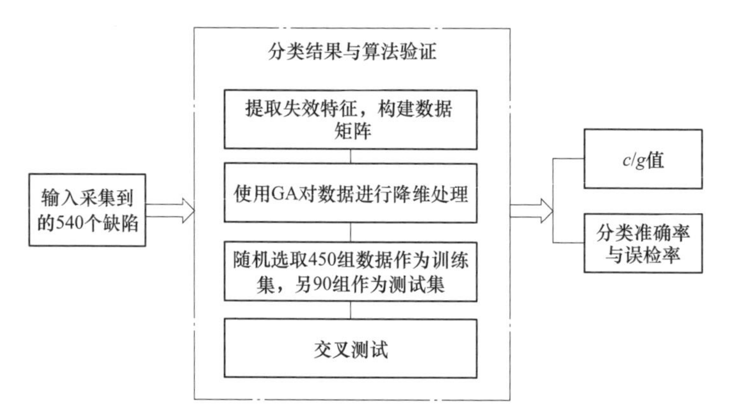

图3-18　某批量废旧齿轮表面失效形式识别与分类流程

图3-19　部分齿轮表面失效形式

a）腐蚀　b）断裂　c）磨损Ⅰ　d）磨损Ⅱ　e）磨损Ⅲ

（1）齿轮失效区域特征提取与筛选　输入样本图片后，使用ROI高斯学习策略对样本图片进行处理，提取出前景后，将前景当作掩膜对原图的部分区域进行屏蔽，得到有效区域，结果如图3-20所示，继而获取失效区域的特征数据

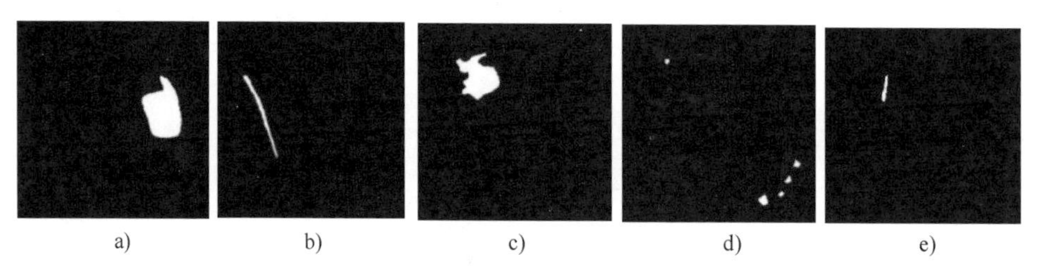

图3-20　部分齿轮表面失效区域提取结果

a）腐蚀　b）断裂　c）磨损Ⅰ　d）磨损Ⅱ　e）磨损Ⅲ

集。对特征数据使用 GA 进行降维处理，去除掉这些数据中的冗余数据。GA 降维获得的适应度函数进化曲线如图 3-21 所示。

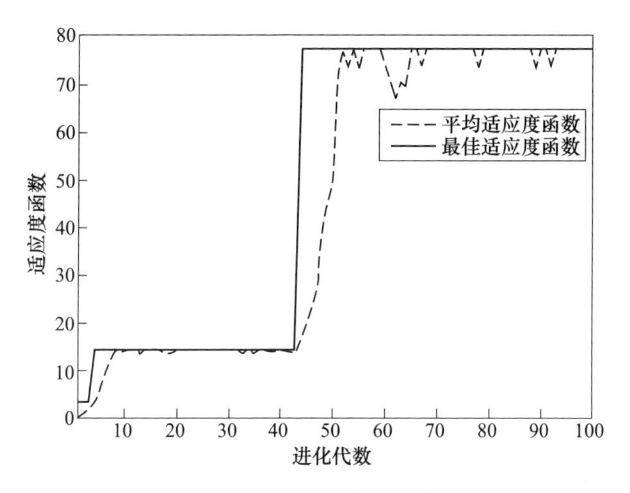

图 3-21　适应度函数进化曲线

为了比较降维与不降维两种方案对程序运行时间的影响，两种建模速度的时间对比见表 3-18。

表 3-18　建模速度的时间对比　　（单位：s）

次数	未降维	降维	次数	未降维	降维
1	5. 569 2	2. 745 6	6	6. 323 6	3. 564 7
2	10. 467 7	3. 104 4	7	8. 895 4	2. 896 5
3	8. 656 7	4. 023 4	8	5. 356 9	2. 395 6
4	7. 623 4	2. 787 4	9	7. 656 4	3. 026 5
5	6. 787 5	4. 033 1	10	4. 854 6	3. 561 2

由表 3-18 可知，降维前平均建模时间为 7. 219 1s，降维后为 3. 213 8s，速率提升 55. 48%。由此得 GA 降维可有效地提升运算过程中分类的速率。

采用 GA 对特征进行选择，结果如图 3-22 所示，为 0°熵、45°熵、135°熵、45°相关性、90°相关性、135°相关性、灰度均值、方差、一阶矩、二阶矩、三阶矩、周长、偏心率、质心 x、长短轴之比。将筛选出的 15 个特征用于后续分类。

（2）齿轮失效形式分类　在采集的齿轮样本中，由于齿轮材质的特性，几乎不存在变形齿轮。所以在算法分类形式设定中，本节将齿轮断裂的失效形式记为“1”，磨损失效形式记为“2”，腐蚀的失效形式记为“3”。

确定输出形式后，使用 K-CV 的方法对 LIBSVM 的参数进行优化，优化过程中 c 与 g 的范围分别为（2^{-5}，2^{5}）与（2^{-10}，2^{10}）。优化参数后输出的结果如图 3-23 所示。

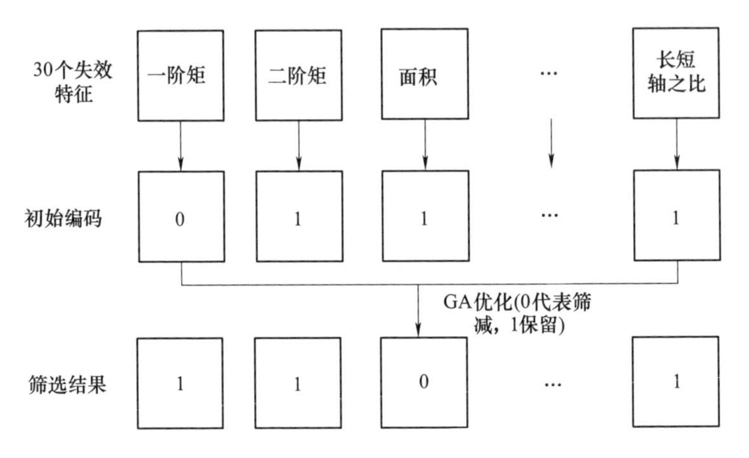

图 3-22 GA 特征选择

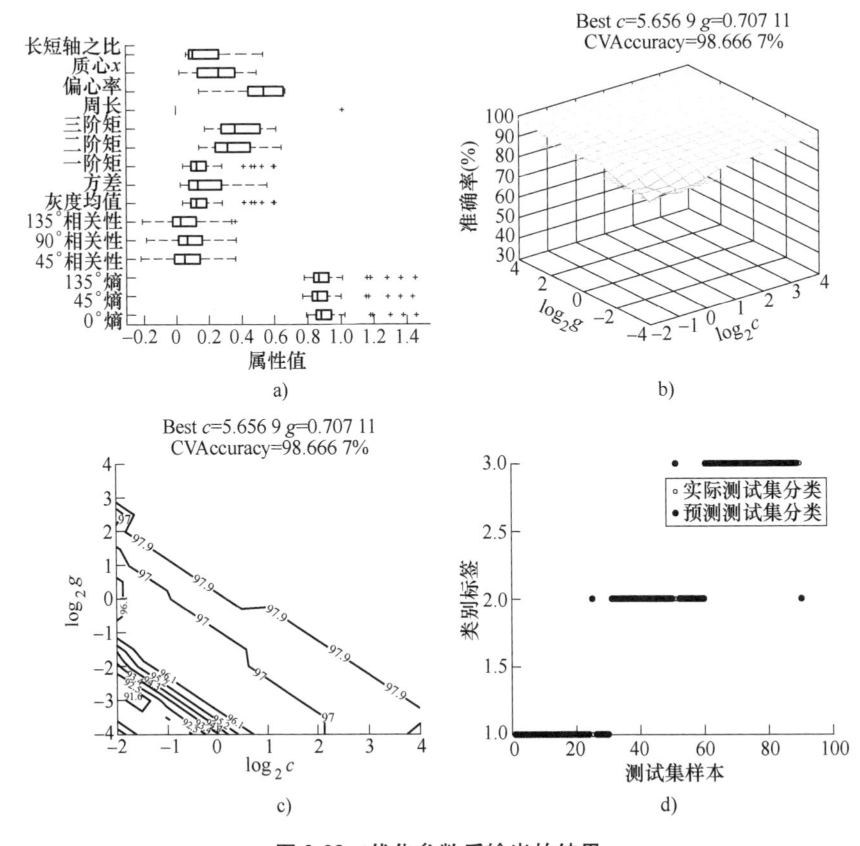

图 3-23 优化参数后输出的结果

a）失效数据 box 属性图 b）SVC 参数选择结果图（3D 视图）

c）SVC 参数选择结果图（等高线图） d）测试集的实际分类和预测分类图

由图 3-23 可知，最佳的参数 c 的值为 5.656 9，最佳的 g 值为 0.707 11。选取不同训练集与测试集进行两次实验，其中测试集分类结果见表 3-19。

由表 3-19 可知，测试集的分类错误总数为 6，准确率为 96.67%。导致错分类的因素包括冶金设备零部件未清洗干净、光照不均匀导致高斯建模时背景存在一定误差等。

表 3-19 测试集分类结果

失效类型	失效类型总数	成功识别数	准确率	识别错误率
断裂	60	58	96.67%	3.33%
腐蚀	60	57	95%	5%
磨损	60	59	98.33%	1.67%
总数	180	174	96.67%	3.33%

目前检测手段主要依靠人眼识别，为了证明算法的优越性以及自动化检测的优势，本节通过与相似算法进行比较以及统计人工检测数据来验证所提方法，分别如下：

1）算法优越性。使用高向东等提出的分类方法对数据进行同样的处理，Adaboost 通过合并多个弱分类器的输出从而提高分类精度，BP-Adaboost 将 BP 作为弱分类器，具有容错率高、分类精度高等优势，在分类问题中应用广泛，但其分类精度受弱分类器个数影响，过少会造成分类精度低，过多又会造成计算机运行速度缓慢，在通过多次试验后本节将弱分类器的个数设置为 10。同时将降维后得到的数据输入至 BP-Adaboost 中，在相同的训练集与测试集的数据下进行两次测试，其中一次得到的分类结果如图 3-24 所示。

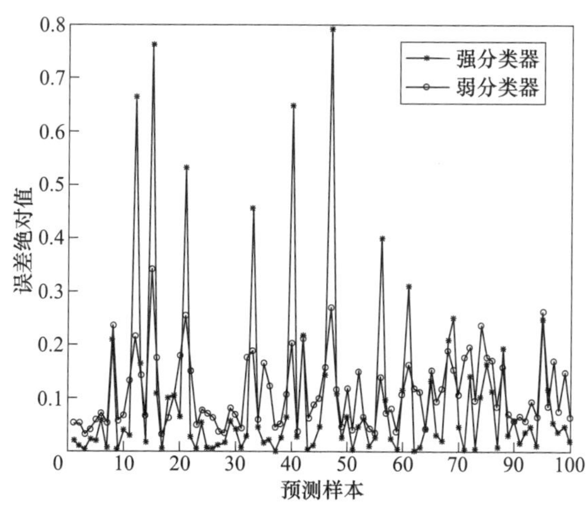

图 3-24 BP-Adaboost 结果曲线

通过 BP-Adaboost 分类器得到的准确率为 94.4%，分类错误的样本数为 10。冶金设备零部件表面失效形式的分类精度低于 LIBSVM 分类器，验证了 LIBSVM 分类器在此方面的优越性。Adaboost 分类精度较 LIBSVM 低的原因为弱分类器对冶金设备零部件特征数据不敏感、弱分类器数量不够，但扩充弱分类器数量会加大运算量。

2）自动化检测优越性。根据工厂实地调研，获取了部分熟练工人与新手在检测中的相关数据，见表 3-20。

表 3-20　人工检测数据表

人员属性	人数	失效区域数	遗漏数	误检数	正确率
熟工	15	605	31	4	94.21%
新手	5	126	16	7	81.75%

从表 3-20 可以看出，人工检测在失效检测过程中易产生遗漏，致使整体检测准确率不高。通过对人工检测历史数据统计，自动化检测方法要优于人工检测。

综合上述数据对比结果得出本节方法在冶金设备再制造失效检测中应用的价值性。

本章小结

针对冶金设备零部件量大面广而造成的分类难、失效检测难的问题，本章提出了一种基于视觉信息的冶金设备再制造分类与无损检测技术。首先，使用视觉检测仪器获取待检件的二维与三维图像，通过三维图像提取点云的维度特征，利用聚类完成零件簇分类。其次，通过 CATIA 软件获取同类冶金设备零部件三维点云模型多视角图像，从图像中提取多视角深层次特征，采用 VGG-16 深度学习模型实现深度分类。然后，在分类的基础上，对零部件进行失效检测，在再制造信息库中获取待检件标准数据，为找寻图像预处理中最优的初始分割阈值，提出最大化二维倒数交叉熵，提升识别精度。最后，针对失效区域分割难等问题，改进高斯建模方法获取二维图像中失效区域，基于提取的图像特征构建失效形式分类模型，最终实现冶金设备零部件再制造分类与无损检测。

参考文献

[1] 刘贵民. 无损检测技术 [M]. 北京: 国防工业出版社, 2010.

[2] 王瀚岑. 基于共振声学无损检测技术的零件裂纹识别研究 [D]. 太原: 中北大学, 2019.

[3] 朱琪挺. 焊接部位的超声波无损质量检测研究 [D]. 杭州: 浙江大学, 2016.

[4] 卢维欣, 万幼川, 何培培, 等. 大场景内建筑物点云提取及平面分割算法 [J]. 中国激光. 2015, 42 (9): 344-350.

[5] TAN C, SUN F, KONG T, et al. A survey on deep transfer learning [C]//Artificial neural networks and machine learning-ICANN 2018. Rhodes: 27th international conference on artificial neural networks, 2018: 270-279.

[6] RUSSAKOVSKY O, DENG J, SU H, et al. ImageNet large scale visual recognition challenge [J]. International journal of computer vision, 2014, 115 (3): 211-252.

[7] TONY W A. Automated inspection of metal products not quite ready for prime time [J]. Iron and steel maker, 1992, 19 (1): 14-19.

[8] 冈萨雷斯. 数字图像处理 [M]. 阮秋琦, 译. 北京: 电子工业出版社, 2007.

[9] 何柏林, 邓海鹏. 表面完整性研究现状及发展趋势 [J]. 表面技术, 2015, (9): 140-146; 152.

[10] 李小丽, 陈新波, 时建云, 等. 飞机多层结构内层腐蚀损伤的远场涡流检测与评估 [J]. 无损检测, 2020, 42 (7): 35-40.

[11] 高向东, 郑俏俏, 王春草. 旋转磁场下焊接缺陷磁光成像检测与强分类研究 [J]. 机械工程学报, 2019, 55 (17): 61-67.

[12] LIU Z, ZHANG Q, WANG P, et al. Automated classification of stems and leaves of potted plants based on point cloud data [J]. Biosystems engineering, 2020, 200: 215-200.

[13] BALADO J, DÍA2-VILARIÑO, ARIASP, et al. Automatic LOD0 classification of airborne LiDAR data in urban and non-urban areas [J]. European journal of remote Sensing, 2018, 51 (1): 978-990.

[14] ZHAO Z, SONG Y, CUI F, et al. Point cloud features-based kernel SVM for human-vehicle classification in millimeter wave radar [J]. IEEE access, 2020, 8: 26012-26021.

[15] GUO B, ZUO X. An optimized point cloud classification and object extraction method using graph cuts [J]. IEEE access, 2020, 8: 188515-188525.

[16] 吴翔, 王凤艳, 林楠, 等. 基于谱聚类算法的三维激光点云数据分类研究 [J]. 世界地质, 2020, 39 (2): 479-486.

[17] KIM K, KIM C, JANG C, et al. Deep learning-based dynamic object classification using LiDAR point cloud augmented by layer-based accumulation for intelligent vehicles [J]. Expert systems with Applications, 2021, 167: 113861.

[18] WU H B, YANG H M, HUANG S Y, et al. Classification of point clouds for indoor components using few labeled samples [J]. Remote sensing, 2020, 12 (14): 2181.

[19] ZHAI R F, LI X Y, WANG Z X, et al. Point cloud classification model based on a dual-input deep network framework [J]. IEEE access, 2020, 8: 55991-55999.
[20] 曾丽娜. SAR图像特征提取与检测、配准算法研究 [D]. 西安: 西北工业大学, 2017.
[21] 赵逸如, 刘正熙, 熊运余, 等. 基于目标检测和语义分割的人行道违规停车检测 [J]. 现代计算机, 2020 (9): 82-88.
[22] 杨长辉, 黄琳, 冯柯茹, 等. 基于机器视觉的滚动接触疲劳失效在线检测 [J]. 仪表技术与传感器, 2019 (4): 65-69; 74.
[23] 卢维欣, 万幼川, 何培培, 等. 大场景内建筑物点云提取及平面分割算法 [J]. 中国激光, 2015, 42 (9): 344-350.
[24] 陈亚南, 陈良武, 赵磊, 等. 盾构主驱动密封失效检测及原因分析 [J]. 隧道建设, 2020, 40 (z1): 419-422.

参数说明

3.1~3.2节参数说明

参数	说　明
α_0, α_1, α_2	协方差矩阵的三个特征值，表示三个方向上的拟合平方差
β_0, β_1, β_2	三个方向上的拟合残差
z_{1D}, z_{2D}, z_{3D}	空间中某一点属于上述三种维度的概率
d_v	某一点所属维度
E_f	点邻域包含的信息熵值
r_i	邻域半径
r_{opt}	最佳邻域半径
r_{min}, r_{max}	邻域半径的下上限
$E_f(r_i)$	在半径 r_i 下的熵值
$d_v(r_{opt})$	某点的真实维度特征，即在最佳半径下显示的维度特征
p_j	第 j 个分量的分类概率
v_j	向量中第 j 个分量
k	分量的序号
(x, y)	像素位置坐标
i, j	灰度级
D_x、D_y	位置偏移量
θ	生成方向
d	生成灰度共生矩阵的步长
p	像素同时出现的次数
x_c	核函数中心
σ	函数的宽度参数

3.3节参数说明

参数	说　明
P，Q	两个分布
N	概率意义上的事件个数
p_i	P分布概率函数
q_i	Q分布概率函数
$D(P, Q)$	两个分布之间信息论意义的距离
$M \times N$	灰度图像尺寸
$f(m, n)$	图像中任意一点的灰度值
$H(i)$	图像的直方图函数
$p(i)$	灰度级为i的像素点出现的概率
T	像素点总数
t	阈值，将图像分为目标与背景两大类
C_o，C_b	目标与背景两大类图像
$\omega_o(t)$，$\omega_b(t)$	两类图像的先验概率
$\mu_o(t)$，$\mu_b(t)$	两类图像的类内灰度均值
μ_T	整幅图像的均值
C_T	图像全体像素的集合
S	图像所有像素之和
$p_{m,n}$，$q_{m,n}$	P，Q分布概率函数值
$\eta(t)$	分割效果评估函数
t^*	一维倒数交叉熵阈值分割时的最佳阈值
n_1，n_2，n_3，n_4	各结构元素可填入图像的次数
α_1，α_2，α_3，α_4	各方向结构元素的归一化权值
f_i	各方向上结构元素滤波的结果
F	形态学自适应滤波的最终结果
$H(i, j)$	二维直方图函数，表示在原始图像中灰度值为i、在形态学滤波图像中灰度值为j的像素对个数
i	像素在原始图像中的灰度值
j	像素在在形态学滤波图像中的灰度值
$p(i, j)$	联合概率分布
(t, s)	阈值向量
$O(L)$	计算复杂度
$O(L^4)$	最大值计算复杂度
V_i	联合概率分布相对于i的边缘概率分布
H_j	联合概率分布相对于j的边缘概率分布
(t^*, s^*)	最佳阈值向量

（续）

参数	说　明
u	像素均值
d	像素方差
B	失效判断值
$G(x, y)$	图片中坐标（x，y）的像素值
m，q	ROI 中像素横坐标与纵坐标最大值
u_{jk}	R_i上每个对应位置像素均值
d_{jk}	R_i上每个对应位置像素标准差
$R_i(j, k)$	第 i 张 ROI 图像中坐标为（j，k）的像素值
M	编码的长度
sse	误差平方和
a_i	冶金设备零部件失效类型预测值
o_i	冶金设备零部件失效类型期望值
c	惩罚参数
g	核函数参数

第 4 章

冶金设备再制造加工技术

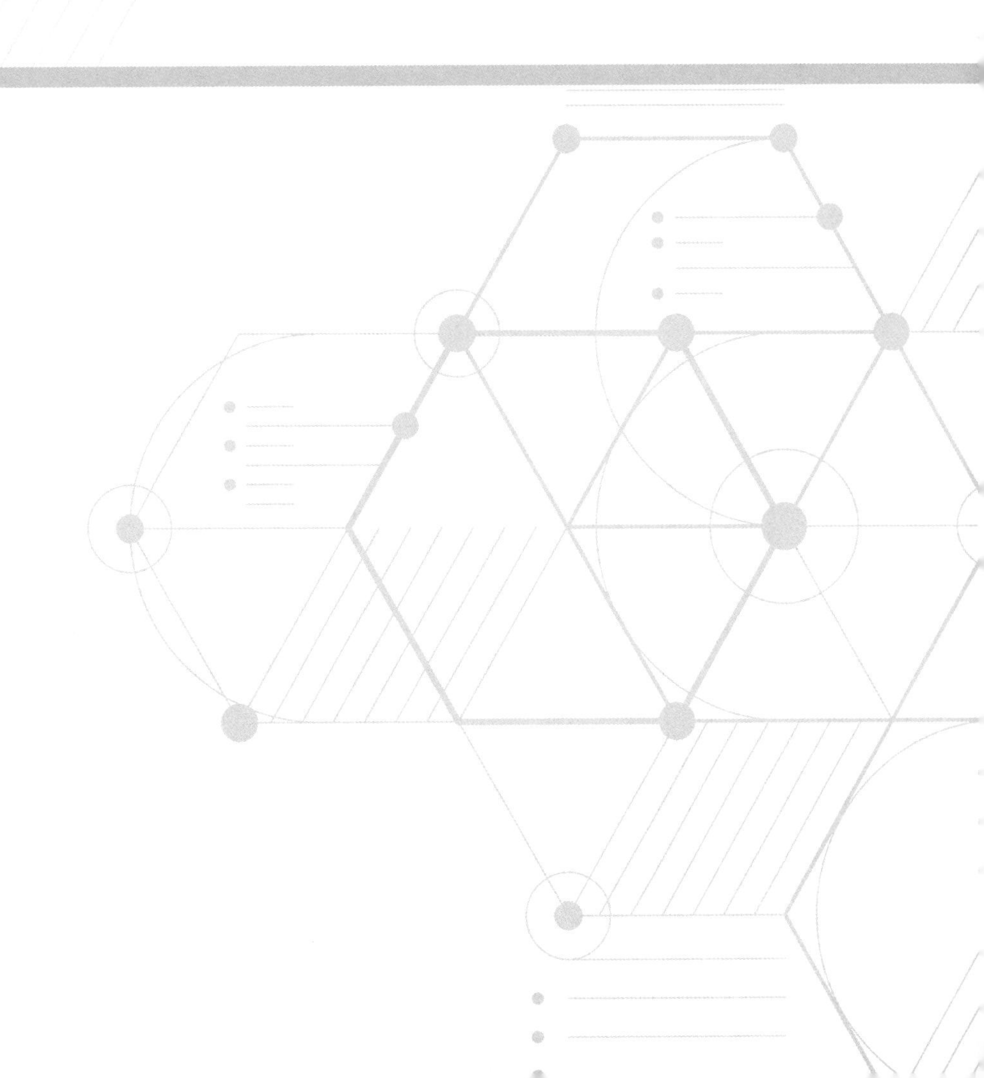

冶金设备再制造就是让废旧或退役冶金设备重新焕发生命活力的过程。它以废旧机器设备为毛坯，采用专门的工艺和技术，在原有制造的基础上进行一次新的制造，而且重新制造出来的产品无论是性能还是质量都不亚于原先的新品。本章首先对现有的冶金设备再制造常用加工技术及其设备进行介绍。其次，针对一种典型的零部件再制造技术——激光熔覆涉及的关键技术进行详细分析。最后，在温度场数值模拟的基础上，提出一种多区域多层激光熔覆路径规划方法。

4.1 冶金设备再制造常用加工技术及设备

4.1.1 冶金设备再制造常用加工技术

针对失效冶金设备的再制造修复，一般根据其失效程度选择合适的再制造工艺。典型的再制造工艺有热喷涂、激光熔覆和堆焊等，下面将依次对这些再制造工艺进行介绍。

1. 热喷涂

（1）热喷涂技术特点　热喷涂技术是零部件再制造的重要技术手段，从加工原理上说，热喷涂是一个由熔化、半熔化粒子沉积在基体表面的过程，与其他表面处理技术相比，热喷涂技术实现了真正意义上的叠加效果，其技术优势如图4-1所示。

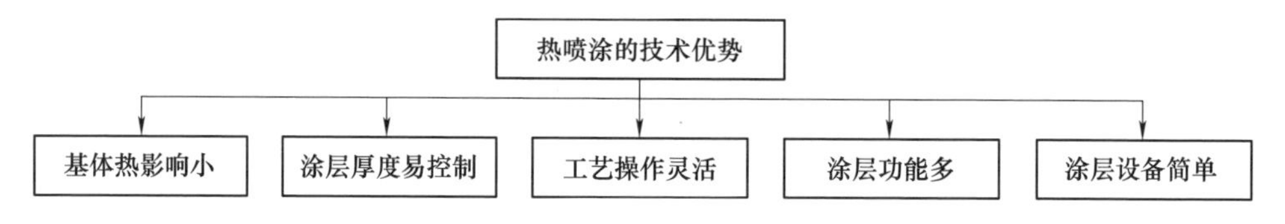

图4-1　热喷涂的技术优势

按照加热喷涂材料的热源种类不同，通常将热喷涂划分为火焰喷涂、电弧喷涂和激光喷涂等。火焰喷涂通常使用丙烷、乙炔等燃料燃烧的化学能产生高温火焰，将粉末加热熔化沉积到基体表面，典型的火焰喷涂有普通火焰喷涂、超音速火焰喷涂、爆炸喷涂等。电弧喷涂利用电极放电，将工作气体电离形成高温熔池，实现对粉末的快速加热，典型的电弧喷涂主要有普通电弧喷涂及等离子喷涂（又分常压等离子喷涂、低压等离子喷涂与水稳等离子喷涂）。等离子喷涂最大的优点是喷涂温度高（可达15 000K以上），可以熔化几乎所有的材料，制备功能各异的修复层，在完成废旧产品的尺寸恢复后，还能赋予其适应服役环境的功能涂层，提高再制造产品的性能。等离子喷涂由于其性能特点受到了广泛的重视，具有巨大的应用价值。

（2）典型冶金设备热喷涂再制造

1）连铸结晶器铜板。采用热喷涂对结晶器表面进行改性处理，新的高性能涂层表面材料能够提升其表面性能，实现提高连铸坯质量、延长结晶器寿命和降低生产成本的目标。经过表面处理再制造的连铸结晶器，结晶器尺寸得到了修复，而且结晶器表面功能涂层具有的高强度、高韧性、耐腐蚀性、抗磨损性和抗热疲劳性等延长了结晶器的使用寿命。连铸结晶器的表面改性技术提高了产品档次、技术含量和附加值，同时也提高了钢铁生产的效率，节能节材。随着高效连铸技术的不断发展，结晶器表面处理技术也不断发展，图 4-2 总结了结晶器表面处理技术的发展历程及其使用性能。由图可知结晶器表面处理技术经历了从单质电镀到合金电镀到复合镀和热喷涂等技术的发展历程，结晶器的性能也得到显著的提升。

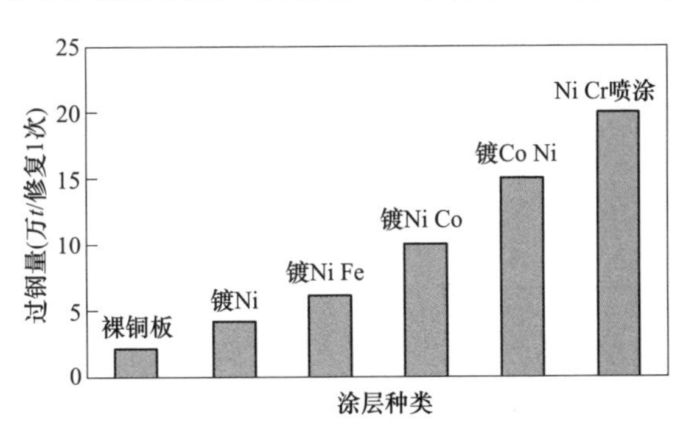

图 4-2　结晶器表面处理技术的发展历程及其使用性能

2）连铸辊。考虑高温、高湿、磨损等综合作用下连铸辊的失效特征，采用气体爆炸喷涂再制造工艺。喷涂涂层以 NiCr 为底层、Cr_3C_2-NiCr 为表层，厚约 0. 3 mm，具有密度高、基体材料结合强度高、抗热冲击性强、抗氧化性与耐磨性好等特点。喷涂后的连铸辊在宝钢炼钢厂连铸机上使用 7 000 炉后，涂层表面未发生明显变化，而未加工连铸辊在 3 740 炉后，表面均已出现明显裂纹，甚至部分辊子因裂纹超过检修标准而下线修复。结果表明，采用气体爆炸喷涂工艺再制造涂层是延长连铸辊使用寿命的有效措施。

3）沉没辊与退火炉炉辊。沉没辊是在连续热镀锌生产线上熔融锌基合金槽中工作的辊，从退火炉出来的带钢经过沉没辊实现热镀锌工艺。沉没辊是钢板获得良好镀层的重要部件，通常有上、下稳定辊，均沉浸在熔融锌基合金槽中，使经过沉没辊的带钢获得一定的有效张力和导向，确保带钢连续稳定地通过气刀。沉没辊由于工况的原因，辊面质量保持期为 5 天左右，引入再制造工程技术后，可提高到 40 天左右，再制造技术主要采用表面热喷涂技术。

对于连续退火炉炉辊，由于炉内还原气氛的原因，辊面上附着的氧化铁容易被还原成纯铁，在辊面形成结瘤，对退火钢带产生不良影响。以前靠增加修磨次数来保证产品质量，目前运用热喷涂再制造技术，产品寿命大幅度提高，生产作业率也大幅提高。

表 4-1 对某钢厂冷轧热镀锌某型号炉辊和沉没辊再制造性能进行了比较，采用再制造技术后，炉辊和沉没辊使用寿命大大提升。据统计，采用喷涂辊件带钢废品率接近为零。由此可见，表面处理后的辊子在提升轧辊自身价值的同时，提高了钢铁产品的质量，提升了生产效率。

表 4-1　炉辊和沉没辊再制造性能比较

辊件类别		使用寿命（工作时间/修复 1 次）
炉辊	原光辊	3 个月
	喷涂辊	72 个月
沉没辊	原光辊	5 天
	喷涂辊	40 天

2. 激光熔覆

（1）激光熔覆技术特点　激光熔覆技术也可称为激光表面熔覆技术，是一种新的表面改性技术。该技术融合了同步送粉激光熔覆工艺、增材制造工艺，涉及计算机辅助设计、逆向工程技术、材料科学、数字化控制技术等多个交叉领域。激光熔覆技术通过在基材表面添加熔覆材料，运用高能量激光束（10^4 ~ 10^6 W/cm^2）照射使之熔化、快速凝固，形成基材表面高强度结合的熔覆层。由于激光熔覆技术具有结合强度高、稀释率低、对工件的热和变形影响小、熔覆层厚度可调等诸多优点，被广泛应用于再制造领域。图 4-3 为激光制造技术分类，其中激光熔覆是其重要的应用分支之一。

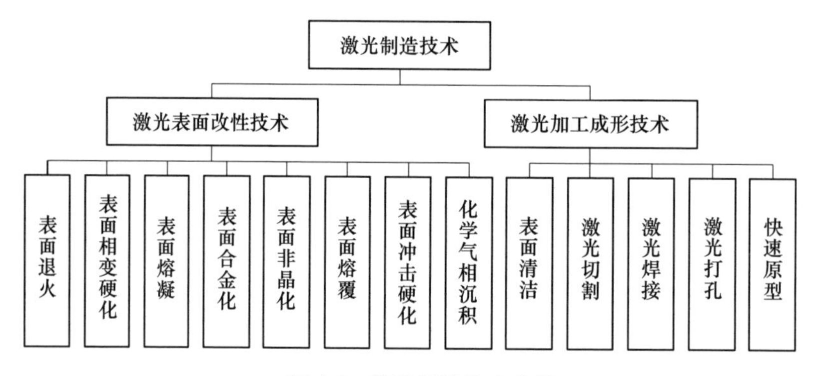

图 4-3　激光制造技术分类

面向再制造的激光熔覆技术在汽车、冶金、医学、航空航天等领域应用广泛。与传统的表面加工技术相比，激光熔覆再制造技术具有如下特点：

1）激光熔覆过程冷却速度极快（高达 10^6℃/s）且能量集中，熔融金属组织具有快速凝固的典型特征，从而使熔覆层晶粒细小，改善熔覆层的性能。

2）一般熔覆材料和基体材料的热膨胀系数接近，热输入和畸变较小，基体和熔覆层是冶金结合，结合强度高。

3）激光熔覆材料的选择多种多样，目前应用较广的有自熔性合金粉末、金属陶瓷粉末、碳化物复合粉末等。

4）激光熔覆技术加工范围广，能加工各种复杂类的零部件。

5）激光熔覆技术过程容易实现自动化，简化了工艺步骤，减少了人工操作，较高提升了生产效率。

然而，在激光熔覆层质量方面，仍存在两方面的技术难题：

1）宏观上，考察熔覆层表面不平度、裂纹、气孔、稀释率等。

2）微观上，考察是否形成良好的组织，能否提供所要求的性能。

（2）典型冶金设备激光熔覆再制造

1）轧机牌坊。轧机机架窗口受工况条件（高温、高压水蒸气腐蚀并伴随酸性水、油腐蚀等）影响以及长期承受往复轧制力的冲击、振动等原因，导致机架表面容易受到腐蚀磨损。为了恢复窗口尺寸精度，通常有以下几种常规的修复方法：①采用在线机械加工的方式对牌坊进行修复；②用金属修补液进行修复；③用常规电弧堆焊修复。以上方法都存在结合强度不够或大面积电弧堆焊可能造成牌坊结构变形等问题，难以有效提高牌坊的耐磨性及耐腐蚀性，不能解决牌坊表面磨损的缺陷。激光熔覆为非接触式加工，利用强激光束加热工件无须接触工件，通过控制激光器的输出功率、光斑直径的大小和扫描速度来控制输入基体中的热量。激光熔覆具有能量密度高、熔覆质量致密、结合强度高、熔覆层组织的稀释率低、热影响区小等特点，能够弥补以上三种传统方法的不足。激光熔覆在轧机牌坊在役再制造的应用将在第 9 章详细介绍。

2）精轧机转子轴。精轧机转子轴属于大型机电设备，转子轴工作环境恶劣且工作时需承受非常大的负载。生产过程中每一道次轧制结束后，所受的力矩方向都会发生变化，在交变载荷的频繁作用下，转子轴受到疲劳损害，会在转子轴薄弱环节产生裂纹甚至断裂。

转子轴对修复强度指标与几何尺寸精度要求非常高，传统的焊补工艺所选用的焊条强度无法满足使用要求，只能采用激光熔覆技术进行修复。根据转子轴基材材质采用特定梯度功能的复合粉末，同时针对转子轴的工作环境、受力状况等因素制定激光熔覆工艺，选择移动式激光现场维修加工系统，包括全固态移动式激光器、全空间自由度机器人加工执行机构、远距离激光加工系统和镗、铣机械加工的随行车、磨设备，可对轴面、平面进行随行机械加工系统的成套移动式加工设备，利用现场的激光熔覆、机械加工、定位检测工艺在内的完整现场激光加工方案，不仅使精轧机转子轴的损伤部位得到修复，还使得修复后的转子轴强度性能得到大幅度提高，同时也提高了抗同类损伤的能力，实现维修转子轴的寿命接近新品寿命。

3. 堆焊

堆焊技术是在失效零部件表面熔敷一层材料，由于其更广的适用性和超低廉的价格，在表面工程技术领域占据着至关重要的地位。堆焊技术一般采用熔焊方式，熔敷材料和母材的结合强度很高，熔敷材料则一般具有抗磨损、抗热疲劳以及抗腐蚀等优异性能。堆焊技术最大限度地发挥熔敷材料地优异性能，从而延长零部件的使用寿命，因此已被广泛地应用于现代工业生产之中。

（1）堆焊技术特点　堆焊技术作为一种再制造方式，是焊接方法和工艺的一种特殊应用。堆焊技术的热源与焊接热源相同，但其目的不是连接零部件，而是将焊材熔化并使其熔敷、凝固在工件表面，从而得到优异性能的堆焊表面。随着科学技术的日益发展，现代工业生产中已经涌现出多种多样的堆焊方法，其稀释率和熔敷速率各不相同，见表4-2。

表 4-2　常用堆焊方法的稀释率和熔敷速率

堆焊方法		稀释率（%）	熔敷速率/(kg/h)
埋弧堆焊	单丝	30~60	4.5~11.3
	多丝	15~25	11.3~27.2
	串联电弧	10~25	11.3~15.9
	单带极	10~20	12~36
等离子弧堆焊	自动送粉	4.5~15.5	0.4~5.7
	手工送丝	5~15	0.5~3.6
	自动送丝	5~15	0.5~3.6
	双热丝	5~15	13~27
熔化极气体保护电弧堆焊	自保护电弧堆焊	12~38	0.8~5.8
	带极电渣堆焊	10~14	15~75

等离子弧堆焊的热影响区较小，得益于其较低的稀释率和熔敷速率。此外由于等离子弧堆焊具有较强的工艺可控性，它被广泛应用于精度要求较高的焊接作业中。

熔化极气体保护电弧堆焊具有很多优点，最显著的几点包括：生产周期短，生产效率能够得到提升；成本低，在经济性方面具有很大优势；操作过程可见度好，对焊工的操作技术要求低，生产安全性较高。由于其生产周期短的特点，熔化极气体保护电弧堆焊在现场短工期维修方面具有极大的优势。典型的如带极电渣堆焊，由于其熔敷率高、堆焊速度快且稀释率低，已经被广泛应用于工业中。

（2）堆焊合金类型

1）堆焊合金的常见类型。堆焊技术所用到的堆焊材料需要配合零部件的成分，以求实现两者的最佳配合，从而满足零部件的性能要求。堆焊合金可以按不同的元素组成和显微结构分类，见表4-3。

铁基堆焊合金具有优良的综合性能，其适用范围较广，价格最为低廉，因此铁基堆焊合金是最常用的一种硬面堆焊材料。由于镍基堆焊合金具有较高的高温强度和抗氧化腐蚀性能，它在海洋、环保和石油化工等领域应用广泛。尽管钴资源严重稀缺，但是由于钴基堆焊合金具有优异的抗磨损、耐腐蚀和抗高温氧化性能，它仍引起了研究者的广泛关注。

表4-3　堆焊合金分类

<table>
<tr><td rowspan="8">铁基堆焊合金</td><td rowspan="3">奥氏体堆焊合金</td><td>高锰奥氏体钢</td></tr>
<tr><td>铬锰奥氏体钢</td></tr>
<tr><td>高镍奥氏体钢</td></tr>
<tr><td rowspan="3">马氏体堆焊合金</td><td>低碳、低合金</td></tr>
<tr><td>中合金</td></tr>
<tr><td>马氏体铬不锈钢</td></tr>
<tr><td rowspan="2">碳化物堆焊合金</td><td>高碳合金</td></tr>
<tr><td>碳化钨</td></tr>
<tr><td rowspan="5">镍基堆焊合金</td><td colspan="2">镍-铜堆焊合金</td></tr>
<tr><td colspan="2">镍-铬堆焊合金</td></tr>
<tr><td colspan="2">镍-钼堆焊合金</td></tr>
<tr><td colspan="2">镍-铬-钼（钨）堆焊合金</td></tr>
<tr><td colspan="2">镍-铬-钼-铜堆焊合金</td></tr>
<tr><td rowspan="3">钴基堆焊合金</td><td colspan="2">钴-钼堆焊合金</td></tr>
<tr><td colspan="2">钴-铬堆焊合金</td></tr>
<tr><td colspan="2">钴-镍堆焊合金</td></tr>
</table>

2）铁基堆焊合金。Fe、Cr和C是铁基堆焊合金中主要的元素，因此铁基堆焊合金常被称作Fe-Cr-C堆焊合金。除了Fe、Cr和C外，Mn、Ni、Si等元素也常出现在铁基堆焊合金中。铁基堆焊合金具有优良的耐磨性，通过电弧堆焊3D打印的方式制备成各种复杂形状的表面耐磨零部件。目前，铁基堆焊合金已在增材制造领域获得广泛关注。根据合金的化学成分，铁基堆焊合金也可分为高碳铁基堆焊合金和低碳铁基堆焊合金两类。由于在铸造过程中容易出现气孔、组织偏析等缺陷，因此常通过堆焊方法来制备耐磨性良好的铁基堆焊合金。

（3）典型冶金设备堆焊再制造

1）轧辊。大尺寸规格的轧辊再制造，具有较强的工程意义。一方面，工作层占整个轧辊质量的10%~15%，可利用的价值大；另一方面，再制造过程（实际上是复合材料的制造过程）使轧辊功能更强、品质更高。轧辊再制造过程主要技术手段是堆焊，堆焊也是目前国内外复合轧辊生产中较为先进的工艺方法之一。堆焊复合轧辊在性能上优于其他方法制造的复合冶金轧辊（替代部分铸铁辊），可解决轧钢行业生产中的断辊问题、提高轧机的生产作业率、降低总辊耗，从而为轧钢企业创造巨大的经济效益。冶金轧辊采用堆焊方法进行复合制造具有方法简单、综合性能优异及经济效益显著等特点，高综合性能和低制造成本的堆焊复合轧辊的研发与制造是目前国内外钢铁行业的重要发展方向。

由于轧辊使用工况的特殊性，对其再制造工作层质量要求很高，除堆焊技术手段外，目前研发力度最大的是激光熔敷技术，但还局限于实验室阶段，规模化的工业应用还有待进一步研究与发展。关于轧辊堆焊再制造工艺，将在第8章详细介绍。

2）连铸辊辊套。连铸辊是连铸生产线的重要部件，也是连铸生产线上数量最多的部件。弯曲段的小直径辊套位于连铸机的前端，从弯曲段到水平段各种规格的连铸辊多达几百支，铸坯温度高达1200℃，辊套与铸坯接触瞬间最高温度可达650℃，同时还要耐铸坯连续不断的磨损，辊套还需要水冷却。因此，辊套处于一种不断加热、冷却和磨损的工况环境中，工况最差，使用寿命最短，其主要失效形式有表面磨损、疲劳裂纹、热腐蚀等。

由于堆焊时热输入很大，对小直径的辊套来说，堆焊修复过程中遇到的最大问题就是变形，不仅有弯曲变形，同时辊套内径也有较大的收缩变形。辊套最长的有730 mm，而内径不足100mm，内孔收缩变形量一旦大于0.5mm就无法恢复设计尺寸，只能报废，不仅不能完成辊套修复，还将损失大量昂贵的堆焊材料。因此，如何很好地控制堆焊修复过程中辊套的变形是小直径辊套能否成功修复的关键。根据辊套失效的原因，可采取两项解决措施：①制作专用工装解决弯曲变形问题；②改变传统堆焊工艺，采用小工艺参数，多层堆焊，尽量减小热输入。其中措施②采用合理的强制冷却工艺，能够有效解决空心类工件受热后的内孔收缩量过大的问题，而且修复质量能够得到保证。

4. 其他再制造技术

（1）电刷镀　电刷镀是从槽镀技术上发展起来的一种新的电镀方法，其原理和电镀原理基本相同，也是一种电化学沉积过程，受法拉第电解定律及其他电化学规律支配。电刷镀是依靠一个与阳极接触的垫或刷提供电镀需要的电解液，垫或刷在被镀的阴极上移动的一种电镀方法。电刷镀使用专门研制的系列电刷镀溶液、各种形式的镀笔和阳极，以及专用的直流电源。工作时，工件接电源的负极，镀笔接电源的正极，靠包裹着的浸满溶液的阳极在工件表面擦拭，溶液中的金属离子在零件表面与阳极相接触的各点上发生放电结晶，并随时间增长逐渐加厚，由于工件与镀笔有一定的相对运动速度，因而对镀层上的各点来说是一个断续结晶过程。

电刷镀技术具有沉积速度快、镀层种类多、工艺简单、镀层性能优良等特点，是表面磨损失效零件再制造修复和强化的有效手段。电刷镀技术作为一种重要的失效零件再制造加工方法，在废旧产品再制造中大量应用，不但可以恢复零件的尺寸精度，还能提高零件的表面性能，具有优异的经济性。

（2）高分子纳米聚合物修复技术　高分子纳米聚合物修复技术在很大程度上解决了传统金属修复工艺的短板。其材料最大的优点是利用特殊的纳米无机材料与环氧环状分子进行键合，提高了分子间的键力，从而大幅提高了材料的综合性能。纳米聚合物能很好地黏着于各种金属、混凝土、玻璃、塑料、橡胶等材料，具有较好的抗高温、抗化学腐蚀性、耐磨性，经过机械加工可以服务于金属部件的磨损再制造。在传动部件磨损修复方面，纳米聚合物材料具有极好的黏着力、抗压性等综合性能，可快速实施在线修复，可免拆卸、免机械加工，快速有效修复轴类磨损。总之，高分子纳米聚合物修复技术时间短、费用低、效果好，最大限度地降低设备备件库存，第一时间确保设备的正常运行，同时还不会产生应力，没有修复厚度要求。

（3）激光3D打印技术　激光3D打印技术的引入是为了突破制备非晶合金的临界尺寸和复杂形状的制约，激光3D打印技术是一种逐点离散熔覆沉积成形的加工方法。一方面，由于激光的光斑直径较小，每点的熔覆沉积区域也较小，以致熔池的冷却速率极高，对于大多数非晶合金来说，可以避免成形过程中熔池凝固发生晶化；另一方面，逐点离散熔覆沉积的成形方式使得激光3D打印技术可以有效地解决传统工艺所存在的临界尺寸和复杂形状的制备限制，为促进块体非晶合金在工程领域的应用和发展提供了新的思路和契机。

3D打印再制造利用打印技术对废弃材料进行修复，提升材料性能，使废旧产品或零部件的使用寿命得以延长，其操作流程如下：①在标准模型库中调取零件模型；②对模型进行分层逐步的切片处理；③通过打印将完整的三维工件制造出来。构建再制造修复模型是一个复杂的过程，期间需要通过反求工程获取零件基本的数字模型，还需要通过建立数字模型与标准模型进行对比，整个操作过程中对零件材料还有一定的要求，只有满足这些要求才能保证3D打印再制造技术的准确性与高效性。

4.1.2　冶金设备在役再制造设备

冶金设备再制造过程中应用到4.1.1节中所介绍的多种再制造工艺，在役再制造设备是基于再制造工艺的一种新型设备，专门用于大型或不可移动设备的修复工作。目前针对设备零部件缺损或磨损的修复，先采用表面技术如电弧焊、电弧喷涂等进行表面修补，再利用机械加工以提高表面质量、降低表面粗糙度。对于中小型零部件，弧焊后可直接利用各类常规机床进行机械加工。而在冶金等行业，存在大量大型或不可移动的设备，如大型冶金轧辊、高炉、转炉、轧机等。由于其零部件规格尺寸大，机械加工质量要求高，制造、运输、安装难度极大，且造价昂贵，因此在发生破损或磨损需要再制造修复时，在役再制造装备是唯一选择。基于此，在役再制造装备的设计理念由此而生，其功能是用于大型设备零部件的修复。

1. 在役再制造设备类型及技术特点

针对大型设备需要修复零部件的表面特征，在役修复设备可分为下列几种类型：

（1）在役铣床　主要用于平面修复，如炼化反应器塔盘表面、换热器管端面、缸体中分面的修复，机床主要依靠所加工工件定位，要求安装可靠，加工精度稳定。旋转中机床可匀速自动进刀，可在一定范围内调整切削速度。此类机床还可用于键槽或沟槽的铣削修复。

（2）在役孔加工机床　可对现场各种冶金设备的孔进行加工，特别是用于对大型工业设备中因重载传动而易磨损的内孔表面进行现场加工修复。例如：大型炼化装置往复压缩机缸体内表面的修复，主要精度指标包括内孔圆柱度和表面粗糙度；泵用轴承箱两轴承孔修复，主要精度指标包括同心度和圆柱度。在役孔加工机床可与在役补焊设备一同构成完美的在役孔修复系统。

（3）在役外圆车床　主要用于大型转子轴颈外圆表面的修复加工。一般厂家在出现轴颈研伤、磨损时，采用的传统修复的方法有两种：

1）返回原制造厂修复。把转子包装发运至制造厂，大件长途运输，风险大、费用高，而且转子在原制造厂上车床加工，需重新找中心，具有费工时、精度不易保证的缺点。

2）采用刷镀、喷焊、激光焊、喷涂等办法。

上述几种方法由于镀层结合强度较低，耐磨性差，镀层厚度有限，对严重损伤的轴颈修复效果不理想。总之，按传统转子轴颈修复方法难以满足修复精度、效率以及修复费用的要求。

目前利用在役修复车床对转子轴颈进行车削加工，然后修配轴瓦、密封瓦是唯一可行的方法。这种方法具有以下三个优点：①缩短了检修工期，现场就地加工，避免长途运输，减少运费，降低了风险；②操作简便、快捷，加工精度高；③可以采用旋转车刀方法加工，被加工转子不需转动。然而机床需要设计对中装置，以保证磨损后修复的外圆表面与转子不需修复的外圆表面的同轴度。

（4）在役法兰加工机床　在役法兰加工机床是一种针对法兰密封表面加工而专门设计的法兰端面加工设备，能够实现法兰面上密封槽的加工，主要精度指标为密封工作面的尺寸精度、表面粗糙度和圆度，还能够加工管形零件的内外坡口。但机床同样需要设计对中装置，以保证密封槽与法兰中心的同心度。此类机床的设计应具有强劲的加工动力和结构刚度，来保证良好的加工质量。

（5）在役磨床　主要用于阀门密封面、平面、外圆表面、内孔表面的磨削，以提高表面质量，降低表面粗糙度。一般可以在车削、铣削、镗削系统中加入磨削组件，构成完整的修复系统。

（6）在役自动、半自动补焊机　用于现场对各种尺寸、材料零件的补焊修复，可焊接内孔、外圆柱面和平面等。这种补焊机比手工焊效率高，焊接连续，而且易于加工。采用混合气体保护熔丝焊，选择设定范围的往复式或扫描式焊接，可实现双向焊接，但需实现垂直、水平、倒置等全位置安装。

2. 在役再制造设备应用现状及发展趋势

工业发达地区的少数企业针对冶金、电力、机械、石油化工、船舶等行业的特殊需求开发了表面修复技术或针对大型设备的专用修复机床，然而，由于存在加工范围有限、规模小、产品单一等不足，尚未形成完善的系列。当前的再制造技术含量较低，修复精度不高，操作复杂，修复效果很大程度上取决于操作人员经验，基本属于半人工半机械的修复状态。在工业发达国家，再制造技术受到高度重视，针对大型设备的修复技术、设备已比较成熟，产品门类较齐全，已经形成规模庞大的再制造产业群。由于国内技术水平相对较低，一些用于大型设备修复的专用修复机床被国外把控，售价极其昂贵。

国外大型设备专用修复技术处于快速发展中，修复机床基本实现了“五化”“三高”“三低”的特点。

（1）“五化”　“五化”即小型化、数字化、模块化、功能多样化、系列化。

1）小型化。在役修复可供安装设备及操作人员活动的区域通常在高空或其工作空间极其狭小。机床结构小型化，以便机床在极小空间内安装、拆装及吊运。

2）数字化。修复形面越来越复杂，只有采用数字控制的机床，方可保证修复形面的形状精度。

3）模块化。为便于快速组装并安装到位，将机床按功能划分为不同的模块，加工时再将各模块总装成一台机床，不但方便运送，而且有效增大机床行程。

4）功能多样化。在役维修通常需要在复杂的工作环境中实现多种加工工艺，加工各种复杂形面，所以“一机多能”“一次装夹，多次加工”将提高维修效率，提高机床利用率。

5）系列化。在役修复机床专用性强，重型生产装备结构复杂多样，必须由不同类型、规格的机床实现维修，机床产品系列化以满足市场需要。

（2）“三高” “三高”即机床的高精度、高效率、高环境适应能力。

1）高精度。大型或超大型设备的设计制造精度越来越高，高精度的修复可达到设备初始设计精度。

2）高效率。大型设备通常工作在高温、高压工况下，材料性能较高，切削性能较差，高效率的机床才能有效提高在役修复效率。

3）高环境适应能力。能在复杂环境下工作，实现多种工艺方法，方可满足市场的需要。

（3）“三低” “三低”即机床体积小、质量轻、能耗低。

1）体积小。在役数控机床的环境和工作特点要求机床结构必须减小体积，方便拆装、搬运、安装。

2）质量轻。某些重型生产装备的承重能力较低，必须控制机床的质量，以确保维修质量和安全。

3）能耗低。能源问题日益突出，节能降耗是经济发展和绿色发展的必然要求。

目前我国冶金、电力、石油化工、船舶等行业大型设备数量逐渐增多，然而针对大型设备的修复技术和装备落后于国外工业发达国家，与修复技术和装备的需求矛盾日益突现。因此，我国急需发展、提高针对大型设备零部件的再制造技术及其装备。

4.2 冶金设备再制造零部件激光熔覆

4.2.1 冶金设备再制造零部件激光熔覆关键问题分析

在激光熔覆之前，需根据废旧零部件的损伤信息以及基体的材料特性设定相应的熔覆工艺参数。不同的工艺参数导致熔覆效果不尽相同，除激光功率、粉末材料、扫描速度等主要工艺参数之外，层间停光时间作为一个影响熔覆层成形硬度的重要参数也不容忽视。

在设定好相关熔覆工艺参数之后，激光熔覆平台将对废旧零部件的各个损伤区域进行熔覆。在此过程中，需及时确定下一个熔覆目标区域，从而保证熔覆任务的连续性，同时激光熔覆平台将根据下一个熔覆目标的位置信息设置熔覆头空行程运动参数，模拟出空行程运动轨迹，从而避免空行程运动过程中发生碰撞。

因此，本节针对熔覆工艺参数层间停光时间的设定、熔覆环节中熔覆目标选择和熔覆头空行程运动问题这三个关键性环节进行详细讨论，为激光熔覆路径规划提供依据。

1. 层间停光时间分析

已有研究表明熔覆区域的整体硬度随着层间停光时间的增加而增加，随着熔覆层数的增加而减小，并且随着层数的增加，层间停光时间对整体硬度的影响趋于明显。在多层熔覆时，后一熔覆层（k+1 层）在熔覆时会导致前一熔覆层（k 层）经历重熔——二次淬火——回火反应，硬度也随之产生降低——增加——降低的变化，如图 4-4a 所示。当层间停光时间较短时，k 层的温度尚未完全冷却，仍有很高的温度。熔覆头以此为基体继续熔覆，将导致 k 层的冷却速度和凝固速度大幅度降低，硬度也急速下降，另外 k+1 层在熔覆时会受到来自 k 层的高温回火作用，导致 k+1 层的硬度反而低于 k 层的硬度。而随着层间停光时间的增加，k 层受到 k+1 层的热影响趋于退火，缩短了回火区和重熔区的作用范围，减缓了平均硬度的下降速度，同时基体温度得到冷却，k+1 层不会受到来自 k 层的回火作用，如图 4-4b 所示。以此类推，增加层间停光时间时，每层的平均硬度将会较大提升，该区域整体硬度也会相应地提高。

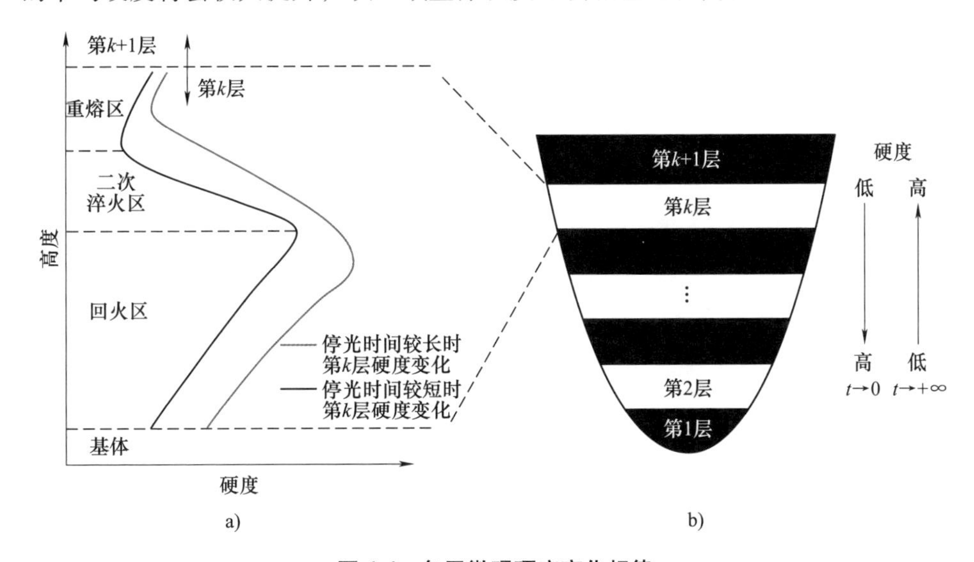

图 4-4　各层微观硬度变化规律

a）不同层间停光时间下第 k 层熔覆层的硬度变化规律　b）多层熔覆层硬度变化

较长的层间停光时间会使熔覆区域硬度变高，在不影响熔覆效率的前提下，存在最佳层间停光时间使熔覆层能够冷却至其硬度性能不随温度变化，这种状态下熔覆层的硬度性能将达到最大化。在实际废旧零部件的激光熔覆过程中，追求整体硬度最大化是再制造性能要求之一。因此，通过多层激光熔覆的温度场数值模拟，找出熔覆层整体硬度最大时的最佳层间停光时间和熔覆层数的关系至关重要。

采用 ANSYS 软件对激光熔覆过程中的温度场进行数值模拟以观察熔覆层冷却过程，可以为设置层间停光时间提供依据。数值模拟过程如图 4-5 所示。

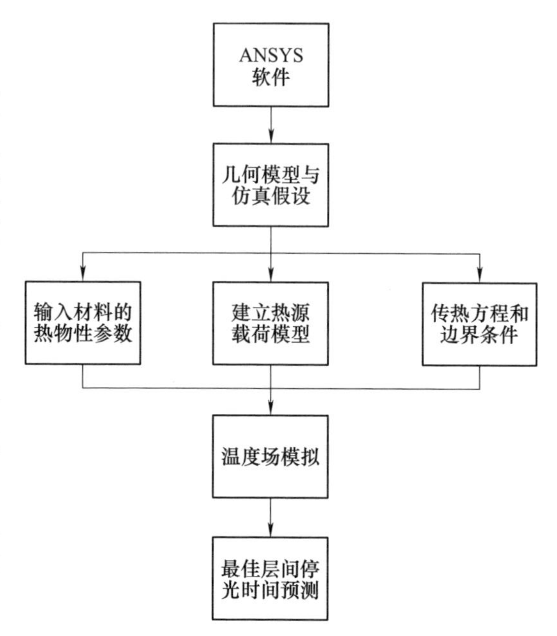

图 4-5　激光熔覆数值模拟过程

多层激光熔覆的温度场数值模拟需要设置热源载荷模型、传热方程和边界条件等一系列模拟熔覆过程的条件。激光熔覆过程中激光产生的热流密度呈正态分布，热源热流分布计算式为

$$P(x,y)=\frac{3\eta P}{\pi r^2}\exp\left[\frac{-3(x^2+y^2)}{r^2}\right] \tag{4-1}$$

式中，$(x,\ y)$ 为热源坐标；$P(x,\ y)$ 为激光功率密度，单位为 W/m^2；P 为激光功率，单位为 W；r 为激光光束半径，单位为 mm；η 为激光吸收系数。

熔覆层与基体之间热量传递的主要形式为热传导。非线性瞬态热传导微分方程为

$$\frac{\partial}{\partial x}\left(\lambda\frac{\partial T}{\partial x}\right)+\frac{\partial}{\partial y}\left(\lambda\frac{\partial T}{\partial y}\right)+\frac{\partial}{\partial z}\left(\lambda\frac{\partial T}{\partial z}\right)+Q=\frac{\partial}{\partial t}(\rho c_p T) \tag{4-2}$$

式中，ρ 为材料的密度，单位为 kg/m^3；c_p 为材料的比热容，单位为 J/(kg·℃)；λ 为材料的导热系数，单位为 W/(m·℃)；Q 为内热源强度（包括激光施加的热量以及相变释放的热量），单位为 W/m^3；T 为温度，单位为℃；t 为时间，单位为 s。

其中，熔覆层的相关材料性能 λ 和 c_p 会随温度的变化而变化；当 $t=0$ 时，一般认为此时基体具有均匀的初始温度，并且与环境温度相同，即 $T=T_0$（T_0 为环境温度）。

一般通过定义材料焓值 A（单位为 kJ）的变化来解决相变潜热，其主要公

式为

$$A = \int \rho c_p(T) \mathrm{d}T \tag{4-3}$$

因此，在 ANSYS 软件中模拟激光熔覆过程中所用到的热源载荷模型采用高斯热源，其表达式为

$$q = \frac{3\eta P}{\pi r^2} \exp\left(-3\frac{\mu^2}{F^2}\right) \tag{4-4}$$

式中，q 为节点热流密度，单位为 $\mathrm{W/m^2}$；F 为能量分布半径，单位为 mm；μ 为节点到光斑中心的距离，单位 mm。

最佳层间停光时间表示多层激光熔覆过程中每个熔覆层的最佳冷却时间。多层激光熔覆不仅具有单层熔覆时的某些特点，而且激光会在基体上进行反复运动，使之前的熔覆层出现热量累积的现象。因此，导致某个熔覆层在整个熔覆过程中温度场的变化更为复杂，从而不同的熔覆层数对应的最佳层间停光时间也不同。多层激光熔覆如图 4-6 所示。

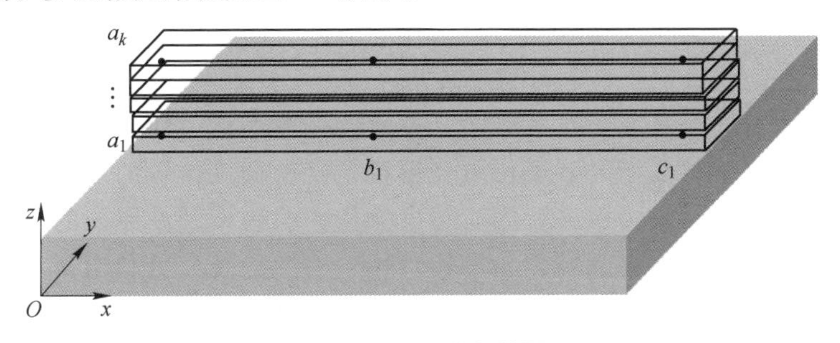

图 4-6　多层激光熔覆

为较清晰地模拟出每个熔覆层的温度场的变化曲线以及温度梯度的变化，可以对多个测试点垂直梯度上的温度及温度场梯度进行测量。根据多层激光熔覆过程中激光逐层扫描的特性，测试点上的温度会出现一个周期性的变化，即每当激光扫描其上方区域时，该点的温度变化应是先上升后下降的。同时，不同的层间停光时间可以改变测试点温度冷却的时间，测试点温度变化曲线如图 4-7 所示。

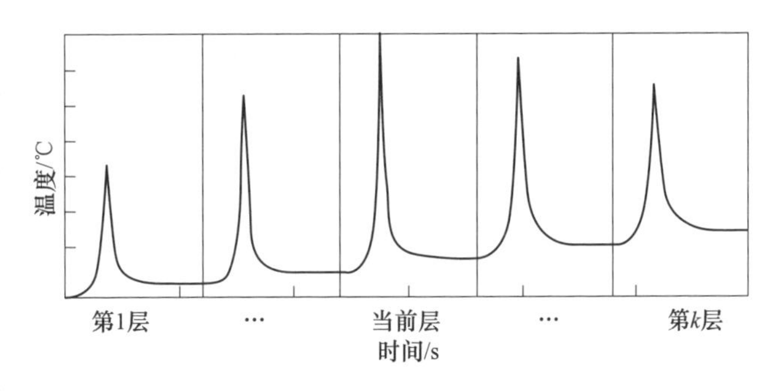

图 4-7　测试点温度变化曲线

随着时间的不断增加，其温度下降趋势越来越平缓直至接近于室温，可推

断存在最佳层间停光时间使得层间温度冷却到某个值以下时，熔覆层的硬度性能将达到最大化。经研究，整体硬度最大时，最佳层间停光时间与熔覆层数的关系如图 4-8 所示，随着熔覆层数的增加，最佳层间停光时间值先增加，随后趋于稳定。

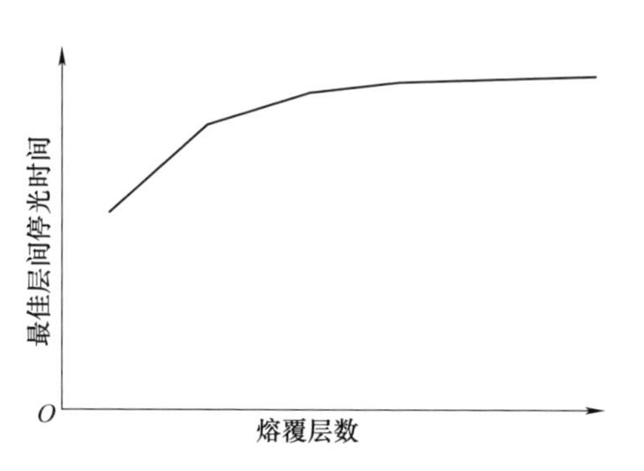

图 4-8 整体硬度最大时，最佳层间停光时间与熔覆层数的关系

2. 熔覆目标选择分析

上文分析了层间停光时间对熔覆层硬度性能的影响，当熔覆头对后续层进行激光熔覆时，如果两层之间的熔覆间隔时间能够达到或超过最佳停光时间，那么就会使该区域的硬度性能达到最高，提高熔覆效果。若单纯考虑层间停光的因素，多层激光熔覆时熔覆头每完成一层进行扫描操作，停光等待至时间达到或超过最佳层间停光时间将浪费作业时间，激光熔覆平台将长时间处于空载运行状态，造成生产效率与能效损失。

在实际加工过程中，废旧零部件上一般会存在不止一处损伤区域，熔覆头在作业时不必仅针对某个区域进行激光熔覆，可根据该区域的最佳层间停光时间选择其他合适的损伤区域进行激光熔覆操作，然后再回到原先的区域继续熔覆或再次选择其他的损伤区域作为熔覆目标。由此，既充分利用每个损伤区域相对应的最佳层间停光时间，又避免了因停光等待而导致的不必要的浪费，提高工作效率。另外，由于废旧零部件上损伤部位损伤程度各不相同，熔覆头在作业过程中需要对某些区域进行多层熔覆且熔覆层数不尽相同。

针对上述层间停光时间对熔覆目标选择的影响，提出了一种多区域多层激光熔覆的全局路径规划方法，使熔覆头不再拘束于单块区域的连续逐层熔覆，而是在对某块区域的某一层熔覆完毕之后迅速选择其他区域作为熔覆目标。

如图 4-9 所示，针对熔覆头在作业过程中将要遇到的几种情况，有以下三种策略：

1）当熔覆头在某个区域熔覆完毕时，存在其他熔覆区域还未进行熔覆或者存在其他熔覆区域的熔覆层已熔覆完毕，冷却至超过其最佳层间停光时间，此时路径选择策略为：熔覆头应从上述区域中选择路径距离最短的区域作为下一个熔覆目标，如图 4-9a 所示。

2）当熔覆头在某个区域某层熔覆完毕时，存在所有区域的熔覆层在熔覆完毕后的冷却时间均未超过最佳层间停光时间，此时路径选择策略为：熔覆头在所有待熔覆区域中选择路径距离最近的区域作为下一个目标，然后等待至超过该区域所要求的最佳层间停光时间，后进行激光扫描操作，如图 4-9b 所示。

3）当熔覆头在某个区域熔覆完毕时，存在有其余熔覆区域的熔覆层已全部熔覆完毕但熔覆头所处熔覆区域还剩有熔覆层并未完全熔覆完毕的情况，此时路径选择策略为：熔覆头直接停留在原地，等待至超过最佳层间停光时间，然后对后一熔覆层进行激光扫描操作，如图 4-9c 所示。

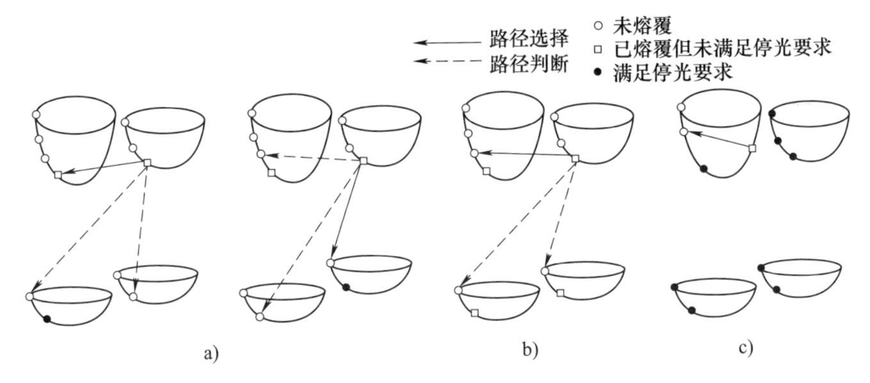

图 4-9　熔覆头移动路径选择策略

a）策略 1　b）策略 2　c）策略 3

3. 熔覆头空行程运动问题研究

（1）作业空间环境　熔覆头在两个加工位之间空行程移动时，由于其本身具有一定的尺寸以及废旧零部件的复杂结构，要考虑熔覆头本身与障碍物发生碰撞的情况。准确地表达出障碍物和熔覆头的轮廓形状是实现有效避障的关键。由于在实际熔覆过程中熔覆头并非直接与熔覆表面接触，而是位于待修复表面的上方，使激光束能以一个合适的角度和距离聚焦到待修复表面上，因此，熔覆头在进行定位时，其末端执行器并不是直接以损伤零部件上的损伤区域作为目标点。在获取废旧零部件的几何模型之后，将其外形轮廓进行偏置处理，通过设定有效的偏置距离既有利于熔覆头的定位问题，也能避免熔覆头在空行程运动过程中的碰撞问题，以此便能提高熔覆头的空行程轨迹规划效率。偏置后的障碍物模型如图 4-10 所示。

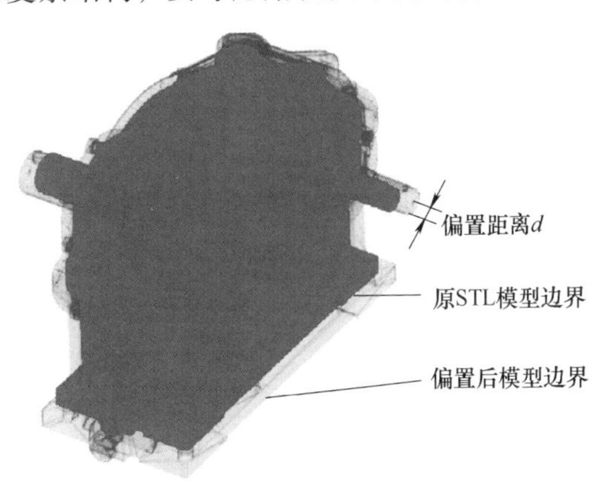

图 4-10　偏置后的障碍物模型

熔覆头空行程路径规划本质是在满足一定约束的情况下寻求环境中有效的

最优路径。环境建模将真实的三维环境用数学模型代替，其建立方法对路径规划算法的时效性有很大影响。环境模型的建立有多种方法，如直接表示法、特征地图法、拓扑地图法和栅格地图法等。直接表示法是省去环境元素抽象表示这一中间环节，直接使用传感器获取的数据来构建运动空间。特征地图法是将环境信息抽象简化为相关的几何特征，如点、线、面等。拓扑地图法是将环境中的目标点用节点表示，而环境中连接目标点的路径用连接线表示，因此环境信息可简化为带节点和相应连接线的拓扑地图。栅格地图法是将运行环境划分为一系列大小相等的正方形栅格，每个栅格可以用一个数字来表示该栅格是可通行或被障碍物占用的，如 1 表示被障碍物占用，0 表示可以通行。甚至可以用不同的数字来表示不同的区域，各个物体的位置和大小可用栅格被占据的概率来表示，这种方法的表示效率虽然不高，但其能够较简单地表达出不规则障碍物的三维模型，为路径规划的实现带来诸多方便。在激光熔覆作业空间中，熔覆头所要避开的障碍物主要是不规则的废旧零部件。因此采用栅格地图法建立的环境模型，将可通过区域、不可通过区域简化为栅格，熔覆头也转化为一组栅格的集合，使熔覆头的三维路径规划问题转变为在一个可通过栅格集合中寻找一个满足规划要求的栅格子集问题，从而解得符合要求的最短路径。熔覆头的三维工作空间如图 4-11 所示。

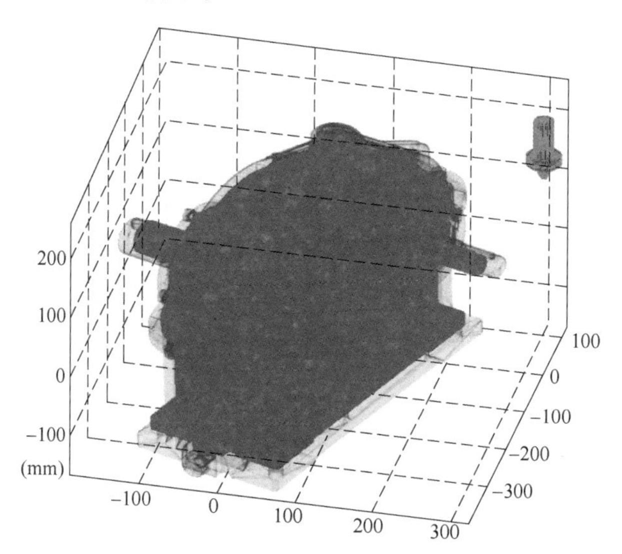

图 4-11　熔覆头的三维工作空间

（2）熔覆头尺寸与姿态对空行程路径的影响　在传统的路径规划里，熔覆头被视为一个理想点以便简单规划过程，但实际上熔覆头本身具有一定的尺寸，简化规划的避障路径并不能满足真实环境无碰撞要求，需要保证在避障路线周围有足够大的空间使熔覆头能够以某种姿态穿过。因此，熔覆头在空行程移动过程中与障碍物发生碰撞主要由以下两种情况造成：一是在空行程移动路径上发生的碰撞；二是熔覆头的姿态对其运动造成的阻碍。

针对第一种情况，待修复的废旧零部件结构复杂，并且其损伤部位具有位置随机、数量不定的特点。熔覆头从一个工作区域移动至另一个工作区域时，结构复杂的零部件可能成为障碍物，熔覆头并不能以一种最直接的方式移动至目标区域。而在激光熔覆系统运作过程中废旧零部件的相对位置不宜进行挪动，因此只能通过改变熔覆头的空行程运动轨迹使其绕开障碍物到达下一个工作区域，如图4-12所示。

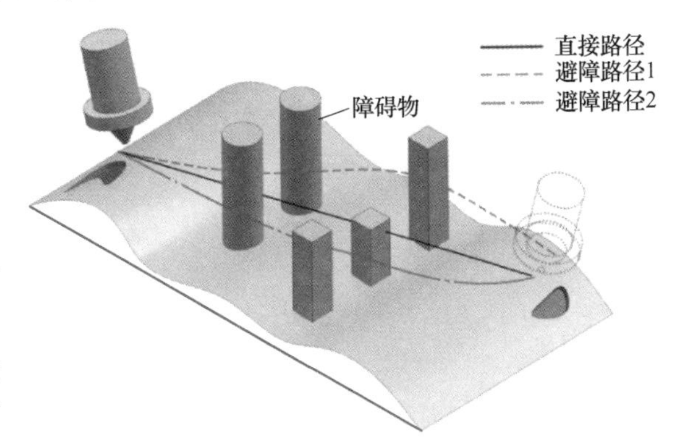

图 4-12　碰撞路径分析

针对第二种情况，需使熔覆头在移动的同时调整其姿态，如图4-13所示。

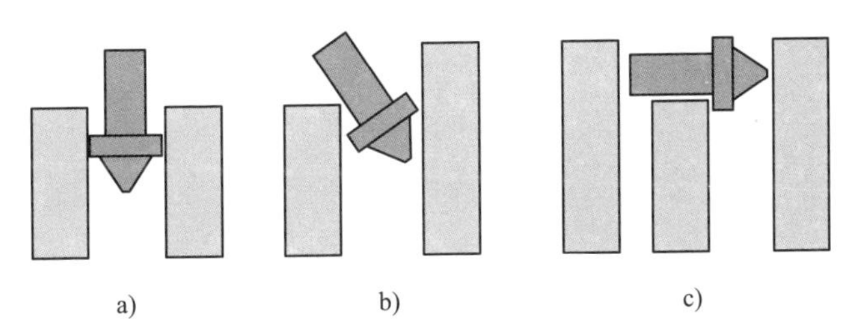

图 4-13　熔覆头避障姿态分析

a）姿态 1　b）姿态 2　c）姿态 3

综合考虑以上两种碰撞情况，熔覆头做空行程避障路径规划时，单一地考虑避障路径并不能有效地解决碰撞问题，还应考虑熔覆头的尺寸及姿态对避障路径产生的影响，才能实现完全避障。

（3）端点位姿确定方法　熔覆头空行程运动的目的是从上一个损伤区域移动到下一个损伤区域，空行程运动的出发点和目标点分别为这两个损伤区域上的熔覆终止点或者熔覆起始点。因此，熔覆头在这两个点上的位姿应是由这两个损伤区域来确定。熔覆头在损伤区域的表面进行熔覆时，熔覆头的末端执行器均是朝向熔覆表面上的离散路径点。由于要确保激光束能够准确地照射在表面上，熔覆头末端执行器与该点的距离也是确定的。因此，熔覆头的位姿可由当前路径点确定，熔覆头空行程运动端点时的位姿确定需要准确表达出熔覆表面上每个熔覆离散路径点的位置信息。

令离散路径点 P_j（所有 P_j 的集合为 P）的空间坐标分别为 x，y，z，在 P_j 点建立固定在熔覆头上的局部坐标系 $PIJK$，则熔覆头在基体坐标系 $OXYZ$ 上的位置和姿态可以用 $PIJK$ 与 $OXYZ$ 的相对关系来确定，如图 4-14 所示。

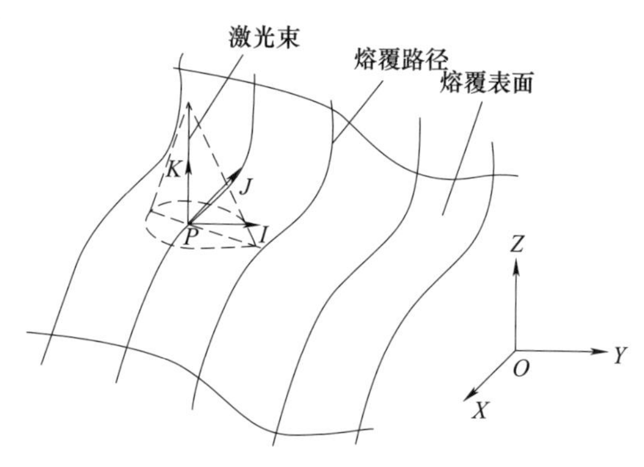

图 4-14　熔覆头曲面加工示意图

定义 a_x，a_y，a_z 分别为熔覆头轨迹上加工点 P_j 所在处的曲面法向矢量沿 X、Y、Z 方向上的分量大小。若 P_j 处熔覆头的位置和姿态为 $\boldsymbol{p}=(p_x,\ p_y,\ p_z,\ \theta_x,\ \theta_y,\ \theta_z)$，其中 p_x，p_y，p_z 表示点 P_j 在坐标系 $OXYZ$ 下的值，θ_x，θ_y，θ_z 表示 $PIJK$ 在 $OXYZ$ 坐标系下用欧拉角表示的姿态角。加工点 P_j 的坐标为激光束照射位置的坐标值，即 $p_x=x$，$p_y=y$，$p_z=z$。激光束矢量 $\boldsymbol{K}$ 对应局部坐标系 $PIJK$ 中的 K 轴，则 $\boldsymbol{K}=(a_x,\ a_y,\ a_z)^{\mathrm{T}}$，因此只需求得 I 轴、J 轴即可得到熔覆头姿态。令 J 轴正方向为熔覆点 P_j 沿曲线前进方向上的切线方向，则求出该点的切线矢量，得 $\boldsymbol{J}=(o_x,\ o_y,\ o_z)^{\mathrm{T}}$；$\boldsymbol{I}$ 为 $\boldsymbol{K}$ 与 $\boldsymbol{J}$ 的叉积，记为 $\boldsymbol{I}=(n_x,\ n_y,\ n_z)^{\mathrm{T}}$。则由 $\boldsymbol{I}$，$\boldsymbol{J}$，$\boldsymbol{K}$ 构成的旋转矩阵 $\boldsymbol{R}$ 可表示为 $\boldsymbol{R}=\begin{pmatrix} n_x & o_x & a_x \\ n_y & o_y & a_y \\ n_z & o_z & a_z \end{pmatrix}$。

熔覆头末端姿态的变化是激光加工点绕 X、Y、Z 各轴旋转得到的，则其对应的转动齐次矩阵表示为 $\boldsymbol{R}_{\mathrm{ot}}(x,\ \theta)=\begin{pmatrix} 1 & 0 & 0 \\ 0 & \cos\theta & -\sin\theta \\ 0 & \sin\theta & \cos\theta \end{pmatrix}$，$\boldsymbol{R}_{\mathrm{ot}}(y,\ \theta)=\begin{pmatrix} \cos\theta & \theta & 0 \\ 0 & 1 & 0 \\ -\sin\theta & 0 & \cos\theta \end{pmatrix}$，$\boldsymbol{R}_{\mathrm{ot}}(z,\ \theta)=\begin{pmatrix} \cos\theta & -\sin\theta & 0 \\ \sin\theta & \cos\theta & 0 \\ 0 & 0 & 1 \end{pmatrix}$。

构成的复合转动矩阵 $\boldsymbol{R}_{\mathrm{PY}}$ 表达式为

$$\boldsymbol{R}_{\mathrm{PY}}(\theta_z,\theta_y,\theta_x)=\boldsymbol{R}_{\mathrm{ot}}(z,\theta_z)\,\boldsymbol{R}_{\mathrm{ot}}(y,\theta_y)\,\boldsymbol{R}_{\mathrm{ot}}(x,\theta_x) \tag{4-5}$$

求出对应的欧拉角表示的姿态表达式为

$$\boldsymbol{R}=(\boldsymbol{n},\boldsymbol{o},\boldsymbol{a})=\boldsymbol{R}_{\mathrm{PY}}(\theta_z,\theta_y,\theta_x) \tag{4-6}$$

其中，$\begin{cases} \theta_z=\mathrm{Atan2}(n_y,\ n_x) \\ \theta_y=\mathrm{Atan2}(-n_z,\ n_x\cos\theta_z+n_y\sin\theta_z) \\ \theta_x=\mathrm{Atan2}(a_x\sin\theta_z-a_y\cos\theta_z,\ o_y\cos\theta_z-o_x\sin\theta_z) \end{cases}$

式中，Atan2 是双变量反正切函数。

利用上述方法计算即可得到各个路径点上熔覆头的姿态信息。熔覆头在空行程的出发点和目标点即可由相对应的损伤区域上的熔覆终止点或起始点来确定。

(4) 熔覆头姿态变化可行域

激光熔覆平台一般将熔覆头安装在夹具上，通过夹具来控制熔覆头的运动。熔覆头有6种运动形式，分别为X_1轴平移、Y_1轴平移、Z_1轴平移与熔覆头自身绕X，Y，Z三个轴上的旋转运动，以此来实现熔覆头在六个自由度上的运动，如图4-15所示。由于激光熔覆平台夹具的控制以及熔覆头的安装要求等方面，熔覆头的旋转角度会受到限制，其实际可旋转范围一般为$0 < \theta < \pi$，因此，熔覆头在正常状态下的姿态变化空间是有限的。

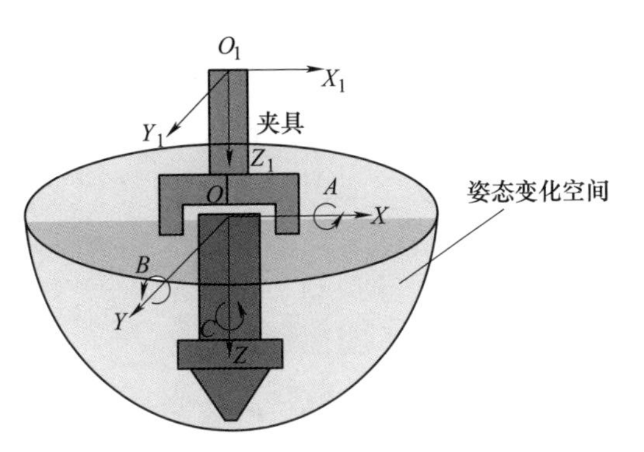

图4-15 熔覆头运动模型

在实际的作业过程中，由于运动过程中周围障碍物的影响，熔覆头并不能以任意姿态通过某些路径点，需要根据路径点周围障碍物的分布情况来适当地调整姿态，同时受自身尺寸的影响，还需要考虑到以某种姿态通过路径点时是否有足够的空间容纳。因此，熔覆头空行程运动过程中，根据其位置的不断变化，其可行域也是不同的。如图4-16所示，在作业空间中，令$S = \{S_1, S_2, \cdots, S_n\}$，表示熔覆头能够出现的一系列姿态所占用的空间，$S_n$表示熔覆头的第$n$个姿态所占用的空间，用$H_i$表示$i$点周围无障碍物的空间，$L_i$表示熔覆头的位置，深色条状阴影表示障碍物。若$S \cap H_i = S$，则代表熔覆头在$i$路径点时可以任意姿态通过该点；若$S \cap H_i = S_i$且$S_i \neq S$，则代表$i$路径点周围存在障碍物，需要某些特定的姿态才能通过该点；若$S \cap H_i = \phi$，则代表熔覆头不能通过i路径点。

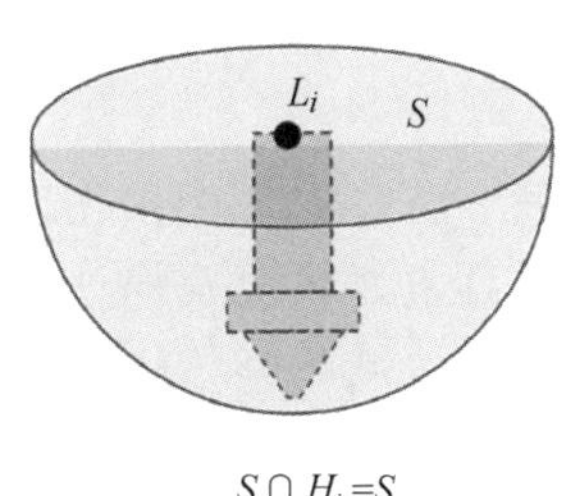

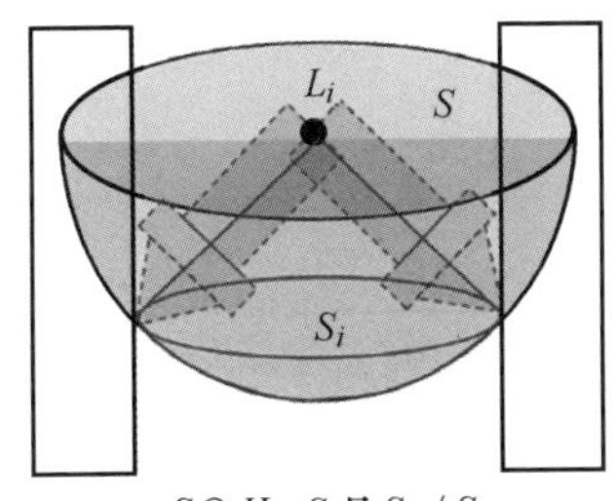

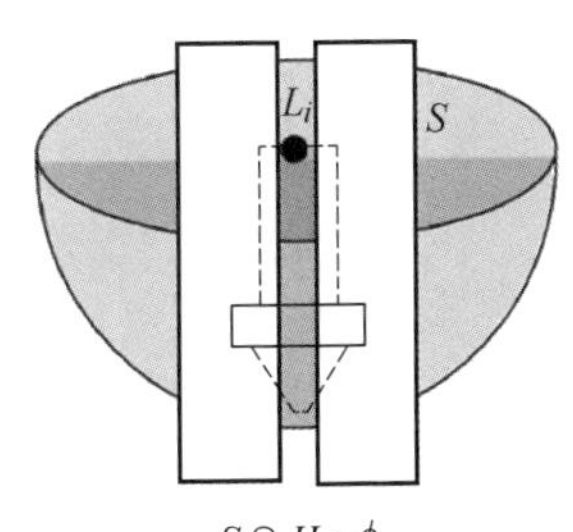

图4-16 姿态变化可行域

当熔覆头空行程运动完毕并开始进行熔覆操作的时候，也会因为加工要求以及熔覆头尺寸和姿态的影响，导致熔覆头姿态的变化可行域发生变化。一般来说，为了保证加工质量，刀具必须严格按照给定的扫描方向进行运动，并且刀具相对于零部件表面的位置和姿态也不能够改变。然而，在激光熔覆中熔覆头不是直接与熔覆表面接触且激光照射角度若在一定范围内变化并不会影响熔覆效果，因此，熔覆头的姿态存在一定的可行域。

为了精简加工程序，提高加工的效率和质量，减少激光照射角度的变化，熔覆头并不严格依照生成的熔覆轨迹运动。在满足一定条件的情况下实现熔覆路径离散化，用多个离散的路径点表示实际的熔覆路径，如图 4-17 所示。在每一个路径点处都有一个确定的加工方向和进给方向，扫描方向确定了喷头沿零部件表面的运动方向，加工方向确定了喷头相对于零部件表面的姿态，离散点则确定了喷头相对于零部件的位置，通过激光照射角度可确定熔覆头姿态变化的可行域。

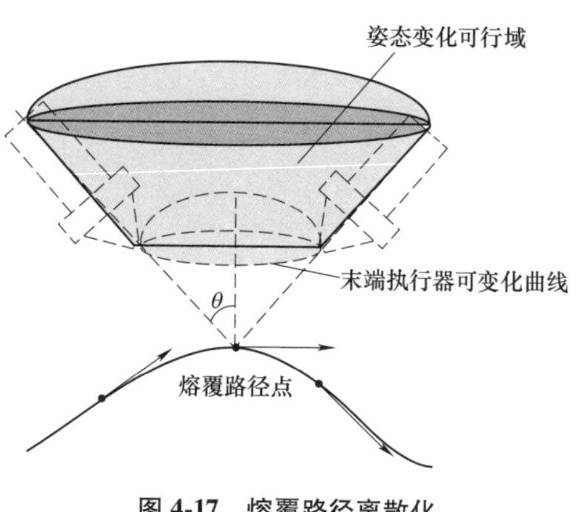

图 4-17　熔覆路径离散化

4.2.2　复杂冶金设备零部件激光熔覆路径规划方法

废旧零部件在预处理后，通过三维扫描技术可获取零部件及其损伤区域三维模型，激光熔覆作业示意图如图 4-18 所示。废旧零部件上有多个损伤区域，其大小和深浅不一，三维扫描系统负责对废旧零部件损伤信息的提取与表达，熔覆头负责对损伤区域进行多区域多层激光熔覆。

多区域多层激光熔覆路径规划问题，是对熔覆头作业总时间进行优化，其中需要考虑熔覆头激光扫描的时间和空行程运动的时间。

1. 激光熔覆路径规划模型

（1）单层激光扫描时间和熔覆层数　确定熔覆表面后，首先对每个损伤区域进行扫描分析，可模拟出熔覆区域三维仿真模型，根据其表面状况及损伤程度决定合适的激光扫描方式，激光扫描路径不同也会使得该区域的整体硬度不相同。在选择扫描方式时，一般选用拐点较少、单道扫描较长的路径，这样可有效减少拐点热量堆积问题，从而提高整体硬度。选用熔覆效果较好的双向直线扫描方式，对废旧零部件上的损伤区域进行激光扫描。扫描路径规划图如

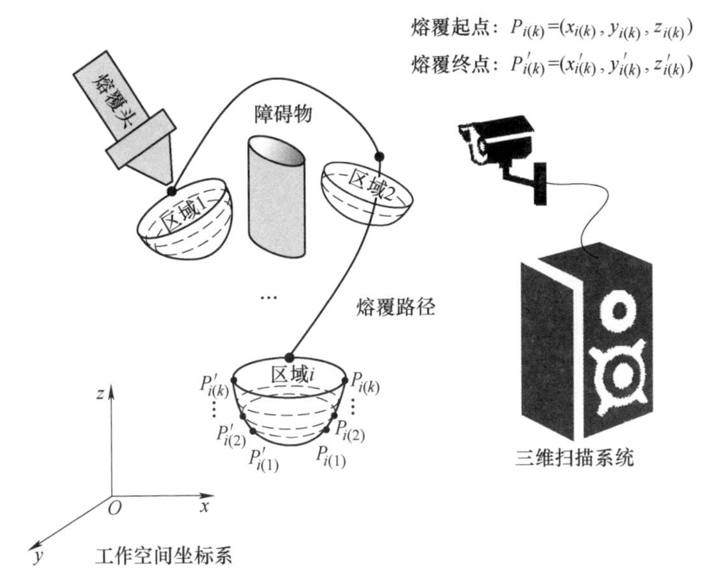

图 4-18　激光熔覆作业示意图

图 4-19所示。

熔覆头的照射角度会对熔覆层的形貌特征造成影响，在选择扫描路径时还应尽量避免熔覆头的姿势在单道扫描路径上改变其角度，这样既可以保证熔覆头的平稳运作也可以保证熔覆层整体形貌分布均匀，避免对后续熔覆造成影响。单道熔覆层轮廓的形状可以由它的横截面宽度 w、高度 h 和峰值点的偏移 Δ 来描述。

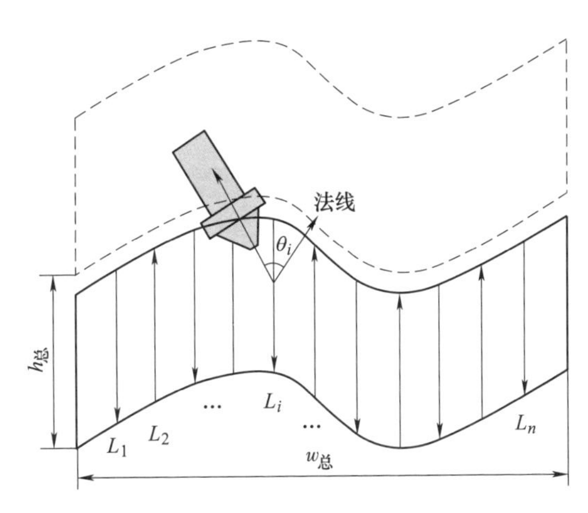

图 4-19　扫描路径规划图

单道熔覆层轮廓横截面的最大高度 h_{max} 为

$$h_{max}=\frac{\eta_c f}{\rho_L d_0 v_s} \tag{4-7}$$

式中，η_c 是进入熔池的有效粉末；f 是送粉速度，单位为 g/min；ρ_L 是金属熔液的密度，单位为 kg/m^3；d_0 是激光束的光斑直径，单位为 mm；v_s 是扫描速度，单位为 mm/s。

常规的单道激光熔覆层轮廓的拟合方法有许多，采用抛物线方程的拟合方法是其中比较常见的。根据本章参考文献［11］中的方法可以计算得到在点 (x, y) 处熔覆层横截面高度 $h(x, y)$，其表达式为

$$h(x,y) = h_{\max}\left[1 - \frac{(x + L_2)^2}{(L_1 + L_2)^2}\right]\left[1 - \frac{x^2}{w(y)^2}\right] \tag{4-8}$$

其中，熔覆层宽度 $w(y)$ 的表达式为

$$w(y) = w_0\left[\text{sign}(-y) + \sqrt{1 - \frac{y^2}{(w_0/2)}}\text{sign}(y)\right] \tag{4-9}$$

式中，w_0 是标准姿态下的熔覆层宽度，单位为 mm；$\text{sign}(y) = \begin{cases} 1 & y > 0 \\ 0 & y \leqslant 0 \end{cases}$。

激光熔覆标准姿态为熔覆表面水平而喷嘴垂直于零件，如图 4-20a 所示，但是实际加工中并不一定都处于标准姿态，基材与喷头姿态的变化可以分为三种情况，分别为：基材水平喷头倾斜，如图 4-20b 所示；基材与喷头同时倾斜但是二者之间保持垂直关系，如图 4-20c 所示；喷头保持竖直而基材倾斜，如图 4-20d所示。

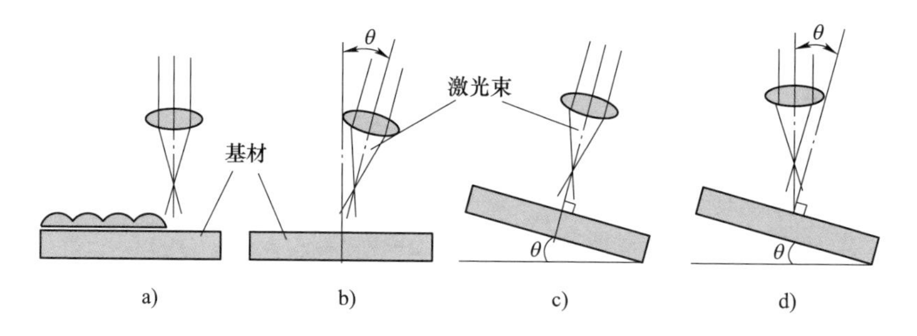

图 4-20 熔覆头与待熔覆表面的相对角度

a）情形一 b）情形二 c）情形三 d）情形四

在如图 4-20b 所示的情况下，激光束的倾斜会使光斑直径随着倾斜角度 θ 的变大而变大，此时的光斑直径 d_1 为

$$d_1 = \frac{\cos(\beta/2)}{\cos(\beta/2 + \theta)} d_0 = \varepsilon_\theta d_0 \tag{4-10}$$

式中，β 为激光束光源所呈角度。

但是由于光斑直径的变化，激光束能量束分布随之变化，因此实际有效光斑直径会比式（4-10）的计算结果要小，有效光斑直径 d_1' 为

$$d_1' = \frac{\varepsilon_\theta + \cos\theta}{2} d_0 = \varepsilon_w d_0 \tag{4-11}$$

由此可以得到喷头倾斜状态下的熔覆层横截面宽度 w_1 与标准姿态下熔覆层横截面宽度 w_2 之间的关系为

$$w_1 = \varepsilon_w w_0 \tag{4-12}$$

熔覆层的最大高度仍产生于激光束能量最强处，也就是激光束能量轴线位置处，可以近似认为轴线处能量的变化系数也是 ε_θ，同时由于最高点绕 O 点旋转了 θ 角度。因此，熔覆层最大高度为

$$h_{max}^* = h_{max}\,\varepsilon_\theta\cos\theta = \varepsilon_h\,h_{max} \tag{4-13}$$

根据式（4-11）、式（4-12）、式（4-13）可以计算得到喷头倾斜时熔覆层横截面的轮廓，如图 4-21b 所示。

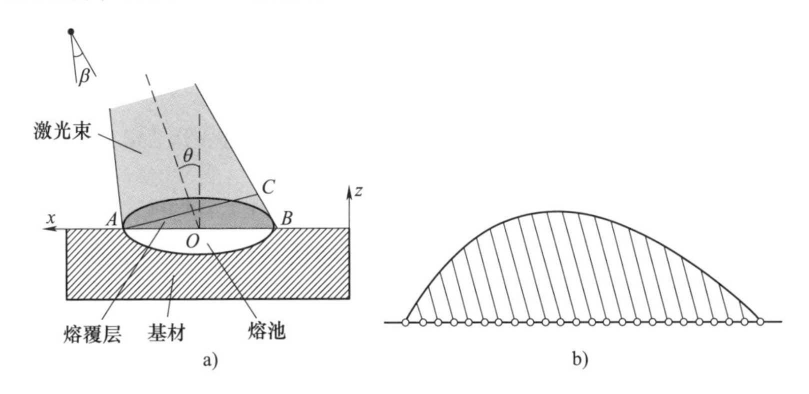

图 4-21 熔覆层形貌分析

a）计算模型 b）倾斜后熔覆层界面

得到每道熔覆层的宽度之后，即可根据熔覆表面总宽度 $w_{总}$ 与熔覆总高度 $h_{总}$ 求出所需熔覆道数 n 和层数 k，$w_{总}$ 和 $h_{总}$ 的计算式为

$$w_{总} = \sum_{i=1}^{n} w_i \tag{4-14}$$

$$h_{总} = \sum_{i=1}^{k} h_i \tag{4-15}$$

求解单层的激光扫描时间 t^s，其计算式为

$$t^s = \frac{\sum_{i=1}^{n} L_i}{(1-\delta)\,v_s} \tag{4-16}$$

式中，L_i 为单道熔覆层的长度，单位为 mm；δ 为搭接率；v_s 为激光扫描速度，单位为 mm/s。

（2）最佳层间停光时间 在满足熔覆区域整体硬度最大的条件下，最佳层间停光时间随熔覆层数的增加呈非线性增长。可采用 logistic 回归模型对曲线进行拟合，得到最佳层间停光时间 t^c 与熔覆层数 k 之间的函数关系，其表达式为

$$t^c = a - \frac{b}{e^k} \qquad (k \geqslant 2) \tag{4-17}$$

式中，当 $k=1$ 时，不存在层间停光时间；a 为最佳停光时间的上限值；b 为影响

因子。a 与 b 的取值为熔覆目标预先进行的熔覆试验所拟合的结果。

（3）空行程运动时间　熔覆头由激光熔覆平台上的夹具控制，夹具在 x，y，z 轴方向上的移动距离决定了熔覆头在移动过程中消耗的时间。考虑熔覆头运动过程中存在加速度，根据其到达熔覆点时速度能否达到最大速率（v_{max}），可将熔覆头的运动情况分为两种，如图 4-22 所示：①加速—减速运动；②加速—匀速—减速运动。

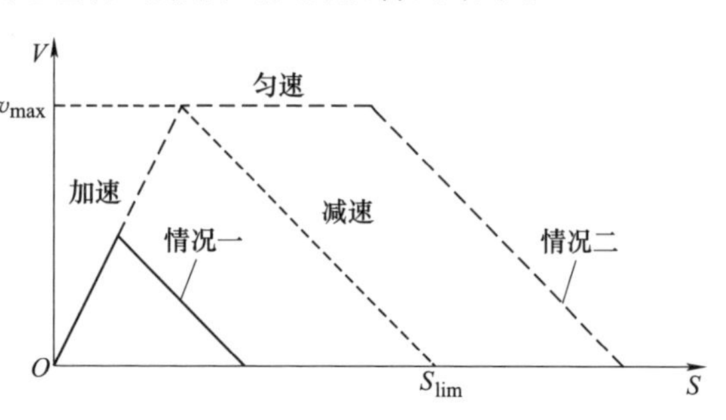

图 4-22　熔覆头运动情况

根据基本位移公式，熔覆头在这三个方向上达到额定速度所需的临界距离为

$$S_{lim}^{x}=\frac{(v_{max}^{x})^{2}}{2}\left(\frac{1}{a^{x}}+\frac{1}{d^{x}}\right) \tag{4-18}$$

$$S_{lim}^{y}=\frac{(v_{max}^{y})^{2}}{2}\left(\frac{1}{a^{y}}+\frac{1}{d^{y}}\right) \tag{4-19}$$

$$S_{lim}^{z}=\frac{(v_{max}^{z})^{2}}{2}\left(\frac{1}{a^{z}}+\frac{1}{d^{z}}\right) \tag{4-20}$$

式中，S_{lim}^{x}，S_{lim}^{y} 和 S_{lim}^{z} 分别为熔覆头在 x，y，z 轴方向上加速过程中经历的临界距离，单位为 mm；v_{max}^{x}，v_{max}^{y} 和 v_{max}^{z} 分别为熔覆头在 x，y，z 轴方向上的最大速度，单位为 mm/s；a^{x}，a^{y}，a^{z} 和 d^{x}，d^{y}，d^{z} 分别为熔覆头在 x，y，z 轴方向上加速时的加速度和减速时的加速度。

当熔覆头只需进行加速—减速运动时，各方向所用时间为

$$t^{x}=t_{a}^{x}+t_{d}^{x}=\sqrt{\frac{2S^{x}d^{x}}{a^{x}(a^{x}+d^{x})}}+\sqrt{\frac{2S^{x}a^{x}}{d^{x}(a^{x}+d^{x})}} \tag{4-21}$$

$$t^{y}=t_{a}^{y}+t_{d}^{y}=\sqrt{\frac{2S^{y}d^{y}}{a^{y}(a^{y}+d^{y})}}+\sqrt{\frac{2S^{y}a^{y}}{d^{y}(a^{y}+d^{y})}} \tag{4-22}$$

$$t^{z}=t_{a}^{z}+t_{d}^{z}=\sqrt{\frac{2S^{z}d^{z}}{a^{z}(a^{z}+d^{z})}}+\sqrt{\frac{2S^{z}a^{z}}{d^{z}(a^{z}+d^{z})}} \tag{4-23}$$

当熔覆头进行加速—匀速—减速运动时，各方向所用时间为

$$t^{x}=t_{a}^{x}+t_{d}^{x}+t_{匀}^{x}=\frac{v_{max}^{x}}{a^{x}}+\frac{v_{max}^{x}}{d^{x}}+\frac{S^{x}-S_{lim}^{x}}{v_{max}^{x}} \tag{4-24}$$

$$t^y = t_a^y + t_d^y + t_{匀}^y = \frac{v_{\max}^y}{a^y} + \frac{v_{\max}^y}{d^y} + \frac{S^y - S_{\lim}^y}{v_{\max}^y} \tag{4-25}$$

$$t^z = t_a^z + t_d^z + t_{匀}^z = \frac{v_{\max}^z}{a^z} + \frac{v_{\max}^z}{d^z} + \frac{S^z - S_{\lim}^z}{v_{\max}^z} \tag{4-26}$$

式中，t^x，t^y 和 t^z 分别为熔覆头在 x，y，z 轴方向上的行驶时间，单位为 s；t_a^x，t_a^y 和 t_a^z 分别表示熔覆头在 x，y，z 轴方向上的加速时间，单位为 s；t_d^x，t_d^y 和 t_d^z 分别表示熔覆头在 x，y，z 轴方向上的减速时间，单位为 s；$t_{匀}^x$，$t_{匀}^y$ 和 $t_{匀}^z$ 分别表示熔覆头在 x，y，z 轴方向上匀速运动的移动时间，单位为 s；S^x，S^y 和 S^z 分别表示熔覆头在 x，y，z 方向上移动至下一路径点的距离，单位为 mm。

熔覆头的空行程移动路径可以看作由终止点到起始点的无数点组成，其中起始点与终止点是确定值，即为上一个区域的熔覆终止点和下一个区域的熔覆起始点，熔覆头在经过这两个点时的姿态信息也是确定的，其位姿应要与即将结束熔覆时和即将开始熔覆时熔覆头的位姿相吻合。因此，熔覆头经过起始点的位姿与终止点的位姿由该点所对应熔覆面的扫描路径点所确定。在 4.2.1 节中已表达出了熔覆头在熔覆过程中的位姿信息，这里只需要单独将熔覆头在两个工作区域的熔覆终止点和熔覆起始点的位姿信息提取即可。熔覆头在空行程移动过程中要考虑障碍物对其移动路径的影响，空行程路径规划时需要挑选出一条耗时最短的避障路线，其运动轨迹可以由起始点、终止点以及增加的中间点组成，熔覆头想要从起始点到达终止点必须依次经过这些中间点。熔覆头避障路径如图 4-23 所示。

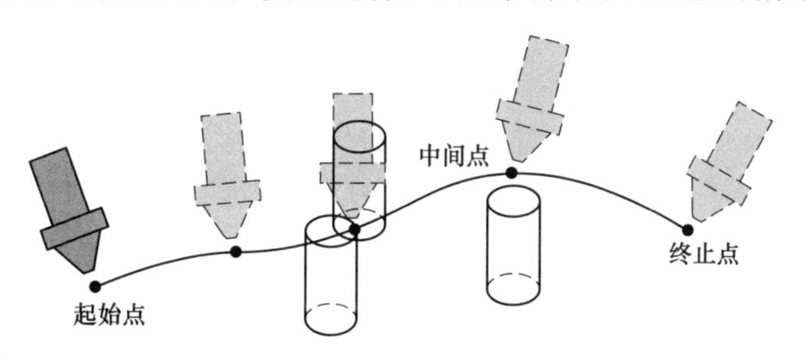

图 4-23　熔覆头避障路径

熔覆头从上一个区域的熔覆终止点到下一个区域的熔覆起始点会依次经过几个中间点，在经过中间点时其运动方向与角度转动方向可能会发生变化，在计算运动总时间时并不能简单地以起始点和终止点的相对距离和相对角度作为判断依据，而是需要计算运动过程中 x，y，z 方向上的绝对距离 t_{ij}^x、t_{ij}^y、t_{ij}^z 和绝对角度 $t_{ij}^{\theta x}$、$t_{ij}^{\theta y}$、$t_{ij}^{\theta z}$。

$$t_{ij}^x = \sum |t^x| \tag{4-27}$$

$$t_{ij}^y = \sum |t^y| \tag{4-28}$$

$$t_{ij}^z = \sum |t^z| \tag{4-29}$$

$$t_{ij}^{\theta x}=\frac{\sum|\theta x|}{w^{x}} \tag{4-30}$$

$$t_{ij}^{\theta y}=\frac{\sum|\theta y|}{w^{y}} \tag{4-31}$$

$$t_{ij}^{\theta z}=\frac{\sum|\theta z|}{w^{z}} \tag{4-32}$$

式中，t^{x}，t^{y}，t^{z} 为熔覆头到下一个中间点在 x，y，z 三个方向上的时间，单位为 s；θx，θy，θz 为熔覆头到下一个中间点在 x，y，z 三个轴上旋转的角度，单位为 rad；w^{x}，w^{y}，w^{z} 为三个轴上的旋转角速度，单位为 rad/s。

综合考虑可得熔覆头从起始点 i 到终止点 j 点所需时间，如式（4-33）所示：

$$t_{ij}^{w}=\max\{t_{ij}^{x},t_{ij}^{y},t_{ij}^{z},t_{ij}^{\theta x},t_{ij}^{\theta y},t_{ij}^{\theta z}\} \tag{4-33}$$

（4）停光等待时间　熔覆头在对上一个区域熔覆完毕之后存在不能立即对下一个区域进行熔覆的情况，此时是否需要停光等待由是否满足最佳层间停光时间来判定。熔覆头到达下一目标后，若两次访问目标区域的时间间隔超过该区域所需最佳层间停光时间，则可直接进行激光扫描操作；若两次访问目标区域的时间间隔小于该区域所需最佳层间停光时间，则需要就地等待。因此

$$\Delta T_{i(p-1)i(p)}=T_{i(p)}-T_{i(p-1)},p\geqslant 2 \tag{4-34}$$

$$t_{i(p)}^{\mathrm{w}}=\begin{cases}t_{i(p-1)}^{\mathrm{c}}-\Delta T_{i(p-1)i(p)} & p\geqslant 2,\Delta T_{i(p-1)i(p)}<t_{i(p-1)}^{\mathrm{c}}\\ 0 & p=1\end{cases} \tag{4-35}$$

式中，$T_{i(p)}$，$T_{i(p-1)}$ 为访问 i 区域第 p，$p-1$ 层之前的累计工作时间，单位为 s；$\Delta T_{i(p-1)i(p)}$ 表示连续两次访问 i 区域时的间隔时间，单位为 s；$t_{i(p)}^{\mathrm{w}}$ 表示熔覆头在开始扫描 i 区域的第 p 层之前需要停光等待的时间，单位为 s；$t_{i(p-1)}^{\mathrm{c}}$ 表示 i 区域第 $p-1$ 层熔覆完成后需要的最佳层间停光时间，单位为 s。

（5）路径规划模型　熔覆头对多损伤区域进行激光熔覆的过程可看作一个旅行商问题（TSP），要求熔覆头能够以最短的时间经过所有熔覆区域。相比于传统 TSP，熔覆头需要对某些区域进行多次访问，并且两次访问同一个区域的间隔时间要保证熔覆区域在成形后满足硬度要求。在考虑每个熔覆区域的整体硬度最高的条件下，以最佳层间停光时间为约束，以熔覆总时间最优为目标，建立多区域多层激光熔覆路径规划模型。目标函数为

$$\min Z=\sum_{i=1}^{n}\sum_{p=1}^{k_i}\sum_{j=1}^{n}\sum_{q=1}^{k_j}(t_{i(p)j(q)}^{\mathrm{m}}\,x_{i(p)j(q)})+$$

$$\sum_{i=1}^{n}\sum_{p=1}^{k_i} t_{i(p)}^{s} + \sum_{i=1}^{n}\sum_{p=1}^{k_i-1} t_{i(p+1)}^{w} \tag{4-36}$$

$$\sum_{i=1}^{n}\sum_{p=1}^{k_i} x_{i(p)j(q)} = 1 \quad j \in n, q \in k_j \tag{4-37}$$

$$\sum_{j=1}^{n}\sum_{q=1}^{k_j} x_{i(p)j(q)} = 1 \quad i \in n, p \in k_i \tag{4-38}$$

$$\sum_{i \in n}\sum_{j \in n} X_{i(p)j(q)} \leqslant \sum_{i=1}^{n} k_i + 1 \tag{4-39}$$

$$0 \leqslant t_{i(p+1)}^{w} < t_{i(p)}^{c} \tag{4-40}$$

$$\Delta T_{i(p)i(p+1)} > 0 \tag{4-41}$$

$$\Delta T_{i(p)i(p+1)} \geqslant t_{i(p)}^{c} \tag{4-42}$$

$$t_{i(p)j(q)}^{m} \geqslant 0 \tag{4-43}$$

式中，$t_{i(p)j(q)}^{m}$ 为熔覆头从 i 区域上第 p 层的扫描终止点至 j 区域上第 q 层的扫描起始点的时间；n 为区域总集合；k_i，k_j 为所有层的集合；$t_{i(p)}^{s}$ 为 i 区域第 p 层的扫描时间；

$$x_{i(p)j(q)} = \begin{cases} 1 & i\text{区域的第}p\text{层到}j\text{区域的第}q\text{层} \\ 0 & \text{其他} \end{cases}$$

则 $x_{i(p)j(q)}$ 为每个熔覆区域中的 i 区域的第 p 层到 j 区域的第 q 层的访问次数。

式（4-36）为目标函数；式（4-37）、式（4-38）代表每个熔覆区域中的每层被访问的次数有且只有一次；式（4-39）表示熔覆头总共访问的次数；式（4-40）表示停光等待时间的取值范围；式（4-41）表示熔覆头对某区域熔覆时必须进行逐层扫描；式（4-42）保证目标区域可以进行激光熔覆；式（4-43）表示熔覆头可以选择对同一区域连续熔覆。

2. 基于改进人工势场法与改进蚁群算法的模型求解

复杂冶金设备零部件激光熔覆路径规划需要解决两个问题：一是工位之间的空行程避障路径规划问题；二是在多区域之间反复访问的路径规划问题。针对问题一，采用人工势场法获取工位之间的最优避障路径；针对问题二，根据路径挑选策略，采用改进蚁群算法进行求解。

（1）改进人工势场法　人工势场法是实现避障路径规划的重要算法之一，其相对理论研究比较成熟，针对传统人工势场法中出现的目标不可达以及局部稳定的问题，对传统人工势场法做以下两点改进：

1）改进势场函数。目标不可达问题的根本原因在于目标点位置并不是势场的全局最小点，因此，需要重新定义传统的人工势场法的斥力场函数，新建一个斥力场函数，确保整个势场在目标位置全局最小，从而使熔覆头在任何情况下都能到达目标位置。

为了解决目标不可达问题，将熔覆头与目标位置之间的相对距离考虑进去，建立一个新的斥力场函数，其表达式为

$$U_{\text{rep}}(P)=\begin{cases}\dfrac{1}{2}K_{\text{rep}}\left(\dfrac{1}{d(P,O)}-\dfrac{1}{d_0}\right)^2 d^n(P,G) & d(P,O)<d_0\\ 0 & d(P,O)\geqslant d_0\end{cases}\tag{4-44}$$

式中，d_0 为每个障碍物的影响半径。

式（4-44）相较于传统的势场函数，引入了熔覆头与目标位置之间的相对距离 $d(P,\ G)$，从而保证了在整个势场中目标位置为全局最小点。

在新的势场函数作用下，熔覆头从起始点向目标位置靠近，在未到达目标位置前斥力可以表示为

$$\boldsymbol{F}_{\text{rep}}(P)=\text{grad}\,U_{\text{rep}}(P)=\begin{cases}\boldsymbol{F}_{\text{rep1}}(P)+\boldsymbol{F}_{\text{rep2}}(P) & d(P,O)<d_0\\ \boldsymbol{0} & d(P,O)\geqslant d_0\end{cases}\tag{4-45}$$

式中，

$$\boldsymbol{F}_{\text{rep1}}(P)=K_{\text{rep}}\left(\frac{1}{d(P,O)}-\frac{1}{d_0}\right)\frac{1}{d^2(P,O)}d^n(P,G)\,\boldsymbol{n}_{OP}\tag{4-46}$$

$$\boldsymbol{F}_{\text{rep2}}(P)=\frac{n}{2}K_{\text{rep}}\left(\frac{1}{d(P,O)}-\frac{1}{d_0}\right)^2 d^{n-1}(P,G)\,\boldsymbol{n}_{PG}\tag{4-47}$$

矢量 $\boldsymbol{F}_{\text{rep1}}(P)$ 的方向是从障碍物位置指向熔覆头位置，矢量 $\boldsymbol{F}_{\text{rep2}}(P)$ 的方向是从熔覆头位置指向目标位置。改进势场函数下熔覆头受力分析如图 4-24 所示。

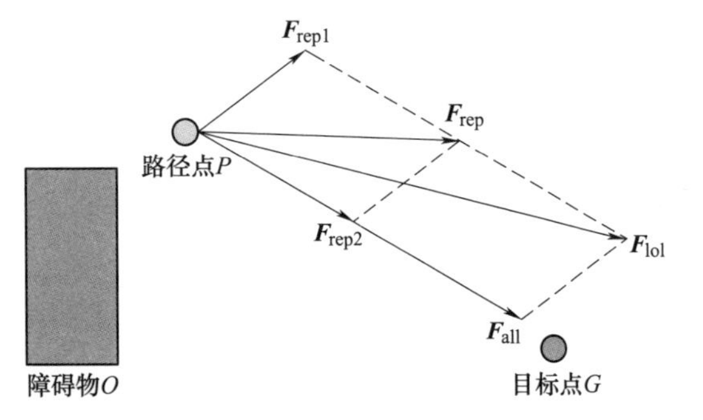

图 4-24　改进势场函数下熔覆头受力分析

由图易知，$\boldsymbol{F}_{\text{rep1}}(P)$ 对熔覆头产生斥力作用，$\boldsymbol{F}_{\text{rep2}}(P)$ 对熔覆头产生引力作用。

由式（4-44）知，当 $n=0$ 时，新建立的势场函数与传统的势场函数相同，针对 $n>0$ 时取不同函数值时对势场函数的影响，分以下三种情况讨论：

①当 $0<n<1$，$d(P,\ O)<d_0$，且 $d(P,\ O)\neq 0$ 时，改进势场函数在 P 与 G 重合位置处不可微。

$$\boldsymbol{F}_{\text{rep1}}(P)=K_{\text{rep}}\left(\frac{1}{d(P,O)}-\frac{1}{d_0}\right)\frac{1}{d^2(P,O)}d^n(P,G)\,\boldsymbol{n}_{OP}\tag{4-48}$$

$$\boldsymbol{F}_{\text{rep2}}(P)=\frac{n}{2}K_{\text{rep}}\left(\frac{1}{d(P,O)}-\frac{1}{d_0}\right)^2 d^{n-1}(P,G)\,\boldsymbol{n}_{PG}\tag{4-49}$$

根据式（4-49），当熔覆头无限趋向于目标位置时，$d(P,\ G)\to 0$，新的斥力的第一个分量 $\boldsymbol{F}_{\text{rep1}}(P)\to 0$，而第二个分量 $\boldsymbol{F}_{\text{rep2}}(P)\to +\infty$，由此可以驱动熔覆头向目标位置靠近。

②当 $n=1$，$d(P,\ O)<d_0$，且 $d(P,\ O)\neq 0$ 时，

$$\boldsymbol{F}_{\text{rep1}}(P)=K_{\text{rep}}\left(\frac{1}{d(P,O)}-\frac{1}{d_0}\right)\frac{1}{d^2(P,O)}d^n(P,G)\,\boldsymbol{n}_{OP} \tag{4-50}$$

$$\boldsymbol{F}_{\text{rep2}}(P)=\frac{1}{2}K_{\text{rep}}\left(\frac{1}{d(P,O)}-\frac{1}{d_0}\right)^2\boldsymbol{n}_{PG} \tag{4-51}$$

根据式（4-50）和式（4-51）可知，当熔覆头向目标位置移动时，$d(P,\ G)\to 0$，此时，$\boldsymbol{F}_{\text{rep1}}(P)\to 0$，而 $\boldsymbol{F}_{\text{rep2}}(P)$ 为一个大于零的常数，使熔覆头向目标靠近。

③当 $n>1$ 时，新的势场函数在目标位置可微，熔覆头在向目标位置靠近时，斥力场函数趋向于零，熔覆头能够顺利地到达目标位置。

由此可知，在新建立的势场函数中，引入障碍物与目标位置的相对距离后，对于 n 的选择只需满足 $n>0$ 即可实现对目标不可达问题的解决。

2）增加路径中间点。当所受人工势场引力和斥力大小抵消、合力为零时，熔覆头将会处于局部稳定状态从而停止运动。而通过设置中间目标点的方法可以使熔覆头在局部稳定的状态中挣脱出来，从而继续向目标点移动。

在熔覆头进行避障路径规划时，熔覆头可以根据不同时间段检测的结果来设置中间目标点，应遵循以下两个原则：①路径最短原则；②熔覆头可行原则。路径最短原则表示设置的中间点应为总路径最短的点；熔覆头可行原则为选取的中间点的周围空间能够满足熔覆头的尺寸顺利通过，即中间点周围的可行域与熔覆头的可行域存在交集。中间点设置的平面示意图如图 4-25 所示，中间点的具体设置步骤如下：

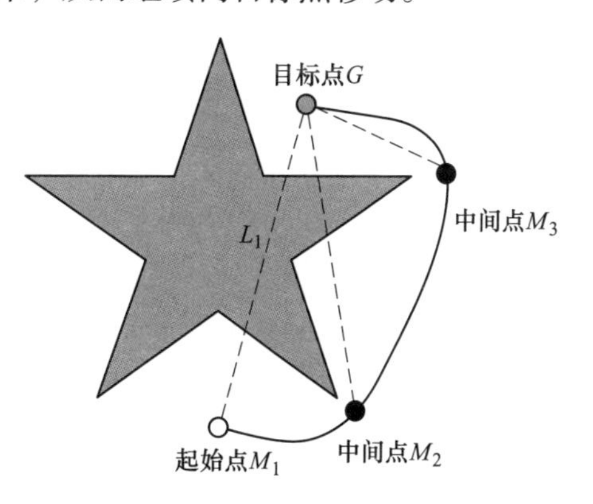

图 4-25　中间点设置的平面示意图

第一步：确定熔覆头初始位置 M_1 和目标点位置 G，构建 M_1 到 G 的连线 L_1。

第二步：从 M_1 沿 L_1 方向搜索障碍物，当发现存在障碍物时，计算该障碍物每个边沿点到直线的距离，找出正负方向上的两个极值点，取其绝对值最小的点作为路径中间点 M_2。

第三步：将第二步得到的路径中间点 M_2 设定为熔覆头新的起始点，重复第一步和第二步，直至解决熔覆头局部稳定的问题。

3）改进人工势场法实现步骤。改进后的人工势场法在路径规划时的具体步骤如下：

第一步：搭建熔覆头工作所在的三维空间环境，如人工势场的环境模型，确定起始点、终止点位置坐标，熔覆头步长速度等参数的值。

第二步：计算熔覆头所受的人工势场力。

第三步：检测熔覆头是否处于局部稳定状态。

第四步：若熔覆头处于局部稳定，设置中间点。

第五步：判断中间点的可行领域是否与熔覆头可行域有交集。若没有交集，重新寻找中间点，若有交集，转向第二步。

第六步：熔覆头移动至中间点。

第七步：判断熔覆头是否到达目标位置，若未达到目标则转向第二步，若到达目标位置则进行第八步。

第八步：生成最优避障路径。

（2）改进蚁群算法　蚁群算法（ant colony algorithm，ACA）是一种正反馈群智能优化算法，它在解决路径规划问题上具有并行性、适应性、强鲁棒性等特点，并且拥有较易与其他算法相结合的优点。在求解最优路径时，传统蚁群算法（TACA）在运算初期易出现局部最优解的情况，并且在寻优时的运算效率较低。因此，考虑 TACA 的优缺点，对其改进以求在给定约束条件下，更快更准地寻出最优路径。

1）编码规则。熔覆头在作业过程中，要对每个熔覆区域上的所有熔覆层都访问一次，需要对每个熔覆区域以及熔覆层数分别进行编码，因此采用双层整数编码方式进行编码。如图 4-26 所示，在每条路径的编码方式中，最后一位数表示层数（k），其他位数表示区域（τ）。同时，为了确保熔覆头对熔覆区域的逐层访问，靠后访问的区域的层数应比靠前访问的区域的层数大。

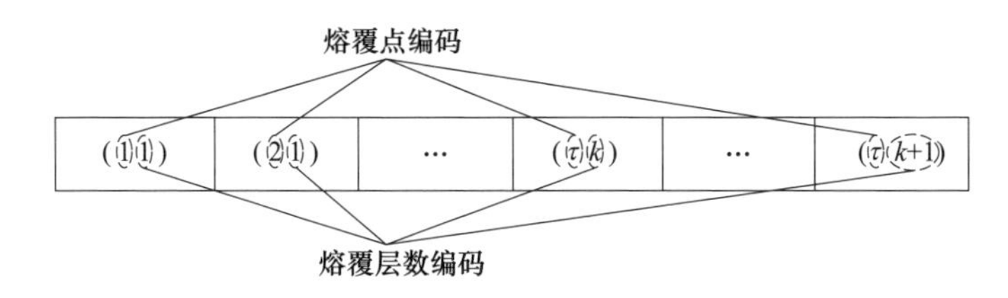

图 4-26　双层整数路径编码图

如路径｛（11），（21），（31），（12），（32），（13）｝的访问次序为区域 1 的第 1 层→区域 2 的第 1 层→区域 3 的第 1 层→区域 1 的第 2 层→区域 3 的第 2

层→区域 1 的第 3 层。

2）启发信息改进。考虑到人工势场法得到避障路径并非为最优路径，采用蚁群算法对其进行进一步寻优求解。结合人工势场法计算速度快的优点，在考虑障碍物的情况下，用改进人工势场法得到的待选节点 j 到目标点 g 的距离 r_{jg} 来代替传统的欧氏距离 d_{jg}，同时为了更加准确地反映当前节点与目标节点的距离，将当前节点 i 与待选节点 j 的距离 d_{ij} 也考虑进来。此外，在算法后期，为了削弱启发信息的作用，以提高算法的全局搜索能力，引入一个启发信息诱导因子 ζ，因此启发信息的改进 $n_{ij}(t)$ 为

$$n_{ij}(t)=\frac{(1-\zeta)(N_{\text{Cmax}}-N_C)}{\zeta N_{\text{Cmax}(d_{ij}+r_{jg})}} \tag{4-52}$$

式中，N_{Cmax} 表示最大迭代次数；N_{C} 表示当前迭代次数；ζ 表示启发信息诱导因子，$\zeta\in(0,1]$。

当 $\zeta\in(0,0.5)$ 时，在算法早期，由于 $(1-\zeta)/\zeta>1$，因此启发信息的作用将得到加强，从而有利于加快算法收敛速度；在算法后期，由于 $(N_{\text{Cmax}}-N_{\text{C}})/N_{\text{Cmax}}\ll 1$，因此启发信息的作用将受到削弱，从而有利于提高算法的全局搜索能力。

3）引入激励函数。在作业过程中，熔覆头在移动到下一个路径点过程中有可能出现以下三种情况：

① 熔覆头正常移动至下一个目标区域进行扫描操作。

② 熔覆头移动至下个区域上等待再进行扫描操作。

③ 熔覆头不移动，原地等待再进行扫描操作。

对于以上三种情况，情况①与情况②较为符合本模型的规划目标，而情况③会使熔覆头工作时间大大增加。因此尽量避免情况③出现，令熔覆头优先选择剩余所需熔覆层数较多的熔覆区域，降低工作时间。

TACA 选择下一个目标点的概率是根据每条路径上的信息素含量，通过启发函数计算得来的。为了使熔覆头更倾向于选择剩余层数较多的区域，令蚂蚁 k 从 i 点转移到 j 点，定义激励函数为

$$\mu_{ij}^{k}=n_{j,\text{rest}}^{x}/(n-i) \tag{4-53}$$

式中，μ_{ij}^{k} 为激励函数；$n_{j,\ \text{rest}}^{x}$ 表示熔覆头选择下一个目标区域的剩余熔覆层数；n 表示坐标。

因此，改进算法的状态转移概率 $P_{ij}^{k}(t)$ 为

$$P_{ij}^{k}(t)=\begin{cases}\dfrac{[\tau_{ij}(t)]^{\alpha}[\eta_{ij}(t)]^{\beta}(\mu_{ij}^{k})^{\gamma}}{\sum[\tau_{ij}(t)]^{\alpha}[\eta_{ij}(t)]^{\beta}(\mu_{ij}^{k})^{\gamma}} & s\in \text{allowed}_k\\ 0 & \text{其他}\end{cases} \tag{4-54}$$

式中，$\tau_{ij}(t)$ 为 i 至 j 的路径上的信息素浓度；α 为信息素因子，为轨迹的相对重要性；s 为目标点；$\eta_{ij}(t)$ 为启发函数，$\eta_{ij}(t)=\frac{1}{t_{ij}^{m}}$；$\beta$ 为启发因子；allowed_k 表示待访问的目标点集合。

4）信息素分配机制改进。TACA 会在每代全部蚂蚁遍历完所有路径点之后更新信息素信息，其中距离越短的路径遗留下的信息素浓度越大，从而影响到迭代过程中蚁群选择这条路径的概率。随着信息素的不断累积，后代蚂蚁的寻优路径都将不断收敛，直至最后收敛成为一条路径，即为全局最优路径。然而，路径最短仅仅只考虑了蚂蚁的移动时间，却没有考虑蚂蚁在目标区域上的停留时间，导致某些路径距离很短、停留时间很长的路径信息素的浓度增加，对蚁群反而起着误导作用。因此，信息素的分配机制应与路径的距离无关，而是与遍历总时间有关系。

同时，TACA 存在寻优效率较低、寻优速度较慢以及易陷入局部最优的缺点。改进蚁群算法，通过增强优质蚂蚁对后代蚁群的影响、降低普通蚂蚁对后代蚁群的影响、消除劣质蚂蚁对后代蚁群的影响等措施，以提高算法的收敛速度。并且，将最优秀蚂蚁留下的信息素作为标准对其他蚂蚁进行分配，提高同样也较为优秀蚂蚁的信息素量，以此避免算法陷入局部最优。具体信息素分配及更新机制如下：

$$\Delta\tau_{ij}^{k}=\begin{cases}\dfrac{Q}{T_{\text{best}}} & \text{耗时处于前 30\% 的蚂蚁}\\ 0 & \text{耗时处于后 30\% 的蚂蚁}\\ \dfrac{1}{3}\dfrac{Q}{T_{\text{best}}} & \text{其他}\end{cases} \tag{4-55}$$

$$\Delta\tau_{ij}(t)=\begin{cases}\sum\limits_{k=1}^{0.7m}\Delta\tau_{ij}^{k}(t) & \text{耗时在前 70\% 的蚂蚁}\\ 0 & \text{其他}\end{cases} \tag{4-56}$$

式中，$\Delta\tau_{ij}^{k}$ 为第 k 只蚂蚁在 i 点至 j 点路径上遗留的信息素；Q 为种群中蚂蚁耗时；$\Delta\tau_{ij}(t)$ 为第 t 次迭代时 i 点至 j 点路径上信息素的总浓度；m 为蚁群数量；T_{best} 为最短时间。

5）改进蚁群算法流程。熔覆头需要在多个区域之间来回移动，以完成对所有区域的每个熔覆层的激光扫描操作。因此，在算法设计时不仅需要考虑路径最短，同时还需要遵循路径挑选策略。具体改进蚁群算法的运算步骤如下：

第一步：初始化参数，输入需要熔覆区域的相关信息矩阵，并对不同区域上的每个熔覆层按照编码规则进行编码。

第二步：在原点布置 m 只蚂蚁，重置待访问表。

第三步：根据状态转移概率［式（4-54）］以及信息素分配机制［式（4-55）、式（4-56）］进行下一个节点的选择。若待访问表为空，则记录停光等待时间，将目前所在节点所处区域的后一节点置入禁忌表。

第四步：判断下一目标点是否满足两次访问同一区域的时间间隔大于或等于该层层间停光时间。若满足，则修改禁忌表，将选择目标点置入禁忌表中，同时将目标点所在熔覆区域上的所有节点暂时置入临时禁忌表中，以保证下次挑选时不会挑选到同一区域的目标点；若不满足，则先将该点从待访问表中暂时移除，再返回第三步重新计算，直至待访问表为空。

第五步：将暂时从待访问表中移除的目标点重新放回，根据式（4-54）、式（4-55）、式（4-56）进行下一个节点的选择，记录停光等待时间。

第六步：更新禁忌表和待访问表，重复第三~五步，直至遍历完所有目标点，求出当代最优路径。

第七步：不断循环第二到五步，直至 iter≥iter_max 时，停止运算。

第八步：比较每代最优路径，输出全局最优路径。

（3）人工势场法-改进蚁群算法流程　大体求解思路为：在求解多区域路径规划问题的过程中，不断计算到下一个路径点的最优避障路径以获取适应度值，直至寻优结束。由于在多区域的路径优化中需要多次调用同一条路径段的适应度值，如果每次都重新计算会耗时较多，并且单个路径段的适应度值已经是经过优化得到的最优值，不必重复计算，因此，将各个路径段的适应度值进行存储，在下次调用之前进行查询，对每一条路径段只优化一次，如此可以提高算法的整体效率。算法流程如图 4-27 所示。

4.2.3　案例分析

为了更好地让读者理解冶金设备再制造零部件的激光熔覆过程，本节以曲轴为例进行详细讲解。曲轴作为冶金设备的关键部件，其技术状态的好坏不仅会直接影响发动机的工作性能，还会影响动力的正常输出。曲轴本身形状复杂，加工技术要求高，加工制造成本高，约占发动机总造价的 20%，非常具有再制造价值。曲轴在工作过程中，由于运动机件的惯性和离心力的作用，会产生扭转、弯曲、剪切、拉伸与压缩等复杂的交变应力，同时还受到诸如高温、风力、负荷等外在因素的影响，导致曲轴不同部位都会出现一定程度的损伤，最终导致曲轴报废。对曲轴进行多区域的激光熔覆是目前较为可行的一种再制造方式。

首先通过三维扫描系统获取该废旧零部件点云数据，得到废旧曲轴的损伤信息，如图 4-28 所示。对其损伤部位的失效信息及三维损伤模型进行分析处理，整理得到每个损伤区域与激光熔覆工艺相关的参数，见表 4-4。

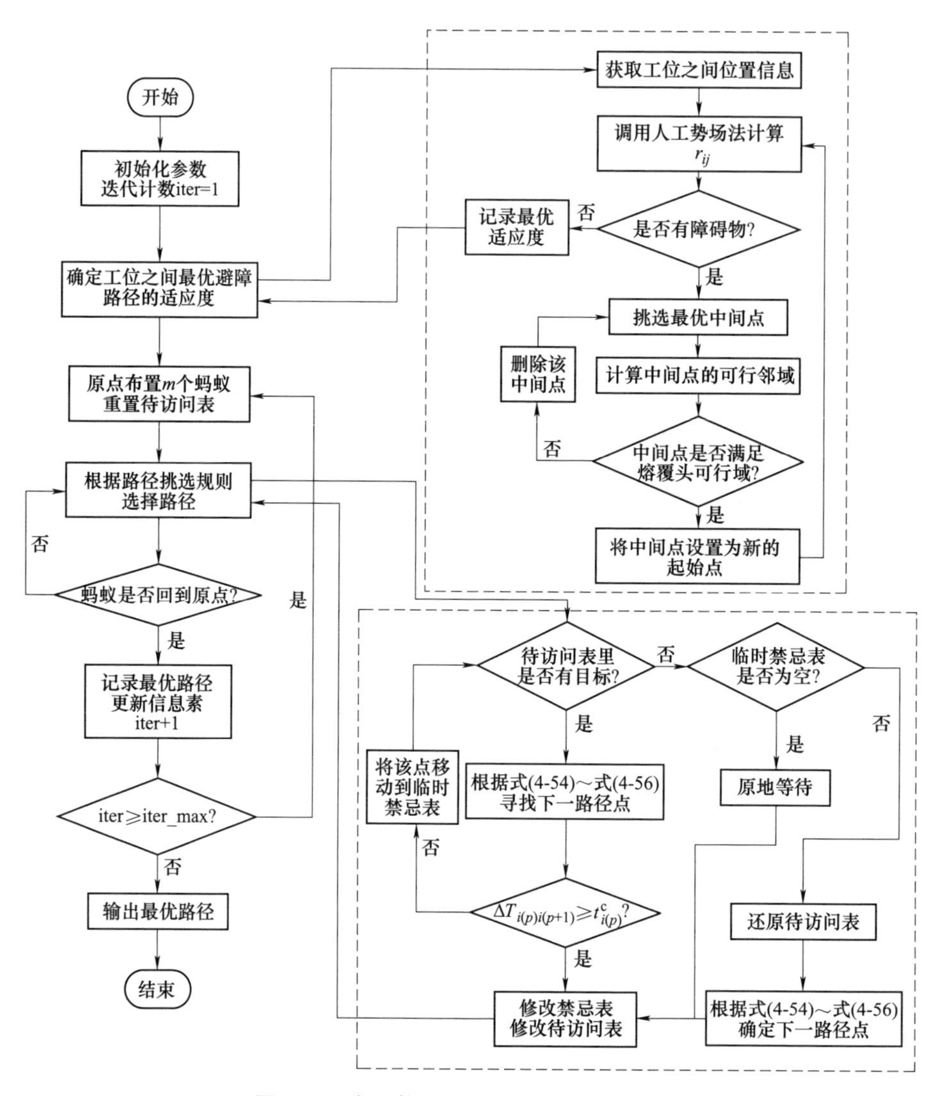

图 4-27　人工势场法-改进蚁群算法流程图

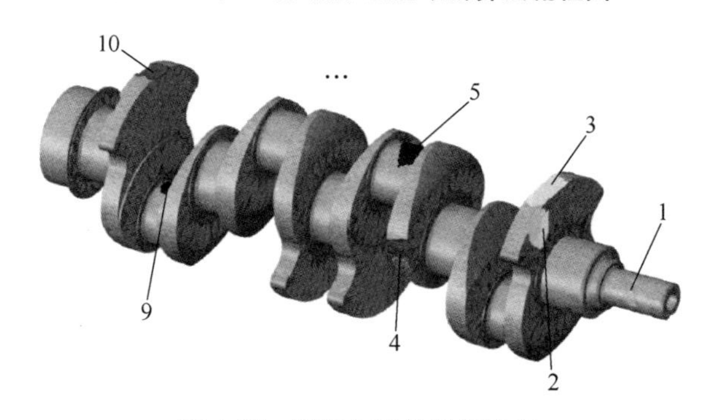

图 4-28　废旧曲轴的损伤信息

表 4-4　损伤区域相关信息

编号	熔覆起始点坐标（mm）			熔覆终止点坐标（mm）			熔覆层数	每层所需熔覆时间/s
	x 坐标	y 坐标	z 坐标	x 坐标	y 坐标	z 坐标		
1	310.66	−15.85	5.3	322.71	−6.11	37.99	3	(53，58，63)
2	227.25	−36.61	43.67	223.4	−41.29	88.1	2	(62，65)
3	217.15	−38.15	89.51	217.15	19.47	95.33	3	(57，59，60)
4	96.51	−68.59	6.61	87.27	−72.42	31.43	5	(62，70，76，82，85)
5	53.99	22.06	83.87	60.69	−19.36	86.1	4	(72，76，80，83)
6	−31.3	71.81	36.7	−36.94	64.07	57.14	3	(76，82，86)
7	−64.7	32.64	63.19	−48.63	25.52	80.12	2	(60，63)
8	−240.52	35.01	13.44	−259.58	29.45	23.22	2	(61，72)
9	−188.68	−6.34	−28.12	−185.99	20.62	−34.88	3	(62，64，68)
10	−221.84	−4.92	93.54	−214.56	22.2	94.73	4	(62，69，75，84)

激光熔覆平台的相关工艺参数分别为：激光功率 P=1 000W，熔覆头激光扫描速度 v_s = 3mm/s，激光扫描焦距 l = 10mm，同步送粉速率为 v_i = 13g/min，光斑直径 d_0 = 6mm，搭接率 η = 33%，单层熔覆最大高度 h_{max} = 0.5mm。熔覆头运动参数见表 4-5。

表 4-5　熔覆头运动参数

参数	数值	参数	数值
a^x	10mm/s^2	v^x_{max}	40mm/s
a^y	10mm/s^2	v^y_{max}	40mm/s
a^z	10mm/s^2	v^z_{max}	40mm/s
d^x	10mm/s^2	w^x	(π/18) rad/s
d^y	10mm/s^2	w^y	(π/18) rad/s
d^z	10mm/s^2	w^z	(π/18) rad/s

1. 废旧曲轴的激光熔覆温度场数值模拟

45 钢凭借其良好的物理性能被广泛应用于轴类产品的生产中，因此，在废旧曲轴产品中的激光熔覆工艺中以此类材料作为基体模拟熔覆过程，具有很好的代表性。选用 Ni60 作为熔覆材料，探究激光熔覆过程中层间停光时间对熔覆层温度场的影响。材料的最佳层间温度为 200℃，各项热物性参数见表 4-6 和表 4-7。

表 4-6　45 钢的热物性参数

温度/℃	导热系数/W · m^{-1} · $℃^{-1}$	比热容/J · kg^{-1} · $℃^{-1}$
20	47	472
100	43. 53	480
200	40. 44	498
300	38. 13	524
400	36. 02	560
500	34. 16	615
600	31. 98	700
700	25. 14	1 064
800	26. 49	806
900	25. 92	637
1 000	24. 02	602

表 4-7　Ni60 的热物性参数

温度/℃	导热系数/W · m^{-1} · $℃^{-1}$	温度/℃	比热容/J · kg^{-1} · $℃^{-1}$
20	11. 7	27	444
100	12. 5	127	485
200	14. 2	327	592
300	15. 9	527	530
400	17. 1	727	562
500	18. 4	927	594
600	20. 1	1 227	616
755	22. 2	—	—
800	25	—	—

为了准确描述激光熔覆过程中的非稳态、非线性传热模型，在建模的时候考虑了材料热物性参数随温度的非线性变化、相变潜热对温度的影响及试样的对流换热和热辐射。同时为了简化模型，对温度场做如下简化假设：①材料连续和各向同性；②材料表面对激光的吸收率不随温度变化；③忽略熔池流动；④忽略材料的汽化作用；⑤忽略固态相变潜热对温度场分布的影响。

采用生死单元法对熔覆层施加热流，结合工艺参数，热源公式为

$$q = 6e^{7}\exp\left\{\frac{-3[(x-0.003t)^{2}+y^{2}]}{0.003^{2}}\right\} \tag{4-57}$$

模拟仿真的几何模型直接由 ANSYS 软件自带的画图软件进行制图并将图导

入 Workbench 中。通过 Workbench 热分析模块里面的 Transient Thermal 进行分析，基体为长 90mm、宽 30mm、高 5mm 的长方体，熔覆层单元为 6mm×3mm×0.5mm。最后对熔覆层及其附近的网格细化处理，如图 4-29 所示。

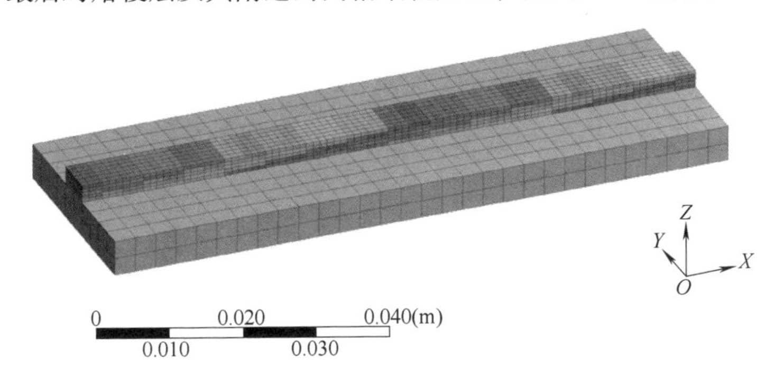

图 4-29 熔覆层有限元模型

如图 4-30 所示，在仿真过程中对每一层逐层进行数值模拟，在基体上取三个测试点，探测这三个测试点的垂直方向上各层同一位置的温度及温度梯度，寻找当前熔覆层熔覆后冷却至 200℃时的层间停光时间。仿真结果如图 4-31 所示。

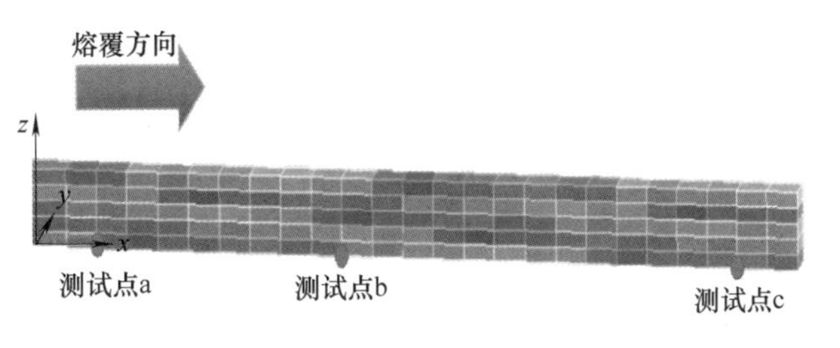

图 4-30 测试点示意图

各熔覆层熔覆后所需冷却至 200℃ 的平均层间停光时间分别为 175s、211s、224s、230s、234s。该合金钢的最佳层间停光时间与熔覆层数的关系为

$$t^{c} = 235.8 - \frac{473.2}{e^{x}} \quad (R^{2} = 0.9975, \mathrm{RMSE} = 1.387) \tag{4-58}$$

结合以上分析，在多层激光熔覆中的每一层熔覆之后设置相应最佳层间停光时间进行数值模拟，仿真结果如图 4-32 所示。温度场瞬时形貌呈彗星状沿扫描方向前进，前端温度梯度大，后端温度梯度小。此外，上层激光熔覆时会对熔覆完成的熔覆层产生热影响，温度梯度逐渐变大，对其处于不同温度梯度的熔覆层发生重熔、二次淬火、回火等反应。以上结论与 4.2.1 节中所述一致，证明了本次仿真模拟的有效性。

2. 废旧曲轴的多区域多层激光熔覆路径规划

针对多区域多层激光熔覆路径规划，需要解决以下两个问题：一是工位之间的空行程避障路径规划问题；二是在多区域之间反复遍历的路径规划问题。

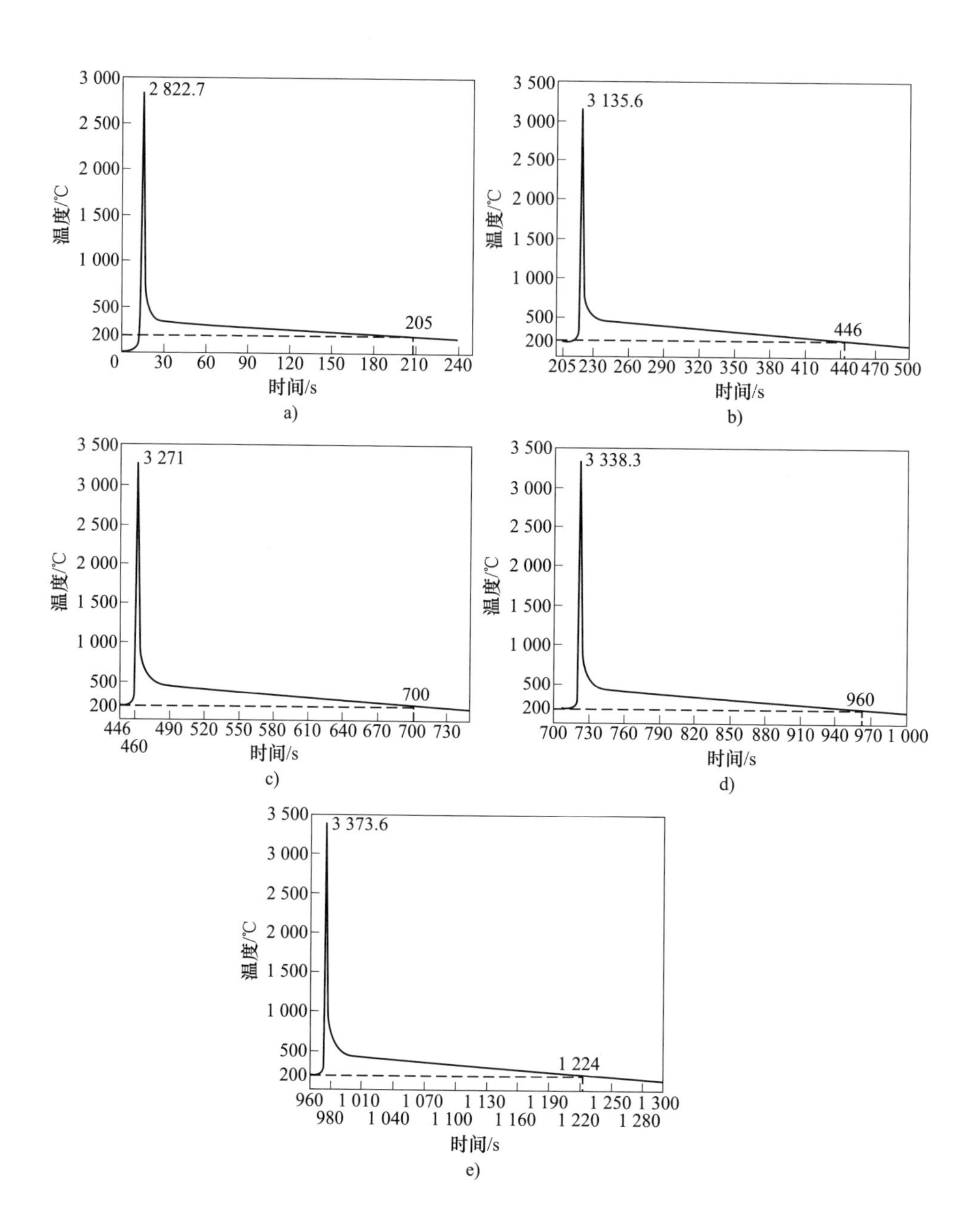

图 4-31　仿真结果

a）第一层（b1）温度变化　b）第二层（b2）温度变化　c）第三层（b3）温度变化
d）第四层（b4）温度变化　e）第五层（b5）温度变化

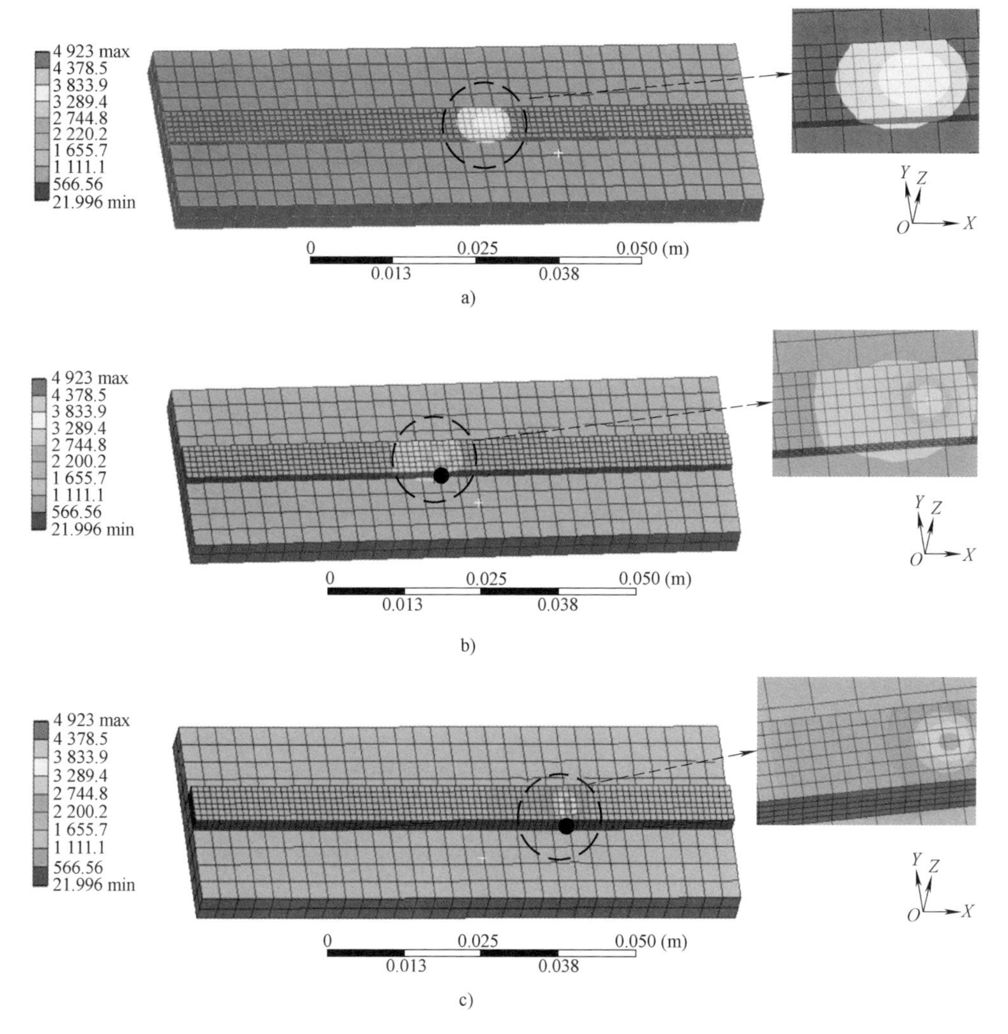

图 4-32 考虑层间停光的多层激光熔覆数值模拟结果

a）测试点 a 结果 b）测试点 b 结果 c）测试点 c 结果

在整体路径规划过程中，熔覆头对下一个位置的选择是由当前位置与其他位置之间的最短避障路径时间得来的，如果熔覆头每计算下一个目标位置时都计算该位置与其他位置之间的避障路径，则使得路径规划过程变得烦琐且复杂，并且很多结果可能在之前的求解过程中已经得到。因此，本书将路径规划过程分为两步，首先依次求出每个位置到其余位置的避障路径时间，然后再以上述求出的结果作为输入，将其代入多区域多层的路径规划问题中进行求解。

本节路径规划过程采用 MATLAB 2020a 编程软件进行求解，运算平台配置为 Intel（R）Core（TM）i7-7700HQ CPU@ 2. 80GHz，运行内存为 16. 0GB RAM。

算法参数见表4-8。

表4-8 算法参数

改进人工势场法参数		改进蚁群算法参数	
引力增益系数	Uatt = 5	信息素影响因子	α = 1.1
斥力增益系数	Krep = 15	启发式影响因子	β = 5
障碍影响距离	influenceDistance = 1	激励函数影响因子	γ = 2
步长	Step = 0.1	信息素挥发因子	ρ = 0.2
—	—	每代蚂蚁数量	m = 100
—	—	最大迭代次数	iter_max = 100

（1）空行程运动路径规划 空行程运动路径规划实际上就是两个熔覆区域之间的避障路径规划，根据表4-4中各区域熔覆起始点与熔覆终止点的相关信息，采用4.2.1节中端点位姿确定方法求出熔覆头所对应的空行程路径出发点与目标点的位姿信息，结果见表4-9。

表4-9 各区域空行程端点位姿信息

序号	出发点位姿信息					
	x	y	z	θ_x	θ_y	θ_z
1	322.71	-9.32	47.46	1.57	1.24	2.81
2	229.11	-46.49	94.45	0.96	2.12	0.88
3	217.21	20.56	105.27	1.56	1.46	0.11
4	88.23	-82.38	31.56	1.47	3.04	1.56
5	60.69	-25.32	94.14	1.57	2.21	0.64
6	-36.91	72.69	62.2	1.57	0.53	1.04
7	-48.64	33.45	86.21	1.57	0.65	0.92
8	-259.56	37.24	29.49	1.57	0.68	0.89
9	-185.99	26.96	-27.15	1.57	0.88	0.69
10	-215.23	20	114.47	1.64	1.79	0.23

序号	目标点位姿信息					
	x	y	z	θ_x	θ_y	θ_z
1	313.31	-13.98	9.65	1.29	2.58	1.10
2	236.9	-36.63	44.56	0.09	1.57	1.48
3	216.85	-40.38	97.97	1.61	1.83	0.26
4	96.62	-88.56	17.41	1.56	3.06	1.49
5	54	28.76	91.29	1.57	0.84	0.73

（续）

序号	目标点位姿信息					
	x	y	z	θ_x	θ_y	θ_z
6	-31.28	81.68	-28.32	1.57	1.44	3.01
7	-64.7	42.3	64.17	1.57	0.10	1.47
8	-260.53	44.31	17.11	1.57	0.38	1.19
9	-188.68	-8.29	-18.32	1.57	1.77	0.20
10	-220.92	-2.9	113.29	1.48	1.37	0.22

熔覆头的空行程运动是由一个损伤区域A的熔覆终止点运动到下一个区域B的熔覆起始点，而在实际熔覆过程中，随着熔覆头激光扫描操作的进行，熔覆头的位置会发生变化，导致熔覆头在开始熔覆时与结束熔覆时的位姿不再相同。因此，要求解出区域A与区域B之间的空行程路径时间需要分别求出A到B的路径时间和B到A的路径时间。本书以区域1到区域5为例，采用改进人工势场法对其空行程路径进行求解，来证明算法的有效性。

熔覆头从区域1到区域5的空行程路径规划结果如图4-33所示。为了验证算法的稳定性与有效性，对此次任务进行了20次的仿真计算，统计得到算法的平均迭代次数为295次，算法平均运行时间为29.24s，平均最优路径时间17.42s，路径搜索成功次数为20次，成功率为100%。本算法在此次路径规划中设置了两个中间点，分别为（222.53，12.12，110.33）和（90.48，20.12，110.33），空行程分段路径如图4-34所示。

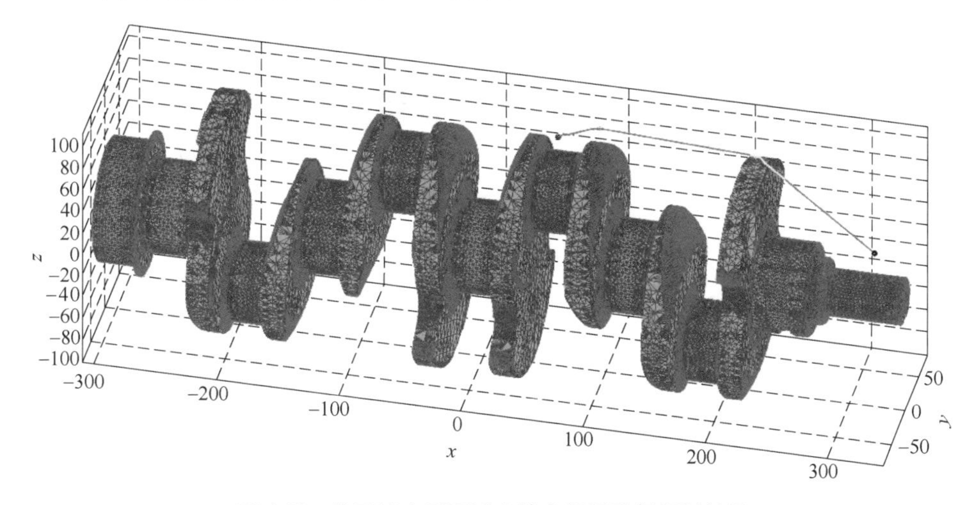

图4-33 从区域1到区域5的空行程路径规划结果

通过上述仿真试验可知，改进人工势场法能够较好地实现熔覆头空行程路

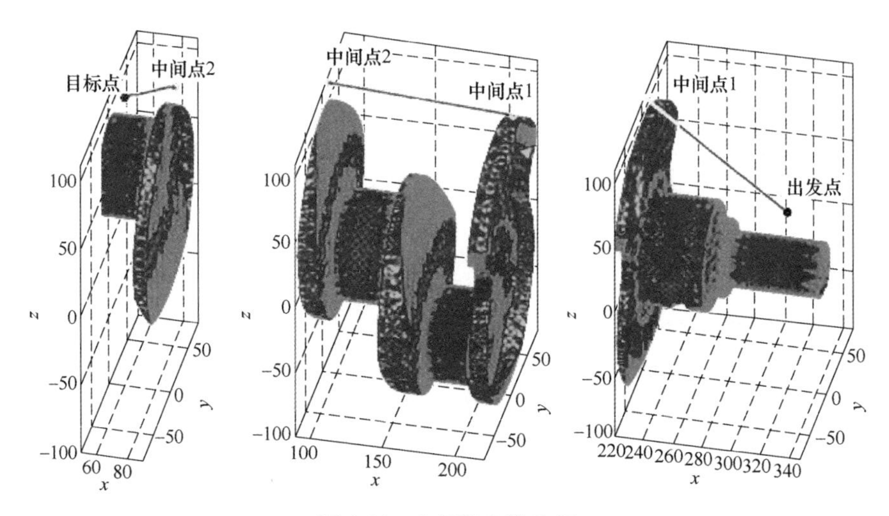

图 4-34　空行程分段路径

径规划，同时计算速度较快，算法稳定性较好。如图 4-35 所示为部分区域两两之间路径规划结果，各区域两两之间平均路径规划时间见表 4-10。

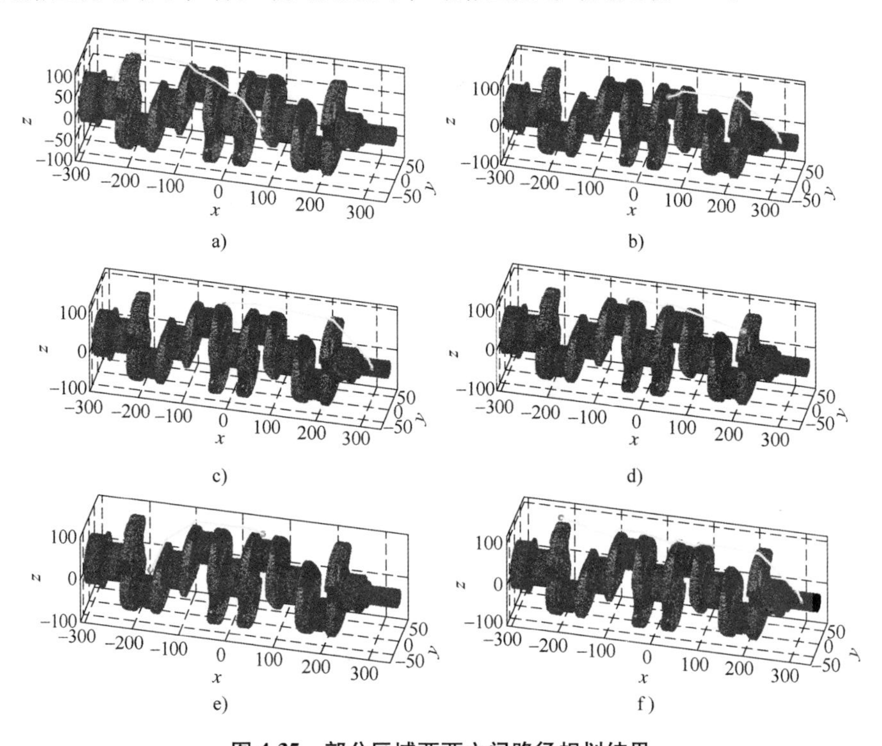

图 4-35　部分区域两两之间路径规划结果

a）区域 4 到区域 8　b）区域 5 到区域 1　c）区域 6 到区域 1
d）区域 7 到区域 3　e）区域 9 到区域 5　f）区域 10 到区域 1

表 4-10　各区域两两之间平均路径规划时间　　　　（单位：s）

区域	区域									
	1	2	3	4	5	6	7	8	9	10
1	—	4.15	4.65	11.80	12.50	23.42	25.00	38.76	43.13	24.71
2	4.12	—	1.57	6.79	9.64	19.98	19.30	31.96	36.23	19.16
3	4.40	8.47	—	6.93	7.86	14.52	16.25	29.99	33.90	18.16
4	13.00	9.79	5.22	—	8.27	11.17	11.53	23.34	24.50	15.58
5	14.13	12.17	7.59	6.53	—	9.79	6.15	22.97	24.57	14.47
6	19.13	18.23	12.29	11.37	5.85	—	2.47	13.49	15.25	9.74
7	21.95	20.80	15.15	11.15	7.59	2.35	—	15.41	17.16	10.40
8	35.90	34.75	24.28	23.29	17.84	15.79	12.85	—	7.57	3.84
9	34.29	33.13	24.41	25.11	19.05	16.35	12.63	10.67	—	7.03
10	30.34	29.19	18.71	18.90	13.97	15.55	9.89	5.37	6.84	—

（2）多区域多层路径规划　接下来将采用上文提出的改进蚁群算法对问题进行求解，为了验证所提多区域多层激光熔覆路径规划算法和模型的有效性，分别对以下三种不同的多区域多层激光熔覆方案求解：

1）本书所提激光熔覆路径规划模型，即在考虑层间停光的情况下，按照 4.2.1 节中提出的路径选择方法对多区域多层的熔覆目标进行选择，然后计算出熔覆头在不同区域之间往复扫描的操作时间。目标是追求停光等待时间最小，使各个熔覆区域的熔覆层硬度达到最大。针对本书模型下的熔覆方案，在路径规划过程中需要获取每个熔覆区域中每一层所需要的最佳层间停光时间。结合 4.2.3 节的数值模拟得到的结果，各区域每层的最佳层间停光时间见表 4-11。

表 4-11　最佳层间停光时间　　　　（单位：s）

区域	层数				
	1	2	3	4	5
1	175	211	224	—	—
2	175	211	—	—	—
3	175	211	224	—	—
4	175	211	224	230	234
5	175	211	224	230	—
6	175	211	224	—	—
7	175	211	—	—	—
8	175	211	—	—	—
9	175	211	224	—	—
10	175	211	224	230	—

2）在不考虑层间停光的情况下，熔覆头的总作业时间，即仅考虑熔覆头空行程移动时间最短，且对每个区域由下至上连续进行激光扫描操作。此时最佳层间停光时间与停光等待时间均等于 0。

3）在考虑层间停光的情况下，熔覆头逐个区域进行激光扫描操作的总作业时间，即仅考虑熔覆头空行程移动时间最短，且对每个区域由下至上间断扫描。此时停光等待时间等于层间停光时间。

三种方案结果对比见表 4-12。由表可知，方案 2 的熔覆头作业总时间最少，这是因为熔覆头作业过程中不需要考虑相邻两层的熔覆时间间隔，可以做到连续多层熔覆，熔覆头有效作业时间占比达 97.4%，但熔覆头的连续多层的激光扫描操作会使得熔覆整体硬度有所降低；方案 3 虽然考虑了层间停光，但在对损伤区域逐个进行熔覆的过程具有停光等待时间，熔覆头的有效作业时间占比仅为 33.9%；方案 1 在考虑层间停光的前提下，又考虑熔覆头在各个损伤区域之间的来回熔覆，期间减少了停光等待时间，熔覆头的有效作业占比为 91.5%，仅比方案 2 低了 5.8%，但保证了熔覆整体硬度达到最大，同时方案 1 的有效作业占比比方案 3 高了 57.6%。综上可知，方案 1 较方案 2 和方案 3 更为优越。

表 4-12　三种方案结果对比

<table>
<tr><th>方案</th><th>熔覆时间/s</th><th>停光等待时间/s</th><th>空行程移动时间/s</th><th>作业总时间/s</th><th>熔覆时间占比</th><th>路径</th></tr>
<tr><td>1</td><td>2 147</td><td>0</td><td>198.9</td><td>2 345.9</td><td>91.5%</td><td>11-21-31-41-51-71-61-52-42-32-12-22-43-33-13-53-44-101-81-91-102-82-92-103-72-62-54-45-63-104-93</td></tr>
<tr><td>2</td><td>2 147</td><td>0</td><td>57.51</td><td>2 204.51</td><td>97.4%</td><td rowspan="2">11-12-13-21-22-31-32-33-41-42-43-44-45-51-52-53-54-71-72-61-62-63-81-82-91-92-93-101-102-103</td></tr>
<tr><td>3</td><td>2 147</td><td>4 129</td><td>57.51</td><td>6 333.51</td><td>33.9%</td></tr>
</table>

为了验证本书所提改进算法较传统算法更为优越，以本书模型为研究对象，控制其他参数不变，分别采用改进算法与传统算法两种算法进行仿真运算，结果如图 4-36 和图 4-37 所示。本书算法和传统算法最终求出的最优路径总时间分别为 2 345.9s 和 2 396.57s，达到最优路径时的迭代次数分别为 68 次和 24 次。本书算法经过多次迭代之后平均时间大幅度下降，而传统算法的平均时间随着反复迭代反而越发增大。由此可见，本书提出的改进蚁群优化算法在设置激励函数之后，路径规划结果优于传统算法的结果；在改进信息素的分配制度之后，蚁群的全局寻优能力大幅提升。

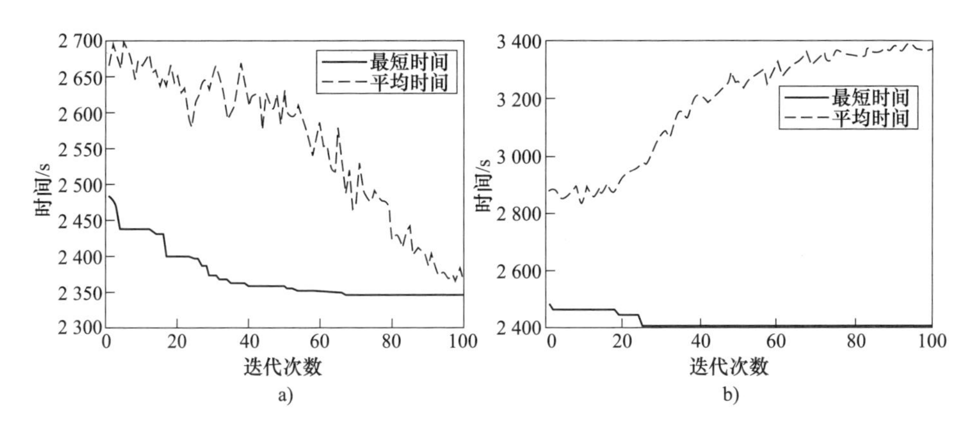

图 4-36　两种算法的收敛图

a）改进算法　b）传统算法

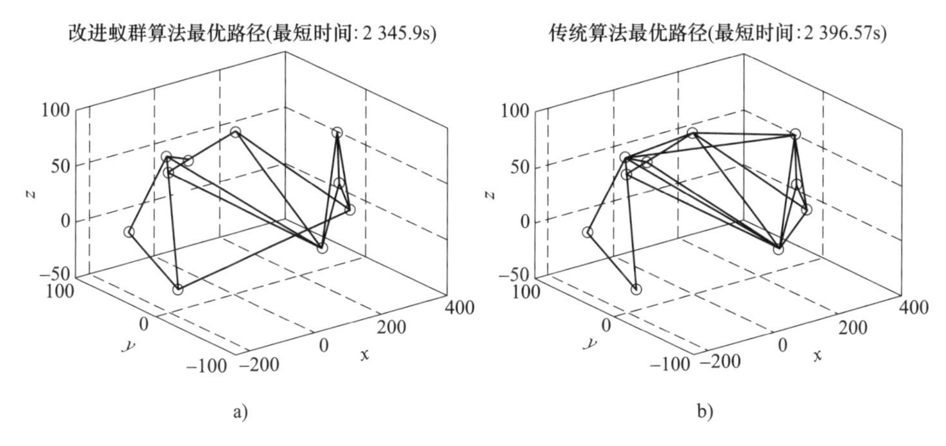

图 4-37　各代最短时间与平均时间对比结果图

a）改进算法　b）传统算法

本章小结

本章对冶金设备及其零部件再制造常用加工技术与设备，如热喷涂、激光熔覆、堆焊等进行了总体阐述，并以激光熔覆技术为重点，对冶金设备零部件激光熔覆关键问题、熔覆路径规划方法等进行了详细分析。为了能够有效地实现多区域多层激光熔覆的路径规划，首先，针对多区域多层激光熔覆中涉及的三个关键环节做了理论分析：①针对层间停光问题，采用 ANSYS 软件对激光熔覆温度场进行数值模拟，考虑层间停光时间会对硬度性能产生影响，建立了整体硬度最大时最佳层间停光时间和熔覆层数的关系模型；②针对熔覆目标的选择问题，考虑到多区域之间往复移动的复杂性以及层间停光时间的影响，采用一种多区域路径选择策略，降低了后续路径规划求解过程的难度；③针对熔覆头空行程运动问题，构建了激光熔覆平台作业空间环境模型，分析了熔覆头尺寸与姿态对空行程路径的影响，介绍了空行程端点位姿确定方法并构建空行程运动过程中熔覆头姿态变化可行域，以有效解决熔覆头空行程运动的碰撞问题。然后，考虑层间停光的影响，在满足各熔覆区域整体硬度最大的条件下，以最佳层间停光时间为约束，建立了以熔覆时间最短为目标的多区域多层激光熔覆路径规划模型，并且将模型分为空行程路径规划与多区域多层路径规划两个步骤，提出了改进人工势场法和改进蚁群算法两种模型求解算法。最后，以曲轴的激光熔覆工艺为例，对提出的多区域多层激光熔覆路径规划方法进行实例验证。

参 考 文 献

[1] 朱胜，姚巨坤．再制造技术与工艺［M］．北京：机械工业出版社，2011.

[2] 吴柳飞，曾庆生，杨毅，等．激光熔覆表面裂纹的研究进展［J］．机械工程师，2016（9）：26-27.

[3] 杨宁，杨帆．工艺参数对激光熔覆层质量的影响［J］．河南教育学院学报（自然科学版），2010，31（3）：17-19.

[4] 陈天佐，李泽高．金属堆焊技术［M］．北京：机械工业出版社，1991.

[5] 王娟．表面堆焊与热喷涂技术［M］．北京：化学工业出版社，2004.

[6] ZHANG L, WANG C S, HAN L Y, et al. Influence of laser power on microstructure and properties of laser clad co-based amorphous composite coatings [J]. Surfaces and interfaces, 2017, 6: 18-23.

[7] YAO J H, ZHANG J, WU G L, et al. Microstructure and wear resistance of laser cladded composite coatings prepared from pre-alloyed WC-NiCrMo powder with different laser spots [J]. Optics & laser technology, 2018, 101: 520-530.

[8] XU G, LUO K Y, DAI F Z, et al. Effects of scanning path and overlapping rate on residual stress of 316L stainless steel blade subjected to massive laser shock peening treatment with square spots [J]. Applied surface science, 2019, 481 (1): 1053-1063.

[9] KHAMIDULLIN B A, TSIVILSKIY I V, GORUNOV A I, et al. Modeling of the effect of powder parameters on laser cladding using coaxial nozzle [J]. Surface and coatings technology, 2019, 364: 430-443.

[10] BOURAHIMA F, HELBERT A L, REGE M, et al. Laser cladding of Ni based powder on a Cu-Ni-Al glassmold: influence of the process parameters on bonding quality and coating geometry

[J]. Journal of alloys and compounds, 2019, 771: 1018-1028.
[11] FATHI A, TOYSERKANI E, KHAJEPOUR A, et al. Prediction of melt pool depth and dilution in laser powder deposition [J]. Journal of physics D, 2006, 39 (12): 2613-2623.
[12] 李胜，曾晓雁，胡乾午. 多层熔覆对激光熔覆层微观组织和硬度的影响 [J]. 金属热处理，2007，32 (7): 44-47.
[13] ZHANG D Q, NIU X L, LI J H. Research on influence of time interval on Q235D multi-layer laser cladding [J]. Machine tool & hydraulics, 2015 (6): 576-579.
[14] LIU H, DU X T, GUO H F, et al. Finite element analysis of effects of dynamic preheating on thermal behavior of multi-track and multi-layer laser cladding [J]. Optils, 2021, 228: 166194.
[15] 李德英，张坚，赵龙志，等. 超声辅助激光熔覆 SIC/316L 温度场和应力场分析 [J]. 焊接学报，2017，38 (5): 35-39.
[16] TIAN J Y, XU P, LIU Q B. Effects of stress-induced solid phase transformations on residual stress in laser cladding a Fe-Mn-Si-Cr-Ni alloy coating [J]. Materials & Design, 2020, 193: 108824.
[17] 刘通，薛俊芳，张文嘉，等. 退役轴类零件激光熔覆温度场模拟研究 [J]. 内蒙古工业大学学报（自然科学版），2019，38 (4): 276-281.
[18] 于天彪，乔若真，韩继标，等. 倾斜基体激光熔覆残余应力场的数值模拟 [J]. 热加工工艺，2020，49 (2): 75-79.
[19] 龚丞，王丽芳，朱刚贤，等. 激光增材制造 316L 不锈钢熔覆层残余应力的数值模拟研究 [J]. 应用激光，2018，38 (3): 402-408.
[20] 赵盛举，祁文军，黄艳华，等. TC4 表面激光熔覆 Ni60 基涂层温度场热循环特性数值模拟研究 [J]. 表面技术，2020，49 (2): 301-308.
[21] PHAN N D M, QUINSAT Y, LAVERNHE S, et al. Path Planning of a Laser-scanner with the control of overlap for 3d part inspection [J]. Procedia CIRP, 2018, 67: 392-397.
[22] LARSON E A, REN X, ADU-GYAMFI S, et al. Effects of scanning path gradient on the residual stress distribution and fatigue life of AA2024-T351 aluminium alloy induced by LSP [J]. Results in physics, 2019, 13: 102123.
[23] WOLFER A J, AIRES J, WHEELER K, et al. Fast solution strategy for transient heat conduction for arbitrary scan paths in additive manufacturing [J]. Additive manufacturing, 2019, 30: 100898.
[24] CHEN Q K, LIU J K, LIANG X, et al. A level-set based continuous scanning path optimization method for reducing residual stress and deformation in metal additive manufacturing [J]. Computer methods in applied mechanics and engineering, 2020, 360: 112719.
[25] KERIN M, PHAM D T. A review of emerging industry 4.0 technologies in remanufacturing [J]. Journal of cleaner production, 2019, 237: 117805.

参数说明

参数	说　　明
$P(x, y)$	激光功率密度，单位为 W/m^2
P	激光功率，单位为 W
r	激光光束半径，单位为 mm
η	激光吸收系数
ρ	材料的密度，单位为 kg/m^3；
c_p	材料的比热容，单位为 J/(kg·℃)
λ	材料的导热系数，单位为 W/(m·℃)
Q	内热源强度（包括激光施加的热量以及相变释放的热量），单位为 W/m^3
T	温度，单位为℃
t	时间，单位为 s
A	材料焓值，单位为 kJ
q	节点热流密度，单位为 W/m^2
F	能量分布半径，单位为 mm
μ	节点到光斑中心的距离，单位 mm
P_j	离散路径点
a_x ，a_y ，a_z	熔覆头轨迹上加工点 P_j 所在处的曲面法向矢量沿 X、Y、Z 方向上的分量大小
p_x ，p_y ，p_z	表示点 P_j 在坐标系 $OXYZ$ 下的值
θ_x ，θ_y ，θ_z	表示 $PIJK$ 在 $OXYZ$ 坐标系下用欧拉角表示的姿态角
$\boldsymbol{K}$	激光束矢量 $\boldsymbol{K}$，对应局部坐标系 $PIJK$ 中的 K 轴
$\boldsymbol{J}$	熔覆点 P_j 的切线矢量
$\boldsymbol{I}$	$\boldsymbol{K}$ 与 $\boldsymbol{J}$ 的叉积
$\boldsymbol{R}$	$\boldsymbol{I}$，$\boldsymbol{J}$，$\boldsymbol{K}$ 构成的旋转矩阵
$\boldsymbol{R}_{ot}(x,\theta)$、$\boldsymbol{R}_{ot}(y,\theta)$、$\boldsymbol{R}_{ot}(z,\theta)$	转动齐次矩阵
$\boldsymbol{R}_{PY}$ $(\theta_z, \theta_y, \theta_x)$	复合转动矩阵
S	熔覆头能够出现的一系列姿态所占用的空间
S_n	熔覆头的第 n 个姿态所占用的空间
H_i	i 点周围无障碍物的空间
L_i	熔覆头的位置
$P_{i(k)}$	熔覆起点

（续）

参数	说　明
$P'_{i(k)}$	熔覆终点
w	单道熔覆层横截面宽度，单位为 mm
h	单道熔覆层横截面高度，单位为 mm
Δ	单道熔覆层峰值点的偏移
h_{max}	单道熔覆层轮廓横截面的最大高度，单位为 mm
η_c	进入熔池的有效粉末
f	送粉速度，单位为 g/min
ρ_L	金属熔液的密度，单位为 kg/m^3
d_0	激光束的光斑直径，单位为 mm
w_0	标准姿态下的熔覆层宽度，单位为 mm
d_1	θ 光斑直径，单位为 mm
d'_1	有效光斑直径，单位为 mm
w_1	喷头倾斜状态下的熔覆层横截面宽度，单位为 mm
w_2	标准姿态下熔覆层横截面宽度，单位为 mm
ε_θ	轴线处能量的变化系数
$w_{总}$	熔覆表面总宽度，单位为 mm
$h_{总}$	熔覆总高度，单位为 mm
n	对应熔覆层所需熔覆道数
k	熔覆层数
t^s	单层的激光扫描时间，单位为 s
L_i	单道熔覆层的长度，单位为 mm
δ	搭接率
v_s	激光扫描速度，单位为 mm/s
t^c	最佳层间停光时间，单位为 s
a	最佳停光时间的上限值，单位为 s
b	停光时间影响因子
S^x_{lim}，S^y_{lim}，S^z_{lim}	熔覆头在 x、y、z 轴方向上加速过程中经历的临界距离，单位为 mm
v^x_{max}、v^y_{max}、v^z_{max}	熔覆头在 x、y、z 轴方向上的最大速度
a^x，a^y，a^z	熔覆头在 x、y、z 轴方向上加速时的加速度
d^x，d^y，d^z	熔覆头在 x、y、z 轴方向上减速时的加速度
t^x，t^y，t^z	熔覆头在 x、y、z 轴方向上的行驶时间，单位为 s

（续）

参数	说　明
t_a^x，t_a^y，t_a^z	熔覆头在 x、y、z 轴方向上的加速时间，单位为 s
t_d^x，t_d^y，t_d^z	熔覆头在 x、y、z 轴方向上的减速时间，单位为 s
$t_{匀}^x$，$t_{匀}^y$，$t_{匀}^z$	熔覆头在 x、y、z 轴方向上匀速运动的移动时间，单位为 s
S^x，S^y，S^z	熔覆头在 x、y、z 方向上移动至下一路径点的距离，单位为 mm
t_{ij}^x，t_{ij}^y，t_{ij}^z	运动过程中 x，y，z 方向上的绝对距离
$t_{ij}^{\theta x}$，$t_{ij}^{\theta y}$，$t_{ij}^{\theta z}$	运动过程中 x，y，z 方向上的绝对角度
θx，θy，θz	熔覆头到下一个中间点在 x、y、z 三个轴上旋转的角度，单位为 rad
w^x，w^y，w^z	x，y，z 三个轴上的旋转角速度，单位为 rad/s
t_{ij}^w	熔覆头从起始点 i 到终止点 j 点所需时间，单位为 s
$t_{i(p)}^{\mathrm{w}}$	熔覆头在开始扫描 i 区域的第 p 层之前需要停光等待的时间，单位为 s
$T_{i(p)}$，$T_{i(p-1)}$	访问 i 区域第 p，$p-1$ 层之前的累计工作时间，单位为 s
$\Delta T_{i(p-1)i(p)}$	连续两次访问 i 区域时的间隔时间，单位为 s
$t_{i(p-1)}^{\mathrm{c}}$	i 区域第 $p-1$ 层熔覆完成后需要的最佳层间停光时间，单位为 s
$t_{i(p)j(q)}^m$	熔覆头从 i 区域上第 p 层的扫描终止点至 j 区域上第 q 层的扫描起始点的时间
n	区域总集合
k_i，k_j	所有层的集合
$t_{i(p)}^{\mathrm{s}}$	i 区域第 p 层的扫描时间
$x_{i(p)j(q)}$	每个熔覆区域中的 i 区域的第 p 层到 j 区域的第 q 层的访问次数
$X_{i(p)j(q)}$	每个熔覆区域中的 i 区域的第 p 层到 j 区域的第 q 层的总访问次数
$U_{\mathrm{rep}}(P)$	斥力场函数
$\boldsymbol{F}_{\mathrm{rep1}}(P)$	从障碍物位置指向熔覆头位置，在未到达目标位置前斥力
$\boldsymbol{F}_{\mathrm{rep2}}(P)$	从熔覆头位置指向目标位置，在未到达目标位置前斥力
$d(P, G)$	熔覆头与目标位置之间的相对距离
d_0	每个障碍物的影响半径
K_{rep}	斥力尺度因子
k	整数编码层数（熔覆层数）
τ	整数编码区域
j	改进蚁群算法中的待选节点

（续）

参数	说　　明
g	改进蚁群算法中的目标点
i	改进蚁群算法中的当前节点
r_{jg}	改进蚁群算法中待选节点 j 到目标点 g 的距离
d_{ij}	改进蚁群算法中当前节点 i 与待选节点 j 的距离
ζ	改进蚁群算法中的启发信息诱导因子
N_{Cmax}	改进蚁群算法中的最大迭代次数
N_{C}	改进蚁群算法中的当前迭代次数
μ_{ij}^{k}	改进蚁群算法中的激励函数
$n_{j,\ \mathrm{rest}}^{x}$	改进蚁群算法中熔覆头选择下一个目标区域的剩余熔覆层数
$P_{ij}^{k}(t)$	状态转移概率
$\tau_{ij}(t)$	改进蚁群算法中 i 至 j 的路径上的信息素浓度
α	改进蚁群算法中的信息素因子
s	目标点
$\eta_{ij}(t)$	改进蚁群算法中的启发函数
β	改进蚁群算法中的启发因子
$\mathrm{allowed}_{k}$	改进蚁群算法中待访问的目标点集合
$\Delta\tau_{ij}^{k}$	改进蚁群算法中第 k 只蚂蚁在 i 点至 j 点路径上遗留的信息素
Q	种群中蚂蚁耗时
$\Delta\tau_{ij}(t)$	改进蚁群算法中第 t 次迭代时 i 点至 j 点路径上信息素的总浓度
m	改进蚁群算法中的蚁群数量
T_{best}	改进蚁群算法中的最短时间

第 5 章

冶金设备再制造服务技术

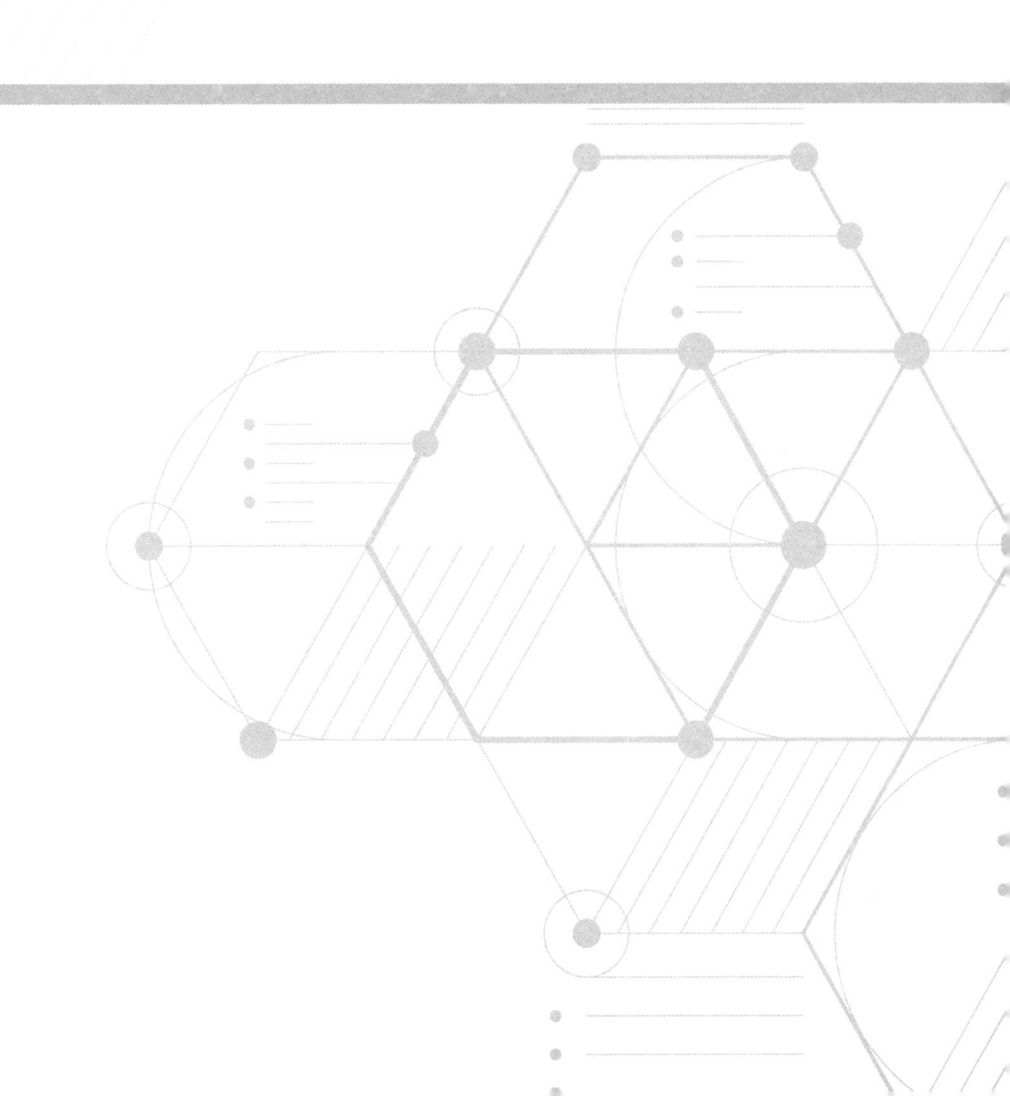

冶金设备再制造服务是实现退役设备再利用和经济可持续发展的重要途径。冶金设备再制造服务技术依据在役设备的再制造需求及约束条件，以再制造服务集成平台为核心形成再制造企业集群，利用先进再制造技术使废旧冶金设备重新适应生产活动，提高冶金设备全寿命价值、绿色性和智能性。围绕冶金设备再制造服务技术的内在特征，本章首先介绍冶金设备再制造服务的定义；然后阐述冶金设备再制造服务空间；最后探究以优化服务质量为目标的冶金设备再制造服务组合方法。

5.1 冶金设备再制造服务的定义

冶金工业作为机电设备密集应用的产业，目前服役设备多为设计使用寿命较长且价值较高的进口设备。这些设备大都长期处于高温度、高负荷、高磨损的工作状态，随着设备的老旧与劣化、生产设备与生产过程不和谐，能耗高、故障多等安全运行和经济效益的问题日益突出。然而，直接报废可能带来更大经济损失，可见，采用图 5-1 所示的设备绿色化、智能化的技术手段，对老旧冶金设备进行在役再制造升级，是从发展循环经济角度实现冶金工业智能化升级和绿色化发展的有效途径。

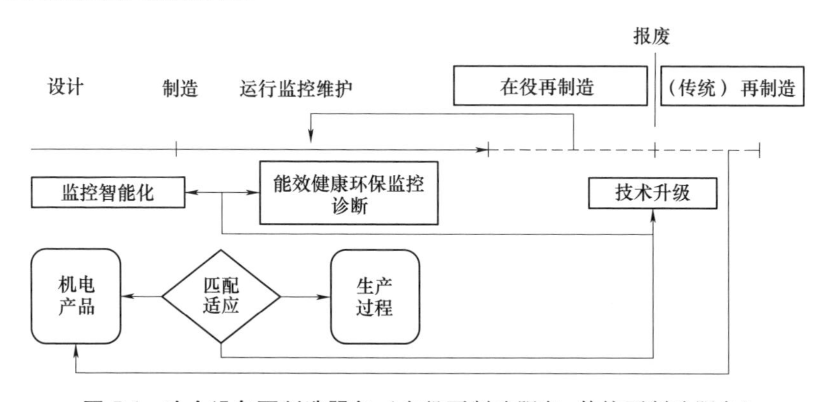

图 5-1　冶金设备再制造服务（在役再制造服务+传统再制造服务）

因此，冶金设备再制造服务，应是以冶金设备在役再制造为主导的广义再制造服务，既包括使退役废旧设备及其零部件起死回生的传统再制造，又包括使性能低下、故障频发、技术落后的在役设备重新焕发青春，并提高其性能和智能化水平的在役再制造。针对冶金在役设备健康性、工艺匹配性、绿色性和智能化的总体需求，所谓冶金设备再制造服务是以再制造服务集成平台为核心的再制造企业群，向冶金企业提供包括装备健康状态分析、再制造设计、在役再制造工程解决方案、在役再制造加工、信息化再制造等多粒度的再制造专业服务，是一种将整合资源集成和提升再制造价值的服务方式。

目前，部分冶金企业在设备智能化、在役再制造及维修大数据分析等应用方面取得了较大的进步，已经针对连铸结晶器、连铸拉桥辊、轧辊、连续电镀辊、导卫、电机和焦罐等装备或备件开始了在役再制造的应用研究，有效促进了企业的新产品开发、产品质量提升、生产安全运行和减员增效。

5.2 冶金设备再制造服务空间

5.2.1 冶金设备再制造服务对象空间构建

（1）服务对象多粒度划分与描述　基于服务对象“客户-装备”组合需求和装备状态信息完整率 R_{Inf}，采用模糊聚类方法，建立服务对象需求分类集合 $R_{\text{Type}}(O)$；根据装备系统结构复杂度，及各组成要素所属功能梯度，研究服务对象需求分类集合 $R_{\text{Type}}(O)$ 中服务对象粒度划分准则与方法，进一步构建服务对象需求分类集合 $R_{\text{Type}}(O)$ 内多粒度服务对象集合 $R_{\text{Type}}(O)=\{\text{Type}(O_{\text{生产线}}),\ \text{Type}(O_{\text{设备机组}}),\ \text{Type}(O_{\text{单体设备}}),\ \text{Type}(O_{\text{零部件}})\}$；基于复杂系统理论与方法，分析服务对象实体的独立性和异构性、结构关系的复杂性和演化性、失效边界的模糊性与动态性、区域的分布性、涌现行为的非线性和关联性等特征。采用语义网络描述多粒度服务对象，其表达式为

$$G_i=(O_i,\ F_i,\ R_i,\ C_i) \tag{5-1}$$

式中，G_i 表示服务对象粒；O_i 描述该对象粒的论域，即对象构成要素的元素实例集合；F_i 表示该对象粒的特征集合；R_i 表示该对象粒中特征之间存在的关系；C_i 表示该对象粒在时间、空间、环境等方面的限制约束条件。

（2）多粒度服务对象空间构建　采用 IDEF0 与改进动态自适应模糊 Petri 网建模方法研究各粒度服务对象之间的结构、功能、活动、能力和效能等多维复杂关系；基于复杂网络理论，将多粒度服务对象映射为网络节点，对象粒之间的关系映射为边，构建由多粒度服务对象及其关联关系组成的多粒度服务对象空间，如图 5-2 所示。采用基于 Web 服务的高层本体语言 OWL-S 对多粒度服务

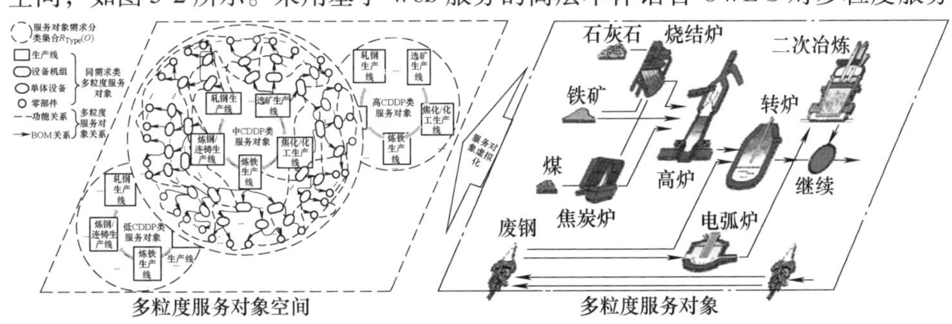

图 5-2　冶金设备再制造多粒度服务对象空间

对象空间 $\{G_i\}$ 进行服务化描述与存储。

5.2.2 冶金设备再制造服务资源空间构建

（1）单粒度原子服务资源划分　研究冶金设备再制造服务资源的虚拟化、标准化及其划分方法，实现再制造各业务集合内的单粒度原子服务资源的划分 $\{r_i^0\}_{i\in x}$，初步思路如下：

设给定再制造资源域 R 和 R 上的一个关系 f_R：$R\rightarrow P(R)\Rightarrow R=U_{i\in x}r_i$，则称 r_i 为一个资源粒子，$\{r_i\}_{i\in x}$ 是再制造资源域的一种粒度。其中，$P(R)$ 表示再制造资源域 R 的幂集。设 F_R 是 R 上关系的全体，且 f_R^1，$f_R^2\in F_R$，若对 $\forall x$，$y\in R$，$xf_R^1y\Leftrightarrow xf_R^2y$，则 f_R^1 比 f_R^2 小，记为 $f_R^1<f_R^2$。f_R 代表一种分类，也表示粒度大小，若 $f_R^0<f_R^1\cdots<f_R^{\text{end}}$ 表示一个嵌套关系簇，则 f_R^{end} 代表论域本身是一个等价类，即最粗的划分；f_R^0 代表 V_x，$y\in R$，$xf_R^0y\Leftrightarrow x=y$，即最细的划分，其中 x，$y\in\{r_i^0\}_{i\in x}$ 称为原子粒度；f_R^1，f_R^2，…，f_R^n 表示其他中间层次的划分。

（2）同集多粒度服务资源粗聚类及耦合关系分析　基于单粒度原子服务资源业务功能耦合关联强度，采用稀疏子空间聚类和基于网格的多密度聚类等聚类方法，构建原子服务资源业务集合（service resource business collection，SRBC）；研究同业务集合 SRBC（同集）内原子服务资源粒度测度体系以及多资源多粒度服务化组合封装规则和描述逻辑；分析功能结构、属性（时间、空间、供应商归属）等动态混合约束下的同集单粒度原子服务资源调用频繁项集，按照功能、空间、供应商不同耦合的差异化关联强度，聚类形成包括合成服务资源集合、组合服务资源集合、集成服务资源集合等不同粒度级别的服务资源。

基于服务资源的输入输出参数属性，结合逻辑推理与语义相似度匹配原理，采用词向量与卷积神经网络量化本体中概念之间的语义相似度，研究同集同粒度服务资源和不同粒度服务资源间的复杂耦合关系（调用耦合关系、数据耦合关系、可组合关系等），建立冶金设备再制造同集内的服务资源耦合关系体系，探究基于服务资源耦合关系的服务资源聚类、动态组合与匹配规则。

（3）多粒度服务资源空间构建　采用动态聚合解聚法（dynamic aggregation and disaggregation method，DADM），研究不同业务集合间多粒度服务资源邻集和跨集耦合关系、冗余关系归并和冲突关系消解方法。根据多粒度服务资源同集、邻集和跨集的关联关系与作用规律，构建如图 5-3 所示的冶金设备再制造多粒度服务资源空间，运用六元组对其进行函数化描述如下：

$$\text{DADM}=<I_r,\ O_r,\ R,\ \{M_r\},\ C,\ M_C> \tag{5-2}$$

式中，I_r 是多粒度服务资源的输入；O_r 是多粒度服务资源的输出；R 是服务资源的集合；M_r 是服务资源 r 的多粒度模型，$r\in R$；C 是模型粒度控制器；M_C 是控制器模型，$M_C=<I_C,\ S_C,\ O_C,\ f,\ C_O,\ \delta_C,\ \lambda_C,\ t_C^a>$，其中，$I_C$ 是 C 的输入，S_C 是 C

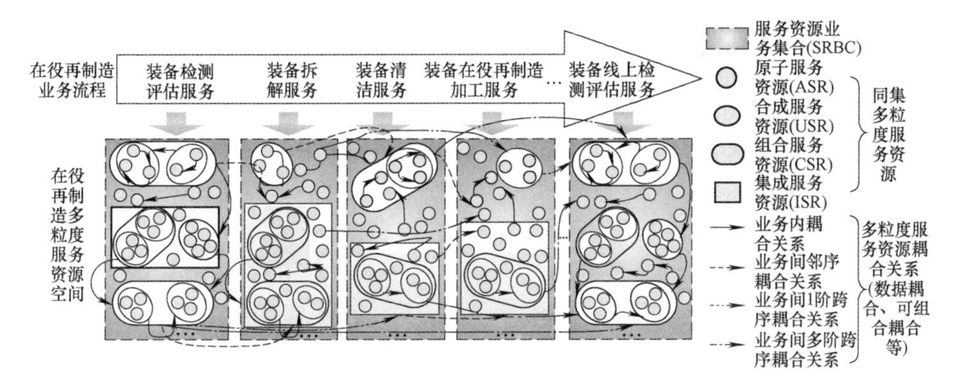

图 5-3 冶金设备再制造多粒度服务资源空间

的状态集合，O_C 是 C 的输出，f 是动态聚合解聚映射函数，C_O 是需要一致性维护的粒度集合，δ_C 是 C 的状态转移函数，λ_C 是输出函数，t_C^a 是时间推进函数。

5.3 冶金设备再制造服务组合

5.3.1 冶金设备再制造服务动态组合方法

冶金设备再制造服务动态组合以服务成本最低、服务时间最短和服务质量最优为目标，对完成再制造服务所需要的服务资源与服务提供商提供的服务资源进行匹配优化，最终形成服务资源组合方案。在冶金设备再制造服务动态组合过程中，将服务质量作为优化目标之一，对关键性服务资源综合耦合矩阵进行模块划分，同时考虑服务成本最低和服务时间最短，使得服务资源内的内聚性高，服务模块间耦合度尽可能低，即服务质量较大。服务提供商所提供的服务资源不同，服务质量也不同。冶金设备再制造服务动态组合如图 5-4 所示，对

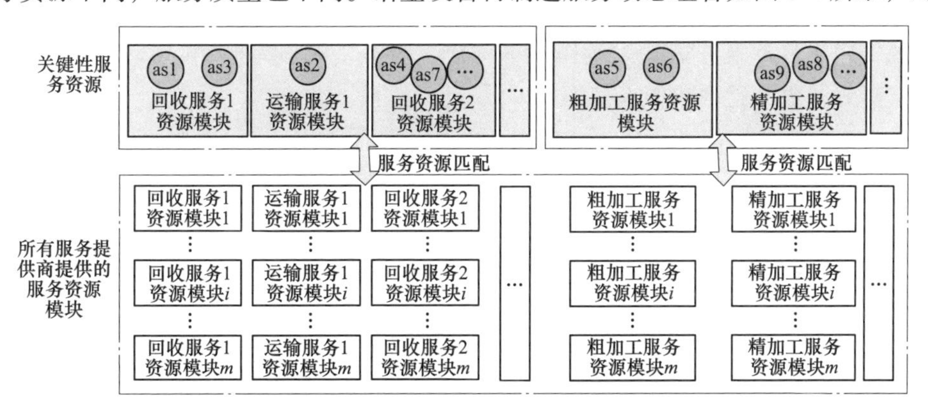

图 5-4 冶金设备再制造服务动态组合

冶金设备再制造服务组合与优化，可提升服务集成知识平台对服务的响应能力、加快服务传递及协同管理运作的效率，有效降低服务成本。

5.3.2 冶金设备再制造服务动态组合优化模型

1. 模型假设

在冶金设备再制造服务动态组合过程中，对模型做出如下假设：

1）寻找原子服务活动对应的服务资源，按照服务资源的分类方法，将服务资源按设备、人员、场地等划分，再依据服务资源的价值和重要程度进行排序，提取其中的关键性资源，不同的功能活动对应的关键服务资源不同。

2）相同功能服务活动，根据时序区分其对应的服务资源。

3）I 项服务活动，提取 n 项关键服务资源，通过聚类，可产生 m 项服务资源。

4）同一服务资源中其要素为同一服务提供商提供。

5）原子服务活动的服务资源间并行协同运作，关键服务资源的使用时间为完成原子服务活动所需的时间。

本节所构建的服务资源组合多目标模型包括三个优化目标：① 保证服务资源在组织、地域、时间和服务提供商方面的独立性，使服务模块之间耦合性最小、模块内部内聚性最大，即服务质量最高；② 服务总成本最小；③ 服务时间最短。

2. 服务组合模型

（1）服务资源成本模型　服务资源的使用成本是指完成某项服务活动所花费的成本，包括关键服务资源耗用成本、非关键资源的耗用成本及所有服务资源的管理成本。为简化计算，可将完成某项功能的服务活动所需全部成本按一定比例分配到关键资源成本上。在构建模型时，服务资源成本由所有关键服务资源使用成本及服务资源的运作成本构成。服务资源成本越小，服务资源匹配方案越好。服务资源成本模型为

$$C_{\mathrm{s}} = \sum_{i=1}^{n} C_{\mathrm{u}_i} + \sum_{j=1}^{m} C_{\mathrm{o}_j} \tag{5-3}$$

式中，C_{s} 服务资源提供的总成本；C_{u_i} 为供应商提供服务资源 i 的成本；C_{o_j} 为服务资源 j 的运作成本；n 表示供应商可提供的服务资源数量；m 表示运作的服务资源数量。

（2）服务资源的服务时间模型　服务时间是指为实现客户的个性化服务需求，服务提供企业集群完成冶金设备再制造服务组合服务流程所需的全部时间。服务时间是衡量冶金设备再制造服务提供商传递并交付服务效率的关键指标，

由于服务活动受到关键服务资源的约束，服务完成时间由关键服务资源的使用时间构成。服务资源的使用时间越短，服务资源组合匹配方案越好。若某服务活动所需的服务资源串行运行，完成服务流程时间则由所有原子服务活动所需时间构成。令 R_{t_i} 为第 i 项服务资源的使用时间，那么总服务时间 R_t 计算式为

$$R_t = \sum_{i=1}^{l} R_{t_i} \tag{5-4}$$

式中，$i=1, 2, \cdots, l$。若服务流程中有 v 组原子服务活动，共有 u 个原子任务是并行完成的，第 v 组原子服务活动中第 vi 项服务资源的服务时间为 $PR_{t_{vi}}$，其计算式为

$$PR_{t_{vi}} = \max\{R_{t_{vi}}\} \tag{5-5}$$

式中，$vi=1, 2, \cdots, u$，那么总服务时间计算式为

$$R_t = \sum_{i=1}^{m-u} R_{t_i} + \sum_{iv=1}^{v} PR_{t_{vi}} \tag{5-6}$$

式中，$v<u<m$，$i=1, 2, \cdots, (m-u)$。

（3）服务质量模型　综上所述，服务资源化匹配的多目标模型为

$$\begin{cases} M_{\max} = \left[\sum_{k=1}^{D} \dfrac{\sum_{i=n_k}^{m_k} \sum_{j=n_k}^{m_k} r_{ij}}{(m_k - n_k)^2} - \sum_{k=1}^{D} \dfrac{\sum_{i=n_k}^{m_k} \left(\sum_{j=1}^{n_k-1} r_{ij} + \sum_{j=m_k+1}^{n_k-1} r_{ij} \right)}{(m_k - n_k + 1)(N - m_k - n_k - 1)} \right] / D \\ C_s = \sum_{i=1}^{n} C_{u_i} + \sum_{j=1}^{m} C_{o_j} \\ R_t = \sum_{i=1}^{m-u} R_{t_i} + \sum_{iv=1}^{v} PR_{t_{vi}} \end{cases} \tag{5-7}$$

$$\text{s. t.} \begin{cases} 0 < D \leqslant N, \ r_{ij} \geqslant 0 \\ u < m \\ v < m \\ v < u \\ i = 1, 2, \cdots, (m-u) \end{cases}$$

式中，$M_{\max}$为模块度最大估计值；m_k 为第 k 个模块中最后一个资源要素在聚类后的资源要素序列中的序号；n_k 为第 k 个模块中第一个资源要素在聚类后的资源要素序列中的序号。

5.3.3 冶金设备再制造服务动态组合优化算法

冶金设备再制造服务动态组合问题是多目标优化问题，由于待求解问题的

复杂性和搜索空间的高维度，且各目标相互冲突，不存在单个最优解。由此，可结合协同进化算法和多目标求解算法，采用一种基于群领导算法（group leader algorithm，GLA）的服务资源匹配优化算法，求解多目标冶金设备再制造服务动态组合匹配优化问题。

1. GLA-Pareto 描述

GLA 是一种启发式算法，起源于社会群体中领导者带领群组成员完成目标的行为，作为一种进化算法，包含优化问题分解、子群优化和子群适应三步骤，与协同进化基因算法、并行进化算法类似。GLA 特点在于：① GLA 子群成员的行为和特性除了受到所属领导者的影响外，全部群体中所有的成员也相互作用和制约；②其类似算法是分解优化问题的解空间，每个子群分别搜索优化问题的部分解空间，而 GLA 的每个子群在领导者的影响下寻求优化问题的全局解，领导者在子群成员中最接近于局部或者全局最优解，所有群成员都有一个由优化函数决定的适应值，通过成员适应值的计算来任命领导者，经过迭代后如果子群内存在其他成员的适应值优于原领导者，则原领导者失去领导地位。

运用 GLA 对冶金设备再制造服务动态组合优化问题求解，群组成员即为问题的解，群组成员的构成即为问题解的构成。冶金设备再制造服务动态组合优化问题，就是要求解出一组关键性服务资源能够使得服务成本最小、服务时间最短、服务质量最大，冶金设备再制造服务动态组合优化问题的解需要包含完成再制造服务流程所有的关键性服务资源。令完成服务需求所需的关键性服务资源总个数为 S_n，所有服务提供商提供的服务资源模块（service resource modular，SRM）共有 M_r 种，那么求解后形成的服务资源匹配方案（service resource matching scheme，SRMS）所包含的服务资源个数为 S_n 个，而 GLA 的解空间维度为 m'。假设第 gi 个群组中第 i'个成员在第 t 次迭代（进化）时表示为

$$x_{i'}^{gi}(t)=(x_{i',1}^{gi}(t),\cdots,x_{i',j'}^{gi}(t),\cdots,x_{i',m'}^{gi}(t)) \tag{5-8}$$

式中，$x_{i'}^{gi}(t)$ 为 SRMS 中服务提供商提供的 SRM_i 的一种索引，其值域为 $x_{i',j'}^{gi}(t)\in[1,H_j]$ 里的离散数；H_j 为服务提供商提供的 SRM_i 包含的关键性服务资源数，不同的 SRM_i 对应的 H_j 不同，$x_{i',j'}^{gi}(t)$ 值域空间各异。

令完成服务流程所需的原子服务为（AS_1，AS_2，…，AS_k，…，AS_l），各原子服务所需的关键性服务资源模块（key service resource modular，KSRM）分别为（$KSRM_1$，$KSRM_2$，…，$KSRM_k$，…，$KSRM_l$），各原子服务所需的 KSRM 数为 KS_r。SRMS 中需包含所有原子服务解析的 KSRM。在众多服务提供商提供的服务资源集中，服务资源组合匹配后只要包含一组 KSRM 就可成为一个 GLA-Pareto 解，即群组成员。服务提供商提供的服务资源集可组合形成多组 GLA-Pareto 解，即形成多个成员。冶金设备再制造服务动态组合问题与 GLA-Pareto 的对应关系如图 5-5 所示。

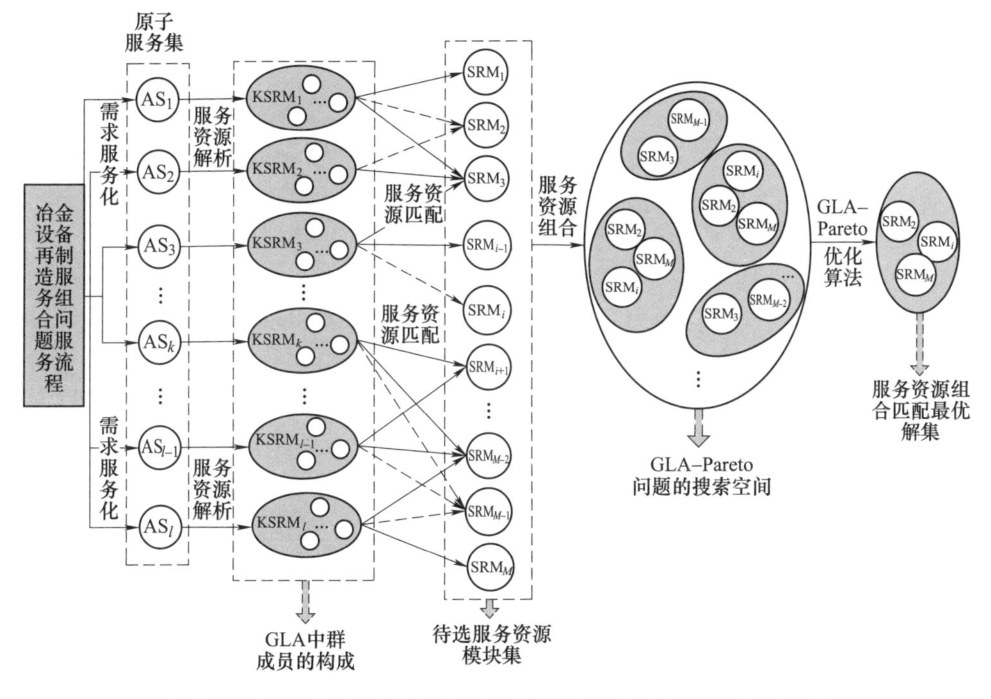

图 5-5　冶金设备再制造服务动态组合问题与 GLA-Pareto 的对应关系

冶金设备再制造服务动态组合主要是将服务提供商提供的服务资源进行组合，组合后的服务资源集包含所有关键性服务资源，在图 5-5 中，虚线箭头所指向的服务资源可构成一个服务资源匹配方案：

$$\begin{aligned}\mathrm{SRMS} &= \{\mathrm{KSRM}_1,\ \mathrm{KSRM}_2,\ \cdots,\ \mathrm{KSRM}_k,\ \cdots,\ \mathrm{KSRM}_l\}\\ &= \{\mathrm{SRM}_2,\ \mathrm{SRM}_i,\ \mathrm{SRM}_{M-1}\}\end{aligned}$$

上述服务资源匹配方案作为 GLA 成员之一，可视为第 t 次迭代后待选的服务资源匹配方案集。这样的服务资源匹配方案集合即为问题的搜索空间，经过适应度函数评价后，可形成冶金设备再制造服务动态组合 Pareto 解集。

2. GLA-Pareto 流程

结合多目标 GLA，求解基于服务质量、服务成本和服务时间的服务资源组合匹配模型。GLA-Pareto 包括群领导者的任命、成员的变异和重组、单向单点交叉操作、拥挤距离和多样度计算、重复迭代过程和终止判断。GLA-Pareto 流程如图 5-6 所示。

（1）参数初始化　随机选择一定数量的待选解，通过编码将待选解表示为群成员，常用的编码方式有格雷编码、二进制编码、矩阵编码等方式，本节选择矩阵编码方式，再通过随机法或者规律生成法将这些待选解分为若干群。假

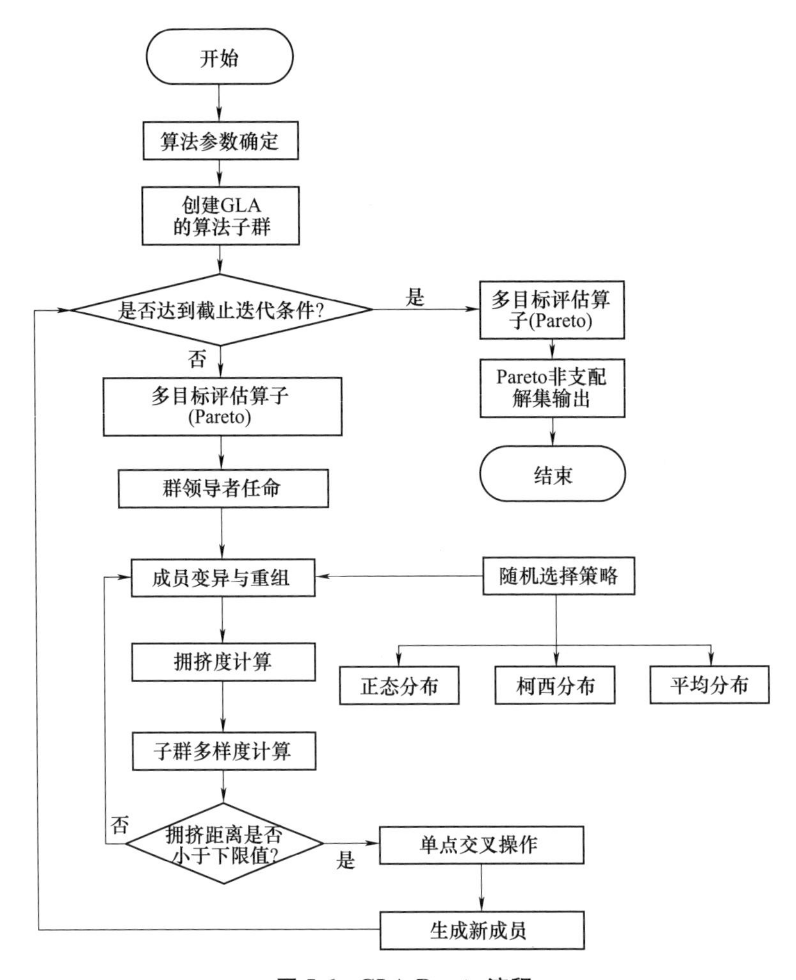

图 5-6 GLA-Pareto 流程

设问题空间的解即服务资源匹配方案集分为 gn 个群组，每个群组有 gp 个成员，则问题空间的解有 $gn \cdot gp$ 个。

（2）群领导者任命　适应度函数作为群体中社会学行为判断的依据，也是区分群成员优劣的标准。计算优化问题中所有群组成员的适应度函数值，评估待选解的适应度函数值，并将值赋予群成员。每个群任命一个群领导者，群领导者的适应度函数值要优于该群组的其他成员。GLA-Pareto 的群领导者任命示意图如图 5-7 所示。

（3）成员的变异与重组　GLA 选择个体采用循序遍历法，遍历群内每个成员，每个群成员可根据变异算子生成新成员。新成员由旧成员（old）、群领导者（leader）、随机成员（random）及其所占的权重共同决定：

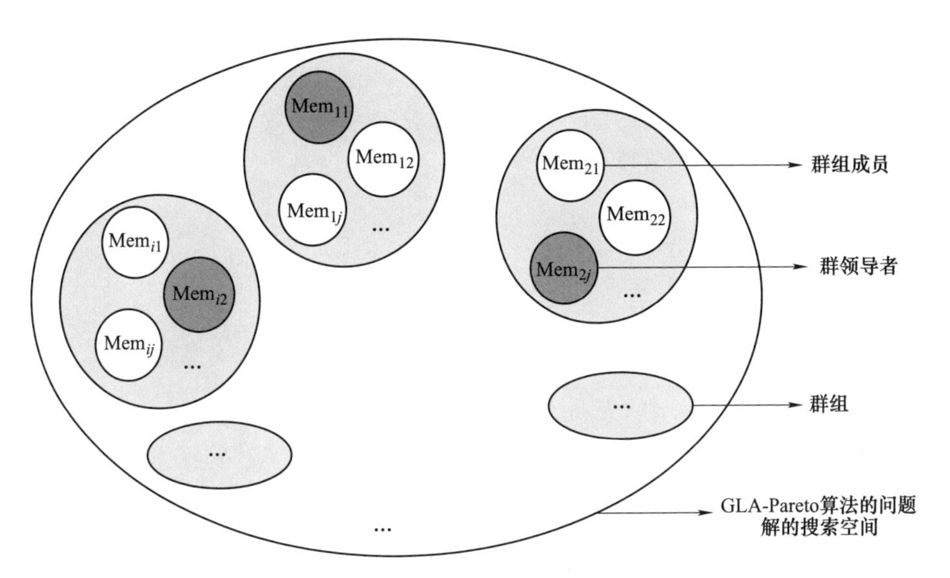

图 5-7 GLA-Pareto 的群领导者任命示意图

$$\mathrm{new}_{i',\ g'}^{gi}(t)=r_1\cdot\mathrm{old}+r_2\cdot\mathrm{leader}+r_3\cdot\mathrm{random} \tag{5-9}$$

式中，r_1 为遗传时旧成员所占比例；r_2 是领导者对所属群成员的影响因子；r_3 是随机参数。r_1，r_2 和 r_3 满足的约束条件为：$r_3\geqslant 0.5\geqslant r_1$，$r_3\geqslant 0.5\geqslant r_2$；$r_1+r_2+r_3\leqslant 1$。

如果变异后新成员的适应度函数值优于旧成员的适应度函数值，则新成员取代旧成员，否则保留旧成员，其伪代码可表示为

for i′ = 1 to gn

for j′ = 1 to gp

$$\mathrm{new}_{i',\ g'}^{gi}(t)=r_1*x_{i',g'}^{gi}(t)+r_2*\ \mathrm{leader}_{i'}^{gi}(t)+r_3*\mathrm{random};$$

$$\text{if } f_{M'}(\mathrm{new}_{i',\ j'}^{gi}(t))\leqslant f_{M'}(x_{i',\ j'}^{gi}(t)) \text{ and } f_{C_s}(\mathrm{new}_{i',\ j'}^{gi}(t))\leqslant f_{C_s}(x_{i',\ j'}^{gi}(t))$$
$$\text{and } f_{R_i}(\mathrm{new}_{i',j'}^{gi}(t))\leqslant f_{R_i}(x_{i',\ j'}^{gi}(t))$$

then

$$x_{i'.j'}^{gi}(t)=\mathrm{new}_{i',\ j'}^{gi}(t);$$

end if;

end for;

end for;

其中，$f_{M'}(x_{i',\ j'}^{gi}(t))$ 为个体 $x_{i',\ j'}^{gi}(t)$ 的服务质量函数值；$f_{C_s}(x_{i',\ j'}^{gi}(t))$ 为个体 $x_{i',\ j'}^{gi}(t)$ 的总服务成本函数值；$f_{R_i}(\mathrm{new}_{i',\ j'}^{gi}(t))$ 为个体 $x_{i',\ j'}^{gi}(t)$ 的总服务时间函数值。

值得注意的是式（5-9）中，该表达式与粒子群算法中的微粒更新表达式有

些相似。假设：$X_i=(x_{i1}, x_{i2}, \cdots, x_{in})$ 表示微粒 i 的当前位置；$V_i=(v_{i1}, v_{i2}, \cdots, v_{in})$ 表示微粒 i 的当前飞行速度；P_i 表示微粒 i 所经历的适应度值最佳的位置，称为个体 i 的最佳位置。设 $f(x)$ 为需要最大化的目标函数，则有

if $f(X_i(t+1)) \leqslant P_i(t)$

then

$P_i(t+1)=P_i(t)$;

else *if* $f(X_i(t+1)) > P_i(t)$

$P_i(t+1)=X_i(t+1)$;

end *if*;

在粒子群算法中粒子的更新表达式如下：

$$v_{ij}(t+1)=v_{ij}(t)+c_1r_{1j}(t)[P_{ij}(t)-x_{ij}(t)]+c_2r_{2j}(t)[P_{gj}(t)-x_{ij}(t)] \tag{5-10}$$

$$x_{ij}(t+1)=x_{ij}(t)+v_{ij}(t+1) \tag{5-11}$$

式中，i 为第 i 个微粒；j 为微粒的第 j 个分量（变量）；t 表示第 t 代；c_1，c_2 是学习因子，在［0，2］区间内取值，c_1 表示向自身最好位置（局部最优）飞行的步长，c_2 表示微粒向群体最好位置（全局最优）飞行的步长；r_{1j} 和 r_{2j} 表示介于［0，1］服从均匀分布的随机数；$P_{ij}(t)$ 为第 i 个粒子第 t 代的最优位置；$P_{gj}(t)$ 为第 g 个粒子第 t 代的最优位置。

根据 GLA 和粒子群算法的个体更新表达式，可发现在粒子群算法中，粒子保持了最优位置，保存了粒子的飞行路径信息；而 GLA 中群成员始终保持了最优位置，没有记录下成员的学习路径。在 GLA-Pareto 中，为了增强算法的全局寻优能力，还可将随机成员 random 的取值范围扩大，使得变异概率不同，random 可以服从平均分布、正态分布或者柯西分布，如下所示：

$$\text{random} \sim U(\min\{x_{i',j'}^{gi}\}, \max\{x_{i',j'}^{gi}\}) \tag{5-12}$$

$$\text{random} \sim N(x_{i',j'}^{gi}, 1)=\frac{1}{\sqrt{2\pi}}\mathrm{e}^{\frac{-(x-x_{i',j'}^{gi})^2}{2}} \tag{5-13}$$

$$\text{random} \sim f(x, x_{i',j'}^{gi}, 1)=\frac{1}{\pi[1+(x-x_{i',j'}^{gi})^2]} \tag{5-14}$$

相比于平均分布，柯西分布算法引导个体跳出局部最优解，正态分布的局部搜索能力优于平均分布和柯西分布。

（4）拥挤距离和多样度计算　拥挤距离是指某前端个体与该前端中其他个体间的距离，拥挤距离越大，个体多样性越小；拥挤距离越小，个体多样性越大。在 GLA-Pareto 中，拥挤距离是指某个子群内成员与相邻成员间的距离，以及前端群领导者与相邻群领导者成员间的距离。计算子群内成员间的距离是为了搜索局部极值，而计算子群间群领导者成员则是为了搜索全局极值。对于冶

金设备再制造服务组合匹配的决策变量（个体）$X_i^g(t)$，可对其多目标即服务时间、服务成本和服务模块度分别计算拥挤距离，将个体的拥挤距离求和得到最后成员的拥挤距离 $\mathrm{Dis}[X_i^g(t)]$，将 $\mathrm{Dis}[X_i^g(t)]$ 映射到［0，1］区间。各成员的拥挤距离 $\mathrm{Deg}[x_i^{\mathrm{obj}}]$ 计算式为

$$\mathrm{Deg}[x_i^{\mathrm{obj}}]=\begin{cases}[f_{\mathrm{obj}}(x_{i+1}(t))-f_{\mathrm{obj}}(x_{i-1}(t))]/2(f_{\mathrm{obj}}^{\max}-f_{\mathrm{obj}}^{\min}),\ i\neq 1,\ p\\ [f_{\mathrm{obj}}(x_2(t))-f_{\mathrm{obj}}(x_1(t))]/2(f_{\mathrm{obj}}^{\max}-f_{\mathrm{obj}}^{\min}),\ i=1\\ [f_{\mathrm{obj}}(x_p(t))-f_{p-1}(x_1(t))]/2(f_{\mathrm{obj}}^{\max}-f_{\mathrm{obj}}^{\min}),\ i=p\end{cases}\tag{5-15}$$

多样性的度量方式可采用多样度来表示。为保持群体的多样性，设置一个多样度（拥挤距离）下限值 D_{low}，在迭代过程中，子群成员或所有群领导者多样度（拥挤距离）小于 D_{low} 时，需要对群领导者进行式（5-9）的变异，直到拥挤距离大于 D_{low}，则此轮变异结束。多样度用 $|Z|$ 表示，$\Phi(g(k))$ 为搜索空间最长对角线的长度，计算式为

$$\Phi(g(k))=\frac{1}{p|Z|}\sum_{i=1}^{p}\sqrt{\sum_{\mathrm{obj}=1}^{\mathrm{Num_{obj}}}\{x_{gp}^{\mathrm{obj}}(t)-\overline{\mathrm{Deg}[x_{gp}^{\mathrm{obj}}(t)]^2}\}}\tag{5-16}$$

式中，$\overline{\mathrm{Deg}[x_{gp}^{\mathrm{obj}}(t)]}$ 表示当前子群所有成员在第 obj 个目标的平均值，计算式为

$$\overline{\mathrm{Deg}[x_{gp}^{\mathrm{obj}}(t)]}=\frac{1}{p}\sum_{i=1}^{p}\mathrm{Deg}[x_{gp}^{\mathrm{obj}}(t)]\tag{5-17}$$

（5）单点交叉操作　单点交叉操作是指从第一个群开始，遍历每个群，以一定概率随机选取群内待被交叉成员，并且随机选择成员的待交叉属性，然后随机选择其他群的某个成员，将其优秀的属性单点交叉给被交叉成员，从而产生新的优秀个体。选取交叉概率 $t_{\mathrm{transfer}}=\mathrm{random}\cdot(M_1/2+1)$，random 为一个随机数，$M_1$ 为群组的变量数。

（6）重复迭代过程　在所给迭代次数中重复算法流程中的步骤（3）~（5），不加任何约束条件下每个群搜索大部分子空间，部分群可能搜索到相同域，同时每个子群都有一个领导者引导群成员围绕其寻找优化解。因此，搜索到的解空间具有可接受的部分解重叠，然而 GLA-Pareto 能够搜索到解空间的局部最优解或全局最优解。

（7）终止判断　GLA-Pareto 的终止判断条件，一般是人为设置最大迭代数，或者根据具体优化问题设置适应度终止阈值。这两种方式的选择通常依靠经验、试验次数和运行结果进行设置。

本章小结

本章在阐述了冶金设备再制造服务定义的基础上，采用语义网络对冶金设

备多粒度服务对象进行了描述，创建了冶金设备再制造多粒度服务对象空间；采用动态聚合解聚法，根据多粒度服务资源同集、邻集和跨集的关联关系与作用规律，构建了冶金设备再制造多粒度服务资源空间。基于冶金设备再制造服务空间，建立了一种以服务成本最低、服务时间最短和服务质量最高为目标的冶金设备再制造服务动态组合模型，并结合群领导算法和多目标求解算法，提出了一种基于 GLA-Pareto 的服务资源匹配优化算法，可有效提升服务平台对服务的响应能力、加快服务传递及协同管理运作的效率、降低服务成本。

参考文献

[1] SOH S L, ONG S K, NEE A Y C. Design for assembly and disassembly for remanufacturing [J]. Assembly automation, 2016, 36 (1): 12-24.

[2] AGUIAR J D, OLIVEIRA L D, SILVA J O D, et al. A design tool to diagnose product recyclability during product design phase [J]. Journal of cleaner production, 2017, 141: 219-229.

[3] 宋守许，汪伟，柯庆镝. 基于结构耦合矩阵的主动再制造优化设计 [J]. 计算机集成制造系统，2017，23 (4)：744-752.

[4] DENG Q W, LIAO H L, XU B W. The resource benefits evaluation model on remanufacturing processes of end-of-life construction machinery under the uncertainty in recycling price [J]. Sustainability, 2017, 9 (2): 256.

[5] QUINTANILLA F G, CARDIN O, L'ANTON A, et al. A modeling framework for manufacturing services in service-oriented holonic manufacturing systems [J]. Engineering applications of artificial intelligence, 2016, 55 (C): 26-36.

[6] WU S Y, ZHANG P, LI F, et al. A hybrid discrete particle swarm optimization-genetic algorithm for multi-task scheduling problem in service oriented manufacturing systems [J]. Journal of central south university, 2016, 23 (2): 421-429.

[7] 王蕾，夏绪辉，熊颖清，等. 再制造服务资源模块化方法及应用 [J]. 计算机集成制造系统，2016，22 (9)：2204-2216.

[8] 熊颖清，夏绪辉，王蕾. 面向多生命周期的再制造服务活动决策方法研究 [J]. 机械设计与制造，2017 (2)：108-111.

[9] 曹华军，杜彦斌. 机床装备在役再制造的内涵及技术体系 [J]. 中国机械工程，2018，29 (19)：2357-2363.

[10] 宋守许，刘明，刘光复，等. 现代产品主动再制造理论与设计方法 [J]. 机械工程学报，2016，52 (7)：133-141.

[11] 鲍宏，刘志峰，胡迪，等. 应用 TRIZ 的主动再制造绿色创新设计研究 [J]. 机械工程学报，2016，52 (5)：33-39.

[12] 谢晓兰，曾兰英，程青海. 制造云服务组合中支持服务关联的 QoS 感知评估模型 [J]. 通信学报，2021，42 (1)：118-129.

[13] 蔡安江，郭宗祥，郭师虹，等. 云制造环境下的知识服务组合优化策略 [J]. 计算机集

成制造系统，2019，25（2）：421-430.

[14] ZHANG M，LI C，SHANG Y，et al. Research on resource service matching in cloud manufacturing [J]. Manufacturing letters，2018，15：50-54.

[15] BOUZARY H，CHEN F F. A classification-based approach for integrated service matching and composition in cloud manufacturing [J]. Robotics and computer-integrated manufacturing [J/OL]. Robotics and computer-integrated manufacturing，2020，66：101989 [2021-10-27]. https：//doi. org/10. 1016/j. rcim. 2020. 101989.

参数说明

5.2 节参数说明

参数	说　明
R_{Inf}	组合需求和装备状态信息完整率
$R_{\mathrm{Type}}(O)$	服务对象需求分类集合
G_i	服务对象粒
O_i	对象粒的论域
F_i	对象粒的特征集合
R_i	对象粒中特征之间存在的关系
C_i	对象粒在时间、空间、环境等方面的限制约束条件
$\{G_i\}$	多粒度服务对象空间
$\{r_i^0\}_{i\in x}$	集合内的单粒度原子服务资源的划分
r_i	资源粒子
$\{r_i\}_{i\in x}$	再制造资源域的一种粒度
$P(R)$	再制造资源域 R 的幂集
f_R	一种分类，也表示粒度大小
f_R^{end}	论域本身是一个等价类，即最粗的划分
f_R^0	最细的划分论域
x，y	原子粒度
f_R^1，f_R^2，f_R^n	其他中间层次的划分
I_r	多粒度服务资源的输入
O_r	多粒度服务资源的输出
R	服务资源的集合
M_r	服务资源 r 的多粒度模型
C	模型粒度控制器
M_C	控制器模型

（续）

参数	说　明
I_C	C 的输入
S_C	C 的状态集合
O_C	C 的输出
f	动态聚合解聚映射函数
C_o	需要一致性维护的粒度集合
δ_C	C 的状态转移函数
λ_C	输出函数
t_C^a	时间推进函数

5.3 节参数说明

参数	说　明
C_s	服务资源提供的总成本
C_{u_i}	供应商提供服务资源 i 的成本
C_{o_j}	服务资源 j 的运作成本
n	供应商可提供的服务资源数量
m	运作的服务资源数量
R_{t_i}	第 i 项服务资源的使用时间
R_t	总服务时间
$PR_{t_{vi}}$	第 v 组原子服务活动中第 vi 项服务资源的服务时间
M_{max}	模块度最大估计值
m_k	第 k 个模块中最后一个资源要素在聚类后的资源要素序列中的序号
n_k	第 k 个模块中第一个资源要素在聚类后的资源要素序列中的序号
S_n	完成服务需求所需的关键性服务资源总个数
M_r	所有服务提供商提供的服务资源模块的种类
m'	GLA 的解空间维度
SRM_i	服务资源匹配方案（SRMS）中服务提供商提供的服务资源模块
$x_i^{gi}(t)$	SRM_i 的一种索引
H_j	服务提供商提供的 SRM_i 包含的关键性服务资源个数
KS_r	各原子服务所需的 KSRM 个数
gn	群组个数
gp	每个群组成员个数
$gn \cdot gp$	问题空间的解个数

（续）

参数	说　明
r_1	遗传时旧成员所占比例
r_2	领导者对所属群成员的影响因子
r_3	随机参数
$f_{M'}(x^{gi}_{i',j'}(t))$	个体 $x^{gi}_{i',j'}(t)$ 的服务质量函数值
$f_{C_s}(x^{gi}_{i',j'}(t))$	个体 $x^{gi}_{i',j'}(t)$ 的总服务成本函数值
$f_{R_i}(\mathrm{new}^{gi}_{i',j'}(t))$	个体 $x^{gi}_{i',j'}(t)$ 的总服务时间函数值
$X_i = (x_{i1}, x_{i2}, \cdots, x_{in})$	微粒 i 的当前位置
$V_i = (v_{i1}, v_{i2}, \cdots, v_{in})$	微粒 i 的当前飞行速度
P_i	微粒 i 所经历的适应度值最佳的位置，称为个体 i 的最佳位置
i	第 i 个微粒
j	微粒的第 j 个分量（变量）
t	第 t 代
c_1	向自身最好位置（局部最优）飞行的步长
c_2	微粒向群体最好位置（全局最优）飞行的步长
r_{1j}，r_{2j}	介于［0，1］服从均匀分布的随机数
$P_{ij}(t)$	第 i 个粒子第 t 代的最优位置
$P_{gj}(t)$	第 g 个粒子第 t 代的最优位置
$\mathrm{Dis}[X^g_i(t)]$	成员的拥挤距离
D_{low}	多样度（拥挤距离）下限值
$\lvert Z \rvert$	多样度
$\Phi(g(k))$	搜索空间最长对角线的长度
$\overline{\mathrm{Deg}[x^{\mathrm{obj}}_{gp}(t)]}$	当前子群所有成员在第 obj 个目标的平均值
t_{transfer}	交叉概率
random	一个随机数
M_1	群组的变量数

第 2 篇

冶金设备再制造典型应用

第 6 章

高炉关键部件在役再制造典型案例

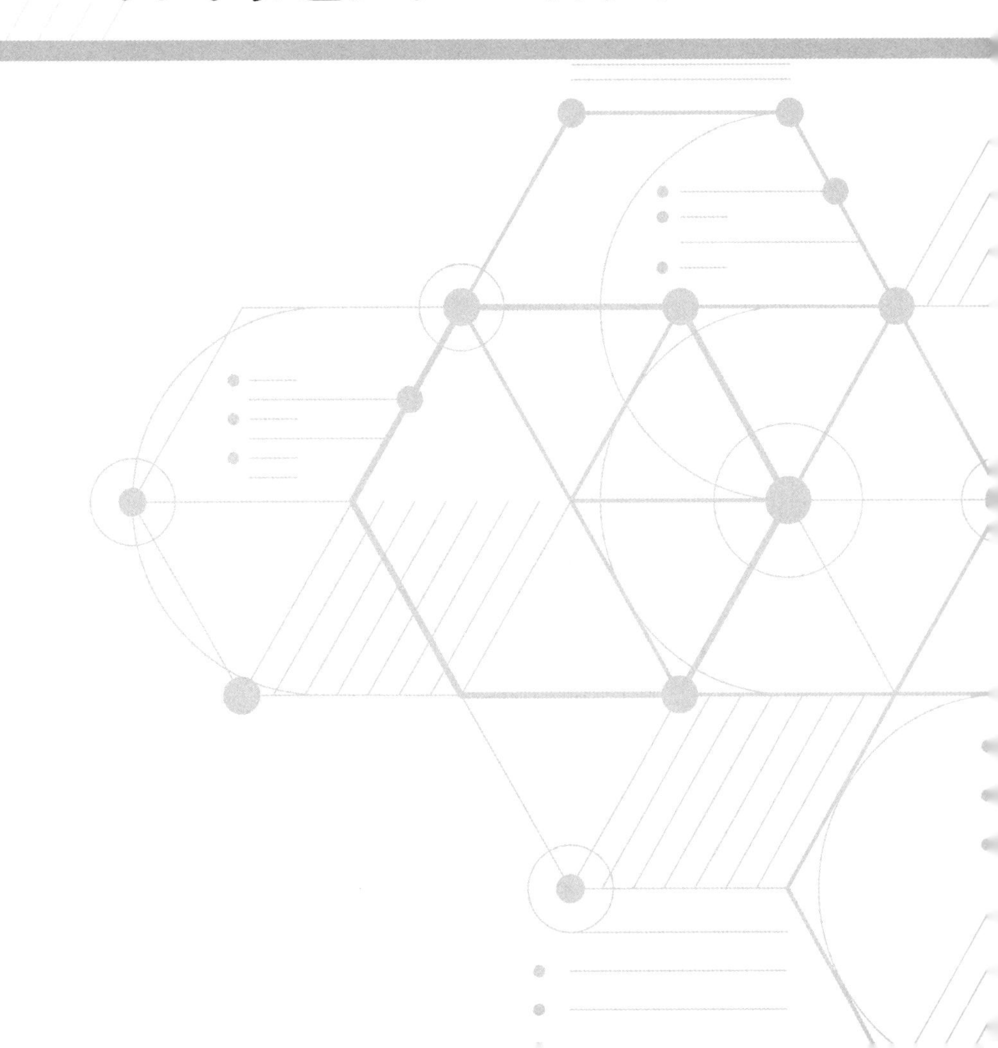

高炉炼铁是炼铁生产的主要手段，随着钢铁需求不断扩大，国内钢铁企业高炉保有量及其炉容量也随之迅速增加。一方面，高炉保有量与容量的增加为提高钢铁产量奠定了物质基础；另一方面，也带来了高炉建设、运行、检修、维护等一系列难题。高炉高昂的建设维护成本迫使钢铁企业不得不寻找更经济的方法对高炉运行与维护进行管理，从而延长高炉炉龄。本章对高炉常见故障及其零部件失效形式进行分析，然后对某钢铁企业高炉大修中的高炉炉型设计和布料方案设计，高炉除尘系统方案选择和炉前开铁口机再制造进行研究，探讨并实现高炉长寿和降低高炉铁前成本的在役再制造方法。

6.1 高炉常见故障及其关键零部件失效形式分析

高炉冶炼设备由多个部分组成，包括高炉本体、上料系统、送风系统、煤气除尘系统、渣铁处理系统和喷吹燃料系统。高炉冶炼系统工序复杂，高炉炼铁设备故障时有发生。本章按照高炉冶炼设备的组成结构来分析高炉的常见故障。

（1）高炉本体设备　高炉本体是砌筑的竖立式圆筒形炉体，其最外层是由钢板制成的炉壳，壳内砌耐火砖内衬，在炉壳与内衬间安装冷却壁等冷却设备保护炉壳。高炉本体的常见故障包括：

1）高炉炉喉波纹补偿器失效。补偿器在复杂工况下出现腐蚀、磨损、过烧等，致使波纹管开裂穿孔，大量煤气泄漏，不仅严重影响高炉稳定运行，而且威胁工作人员人身安全，造成高炉休风，影响生产的稳定顺行。

2）高炉炉身中上部结瘤。由于高炉冶炼的复杂化学反应，燃料质量差，对冷却强度和冶炼轻度不适应等，炉料中的大量粉尘在炉墙上产生黏结，高炉结瘤随时间积累不断变大。

3）高炉炉缸冷却壁破损、侧壁与炉底侵蚀。其产生原因包括：铁液对碳砖的渗透和侵蚀，对碱金属、锌的破坏；冷却强度的影响。

（2）送风系统　送风系统包括鼓风机组、热风炉系统及一系列管道和阀门等，其主要任务是保证高炉冶炼过程中所需要的热风得到连续、稳定的供给。高炉送风系统的常见故障包括：

1）鼓风机转子不平衡。因进气侧全部更换的新气封施工质量差，造成转子进气侧质量分布不均匀，使高炉鼓风机转子不平衡。

2）鼓风机转子弯曲。高炉鼓风机转子由于自重产生挠度变形，起机过程中振动过大，造成不能正常起动的现象。

3）高炉风口破损和失效。高炉风口工作环境恶劣加剧了风口破损和失效，其主要失效形式为熔损、磨损、龟裂和焊缝脱落。

4）热风炉炉壳开裂。保温层出现空洞导致炉壳表面温度偏高，热风炉进砖孔及炉壳各段之间焊缝多次开裂。

（3）煤气除尘系统　煤气除尘系统包括煤气输送管道、除尘系统等，其主要任务是回收高炉冶炼过程中产生的烟气，保证高炉烟气含尘量低于排放标准。除尘系统的常见故障包括：

1）高炉干式除尘器滤袋破损漏灰或粉尘堵塞严重。受到喷吹系统影响和机械损伤，滤袋失效。失效形式主要为高温灼烧、糊袋板结、化学腐蚀。

2）煤气输送管道腐蚀变薄。长期输送煤气产生各种电化学腐蚀。

（4）渣铁处理系统　渣铁处理系统包括出铁场、堵铁口泥炮、开铁口机、铁液罐车、炉前起重机及水冲渣设备等。渣铁处理系统的故障包括：

1）炉前液压泥炮曲臂断裂。故障原因为折点处焊接不牢、曲臂太薄。

2）开铁口机液压系统液压阀堵塞、管路接头泄漏。失效原因主要为油液杂质较多，使阀芯出现堵塞；开铁口机液压系统工作压力较高，密封件老化损坏，管路焊接质量不过关等。

6.2　高炉炉型再制造设计与布料方案

6.2.1　高炉炉型再制造设计与耐材选择

高炉炉型的再制造设计要以高效、长寿为目标，炉型对高炉寿命的长短有直接影响；高炉的炉容、炉缸直径、炉喉高度、炉身高度、炉腹角等设计参数都可能影响炉内铁液对炉缸的侵蚀，从而间接影响到高炉的使用寿命。目前在钢铁企业中常用的延长高炉寿命的炉型再制造设计方法有减小高炉炉缸的炉腹角，以及适当增加高炉炉缸高度。表6-1是国内某钢铁企业炼铁部根据炼铁生产的实际情况对其保有的四座高炉炉型按照长寿目标进行再制造设计的结果。

表6-1　国内某钢铁企业炼铁部四座高炉炉型尺寸设计

项目	4#高炉	5#高炉	7#高炉	8#高炉
炉容/m^3	918.3	2 101	2 027.2	3 601
炉缸直径/mm	7 300	10 500	10 500	12 690
炉腰直径/mm	8 250	11 750	11 500	20 000
炉喉高度/mm	1 800	1 800	1 800	17 200
炉身高度/mm	12 700	14 900	15 000	28 000
炉腰高度/mm	1 800	1 800	1 500	3 600
炉腹高度/mm	3 100	3 050	3 000	4 900

（续）

项目	4#高炉	5#高炉	7#高炉	8#高炉
炉缸高度/mm	3 300	4 200	4 200	4 300
风口高度/mm	2 900	3 600	3 600	2 750
死铁层深度/mm	960	2 000	2 000	81.89
炉身角/(°)	84.26	82.82	83.34	78.16
炉腹角/(°)	81.28	78.42	80.53	32

设计高炉最小死铁层深度时需要综合考虑高炉的尺寸。一般情况下，最小死铁层深度应满足下式：

$$h_{min} = \frac{\rho_m g\Delta V + \rho_c g V_H(1-\varepsilon_d) - P - f}{(\rho_i - \rho_c)(1-\varepsilon_d)gA} \tag{6-1}$$

$$\rho_m = \frac{(1-\varepsilon)(m_o + m_c)}{\dfrac{m_o}{\rho_o} + \dfrac{m_c}{\rho_c}} \tag{6-2}$$

$$\Delta V = V - V_H - V_T - NV_{RW} \tag{6-3}$$

式中，h_{min}是死焦堆能够浮起的最小死铁层深度，单位为 m；ρ_m 是料柱的密度，单位为 kg/m^3；ρ_i 是铁液的密度，单位为 kg/m^3；ρ_o 是矿石真密度，单位为 kg/m^3；ρ_c 是焦炭真密度，单位为 kg/m^3；m_o、m_c 是吨铁所需的矿石量、焦炭量，$m_o = 1\,000/T(Fe)$，单位为 kg，$T(Fe)$ 是矿石品位；g 是重力加速度，$g = 9.81 m/s^2$；ΔV 是块状带体积，单位为 m^3；V 是高炉有效容积，单位为 m^3；V_H 是处于出铁口以上的炉缸死焦堆体积，单位为 m^3，$V_H = Ah_H$，h_H 是铁口至风口中心的直线距离，单位为 m，A 是炉缸横截面面积，单位为 m^2，$A = \pi D^2/4$，D 是炉缸直径，单位为 m；$V_T = \pi d_T{}^2 h_T/4$，d_T 是炉喉直径，单位为 m，h_T 是料线深度，单位为 m；$V_{RW} = \pi d_{RW}^3/6$，d_{RW}是回旋区深度；N 是风口数；ε 是块状带孔隙率；ε_d 是死焦堆孔隙率；P 是煤气浮力，单位为 N；f 是摩擦力，单位为 N。

高炉炉内的高温铁液对炉壁的侵蚀是炉缸烧穿的最直接原因，也是高炉寿命终结的主要因素。因此，对高炉耐材的选择是延长高炉寿命的重要手段。石墨炭砖以焦炭、无烟煤和石墨为主要原料，具有耐火度高、导热性好、抗渣性强等特点，并且具有热稳定性好、热膨胀系数小、耐磨、耐酸碱盐侵蚀等突出特性，特别适合作为高炉炉底砖材料；刚玉具有耐高温、耐腐蚀、耐磨损、强度大等良好特性。将刚玉与碳化硅、氮化硅按照一定的比例与加料顺序均匀混合，用摩擦压砖机或液压压砖机成形，再经干燥、烧焙制成的耐火砖特别适合作为高炉炉底陶瓷垫或炉缸陶瓷杯；高炉炉缸、炉腰及炉腹等处的冷却壁材质一般选用灰铸铁、球磨铸铁、轧铜、铸钢等易于散热的材质。目前企业内部各高炉设计理念和耐材使用基本接近或相同。某钢铁企业炼铁部四座高炉耐材配置情况见表 6-2。

表 6-2 某钢铁企业炼铁部四座高炉耐材配置情况

炉号		4	5	7	8
各部位耐材	炉底炭砖	半石墨×1、微孔×3	半石墨×3、微孔×2	石墨×1、半石墨×2、超微孔×2	石墨×1、半石墨×1、微孔×2、超微孔×1
	炉底陶瓷垫	塑性刚玉	刚玉碳化硅	刚玉、氮化硅	刚玉、氮化硅
	炉缸炭砖	微孔×6	SGL 微孔×7+2（炉底边缘）、微孔×3	超微孔×13	NMA、NMD、微孔×3
	炉缸陶瓷杯	塑性刚玉	刚玉、碳化硅	刚玉、氮化硅	刚玉、氮化硅
	风口组合砖	塑性刚玉	微孔刚玉	刚玉、氮化硅	刚玉、氮化硅
各部位冷却壁材质	炉缸	普通灰铸铁	普通灰铸铁	普通灰铸铁	普通灰铸铁
	炉腹	球墨铸铁	轧铜	轧铜	轧铜
	炉腰	铸钢	轧铜	轧铜	轧铜
	炉身下部	铸钢	轧铜	轧铜	轧铜
	炉身中部	球墨铸铁	球墨铸铁	球墨铸铁	球墨铸铁
	炉身上部	无	球墨铸铁	球墨铸铁	球墨铸铁

6.2.2 面向再制造的高炉布料方案

炼铁行业普遍认为高炉煤气是否合理分布影响高炉稳定顺行、节能降耗、使用寿命等。通过对炉顶装料实施在役再制造，能够实现中心煤气与边缘煤气的合理分配，确保炉况顺行。根据炉况对压差损失的接受程度，积极提高煤气利用率，降低炉内边缘热负荷，延长高炉的使用寿命。

1. 布料制度改造方案设计

（1）高炉布料模型的建立　考虑到高炉体积庞大、炉内燃料在高温条件下体积膨胀率高以及某些数据难以实时监测等情况，本方案将某钢铁企业一座 2 000m^3 的高炉炉身上部尺寸按照 1∶10 的比例缩小，并将缩小后得到的尺寸作为研究对象模型的初步设计尺寸，设计制作符合相似理论的大型高炉布料模型，如图 6-1 所示。在此模型基础上，主要开展模型中料面形状、径向矿焦比分布、径向透气性指数分布等 7 项径向参数测定方法的研究。开发相应的测定工具与技术，实现快速准确的数据测定。模型中的参数确定方法为：根据常用的料线（1.3m、1.6m）设置布料模型内置隔板，对应不同的料线进行模拟布料。上料系统的设计采用剪叉式 Mn 钢升降机上料方式；布料溜槽在±90°之间自由转动，溜槽尺寸严格按相似准则缩小为 1/10；在模型中设计链条式软融带，具体设计是依据实际高炉软融带的厚度进行等比例缩小；通过高炉上部煤气流的模拟计算，确定模型供气分布板的开孔直径和开孔距离，进行供气系统的设计；模型内的炉料通过其下部排料闸门排进排料仓，排料闸门兼具排料和供气双重作用。

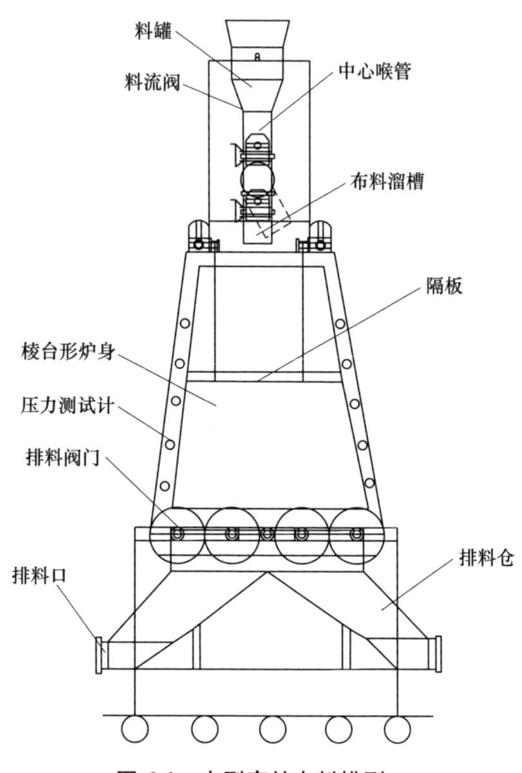

图 6-1　大型高炉布料模型

（2）模型炉料的选择　研究表明，布料模型选用的试验炉料直径应与模型缩小比例一致。但试验结果表明，炉料按直径缩小为 1/10 后，炉料的质量平均缩小为 1/557。炉料颗粒太小，在模型内不会产生实际高炉中的滚动，模拟性较差，难以真实反映高炉布料实际情况，不符合相似第三定理的要求。由于布料最为关键的参数是炉料在炉内的堆尖位置，它决定着一批料的料面形状。根据相似第三定理，如果炉料在炉内堆尖位置相似，则布料现象相似。因此，一般常用解析法来进行炉料选择，即只要将试验的炉料按生产现场炉料质量缩小为 1/10，则整个模型中炉料的分布就接近满足相似第三定理的要求。

（3）模型炉料的粒度组成　模型炉料与实际炉料在粒度组成上必须满足相似定理，只有这样才能通过对模型的研究来近似推理实际炉料对高炉布料的影响。确定模型炉料粒度组成的方法如下：

1）将烧结矿装入试验盒内，并且装满装平称量炉料质量，将盒中炉料个数统计出来。

2）计算盒中炉料的平均质量和平均体积：

盒中炉料平均质量=盒中炉料质量/统计个数

盒中炉料平均体积=试验盒体积/统计个数

3）计算模型炉料的平均质量和平均体积：

模型炉料平均质量=盒中炉料平均质量/10

模型炉料平均体积=盒中炉料平均体积/10

4）将模型炉料近似看作正方形，对模型炉料平均体积开立方，得出模型炉料的近似平均直径。

5）结合模型炉料平均质量与模型炉料的平均直径，确定试验炉料的粒度组成。

本次试验通过上述方法，确定了选用的各种粒度的现场烧结矿与试验烧结矿在粒度范围上的差别和其成分比例。具体见表6-3。

表6-3　现场烧结矿与试验烧结矿的粒度组成区别

名称	粒度范围/mm		
现场烧结矿	5~10	10~25	25~50
试验烧结矿	2~5	5~10	10~16
含量（%）	17.5	70	12.5

2. 高炉布料改造试验及效益分析

（1）高炉模型布料试验　在高炉模型布料试验中，主要选取了两种典型高炉炉料进行静态模型解析试验。利用上节中建立的高炉布料模型的径向参数测定技术和装置解析料面形状、径向矿焦比分布等多种参数的变化规律，为优化布料制度操作水平提供技术支撑。

将选取的两种高炉炉料分别编号，记为：1#料制与2#料制。这两种料制的参数分别为

1#料制，矿批：42t；焦批：9t；料线：1.3m。

$$O_{23333}^{87654}C_{222223}^{876541}$$

2#料制，矿批：53.5t；焦批：10.9t；料线：1.2m。

$$O_{33322}^{98765}C_{222221}^{987651}$$

对上述两种典型料制再进行料面高度测试试验，利用所测得的料面高度绘制两种料制焦炭层在炉内的料面形状，如图6-2a所示，两种料制在炉内的料面形状如图6-2b所示。

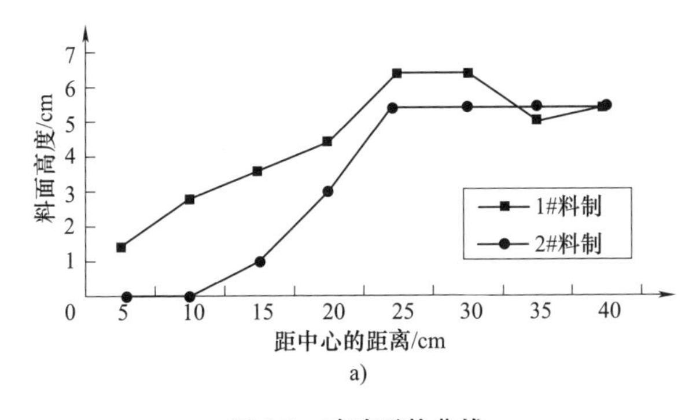

图6-2　试验形状曲线

a）两种料制焦炭层在炉内的料面形状

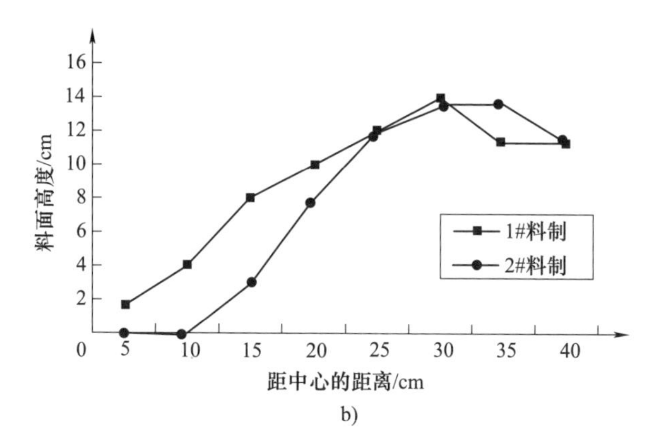

图 6-2 试验形状曲线（续）

b）两种料制在炉内的料面形状

两种料制径向矿焦比分布曲线如图 6-3 所示。由图可知，中间环带区 2#料制的 O/C（矿焦比）大于 1#料制。因此，2#料制的中心负荷比 1#料制稍轻，边缘次之，中间环带稍重，这样的径向矿焦比分布有利于获得两股煤气流分布，并获得较好的煤气利用率。而 1#料制则是中心负荷稍重，中间环带和边缘负荷较轻，不利于两股煤气的分布，煤气的利用率也不高。

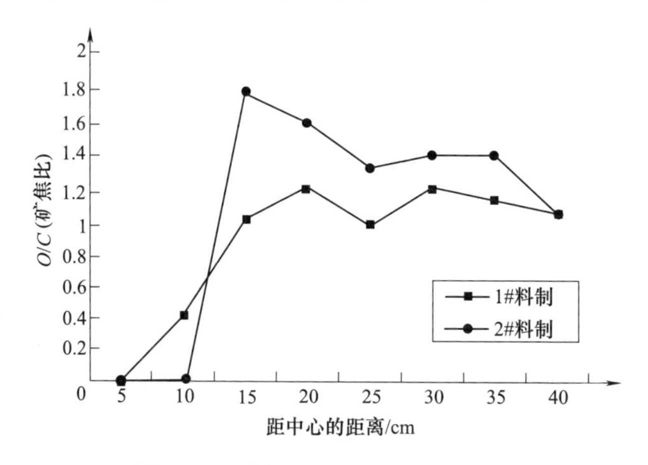

图 6-3 两种料制径向矿焦比分布曲线

两种料制径向矿焦比分布曲线透气性指数分布是直接衡量布料沿高炉径向透气性好坏的参数，在试验中采用散状颗粒料切割器进行测试，如图 6-4 所示。在热风压力和炉顶压力已知或可测的情况下可以通过式（6-4）对其进行估算。

$$T_z = \frac{Q}{P_1 - P_2} = \frac{Q}{\Delta P} \tag{6-4}$$

式中，T_z 是高炉透气性指数；Q 是冷风流量；P_1 是热风压力；P_2 是炉顶压力。

试验表明，2#料制中心和边缘透气性都较好，符合两股煤气流的要求；1#料制中心透气性较好，但边缘透气性稍差。

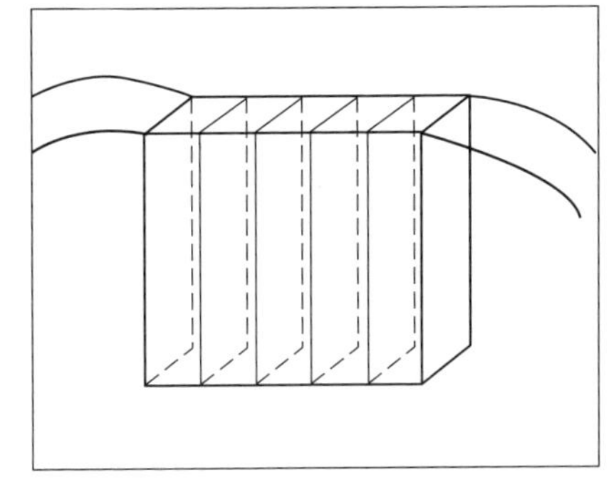

图 6-4 散状颗粒料切割器测试示意图

通过模型炉试验可以得到以下结论：

1）边缘炉料在炉喉形成一定宽度的平台时可以保证高炉顺行工作，由试验数据可知，实际高炉焦平台在原料条件较好时应为 1.6~1.8m，同时，焦炭漏斗坡度应小于 17°。

2）高炉应遵循“大角度、大角差、大矿批、重边缘”的装料模式，矿石布料的角度差应在 9°~12°，矿石批重在 52~54t，通过加大边缘的矿焦比，能够获得较好的技术经济指标。

用布料圈数之比对 1#和 2#料制 O/C 分布进行解析，解析结果见表 6-4。由表可知，1#料制中间环带负荷重，边缘环带较中间环带负荷稍轻，中心有加焦；2#料制中间环带轻，边缘环带较中间环带负荷重，中心无加焦。

表 6-4 两种典型料制矿焦比分布解析

布料矩阵	O/C（按布料圈数计算）			中心加焦量（%）
	中心环带	中间环带	边缘环带	
1#料制	0/3	9/6	5/4	23
2#料制	0/0	4/5	9/6	0

比较两种料制的 O/C 分布，1#料制的 O/C 分布一致，2#料制的 O/C 分布有偏差，主要由于炉料布到炉内后，不会完全落在拟定的环带上，部分炉料产生了滚动，料面坡度陡则滚动量大。2#料制料面较陡，则实际 O/C 分布有偏差。在试验中对两种料制炉料在各环带之间的偏差或滚动情况进行了测定，见表 6-5。

表 6-5 两种料制炉料在各环带之间偏差和滚动情况

项目	1#料制			2#料制		
	中心环带	中间环带	边缘环带	中心环带	中间环带	边缘环带
矿石应布质量/kg	0	6.42	3.58	0	3.22	7.23
矿石实际质量/kg	0.23	5.58	4.19	0.1	5.05	5.3
偏差或滚动（%）	2.30	−8.40	6.10	0.96	17.51	−18.47

（续）

项目	1#料制			2#料制		
	中心环带	中间环带	边缘环带	中心环带	中间环带	边缘环带
焦炭应布质量/kg	0.49	0.97	0.65	0	0.98	1.17
焦炭实际质量/kg	0.2	1	0.91	0.01	0.79	1.35
偏差或滚动（%）	-13.74	1.42	12.32	0.47	-8.84	8.37

（2）高炉现场布料试验　高炉模型布料试验从高炉径向参数、装置解析料面形状和径向矿焦比分布等角度研究了影响高炉顺行的因素，接下来将采用现场布料试验的方法进一步对上述因素进行确认。高炉现场布料试验选择某钢铁企业一座2 000m^3级的现役高炉作为试验对象，通过不同焦炭品种中心加焦布料与不同中心焦角度布料来研究高炉布料对高炉长寿顺行及煤气利用率的影响情况。

1）不同焦炭品种中心加焦布料试验。焦炭布于高炉中心区域，在高炉中心建立一个无矿区，中心加焦量越大，中心无矿区面积就越大。中心无矿区面积增大使料柱上部形成中心焦柱，煤气流在上升通过料柱中心的过程中，由于阻力降低改善了上部料柱的透气性，解决了因焦炭质量差造成的高炉上部透气性差的问题。同时，因中心焦柱区域焦炭的气化反应降低，焦炭到达炉缸时仍具有较大的粒度和良好的热态温度，可加快中心死料柱置换时间，改善炉缸中心死焦堆的透气性、透液性，有利于高炉的稳定顺行。

研究发现，当炉料布下后会发生大量滚动的现象，因此在考虑焦炭滚动的条件下，选择高炉中心加焦时应不大于20°布中心焦。在现场高炉布料试验中，选择了两种不同品种的焦炭来验证焦炭种类对高炉长寿顺行的影响。这两种试料分别被标注为3#料制与4#料制，它们的参数见表6-6，现场试验的结果见表6-7。

表6-6　高炉现场试验料制参数

料制	3#料制	4#料制
α/(°)	47 44 41 37 19	48 45 41 37 19
矿批圈数	2　3　3　2　0	3　3　3　2　0
焦批圈数	3　2　2　2　3	3　2　2　2　3
矿批/t	43.7	44.76
负荷/(kJ/h)	4.307	4.31
料线/m	1.2	1.3

表 6-7 两种焦炭试料的试验结果

项目	3#料制				4#料制			
	中心环带	中间环带	边缘环带	总重	中心环带	中间环带	边缘环带	总重
矿石应布质量/kg	0	7.33	1.83	9.16	0	4.26	5.12	9.38
矿石实际质量/kg	0.86	5.26	3.04	9.16	0.8	4.42	4.16	9.38
误差/kg	0.86	-2.07	1.21	—	0.80	0.16	-0.96	—
偏差或滚动（%）	11.73	-28.24	16.51	—	15.62	3.13	-18.75	—
焦炭应布质量/kg	0.53	1.07	0.53	2.13	0.55	0.73	0.90	2.18
焦炭实际质量/kg	0.24	1.16	0.73	2.13	0.20	1.18	0.80	2.18
误差/kg	-0.29	0.09	0.2	—	-0.35	0.45	0.1	—
偏差或滚动（%）	54.72	16.98	37.74	—	-47.95	61.64	-13.69	—

从表 6-7 中可知，使用 4#料制期间原燃料条件比使用 3#料制期间稍有改善，4#料制焦平台略为放宽，中心焦量略微减少，这些变化都是为适应原燃料条件稍微好转而调整的。一般情况下，2 000m^3 的高炉原燃料条件中心加焦量在 9%~12%比较合理。原燃料条件较好时，中心加焦量可控制在下限，原燃料条件较差时，中心加焦量可控制在上限。显然，该试验高炉在使用 4#料制期间高炉利用系数提高，煤气利用指标得到改善。

2）不同中心焦角度布料试验。中心加焦后期，高炉煤气流分布会发生变化，在紧邻中心焦附近有明显的煤气流。从十字测温分布来看，四周温度往往低于中心点温度，而且料尺料线越深，这种现象越突出。引起该变化的主要原因是中心焦炭偏析，即大粒度的焦炭滚落到中心焦堆的四周，而小粒度的焦炭却落到焦堆的中心，从而造成焦堆中心处焦柱透气性低于四周。基于上述试验结果，高炉应采用适当疏松边缘、稳定中心的布料制度，适当放宽中心焦角度并拉宽矿带。高炉料制角度与操作指标的对应关系见表 6-8。

表 6-8 高炉料制角度与操作指标的对应关系

材料							矿批/负荷	料线/m	高炉操作指标		十字测温	
									CO_2 占高炉煤气百分比（%）	利用系数/[t/(m^3·d)]	边缘/℃	中心/℃
α/(°)	50	48	46	43.5	41	37	51.77t/4.64kJ/h	1.6	20.83	2.599	75	479
K	3	3	2	2	2	0						
J	0	3	3	3	3	2						

（续）

材料							矿批/负荷	料线/m	高炉操作指标		十字测温	
									CO_2 占高炉煤气百分比（%）	利用系数/[t/(m^3·d)]	边缘/℃	中心/℃
α/(°)	49.5	47.5	45.5	43	40.5	36.5	51.50t/4.19kJ/h	1.6	20.75	2.534	77	585
K	3	3	2	2	2	0						
J	0	3	3	3	3	2						
α/(°)	50	48	46	43.5	41	37	52.10t/4.42kJ/h	1.6	20.78	2.600	69	613
K	3	2	2	2	2	0						
J	0	2	2	2	2	3						
α/(°)	50	48	46	43.5	40.5	37	52.50t/4.27kJ/h	1.6	20.56	2.600	70	603
K	3	3	2	2	2	0						
J	0	2	2	2	2	3						

对照表中第一、二两行数据，当将布料带向中心移动、料制变化调整角度为0.5°、布料圈数不变时，相应的负荷从4.64kJ/h下降到4.19kJ/h，高炉操作参数十字测温中心上升较快而边缘温度变化不大。

对照表中第二、三行数据，将料制的角度向外调整0.5°，矿批圈数在48°角位减一圈，焦批圈数由033332改为022223，结果使中心温度上升至613℃，而边缘温度略有下降。

对照表中第三、四行数据，在矿批圈数48°角位增加一圈，矿批扩大至52.50t，负荷由4.42kJ/h下降至4.27kJ/h，十字测温边缘温度稳定在70℃，中心温度稳定在603℃，高炉利用系数提高到2.600t/(m^3·d)。

（3）高炉布料制度改进效益分析　高炉布料制度的改进优化了高炉炼铁原燃料的质量，提高了高炉上部块状带和下部死焦堆的透气性。在中心加焦装料模式下，在高炉内部形成的中心无矿区料柱的透气性得到增强，确保了中心煤气的顺畅，对炉况顺行起到了积极作用。高炉布料与炉冷却壁的变化情况如图6-5所示，这是选取标高为17.695m处的一段高炉炉体铜冷却壁温度变化的情况。由图可知，未对高炉布料进行调整前（图中左半段），冷却壁的温度变化非常剧烈，主要是由于炉内气流不顺畅导致局部温度快速上升所致。在对高炉布料进行调整后（图中右半段），炉内的气流顺畅条件得到较大改善，高炉冷却壁温度变化趋于稳定。

高炉布料制度优化不仅对保持高炉顺畅运行、延长高炉炉龄寿命有积极影响，而且可以有效降低炼铁过程中的经济成本。一座2 000m^3级别的高炉布料制度优化前后的主要经济指标对比情况见表6-9。

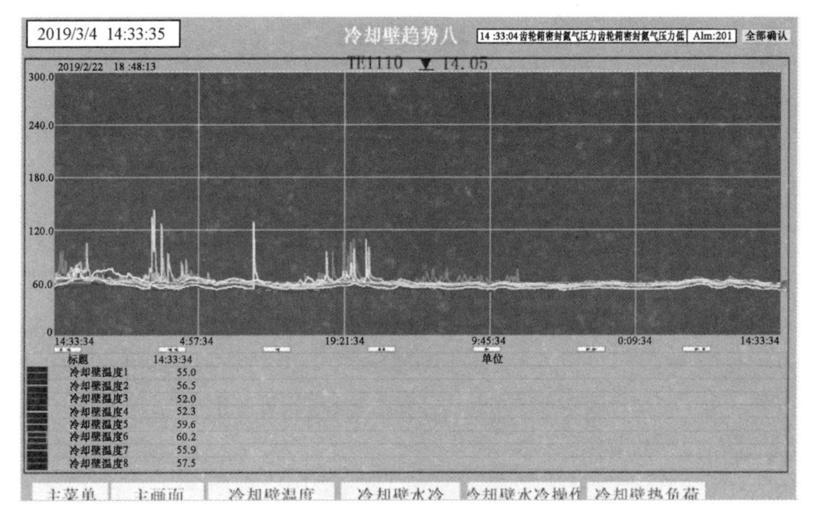

图 6-5　高炉布料与炉冷却壁的变化情况

表 6-9　高炉布料制度优化前后的主要经济指标对比

指标	全焦比/(kg/t)	产量/t	煤比/(kg/t)	燃料比/(kg/t)
优化前	400.7	5 124	112.2	512.9
优化中	382.9	5 130	134.5	517.4
优化后	378	5 156	141	519

对比表 6-9 中的数据可以发现，该高炉在布料制度改进前后，煤比指标显著提高，由 112.2kg/t 上升到 141kg/t；燃料比则略有上升，这主要是由于水温差下降了 1℃左右，导致了燃料比下降，抵消了部分由煤气利用下降、顶温升高引起的燃料比升高。从总体经济指标来看，高炉布料优化使炉壁温度的可控性增强，高炉煤气的稳定性增强，高炉可操作性也得到增强，达到了维持高炉炉况长期稳定顺行的目的。

6.3　高炉除尘系统与炉前开铁口机再制造

6.3.1　高炉除尘系统再制造

高炉生产过程中散发的大量粉尘，对环境污染十分严重。为加强环境保护，设计对生产过程中各产尘点、产尘设备以及转运环节采取综合有效措施，控制其粉尘扩散外溢，使车间环境得以改善，使含尘气体经净化设备处理后的废气浓度符合 GB 28663—2012《炼铁工业大气污染物排放标准》的规定及建设方的要求，某钢铁厂对炉容 3 200m^3 的 5 号高炉大修，其中燃气设施大修改造内容主要包括高炉煤气清洗、能源介质（高炉煤气、焦炉煤气、转炉煤气、氮气、氧气）的改造。因此，本节对湿式除尘器和干式除尘器的原理、优缺点及除尘能力进行分析，并通过比较分析选择钢铁厂高炉除尘系统再制造方案。

1. 高炉除尘系统常见方案对比分析

（1）湿式除尘器的原理、除尘能力以及优缺点

1）湿式除尘器的原理、除尘能力。湿式除尘器的原理是使经过除尘器烟道的烟尘带上正电荷，在布设阴极板的除尘器过道中，利用阴极板和正电荷性质的烟尘的互相吸附作用将烟尘吸附在阴极板上，定时击打阴极板使烟尘落入灰斗中，达到净化烟气中烟尘的目的。湿式除尘器的除尘能力比较好。

2）湿式除尘器的优缺点。

湿式除尘器的优点是：

① 适用于微粒控制，对粒径 1~2μm 的尘粒，效率可达 98%~99%。

② 在除尘器内，尘粒从气流中分离的能量直接供给尘粒。因此，湿式除尘器的阻力较低，仅为 100~200Pa。

③ 可以处理高温（在 400℃以下）气体。

④ 适用于大型工程，处理的气体量越大，经济效果越明显。

湿式除尘器的缺点是：

① 设备庞大，占地面积大。

② 耗用钢材多，投资大。

③ 结构较复杂，制造安装精度高。

④ 对粉尘的比电阻有一定要求。

（2）干式除尘器的原理、除尘能力以及优缺点

1）干式除尘器的原理、除尘能力。干式除尘器是在风机的作用下，将含尘气体吸入进气总管，通过各进气支管均匀地分配到各进气室，然后涌入滤袋，大量粉尘被截留在滤袋上，气流则透过滤袋达到净化，最后，净化后的气流沿排烟罩通入烟囱而排入大气。除尘器随着滤袋织物表面附着粉尘的增厚，阻力不断上升，需要定期清灰，使阻力下降到低于规定的下限才能正常运行。

2）干式除尘器的优缺点。

干式除尘器的优点是：

① 总体上对粗的和细的（亚微米级）尘粒都有很高的收集效率，但对气流条件的波动不敏感。

② 对连续清灰的除尘器，效率和压降基本上不受入口粉尘负荷的影响。

③ 过滤后的空气是很清洁的，在很多情况下为了节能，可以直接循环回厂房内。

④ 收集下来的尘粒呈干态，方便后续处理或处置，操作维修相对简单。

干式除尘器的缺点是：

① 需要耐高温的矿物纤维或金属纤维过滤材料，费用昂贵，更换滤袋的工人需要呼吸防护装置。

② 一些粉尘要求对过滤材料进行处理，以减少粉尘的穿透，避免已被收集粉尘的脱离。

③ 运行高气流速度的干式除尘器被喷吹脱离的粉尘容易吸附在了别的滤袋上，只有极少的粉尘落入灰斗，为了防止这种情况的发生，脉冲喷吹除尘器需要被设计成分室清灰，并且在分室的泄灰阀前加设格栅网，防止粉尘结成大块或布袋脱落，落入泄灰阀，造成阀体被卡死。

④ 干式除尘器必须周期性地更换滤袋，所以维护费用高。

⑤ 环境因素对干式除尘器的影响也较大，在持续高温，酸或碱型尘粒，或其他有害气体成分存在的情况下，滤袋的寿命会大大缩短，潮湿的环境中除尘器无法运行，就要求给系统添加特殊的添加剂。

2. 高炉除尘系统再制造优化方案选择

决定高炉除尘系统再制造方案的影响因素主要有煤气量、煤气压力、炉顶煤气温度和入口煤气含尘量。

1）确定属性集 $U=\{u_1^i, u_2^i, u_3^i, u_4^i\}$ 与决策集 $D=\{d_0, d_L\}$，其中，属性集 U={煤气量，煤气压力，炉顶煤气温度，入口煤气含尘量}。煤气量最大为68万 $N\cdot m^3/h$；煤气压力最大为0.25 MPa，最小为0.08 MPa，其状态值越大，越适合干式除尘；炉顶煤气温度为150~200℃，温度越高，越适合干式除尘；入口煤气含尘量≤10g/(N·m^3)，其状态值越小，越适合干式除尘。决策集 $D=\{d_0, d_L\}$ 表示2种主要除尘方案，分别为：d_0——湿式除尘器；d_L——干式除尘器。

2）在实际生产工况下，不同除尘方案中的属性指标参数见表6-10。

表6-10　不同除尘方案中的属性指标参数

除尘方案	煤气量/(万 $N\cdot m^3/h$)	煤气压力/MPa	炉顶煤气温度/℃	入口煤气含尘量/[g/(N·m^3)]
湿式除尘器（d_0）	58	0.12	185	8
干式除尘器（d_L）	65	0.23	180	5

由此构建除尘方案决策矩阵 $\boldsymbol{R}=(r_{ij})_{m\times n}$ 为

$$\boldsymbol{R}=(r_{ij})_{m\times n}=\begin{matrix} & u_1 & u_2 & u_3 & u_4 \\ d_0 & 58 & 0.12 & 185 & 8 \\ d_L & 65 & 0.23 & 180 & 5 \end{matrix}$$

3）构建标准化决策矩阵 $\boldsymbol{H}=(h_{ij})_{m\times n}$：

同趋化处理：

$$\boldsymbol{R}=(r_{ij})_{m\times n}=\begin{matrix} \\ d_O \\ d_L \end{matrix}\begin{matrix} u_1 & u_2 & u_3 & u_4 \\ \left(\begin{matrix} 58 & 0.12 & 185 & 0.125 \\ 65 & 0.23 & 180 & 0.2 \end{matrix}\right) \end{matrix}$$

归一化处理：

$$\boldsymbol{R}=(r_{ij})_{m\times n}=\begin{matrix} \\ d_O \\ d_L \end{matrix}\begin{matrix} u_1 & u_2 & u_3 & u_4 \\ \left(\begin{matrix} 0.665\,788 & 0.462\,566 & 0.716\,726 & 2.247\,191 \\ 0.746\,141 & 0.886\,586 & 0.697\,355 & 0.847\,998 \end{matrix}\right) \end{matrix}$$

此处，对于某属性 j，归一化处理公式为 $h_{ij}=\dfrac{m_{ij}}{\sqrt{\sum\limits_{i=1}^{2}m_{ij}^2}}$。

4）由于已经对各属性进行了同趋化处理，因此认为所有属性值为效益型属性，均取最大值作为正理想解。

$$\begin{cases} Y^+=\{0.746\,141,\ 0.886\,586,\ 0.716\,726,\ 2.247\,191\} \\ Y^-=\{0.665\,788,\ 0.462\,566,\ 0.697\,355,\ 0.847\,998\} \end{cases}$$

求各方案与理想解间的距离，TOPSIS 计算结果见表 6-11。

表 6-11　TOPSIS 计算结果

除尘方案	D_i^+	D_i^-	f_i^*
湿式除尘器（d_O）	0.431 565	1.399 327	0.764 287
干式除尘器（d_L）	1.399 327	0.431 565	0.235 713

5）高炉除尘再制造方案决策。依据以上计算结果分析，湿式除尘明显优于干式除尘。因此，该企业高炉除尘设施应通过在役再制造优化为湿式除尘设备系统。

6.3.2　高炉炉前开铁口机再制造

1. 高炉炉前开铁口机再制造方案

炉前出铁作为炼铁过程中最重要的环节，炉前技术与操作水平直接关系到高炉生产的稳定顺行、炉前出铁成本、高炉寿命。高炉往往依靠“加铁次”和“喷铁口”改善炉内压量关系，很多高炉烧穿都是铁口区域烧穿。高炉炉前开铁口机承担高炉出铁口的开口作业，是高炉出铁的关键设备，其炉前技术的创新与进步是企业保持竞争力的重要举措。

高炉炉前开铁口机主要由回转机构、进给机构、调整机构以及气压液压混合控制机构等四个部分组成。该设备经过多年使用，暴露出如下主要问题：

1）设计能力不足，影响出铁效果。老化的开铁口机难以适应炉前开铁口作业要求，开铁口时间长，铁口正点率低，开口雾化效果不理想，钻口时扬尘较大。

2）回转机构能力不足。开铁口机的回转轴承承载能力小，调整机构定位有偏移，对中度差。

3）直耗件消耗量大，成本居高不下。钻杆、钻头以及金属软管需要频频更换，致使维护成本居高不下；蓄能器使用寿命较短、凿岩小车易变形、槽钢壁过于薄弱、行走轮为铜制结构易磨损等。

4）铁口维护量大，劳动强度增加。现有开铁口机开铁口能力较弱，铁口孔道容易被侵蚀，合格率较低，增加了劳动强度。

5）液压控制部分故障频繁。电动机与液压泵质检室刚性连接，缺少缓冲及对中补偿作用；液压油路布局不合理，出现故障时很难快速处理。

针对上述问题，对现有炉前开铁口机进行再制造。方案如下：

1）采用全液压控制系统，模型如图 6-6 所示，主要性能参数见表 6-12。对水雾化系统进行优化，优化后的水雾均匀细腻、压力高、流量足，对开铁口机的钻头、钻杆给予良好的冷却。

图 6-6　全液压开铁口机模型

表 6-12　全液压开铁口机主要性能参数

项目参数	设定值	项目参数	设定值
最大进给行程/mm	4 000	正反冲击力量/J	500
最大进给速度/(m/s)	0. 025	逆向冲击力量/J	500
最大回退速度/(m/s)	4	钻机冲击频率/Hz	29
钻杆旋转压力/MPa	14	大臂回转半径/mm	4 805
钻杆旋转扭矩/N · m	682	大臂旋转角度/(°)	160
钻机转动速度/(r/min)	400	可调开口角度/(°)	7~13
钻机冲击压力/MPa	16	转动时间/s	15

2）加大回转轴承的尺寸，加宽回转机构的悬臂梁宽度，以加强其承载能力。

3）对原有的液压管进行重新布局，更改原有的金属软管为金属硬管，以此避免高温对液压管路的影响。其次，对凿岩小车的整体构造进行再制造，采用厚钢板作为凿岩小车的钢架结构原材料，提高小车的整体刚性结构强度；改变小车原有的摩擦方式，增加一条滚动轴承，采用双列滚动进给方式。

4）对原有液压控制机构进行再制造，将电动机与液压泵的连接方式改为梅花联轴器连接，这样有效避免了对液压泵的冲击，延长液压泵使用寿命。

2. 高炉炉前开铁口机再制造效益分析

原有的开铁口机经过再制造之后，不仅满足高炉对炉前开铁口设备性能的要求，同时提高了生产效率，降低了劳动强度，取得了良好的经济效益。

首先，采用全液压系统，动力来源得到保障，开铁口性能大大提高，开铁口时间相对于原用时减少一半，铁口正点率得到保证。其次，液压开铁口机运行更加平稳，保证了开铁口时钻杆偏移量小，同时开孔道更加平滑、直线性好，有效地延缓了铁口侵蚀，降低了铁口的维护次数。雾化系统的优化很好地除去了飞尘，对钻头、钻杆有着良好的冷却效果，降低了直耗件的耗损量。最后，开铁口机的性能得到大幅度提升，开铁口时间的缩短有利于延长开铁口机的使用寿命，降低了日常维护成本。

本章小结

本章首先总结了高炉常见故障，并分析其关键零部件的失效形式。其次，对高炉炉型再制造设计和耐材选择进行了分析，对高炉布料制度建立布料模型，通过多次试验，掌握了不同原料、不同料制的气流特点，有效地改善了高炉炉体寿命，对现有布料制度加以优化，使得高炉煤气流分布趋于合理，高炉炉况更加稳定顺行。然后，对高炉大修中的除尘系统方案的优缺点及其除尘能力进行了对比分析，通过高炉生产工况的参数决策，选择干式除尘系统进行高炉除尘系统改造。最后，针对高炉大修中的除尘系统方案选择和炉前开铁口机再制造展开进一步研究，解决了铁口开起时间长、正点率低等问题，有利于高炉均衡、稳定、安全、高效生产，更有利于高炉长寿。

参考文献

[1] 安汝峤，杨春节，潘怡君. 基于加权图方法的高炉过程故障检测 [J]. 高校化学工程学报，2020，34（2）：495-502.

[2] 张海刚，张森，尹怡欣．基于全局优化支持向量机的多类别高炉故障诊断［J］．工程科学学报，2017，39（1）：39-47.
[3] 刘明霞，畅庚榕，付福兴，等．高炉煤气能量回收透平叶片失效的原因［J］．机械工程材料，2018，42（1）：89-94.
[4] 王俊，尹振兴．宝钢高炉干法煤气除尘系统喷淋洗涤塔的改造［J］．炼铁，2020，39（3）：42-44.
[5] 孟大朋．通钢高炉鼓风机振动监测与故障诊断研究［D］．沈阳：东北大学，2015.
[6] SHANG J，CHEN M，ZHANG H，et al. Increment-based recursive transformed component statistical analysis for monitoring blast furnace iron-making processes：an index-switching scheme [J]. Control engineering practice，2018，77：190-200.
[7] FAN G，WANG M，DANG J，et al. A novel recycling approach for efficient extraction of titanium from high-titanium-bearing blast furnace slag [J]. Waste management，2021，120：626-634.
[8] GORBATYUK S M，SAYFULLAEV S，KOBELEV O A，et al. Choice of thermal insulation for burnout protection of a blast furnace blast tuyere [J]. Materials today：proceedings，2021，38：1388-1391.
[9] STEIN S，LENG C，THORNTON S，et al. A guided analytics tool for feature selection in steel manufacturing with an application to blast furnace top gas efficiency [J]. Computational matenals science，2021，186：110053.
[10] AN J，CHEN H，WU M，et al. Two-layer fault diagnosis method for blast furnace based on evidence-conflict reduction on multiple time scales [J]. Control engineering practice，2020，101：104474.

参数说明

参数	说　明
h_{min}	死焦堆能够浮起的最小死铁层深度，单位为 m
ρ_m	料柱的密度，单位为 kg/m^3
ρ_i	是铁液的密度，单位为 kg/m^3
ρ_o	矿石真密度，单位为 kg/m^3
ρ_c	焦炭真密度，单位为 kg/m^3
m_o、m_c	吨铁所需的矿石量、焦炭量，单位为 kg
T(Fe)	矿石品位
ΔV	块状带体积，单位为 m^3
V	高炉有效容积，单位为 m^3

（续）

参数	说　明
V_H	处于出铁口以上的炉缸死焦堆体积，单位为 m^3
h_H	铁口至风口中心的直线距离，单位为 m
A	炉缸横截面面积，单位为 m^2
D	炉缸直径，单位为 m
d_T	炉喉直径，单位为 m
h_T	料线深度，单位为 m
d_{RW}	回旋区深度，单位为 m
N	风口数
ε	块状带孔隙率
ε_d	死焦堆孔隙率
P	煤气浮力，单位为 N
f	摩擦力，单位为 N
T_z	高炉透气性指数
Q	冷风流量
P_1	热风压力
P_2	炉顶压力
U	属性集
D	决策集
R	除尘方案决策矩阵

第 7 章

转炉关键部件在役再制造典型案例

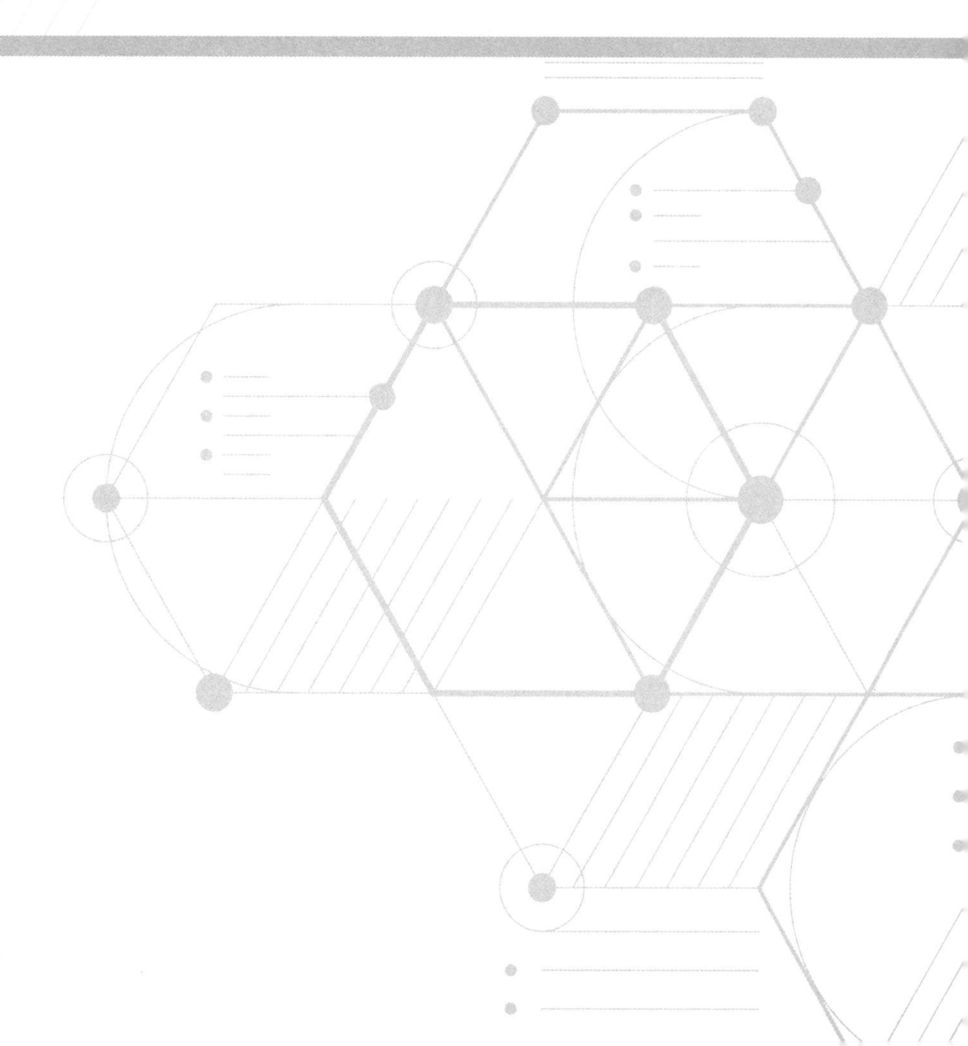

转炉炼钢是我国最主要的炼钢方式。但是，由于转炉炼钢存在工况复杂、人员操作不当、设备老化等问题，转炉设备高耗能“带病工作”的情况非常严重，不仅浪费了宝贵的能源，还极易发生各种事故，严重制约了钢铁行业的绿色可持续发展。因此，本章对炼钢生产活动中常见的转炉故障进行分析，并以转炉托圈在役再制造为例，对转炉关键零部件在役再制造过程进行分析。

7.1 转炉设备常见故障及其失效检测分析

7.1.1 转炉设备常见故障

转炉是用于吹炼钢的冶金炉，因其炉体可以转动而得名。作为炼钢生产中最主要的一种反应炉，转炉主要由炉壳与耐火内衬构成，结构如图 7-1 所示。炉壳用钢板焊制，可分为炉帽（上部）、炉身（中部）、炉底（下部）三部分。顶部水冷炉口用楔与炉帽连接，用于装入炼钢原料进行吹氧冶炼。转炉炼钢（converter steelmaking）是以铁液、废钢、铁合金为主要原料，不借助外加能源，仅依靠铁液本身的物理热和铁液组分间化学反应产生的热量，在转炉中完成炼钢的过程。在钢铁冶炼过程中，转炉不仅要承受炉内高温铁液对炉壁的侵蚀，还要承受各种压力、应力对炉缸的冲击，由此导致的转炉设备故障时有发生。常见的转炉设备故障有转炉本体设备故障、炉体支撑装置故障和炉体驱动装置故障等三种类型。

图 7-1 转炉结构

（1）转炉本体设备故障　转炉本体设备故障主要是由高温铁液侵蚀、炉身负荷压力过大、炉内温度过高等原因造成的。常见的转炉本体设备故障形式如图 7-2 所示。

1）炉衬脱落。炉衬是金属冶炼炉的炉壁，通常使用耐高温陶瓷制成，用于保护炉缸免受高温液态金属的侵蚀和机械冲击。由于铁液的温度很高，致使转炉炉体内部长期处于高温状态，如果采用了导热系数较高的材料（如镁碳砖等）制成炉衬就极易造成炉内耐火砖的脱落。

2）炉壳损坏：①炉壳疲劳裂纹。随着炉衬的逐渐消耗不断脱落，往往会产生异常的高温和负荷，极易导致炉缸壳体产生热疲劳裂纹。②炉壳蠕动变形。为提高转炉炉衬的寿命，高导热系数的镁碳砖得到广泛应用。由于镁导热系数较高，导致炉壳温度升高，炉壳直径变大，炉壳与托圈之间的间隙减小，再加

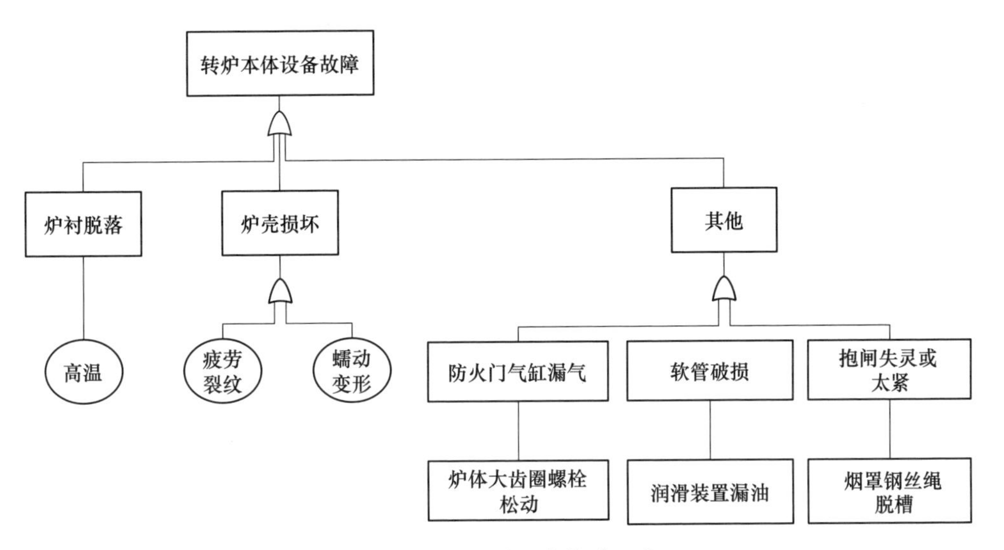

图 7-2 转炉本体设备故障形式

上转炉长时间转动运行，炉壳负荷质量增大，容易导致炉壳发生蠕动变形。炉壳一旦发生变形还可能导致漏钢、轴承损坏等一系列问题。

3）其他本体设备故障。例如防火门气缸漏气、软管破损、抱闸失灵或太紧、炉体大齿圈螺栓松动、润滑装置漏油、烟罩钢丝绳脱槽等。

（2）炉体支撑装置故障　炉体支撑装置故障主要由炉体支撑系统中的轴承、托圈等零部件损坏所引起。常见的炉体支撑装置故障形式如图 7-3 所示。

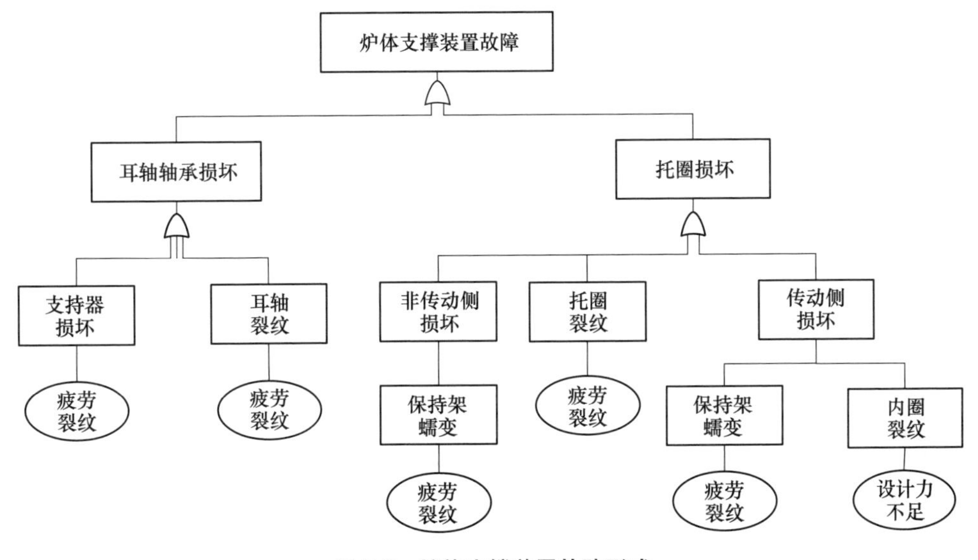

图 7-3 炉体支撑装置故障形式

1）耳轴轴承损坏。耳轴轴承支撑着炉体、液态金属、钢渣、托圈及其附件、悬挂减速器的全部质量，除此之外还要承受转炉转动和倾倒炉内液态金属时来自扭矩平衡装置的反作用力、炉口刮渣时的刮渣力等。耳轴轴承长期工作在高温高载状态之下，运转频繁，最大转动角度可达 280°～290°，容易受到喷溅钢渣钢液的影响，因此极易产生扭曲变形的情况。

2）托圈损坏。托圈是转炉设备承力的关键部件，是转炉支撑装置和倾动装置的重要组成部分。托圈与耳轴是支撑转炉炉体和传递动力矩的构件，托圈内通水冷却，可降低热应力对托圈的影响。与耳轴轴承类似，托圈也要承受转炉的巨大负载。除此之外，泄漏的液态金属与托圈内的循环冷却水接触，引发冷却水迅速汽化发生爆炸，造成托圈筋板损毁。

（3）炉体驱动装置故障　转炉主要在电气系统的控制下完成炉体的转动、倾动等动作。常见的驱动装置主要由开式齿轮、交流电动机、圆柱齿轮和平面二次包络面蜗轮组合式减速器等组成。常见的炉体驱动装置故障如图 7-4 所示。

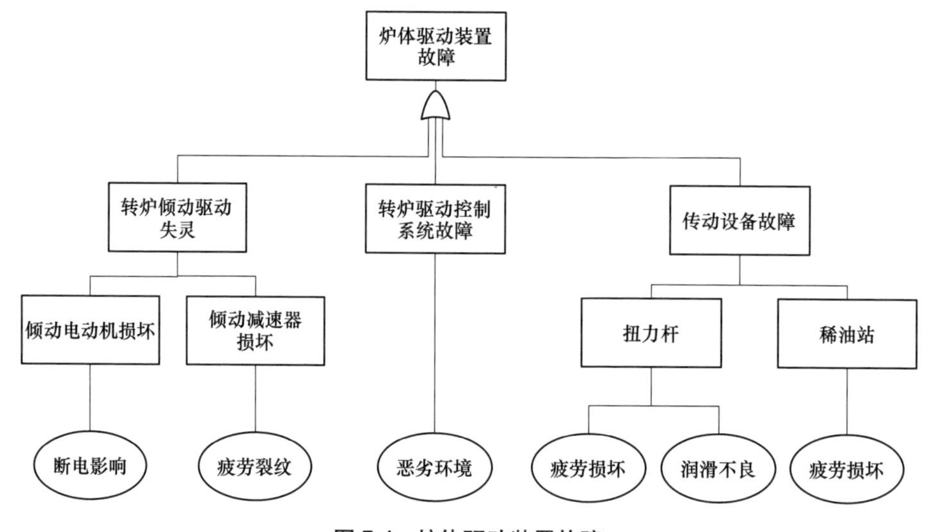

图 7-4　炉体驱动装置故障

1）转炉倾动驱动失灵。当转炉发生停电或动力系统故障时，转炉倾动机会失去动力，炉体无法复位或倾动到安全位置，此时炉内液态金属可能会泄漏或堵塞送风口导致安全事故发生，造成人员伤亡及财产损失。

2）转炉驱动控制系统故障。随着炼钢工艺的改善，转炉控制系统采用可编程逻辑控制器（programmable logic controller，PLC）进行自动控制，各设备之间采用联锁控制方式，为生产和事故诊断处理提供了便利。PLC 核心的 CPU 部分发生故障的概率很小，然而采样、通信、输入输出等部分受到转炉工作环境（如炉渣和灰尘）的影响较大，可能导致采样信号或输出控制信号发生畸变。

3）传动设备故障。转炉的传动设备主要是各种齿轮装置，在驱动装置的驱动下完成炉体的旋转、倾动等动作。转炉驱动装置中的齿轮在长期使用中受到高强度外力影响产生疲劳磨损，液态金属泄漏造成传动齿轮表面受到热侵蚀，以及润滑不充分等是转炉传动设备发生故障的主要因素。

7.1.2 转炉设备失效检测分析

失效检测分析是再制造过程中不可缺少的一环。建立合理的故障检测系统，可以使再制造过程服务更具有针对性。在对转炉系统的故障检测中，使用了许多检测方法来寻找失效形式，进而分析失效原因，为转炉系统的修复再制造提供依据。因此，在转炉的相关失效部位上，对其进行科学检测，从而了解相关失效形式与失效原因，其各部位的检测结果见表 7-1。

表 7-1 转炉各部位的检测结果

失效部位	失效检测方法	失效形式	失效原因
转炉炉体	金相显微镜、电化学分析	断裂	焊接质量低，焊缝中有咬边、夹渣，焊缝过高
炉体焊缝	硬度仪、金相显微镜、能谱仪	裂纹、断裂	保温时间短，残余应力消除不彻底，淬硬组织没有得到改善
吹氧金属软管	客观观察、扫描电镜、光谱仪	断裂	内压作用下过度弯曲变形
烟罩	金相检验、扫描电镜	裂纹	热应力、高温腐蚀、焊接缺陷
烟罩冷却水管	金相显微镜、电子探针	断裂、腐蚀	烟气冲刷、热应力和工质液腐蚀
减速器齿轮轴	扫描电镜、客观观察、金相检验	断裂	锻造时锻压比不足，热处理不当
煤气管道	光学显微镜、扫描电镜、能谱仪、X 衍射仪	腐蚀	转炉煤气管道中的冷凝水与气体混合，湿式除尘缺少脱水装置
锅炉水冷壁管	光谱分析、金相显微镜	磨损	含尘烟气冲刷循环的热交应变力作用在壁管上
除尘水冷管	金相检验、扫描电镜	断裂	热应力腐蚀
氧枪减速器	光谱分析、金相显微镜、扫描电镜	断裂	超寿命周期运行过程中键槽底部存在较大应力集中
耳轴轴承	客观观察、扫描电镜	疲劳剥落、磨损、变形	积渣、铁液侵蚀
底吹设备	客观观察、扫描电镜	腐蚀	气流与钢液冲刷、凹坑熔损、供气压力脉动、冲击损坏等
裙罩系统	客观观察、扫描电镜	侵蚀破损、变形凹陷	铁液条件不稳定、耳轴托圈积渣严重等
转炉托圈	磁粉探伤、着色探伤、超声探伤、有限元分析等	腐蚀、断裂	积渣、铁液侵蚀
球铰螺栓	客观观察	断裂	预紧力不当、防护措施不够完善

7.2 转炉托圈在役再制造

某炼钢厂一台90t转炉在吹炼作业过程中出现漏钢事故，炉内高达1 550℃的钢液通过炉口前侧炉体上一个直径约350mm的破损孔喷溅到托圈上，将托圈内腹板和下盖板部分区域熔蚀穿透，钢液与托圈内的循环冷却水接触，引发冷却水迅速汽化发生爆炸。爆炸产生的巨大冲击力不仅将托圈内的两块筋板掀翻，而且导致托圈外腹板靠近下盖板的部分爆裂，形成了一个约1 600mm×1 000mm的撕裂区。这次漏钢事故造成的损伤状况如下：

1）炉体：炉内衬和炉壳破裂形成一个直径约350mm的缺口。

2）托圈内腹板：熔透区域约1 500mm×500mm。

3）托圈下盖板：靠近内腹板熔透区域约1 000mm ×150mm。

4）托圈外腹板：熔蚀损伤区域约1 600mm×900mm。

5）下夹持块：有一定程度的熔蚀损伤。由于转炉漏钢是突发事件，没有储备的托圈备件可供更换，为了尽量减少损失恢复生产，必须对受损托圈进行在役再制造。

7.2.1 转炉托圈在役再制造加工工艺分析

对于受损托圈的在役再制造，目前有以下两种可供选择的加工工艺方案：

（1）堆焊修复　这种修复工艺适用于漏钢造成的破损不严重、托圈母材没有被熔透的场合。首先，在修复加工前要选择合适的焊接方法和材料。通过与焊条电弧焊比较，决定选用熔化极混合气体保护焊的方法，这种方法所消耗的能量更少，焊接效率更高，产生的焊接变形也相对较小。其次，在对托圈进行堆焊过程中，由于低温区金属对堆焊区高温金属的阻碍，高温区金属不可避免地产生压缩塑性变形。考虑焊接面与背面存在的温度差，高温下的焊接面会产生更大的压缩塑性变形，导致托圈冷却后产生相对于板面的角变形，且由于角变形存在于耳轴中心线一侧，导致托圈耳轴的同轴度发生变化，影响到炉体的倾动，甚至产生卡死的现象。因此，在实际操作过程中，应采用不预热并通过控温来减小塑性变形。最后，转炉托圈的箱形结构具有较大的刚性和拘束度，使得冷却后的托圈在堆焊作业区域形成了一种典型的三维拉伸应力区，导致焊接接头的塑性大为降低，焊缝区容易产生冷裂纹。为缓解焊接过程中因焊缝收缩而产生过大的结构应力，必须通过热态锤击焊道使焊缝金属得到压延，从而减小焊接应力及焊接变形，有利于在托圈堆焊加工中保证两耳轴的同轴度。

（2）挖补修复　这种修复工艺适用于托圈烧蚀面积较大，且烧蚀孔洞周围厚度不一致的情况。挖补焊接工艺是将工件的局部大面积严重裂纹等缺陷全部清除掉形成窗口，再制作一块填充块，并将其放置窗口处进行焊接修复，保证转炉的生产安全。挖补块要采用与托圈内腹板同曲率、与损坏部位同材料的弧形板。托圈修复前，必须对炉壳进行再次扩孔，且必须大于托圈挖补洞，以便于对托圈进行焊接修复。切割时使用气割工具，并尽量保证圆角，以减少焊接过程中产生的应力。焊接过程采用二氧化碳气体保护焊，按照先两侧再中间的顺序保证焊接接头错开。为降低或消除焊接残余应力，防止产生裂纹，改善焊缝和热影响区的金属组织和性能，在进行焊接之前要进行预热处理，将焊缝和母材加热后施焊。挖补焊接修复后，焊接区域会产生较大的焊接残余应力，通过消氢热处理可以加快热影响区的氢逸出，降低氢含量，防止产生冷断裂。该工艺的特点是：能在较短的时间里，用较低的修复成本，使设备恢复正常工作。

7.2.2 转炉托圈在役再制造加工方案

转炉托圈是转炉设备承力的关键部件，是转炉支撑装置和倾动装置的重要组成部分，其工作状态直接影响着转炉系统的运行性能。转炉托圈结构如图 7-5 所示，转炉托圈位于转炉炉缸两侧，托圈内有冷却水循环系统。为使炉壳承载合理，不受热胀冷缩影响，将支承炉体的托圈与炉壳间保留一定间隙，可用自调螺栓连接。托圈用于支承炉体质量（包括炉内物料），支承在托圈支座上，在炉缸倾动时容易受到喷溅泄漏的钢液侵蚀。

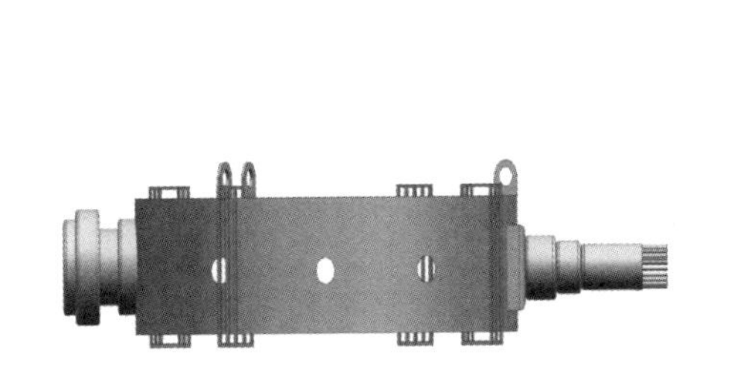

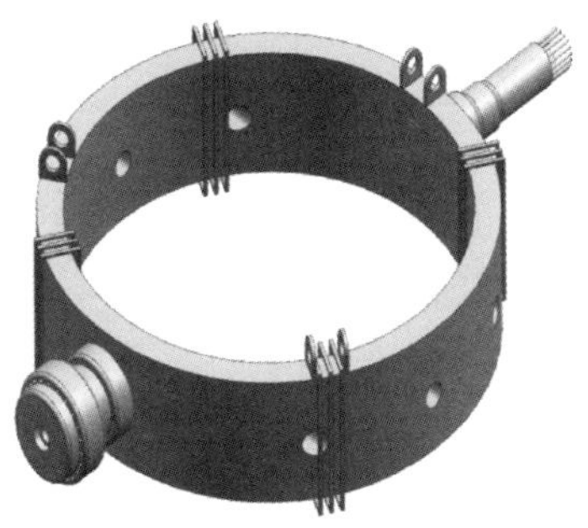

图 7-5　转炉托圈结构

受损托圈的在役再制造，有两种可供选择的方案：局部堆焊和局部挖补。本案例中转炉的破损较严重，在无新托圈更换的情况下，挖补修复是唯一可行的修复措施。托圈受损后，从托圈承载的角度出发，较为理想的挖补方案应是将托圈受损段全部截除，再焊上一段新制作的与原托圈尺寸相同的托圈段。然而在现场施工中，采用这样的修复方案不易控制托圈的定位与变形，且施工量较大。经权衡比较后，决定对该炼钢厂损坏的托圈采用局部挖补的修复方案。

1）挖补块的选择应与托圈受损部位同材质、同板厚，且内、外腹板挖补块弯曲成与原托圈内、外腹板同曲率的弧形板。

2）挖补板与原托圈母材应采用开坡口对接焊缝连接。因此，根据现场实际测量的各部分受损情况，对托圈内、外腹板与下盖板挖补块与托圈孔洞开单V形坡口，托圈受损部位的挖补修复方案如图7-6所示。坡口角度为70°，钝边4~5mm，并用角磨机对坡口周围100mm范围内打磨出金属光泽。

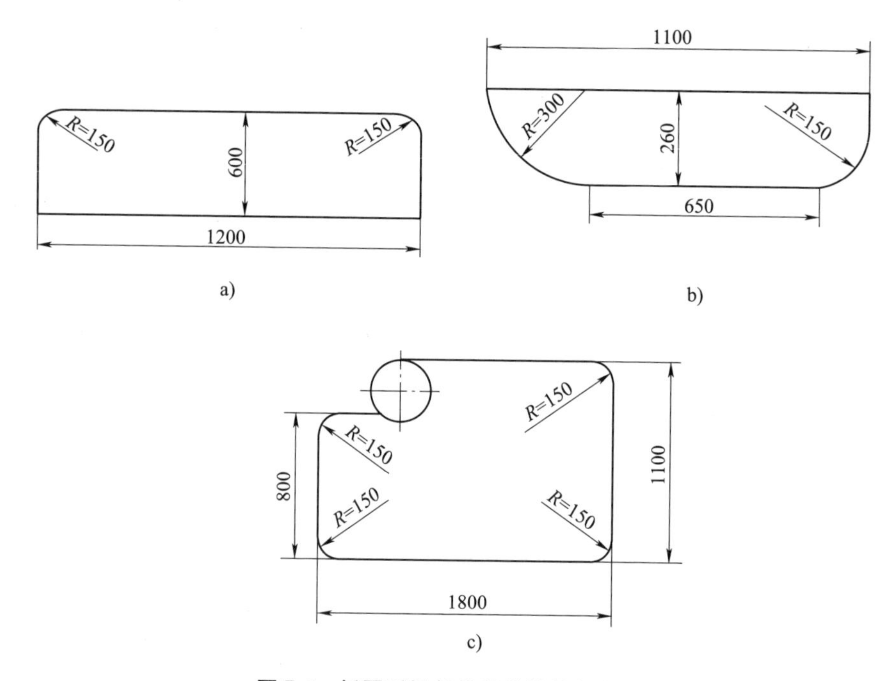

图7-6 托圈受损部位的挖补修复方案

a）内腹板的挖补修复方案 b）下盖板的挖补修复方案 c）外腹板的挖补修复方案

3）焊接前，将焊缝和母材金属加热到预热温度后施焊。焊接过程采用二氧化碳气体保护焊，按照多层多道，先两侧再中间的顺序焊接，以保证焊接接头错开。

4）挖补焊接修复后，对焊接区域进行消氢热处理，加快焊缝和热影响区的氢逸出，防止发生冷断裂。经过完整的焊接工艺整修，受损托圈挖补修复后的总体图如图7-7所示。

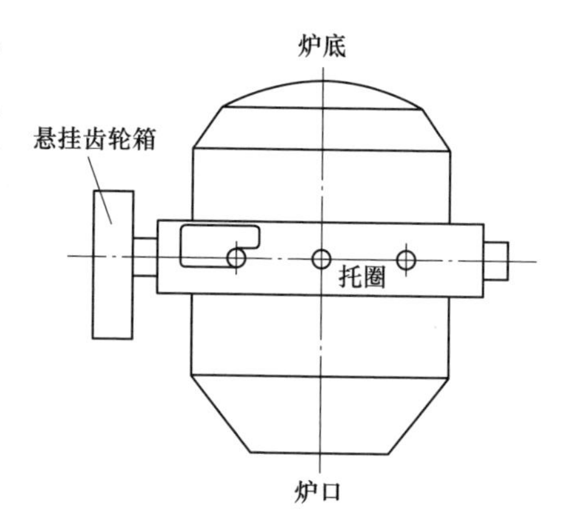

图7-7 受损托圈挖补修复后的总体图

7.2.3 转炉托圈在役再制造方案可行性验证

1. 托圈应力分析试验

为了解受损托圈在役再制造后能否安全承载，同时验证在役再制造方案的有效性，对修复后的托圈进行了承载实测试验。根据托圈损伤修复后的受力特点，在托圈损伤修复部位选择几个有代表性的应力测试点，实时监测这些应力测试点在炼钢过程中的动应力变化情况。应力测试点的分布如图7-8所示。

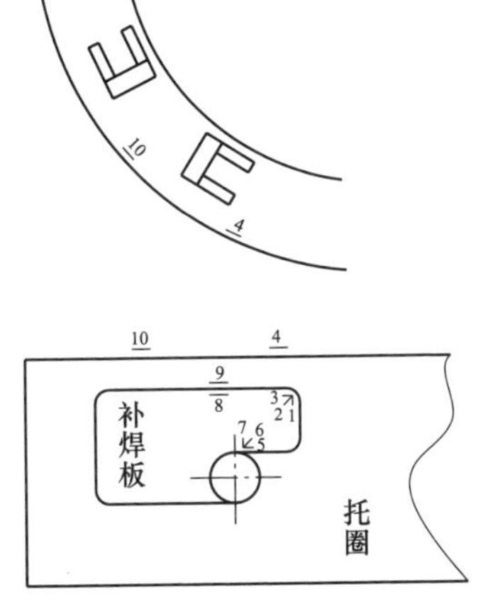

图7-8 应力测试点的分布

用砂轮机和粗细砂纸将托圈上的应力测试点表面磨光，然后按图7-8所示在各点贴上高温应变片，再将所贴应变片与温度补偿片组成半桥接入动态电阻应变仪，电阻应变片的信号经动态电阻应变仪放大后接入A/D板的接线端子。工控机便可以通过该A/D板采集应力信号进行测试分析。应力测试系统的组成结构如图7-9所示。

应力测试试验的工况条件如下：

（1）转炉倾动角度方向的规定　以转炉炉口朝上时作为0位，转炉朝炉前方向倾动时作为“+”方向，转炉朝炉后方向倾动时作为“-”方向，转炉倾动角度定义如图7-10所示。

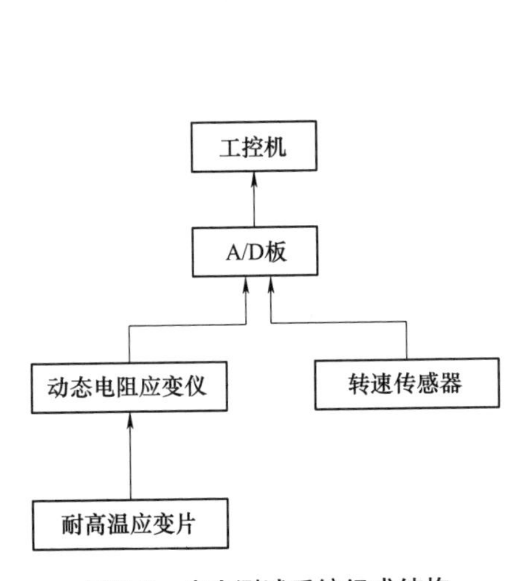

图7-9 应力测试系统组成结构

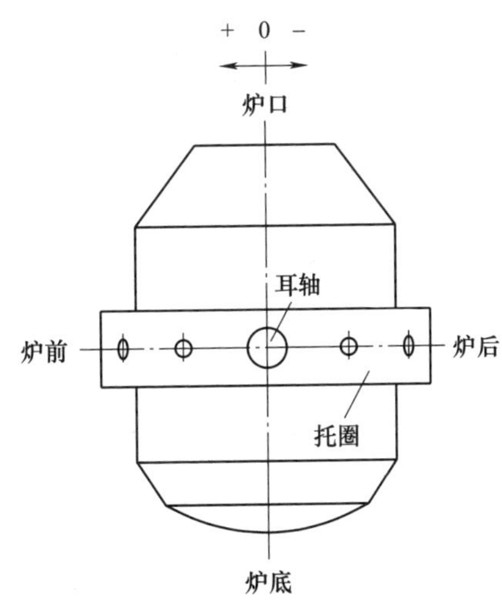

图7-10 转炉倾动角度定义图

（2）调零位置　转炉处于+90°（炉口正对着炉前时）应变仪调零。

（3）测试工况　调零完成后，分两种工况进行测试：第一种工况为空炉工况，空炉由+90° 摇向−90 °（炉口正对着炉后位置），记录各测试点的应力变化曲线；第二种工况为炼钢工况，即正常炼钢时，记录修复后托圈各测试点在炼钢过程中的应力变化曲线。所有数据的记录和处理过程由工控机控制完成。

现场实际测试中，分别对空炉倾动和一炉炼钢周期进行完整测试，记录炼钢过程中各测试点的应力变化曲线。由于现场环境恶劣，转炉炉体温度很高，造成在测试时 9 号测试点与 10 号测试点被破坏，无信号输出。对其他测试点的应力测试结果进行整理，见表 7-2，表中呈现了各测试点在主要倾动角时的应力值。

表 7-2　各测试点的应力测试结果　　（单位：MPa）

工况		1	2	3	4	5	6	7	8
空载	0°	12. 23		−19. 55	13. 5	9. 7		−14. 4	−9. 68
	30°	15		−7. 9	7. 67	12		−1. 72	16. 6
	45°	10. 3		−13. 5	10. 8	13. 8		−7. 63	14. 2
	90°	−1. 7		−5. 97	−1. 28	0. 24		−2. 1	−2. 1
	−90°	0. 02		−3. 52	−1. 46	0. 28		−2. 82	0. 87
炼钢过程	兑铁液（30°）	17. 5		−12. 0	18. 3	17. 6		−2. 9	7. 43
	吹氧（0°）	20. 5		−4. 1	37. 2	18. 2		−10. 5	15. 3
	取样（90°）	4. 03		−16. 0	25. 2	13. 74		−15. 0	8. 42

实测结果表明：炼钢过程中受损托圈修复处的最大应力为 37. 2MPa。托圈的材料为 20 钢，其材料的屈服极限为 $\sigma_s = 215\text{MPa}$ ，许用应力为 $[\sigma] = 162\text{MPa}$。显然，修复后托圈应力水平小于材料的许用应力。因此，受损托圈挖补再制造后具有足够的强度，能够保证该炼钢转炉的安全生产，在役再制造方案是成功的。

2. 受损托圈的有限元分析

对受损托圈进行有限元分析，将该转炉的托圈受损前与受损修复后在炼钢过程中的应力场进行对比分析，能够进一步证明在役再制造的有效性，同时也为托圈的安全性能评估提供依据。

为了便于对研究对象进行说明，在托圈有限元分析中对计算模型中的几种问题进行如下处理：

1）受损前后的托圈有限元模型。分别按托圈受损前和受损修复后两种情况建立了有限元分析模型。由于托圈受损前其结构基本上是规则对称的，故对受损前的正常托圈，本方案按映射网格进行划分。对于受损修复后的托圈，托圈未受损部位和耳轴采用映射网格划分网格；而在受损部位，由于修复块形状复杂，采用自由网格划分方式将网格划分得较密。

2）受损修复处的板厚处理。受损修复处修复板的实际板厚与腹板等厚，由于受现场抢修的制作条件限制，补焊后无法使修复板与托圈腹板外表面保持一致。对接后修复板有 1/3 的板厚处于托圈母线外，保守起见，在计算中修复板的板厚只按实际板厚的一半即 40mm 考虑。

3）托圈内冷却水的处理。为了考虑转炉倾动过程中托圈内冷却水自重对托圈受力的影响，在计算模型中，托圈的材料密度综合考虑了托圈金属材料和托圈内冷却水的自重。托圈内冷却水的自重为 14t，经计算，托圈的折算密度为 $\rho=9.65\times10^{-6}\text{kg/mm}^3$，而耳轴部分材料的密度不变，仍为 $\rho=7.85\times10^{-6}\text{kg/mm}^3$。

4）受损修复处缺陷的处理。对于修复处的缺陷，在有限元分析中以裂纹进行模拟。裂纹长度按探伤的缺陷长度适当增加一个长度后建立模型。这样划分的托圈受损前后的有限元网格图分别如图 7-11 和图 7-12 所示。

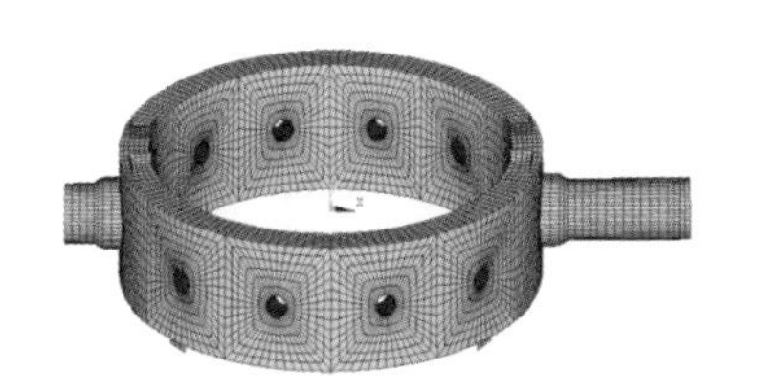

图 7-11　托圈受损前有限元网格图

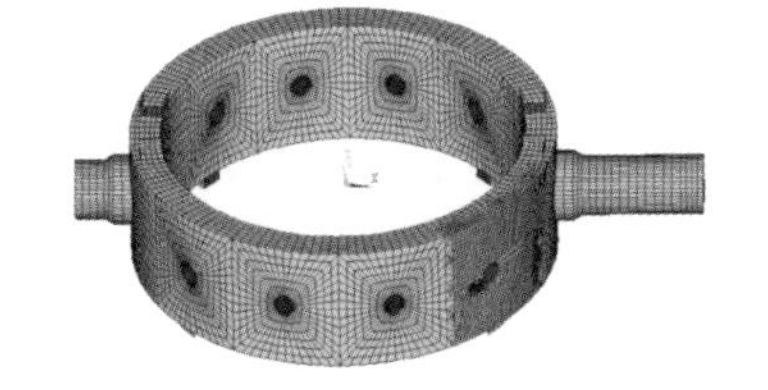

图 7-12　托圈受损修复后有限元网格图

对于转炉的托圈有限元计算模型，其边界条件为：在长耳轴与短耳轴的轴承支承处，施加对称约束；为了消除托圈系统的刚体位移，在短耳轴的端面施加 X、Y、Z 方向的约束，在长耳轴轴承支承处也施加 Y、Z 方向的约束。

在转炉系统中，转炉运行过程中的载荷通过把持器传递到托圈上。把持器由在托圈圆周方向均匀分布的三个自调螺栓和两组上夹持块及四组下夹持块组成。自调螺栓通过销轴和球面座与托圈相连，计算中简化为二力杆，受力方向始终在自调螺栓的轴线上。在炼钢过程中随着炉壳受热变形，自调螺栓的轴线与托圈上盖板的法线方向会形成一定的角度。为简化起见，在有限元分析中忽略了转炉炉壳变形引起的这种影响，计算中始终取自调螺栓的受力方向垂直于托圈上盖板。夹持块分为上夹持块和下夹持块，若忽略夹持块与转炉间的摩擦力，转炉转动到任一角度处于静平衡时转炉的受力简图如图 7-13 所示。

根据实测结果，转炉的转动角速度为 $\omega=0.105\text{rad/s}$，设起动和制动时间均为 1s，则角加速度为 $\varepsilon=0.105\text{rad/s}^2$。空炉转动过程中产生的径向惯性力为 $P_{gr}=mr\omega^2=G_{lu}Z_c\omega^2/g$，值很小可忽略不计，同理可知角加速度产生的切向惯性力也可忽略不计。对于炉内存在钢液的情况，通过上述分析，得出的结论类似。为

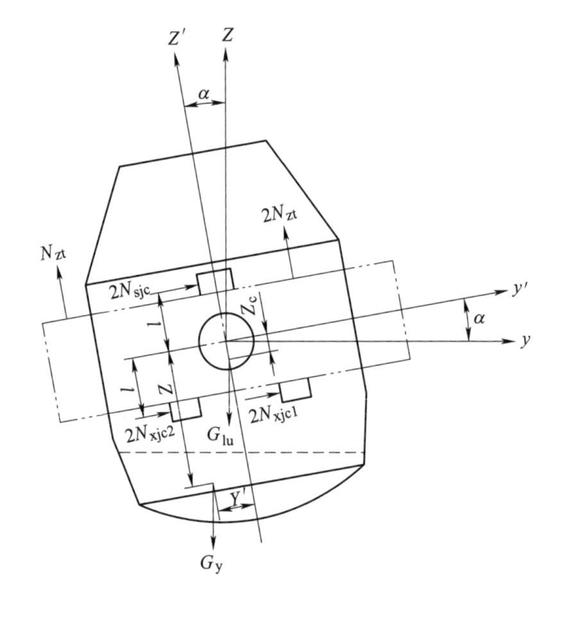

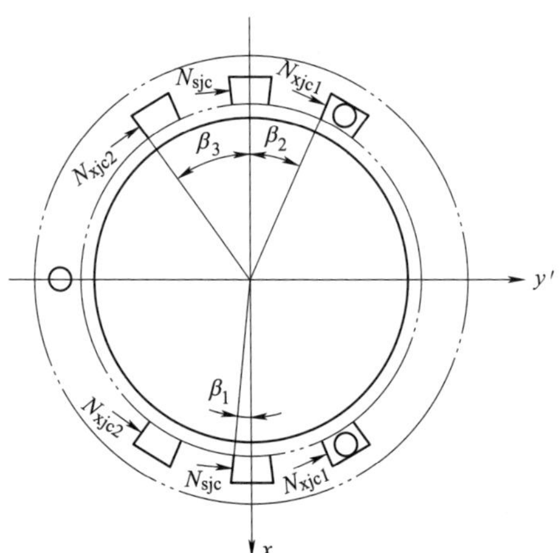

图 7-13　静平衡时转炉的受力简图

了简化方程，在以转炉为分析对象时，不考虑惯性力的影响（有限元计算时，惯性力的影响通过冲击系数确定），可列静力平衡方程如下：

$$N_{zt} = (G_{lu} + G_y)\cos\alpha/3$$

$$2N_{sjc}\cos\beta_1 + 2N_{xjc1}\cos\beta_2 + 2N_{xjc2}\cos\beta_3 = (G_{lu} + G_y)\sin\alpha$$

$$2N_{xjc1}l\cos\beta_2 + 2N_{xjc2}l\cos\beta_3 + 2N_{sjc}l\cos\beta_1 = G_{lu}Z_c\sin\alpha + G_yZ'\sin\alpha - G_yY'\cos\alpha$$

$$2N_{xjc1}l\cos\beta_2 = 2N_{xjc2}l\cos\beta_3$$

式中，α 为炉体中心线绕耳轴轴线的旋转角度，此处规定朝炉前方向倾动为正，朝炉后方向倾动为负；$\beta_1=6°$，$\beta_2=24°$，$\beta_3=36°$，分别是夹持块立板斜面与 x 轴的夹角；G_{lu} 为转炉空炉质量，$G_{lu}=325t$；G_y 为炉内钢液的质量，$G_y=90t$；Z_c 为转炉的重心到耳轴中心线的距离，$Z_c=50mm$；l 为上下夹持块受力点到耳轴中心线的距离，$l=1\ 060mm$；Y'为炉内钢液的重心到 z 轴的距离，单位为 mm；Z'为炉内钢液的重心到 y 轴的距离，这两个值都随着 α 的变化而变化，单位为 mm；N_{zt}为每个自调螺栓承受的力，单位为 N，假定自调螺栓受力均匀；N_{sjc}为上夹持块承受的正压力，单位为 N；N_{xjc1}为靠近耳轴的下夹持块承受的正压力，单位为 N；N_{xjc2}为远离耳轴的下夹持块承受的正压力，单位为 N。假定下夹持块在 y 轴方向的受力相等，$2N_{xjc1}l\cos\beta_2=2N_{xjc2}l\cos\beta_3$ 成立。

为了获得炉内钢液随转炉倾动时的重心位置 Y'和 Z'，取转炉内钢液为 90t，使用三维绘图软件 SolidWorks 进行了动态模拟。模拟出的钢液重心位置见表 7-3。

表 7-3　模拟出的钢液重心位置

角度/(°)	Y'/mm	Z'/mm	角度/(°)	Y'/mm	Z'/mm
-80	1 564. 44	-1 124. 69	10	-138. 60	-1 851. 62
-70	1 229. 47	-1 204. 56	20	-278. 38	-1 810. 33
-60	898. 21	-1 249. 22	30	-429. 17	-1 741. 75
-50	744. 01	-1 472. 86	40	-587. 05	-1 626. 12
-45	665. 73	-1 555. 17	45	-665. 73	-1 555. 17
-40	587. 05	-1 626. 12	50	-741. 94	-1 470. 26
-30	429. 17	-1 741. 75	60	-898. 21	-1 249. 22
-20	278. 37	-1 810. 34	70	-1 070. 46	-871. 20
-10	137. 98	-1 849. 01	80	-1 219. 67	-309. 16
0	0. 00	-1 861. 58	90	-1 279. 89	407. 89

为总体把握再制造前后托圈应力场的变化情况，在分析中分别将受损前与受损修复后的托圈按转炉为空炉与炉内有钢液炼钢这两种情况对如下四种工况进行了分析计算：

工况 1：空炉。上下夹持块受力均匀分布，冲击系数 $K=2.0$。

工况 2：空炉。长耳轴侧上下夹持块受力，冲击系数 $K=2.0$。

工况 3：炉内 90t 钢液。上下夹持块受力均匀分布，冲击系数 $K=2.0$。

工况 4：炉内 90t 钢液。长耳轴侧上下夹持块受力，冲击系数 $K=2.0$。

由于炼钢过程中，转炉在+90°～-90°范围受载较大（炉内有钢液），而当转炉倒渣时，炉内钢液已出尽，载荷相对来说较轻，因此，对于每一种载荷工况，分别计算了转炉倾动角为 0°、30°、45°、70°、90°、-45°、-90°七种角度下的载荷情况。经组合共有 56 种载荷工况，考虑计算结果较多，本部分对计算结果进行分类整理，并以表格的形式呈现。具体计算分析结果对比如下：

（1）受损前后的托圈整体应力分布比较　托圈受损前后应力场的变化是首要关注的问题，即在不同倾动角度下，托圈受损前即正常托圈的整体应力场与受损修复后托圈整体应力场的分布情况有何差异。

本试验考虑四种载荷工况，分别在七种角度下对空炉与炉内有钢液的受损前后托圈整体应力分布进行了计算，炉内有 90t 钢液且转炉处于 0°时，受损前托圈与受损修复后托圈整体应力分布如图 7-14 和图 7-15 所示。

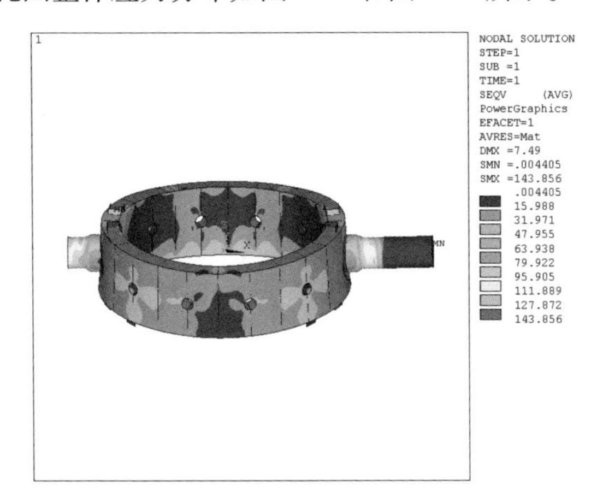

图 7-14　受损前托圈整体应力分布

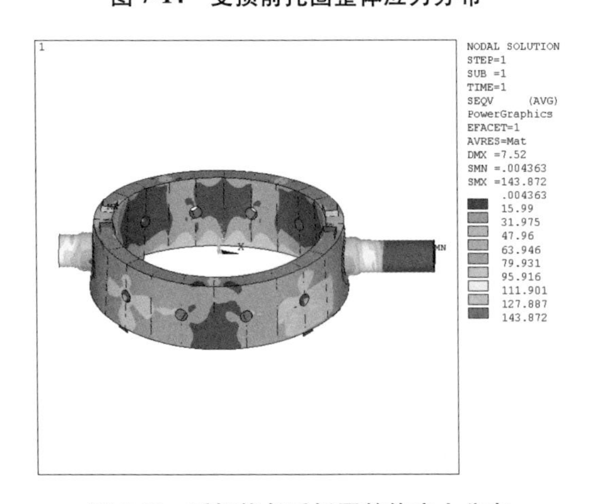

图 7-15　受损修复后托圈整体应力分布

参考上述试验方法，各个角度在受损前与受损后托圈的应力分布计算结果表明，如果不考虑受损部位的应力分布，则受损前后托圈的应力分布情况相近，与图 7-14 和图 7-15 载荷工况相同。两者的整体应力场差别很小，最大应力均在 143MPa 左右，结果说明托圈再制造修复后对托圈其他部位的应力分布的影响很小，仅对受损区有影响。

（2）托圈受损前后受损区应力分布的比较　托圈受损区在托圈受损前和修复后的应力分布如图 7-16、图 7-17 所示。对比可知，受损修复后修复块处的应力分布明显与受损前托圈同部位的应力分布不同。受损托圈修复块的应力明显高于受损前托圈且应力云图正好勾画出了修复块的轮廓。

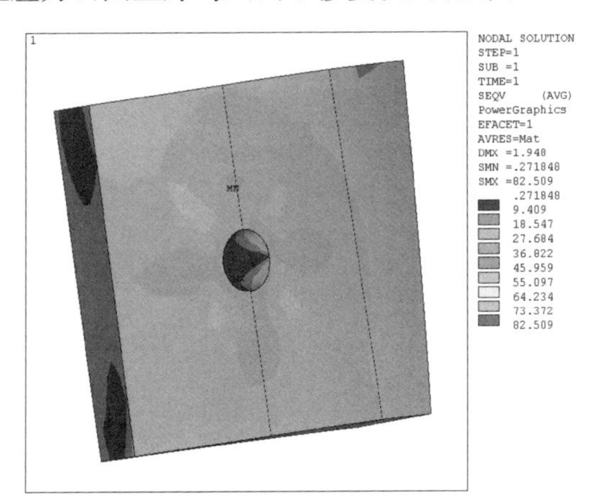

图 7-16　受损前托圈受损区的应力分布图

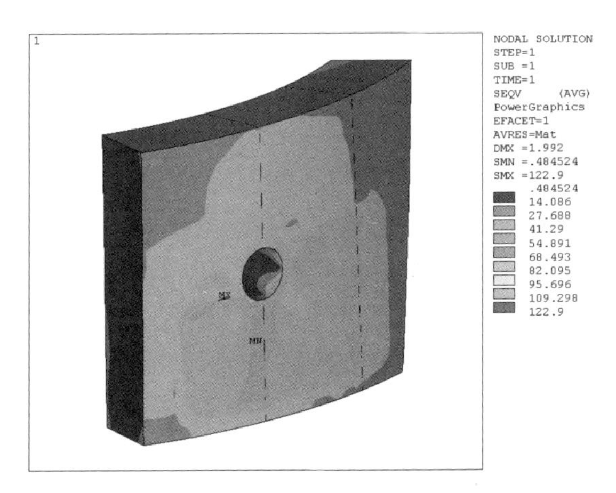

图 7-17　受损修复后托圈受损区的应力分布

（3）应力计算情况　本试验对受损前与受损修复后的托圈按转炉为空炉与炉内有钢液炼钢两种情况，分为四种工况、每种工况分别按七个不同的角度进行分析计算。为了便于比较托圈受损前后的应力水平，选取与实测时相同的点汇于表中。其中，点 1 对应实测时的 1-2-3 号应变片组成的应变花，点 2 对应实测时的 4 号应变片，点 3 对应实测时的 5-6-7 号应变片组成的应变花，点 4 对应实测时的 8 号应变片。通过有限元分析计算出各点的等效应力值见表 7-4~表 7-7，其中第一主应力值见表 7-8~表 7-11。

表 7-4　空炉夹持块均匀受力时的等效应力值　　（单位：MPa）

转炉倾动角度/(°)	受损前托圈				受损修复后托圈			
	1	2	3	4	1	2	3	4
0	20.48	9.88	14.67	11.93	31.45	8.16	21.19	18.68
30	20.82	13.17	15.90	13.27	31.56	12.51	21.21	19.74
45	18.84	13.55	15.65	12.68	28.36	13.51	19.83	18.26
70	12.83	12.23	14.07	9.95	18.95	13.16	16.19	13.12
90	6.26	9.56	12.26	6.05	8.85	11.13	13.42	7.21
-45	17.01	10.06	11.99	10.68	26.26	9.40	17.06	16.29
-90	4.4	4.45	3.09	3.24	6.68	5.25	3.54	4.45

表 7-5　空炉长耳轴侧夹持块受力时的等效应力值　　（单位：MPa）

转炉倾动角度/(°)	受损前托圈				受损修复后托圈			
	1	2	3	4	1	2	3	4
0	24.04	14.24	17.15	15.08	37.00	13.41	24.10	23.12
30	25.18	21.68	22.62	18.10	37.73	23.00	27.35	26.16
45	23.54	23.87	25.01	18.31	34.82	26.21	28.61	25.50
70	17.94	24.66	27.00	16.60	25.77	28.39	29.20	21.27
90	11.55	22.65	26.35	13.60	15.92	27.06	28.00	15.57
-45	19.55	13.18	13.65	12.91	30.22	13.21	18.75	19.26
-90	8.82	8.95	6.03	6.54	13.28	10.78	5.74	8.63

表 7-6　炉内 90t 钢液夹持块均匀受力时的等效应力值　　（单位：MPa）

转炉倾动角度/(°)	受损前托圈				受损修复后托圈			
	1	2	3	4	1	2	3	4
0	29.50	16.83	20.95	18.23	45.39	15.51	29.63	28.05
30	29.28	19.93	22.36	19.17	44.57	19.69	29.36	28.64
45	26.64	20.15	21.89	18.19	40.30	20.62	27.38	26.57
70	19.38	18.93	20.01	14.93	28.91	20.74	22.53	20.37
90	12.72	17.76	18.98	12.23	18.58	20.86	19.43	14.43
-45	20.57	11.36	14.61	12.67	31.80	10.36	21.29	19.37
-90	4.4	4.45	3.09	3.24	6.68	5.25	3.54	4.45

表 7-7　炉内 90t 钢液长耳轴侧夹持块受力时的等效应力值　（单位：MPa）

转炉倾动角度/(°)	受损前托圈				受损修复后托圈			
	1	2	3	4	1	2	3	4
0	32.87	21.24	23.04	21.37	50.73	20.95	31.62	32.04
30	32.89	28.50	29.26	23.68	49.57	30.49	35.23	34.56
45	30.48	30.74	31.89	23.50	45.36	33.91	36.49	33.41
70	23.93	32.55	34.87	21.76	34.77	34.66	37.38	28.55
90	18.80	34.00	37.01	20.89	26.83	40.86	37.83	23.82
-45	23.25	14.00	15.95	15.00	36.14	13.54	23.20	22.11
-90	8.82	8.95	6.03	6.54	13.28	10.78	5.74	8.63

表 7-8　空炉夹持块均匀受力时的第一主应力值　（单位：MPa）

转炉倾动角度/(°)	受损前托圈				受损修复后托圈			
	1	2	3	4	1	2	3	4
0	11.51	7.46	8.55	6.15	17.45	7.42	10.29	10.24
30	11.30	10.70	11.60	6.69	16.69	11.63	14.08	10.80
45	10.02	11.29	12.25	6.39	14.96	12.64	14.87	9.97
70	6.45	10.60	11.99	5.15	9.47	12.42	14.58	7.14
90	2.69	8.62	10.93	3.76	3.78	10.57	13.56	3.90
-45	8.62	8.23	7.17	5.25	13.24	9.00	5.68	8.50
-90	1.07	4.20	1.67	1.31	1.74	5.36	2.22	1.81

表 7-9　空炉长耳轴侧夹持块受力时的第一主应力值　（单位：MPa）

转炉倾动角度/(°)	受损前托圈				受损修复后托圈			
	1	2	3	4	1	2	3	4
0	12.35	11.82	10.52	7.60	18.87	12.99	12.86	12.34
30	12.38	19.05	18.07	9.61	18.61	22.21	22.09	14.77
45	11.22	21.35	20.98	10.05	16.71	25.31	25.60	14.72
70	7.76	22.61	23.61	9.72	11.35	27.47	28.91	12.75
90	4.05	21.19	23.41	8.52	5.76	26.27	29.02	9.71
-45	9.08	11.33	8.33	6.12	14.03	13.04	10.19	9.66
-90	1.97	8.59	3.02	2.43	3.09	11.17	3.94	3.20

表 7-10 炉内 90t 钢液夹持块均匀受力时的第一主应力值 （单位：MPa）

转炉倾动角度/(°)	受损前托圈				受损修复后托圈			
	1	2	3	4	1	2	3	4
0	15.42	13.75	12.75	9.20	23.53	14.89	15.54	15.01
30	15.01	16.77	16.06	9.72	22.68	18.86	19.61	15.62
45	13.37	17.25	16.68	9.24	20.10	19.79	20.35	14.55
70	8.93	16.78	16.39	7.60	13.30	20.04	19.19	11.02
90	4.61	16.34	15.86	6.25	6.79	20.34	19.19	7.17
-45	10.62	9.25	8.01	5.99	16.34	9.93	9.49	9.74
-90	1.07	4.20	1.67	1.31	1.74	5.36	2.22	1.81

表 7-11 炉内 90t 钢液长耳轴侧夹持块受力时的第一主应力值 （单位：MPa）

转炉倾动角度/(°)	受损前托圈				受损修复后托圈			
	1	2	3	4	1	2	3	4
0	15.81	18.15	14.17	10.26	24.28	20.67	17.37	16.33
30	15.56	25.30	22.83	12.55	23.50	29.82	28.06	19.45
45	14.01	27.72	26.22	12.94	20.99	33.12	32.21	19.42
70	9.76	30.05	29.90	12.53	14.42	36.81	36.69	16.97
90	5.72	31.92	31.68	11.97	8.47	40.01	38.77	13.20
-45	11.01	11.83	8.22	6.31	17.10	13.34	9.59	9.91
-90	1.97	8.59	3.02	2.43	3.09	11.17	3.94	3.20

在现场实际测量中，由于转炉从某一所在的转动角度开始倾动时，其倾动方向有两种，而上下夹持块两侧的间隙往往是随机的、不相等的，因此，即使在同一角度转炉开始倾动，因间隙不同产生的冲击力大小也是不同的，导致实测结果波动较大。然而，受限于 ANSYS 的分析计算功能，只能笼统地以一个冲击系数来表示，同时参考起重机设计手册取冲击系数为 2.0，这导致计算结果与实测结果有一定的误差。

从表 7-4~表 7-11 可以看出，在同等载荷工况下，受损修复后托圈对照点的应力水平都比受损前托圈（正常托圈）的应力水平高，在 1、3 点（这两点存在应力集中）尤为明显，很多计算工况下受损修复后托圈比受损前托圈的应力水平高出约 50%。但受损区的最大应力值只有约 50 MPa，小于材料的许用应力。同时，当转炉处于 0 位，即转炉炉口朝上时，托圈受损区的应力最大。

（4）受损托圈焊接处的应力值　本试验在最恶劣工况下（炉内 90t 钢液、转炉处 0 位位置）对受损修复后托圈焊接处的应力值进行了计算，托圈受损修复块裂纹尖端的应力为 133 MPa，如图 7-18 所示。

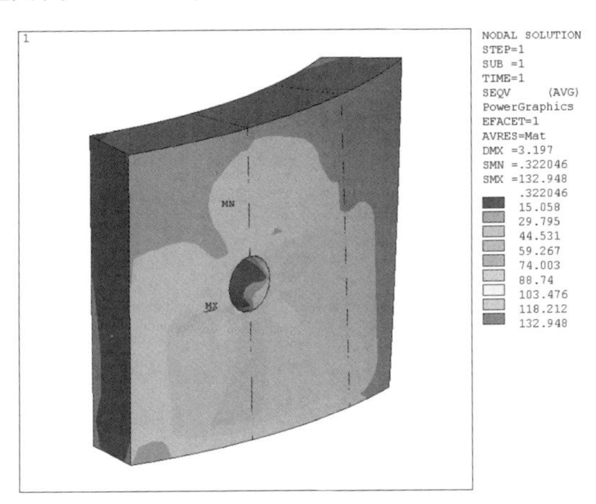

图 7-18　受损修复块裂纹尖端应力场

计算表明，最恶劣工况下裂纹尖端的应力值（133MPa）尚小于材料的许用应力（162MPa），静强度足够。但由于快接近许用应力，长期承载极易达到材料的疲劳极限，考虑到转炉作业的特殊性，应在下次大修期间将受损处重新开坡口焊好。

应力分析与有限元分析结果表明：在相同的载荷工况条件下，托圈受损前后的整体应力场差别很小。分析表明托圈受损修复部分对托圈其他部位的应力分布的影响很小，仅对受损区有影响。现场应力测量和对各种载荷工况下进行的有限元计算表明，不考虑缺陷时托圈修复处的最大工作应力约为 50MPa，在最恶劣工况下，缺陷处应力集中达 133MPa，小于材料的许用应力 $[\sigma]=$ 162MPa。因此，在役再制造后托圈的静强度校核符合使用要求，对转炉受损托圈实施的在役再制造是有效的。

本章小结

本章以转炉设备为研究对象对其在工业生产实践中常见的故障进行了分类总结，并探讨了其关键零部件的失效检测分析。在此基础上，以转炉设备中的典型零部件——托圈为例，对转炉托圈受损后的两种在役再制造方案进行了对比分析，针对该案例的实际背景下托圈损伤程度，选用局部挖补修复方案进行再制造修复，并通过应力分析、有限元分析等技术手段验证了再制造方案的可行性与有效性。

参 考 文 献

[1] ZACHARAKI A，VAFEIADIS T，KOLOKAS N，et al. RECLAIM：toward a new era of refurbishment and remanufacturing of industrial equipment [EB/OL]. [2021-10-29]. https：//doi. org/10. 3389/frai. 2020. 570562.

[2] CHEN X，ZHANG L Y，LIU T，et al. Research on deep learning in the field of mechanical equipment fault diagnosis image quality [J]. Journal of visual communication and image representation，2019，6：402-409.

[3] 刘立伟，董现春，张侠洲，等．转炉烟罩失效原因分析及对策 [J]. 腐蚀与防护，2019，40 (2)：151-155.

[4] CAO J，CHEN X H，ZHANG X M，et al. Overview of remanufacturing industry in China：government policies，enterprise，and public awareness [J/OL]. Journal of cleaner production，2019，242：118450 [2021-10-29]. https：//doi. org/10. 1016/j. jclepro. 2019. 118450.

[5] 张侠洲，董现春，赵英建，等．转炉烟罩冷却水管失效分析及改进措施 [J]. 焊接技术，2019，48 (1)：93-96.

[6] 肖凌俊，吕勇，袁锐．MED 与 GMCP 稀疏增强信号分解在滚动轴承故障诊断中的应用 [J]. 机械科学与技术，2020，39 (2)：165-173.

[7] DUAN C Q，VILIAM M，DENG C. A two-level Bayesian early fault detection for mechanical equipment subject to dependent failure modes [J/OL]. Reliability engineering & system safety，2019，193：106676 [2021-10-29]. https：//doi. org/10. 1016/j. ress. 2019. 106676.

[8] 张耀东，韩天，秦勤．转炉连接挡座失效动力学特性分析 [J]. 兵器装备工程学报，2019，40 (11)：217-221.

[9] 胡广生，昌子达，袁欢，等．PS 转炉传动装置蜗轮副跑合方案设计与实践 [J]. 中国有色冶金，2019，48 (6)：52-58；75.

[10] 张洪潮，李明政，刘伟嵬，等．机械装备再制造的重点基础科学问题研究综述 [J]. 中国机械工程，2018，29 (21)：2581-2589.

[11] WANG W，SHEN G，ZHANG Y M，et al. Dynamic reliability analysis of mechanical system with wear and vibration failure modes [J/OL]. Mechanism and machine theory，2021，163：104385 [2021-10-29]. https：//doi. org/10. 1016/j. mechmachtheory. 2021. 104385.

[12] YU H S，CHUNG J S. A study on the characteristics of bonding strength by types of repair materials by mechanical pressurizing equipment (MPE) [J]. The journal of the convergence on culture technology，2020，6 (2)：553-560.

[13] REN B，LI S W，YANG S P，et al. Research of acquisition and prediction method in early weak information of locomotive traction system [EB/OL]. [2021-10-29]. https：//doi. org/10. 1049/joe. 2018. 9058.

[14] 康福，罗会信，党章，等．90t 转炉托圈承载能力有限元分析 [J]. 武汉科技大学学报（自然科学版），2014，37 (1)：40-43.

[15] 张立伟，罗会信，罗辉，等. 转炉增容后吊车梁承载能力研究［J］. 铸造技术，2016，37（9）：1995-1998.

参数说明

参数	说　明
σ	应力，单位为 MPa
ρ	密度，单位为 kg/mm^3
ω	转动角速度，单位为 rad/s
ε	角加速度，单位为 rad/s^2
P_{gr}	径向惯性力，单位为 N
G_{lu}	转炉空炉质量，单位为 t
G_y	炉内钢液的质量，单位为 t
Z_c	转炉的重心到耳轴中心线的距离，单位为 mm
α	炉体中心线绕耳轴轴线的旋转角度，单位为 rad
β	夹持块立板斜面与 x 轴的夹角，单位为°
l	上下夹持块受力点到耳轴中心线的距离，单位为 mm
Y'	炉内钢液的重心到 z 轴的距离，单位为 mm
Z'	炉内钢液的重心到 y 轴的距离，单位为 mm
N_{zt}	每个自调螺栓承受的力，单位为 N
N_{sjc}	上夹持块承受的正压力，单位为 N
N_{xjc}	x 轴方向的静应力，单位为 N
N_{xjc1}	靠近耳轴的下夹持块承受的正压力，单位为 N
N_{xjc2}	远离耳轴的下夹持块承受的正压力，单位为 N
K	冲击系数

第 8 章

CSP关键设备部件在役再制造典型案例

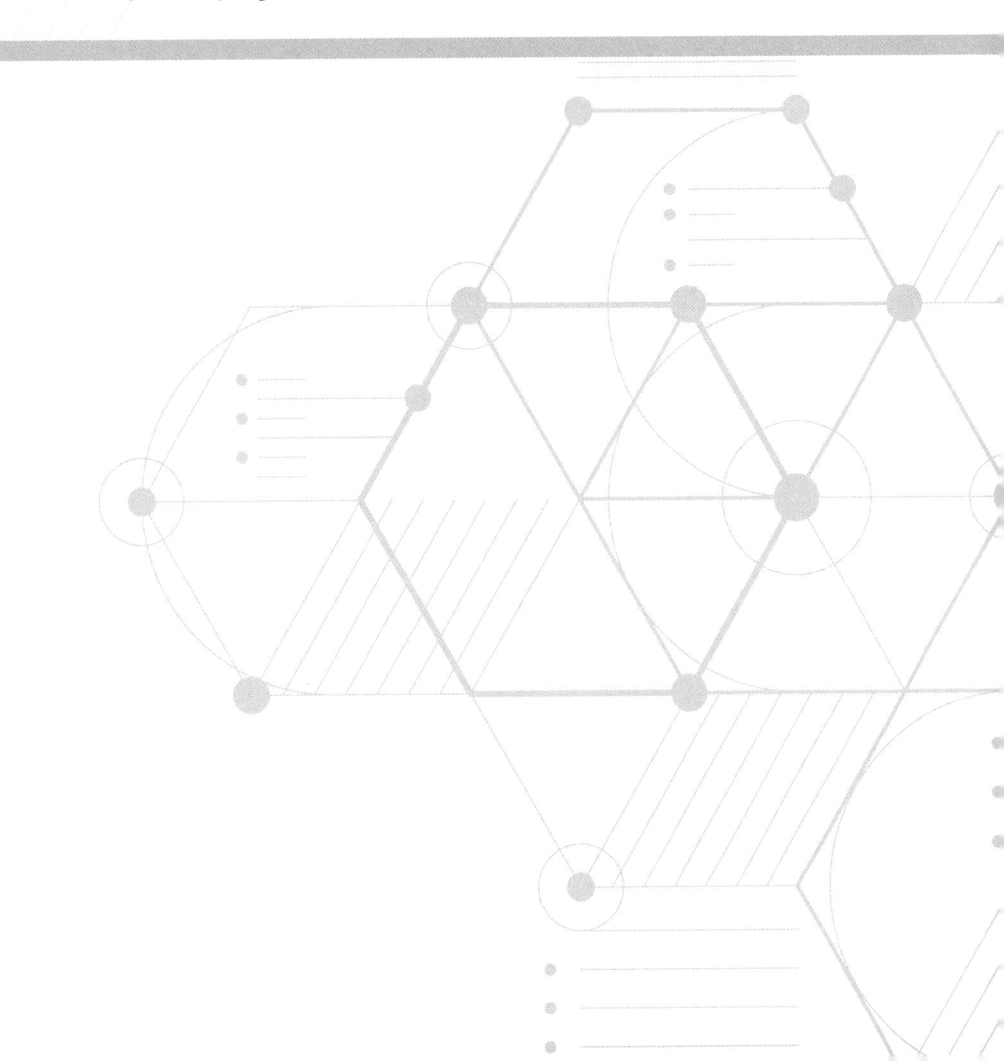

紧凑带钢生产工艺（compact strip production，CSP）具有流程紧凑、投资少、能耗低等优势，主要生产高技术含量、高附加值品种钢材。CSP 生产线包含大量大型复杂冶金设备，工作环境恶劣，失效形式多样，卷取机、薄板坯连铸机、粗轧机、精轧机等关键设备的故障率较高，严重影响 CSP 生产线的平稳运行。其中，CSP 生产线中关键设备部件——辊子，在生产过程中面临复杂的应力状态及恶劣的工作环境，导致辊子失效量巨大，直接报废将造成巨大的资源浪费和经济损失。辊子的质量和使用寿命直接关系到轧制生产的生产效率、产品质量及生产成本，对轧辊等关键设备部件进行在役再制造是保障 CSP 生产线健康、稳定运行和提高资源利用率、降低生产成本的有效途径。本章通过 CSP 生产线中卷取机夹送辊及热轧支承辊的在役再制造工程应用，为相关企业及行业设备再制造提供借鉴与参考。

8.1 CSP 常见故障及其关键零部件失效检测分析

CSP 是当今冶金界的一项前沿技术，主要生产硅钢、优碳钢、耐候结构钢、汽车结构钢和集装箱钢等高技术含量、高附加值品种钢产品。CSP 生产线一般由电炉或转炉炼钢、钢包精炼炉、薄板坯连铸机、剪切机、辊底式隧道均热炉、粗轧机、均热炉、事故剪、高压水除鳞机、小立辊轧机（或没有）、精轧机、输出辊道和层流冷却系统、卷取机等冶金设备组成。图 8-1 所示为一 CSP 生产线示例。

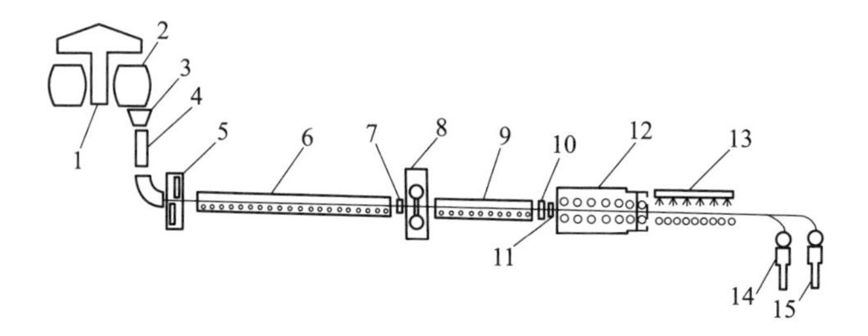

图 8-1 CSP 生产线示例

1—回转台 2—钢包 3—中间罐 4—连铸机 5—剪切机 6—均热炉 7、11—除鳞机 8—粗轧机 9—均热炉 10—事故剪 12—精轧机 13—层流冷却系统 14—卷取机 15—预留卷取机

8.1.1 CSP 主要设备常见故障

CSP 生产线包含大量大型复杂冶金设备，工作环境恶劣，失效形式多样。其中，卷取机、薄板坯连铸机、均热炉、粗轧机、层流冷却系统、除鳞机、精轧机等设备的故障率较高，严重影响 CSP 生产线的平稳运行。CSP 主要设备常见的失效形式、失效原因及其对应失效结果见表 8-1。

表 8-1 CSP 主要设备常见的失效形式、失效原因及其对应失效结果

设备	失效形式	失效原因	失效结果
卷取机	夹送辊粘钢	组织成分	缠钢
	下夹送辊辊面划伤	活门提前关闭，造成“卡钢”，划伤夹送辊	夹送辊寿命缩短、带钢表面产生下夹送辊辊印
	上夹送辊断辊：断裂位置主要是上夹送辊和平衡装置连接的轴肩位置	平衡装置失效，夹送辊轴肩位置所承受的剪切力增大数十倍	卷取机无法正常工作，生产停滞
	下夹送辊主动轴断	编码器故障导致夹送辊固定侧与移动侧电动机速度不同步，夹送辊中间的同步轴形成扭矩	
	下夹送辊被动轴断	夹送辊断裂发生在辊身与被动轴端的焊缝处应力集中处	
	扇形板断裂	长期使用	
	前套环部件配合位置磨损、开裂	因卷筒无法涨缩多次拆卸前套环	
	夹送辊两侧油柱偏差大	下夹送辊水平度不理想，操作侧水平度较高	夹送辊磨损加剧，寿命减少
	齿轮箱齿面剥落	人字齿轮偏载	卷取机振动幅度加大
	齿轮箱轴承孔尺寸超差	齿轮箱轴承孔与轴承外圈有较大间隙	
薄板坯连铸机	旋转分配器液压漏油	芯轴长期磨损	油耗加大
	滑板机构无法正常关闭	液压缸长期受热辐射	钢液流量控制失效
均热炉	耐火衬损坏	流化冷风在流化物料时料位变化或波动	均热炉使用寿命缩短
粗轧机	支承辊表面磨损	过渡的轧制接触疲劳	板坯表面粗糙、精度较差
	支承辊剥落：凸形缺陷	热疲劳、机械受力压痕	
	支承辊剥落：凹形缺陷	材料的内部缺陷	
层流冷却系统	层流冷却辊磨损	工作时滚动热钢板带来的载荷及高温磨损	层流冷却辊使用寿命减少，传动能力变弱
除鳞机	集管喷嘴螺母变薄与掉块	高压水无规则冲刷	喷嘴丢失，除鳞压力下降，板坯表面质量下降
	集管喷嘴与安装基体整体变形或断裂	集水器位置不准确、集管控制失灵、板坯翘头、氧化皮的撞击	
精轧机	导辊轴承磨损	异物侵入加速磨损	板坯精度较差
	导辊轴承断裂	安装倾斜或配合过紧、润滑失效且产生较大的热应力	轧件缠辊、被刮切和挤钢
	导辊轴承烧损	润滑脂失效，套圈和滚动体咬死	滚动体对半破开，保持架散落烧毁

8.1.2 CSP 卷取机夹送辊及热轧机支承辊失效检测分析

CSP 生产线中大部分主要设备的核心部件——辊子都面临着故障率高的困境，其故障或失效对带钢产量、板面质量、吨钢成本消耗等指标有直接影响，会造成批量产品质量降级甚至报废，导致成材率降低，且可能引起其他相关设备故障。辊子的质量和使用寿命直接关系到轧制生产的生产效率、产品质量及生产成本。我国辊子材料供应不足、价格较高，一旦辊子失效，整个辊子将报废，造成巨大的材料浪费。由于辊子处于复杂的应力状态及作业环境下，实施辊子在役再制造，必须先进行合理的失效检测，得到准确失效信息。其中，卷取机的夹送辊和热轧机的支承辊故障率较高，且失效影响大，其常用失效检测方法及对应检测结果分析见表 8-2。

表 8-2　常用失效检测方法及对应检测结果分析

部件	失效模式	失效检测方法	失效检测结果分析
卷取机夹送辊	下夹送辊辊面划伤	ibaPDA 系统监测	卷取机活门提前关闭，造成“卡钢”，划伤夹送辊
	上夹送辊断辊	压力传感器监测	平衡装置失效，夹送辊轴肩位置所承受的剪切力增大数十倍
	下夹送辊主动轴断	速度传感器监测	夹送辊固定侧与移动侧电动机速度不同步，中间同步轴扭矩突然增大
	下夹送辊被动轴端焊缝处断裂	仿真应力分析	焊缝处应力集中
	下夹送辊轴主动端轴头磨损	量具测量	直径方向磨损 2~3 mm，导致减速器摇摆，安装减速器与电动机的支架晃动，支架焊口开裂
	夹送辊辊面粘钢	温度传感器监测	工作时夹送辊温度超过上限
热轧机支承辊	支承辊表面不均匀磨损	硬度检测	辊身辊面硬度差较大，并且辊身还出现了周向高硬度带的情况
	支承辊剥落	宏观观察	剥落断口呈明显低周疲劳特征，有疲劳辉纹形貌，疲劳辉纹间距呈不均匀、断续状，为脆性特征辉纹呈波浪状带弯曲，裂纹扩展的方向为朝向波纹凸出的一侧，即支承辊裂纹是从内部向辊面外层扩展而出
		硬度测试	剥落处的辊面硬度比辊身其他地方的硬度要高出 3 ~ 4HSC
		超声探伤	裂纹为多区域性扩展，并交会相通，交会处呈多层面特征。部分明显分为两层面，裂纹从两方向扩展进而会合在一起，表明裂纹的起源是多源性的
		金相分析	大量的夹杂物呈连续网状共晶形式分布在初生晶晶界上，剥落块上存在沿晶裂纹
		电镜扫描、能谱仪	辊面以下 2mm 范围内晶粒较细，无明显的方向性结合，X 射线衍射图谱分析可以判断该区全部为马氏体

（续）

部件	失效模式	失效检测方法	失效检测结果分析
热轧机支承辊	支承辊肩部脱落	化学成分与硬度检测	S含量严重超标，辊身的硬度值处于合格证提供硬度值的下限
		金相检验	支承辊肩部试样腐蚀前金相组织内裂纹呈类似网状分布，并存在较多的疏松空洞，空洞周围有开裂现象
	上支承辊操作侧锁紧螺母退扣	强度测试	螺栓强度不足
	支承辊辊身断裂	化学成分检验和气体含量测定	C、Si等元素偏析较大，N_2 含量偏高
		拉伸试验与冲击试验	支承辊芯部强度和韧性相当低
		金相检验	辊面下45mm出现过渡层组织，至75mm处开始出现片状珠光体相，导致强度和韧性明显降低，此处断口开始出现严重粗糙，至220mm处出现芯部组织片状珠光体+沿晶网状铁素体相
		断口形貌观察和微区成分分析	凹陷部分断口主要呈解理特征，也有滑移撕裂的韧窝特征，局部还有沿晶断裂特征，并呈自由表面特征，断裂前辊内部存在疏松，疏松处有金属元素富集和大量夹杂物
	支承辊辊颈断裂	电镜扫描	裂纹源于轧辊表面，裂纹源处的轧辊表面为挤压形貌
热轧机工作辊	下工作辊断裂	金相检验	芯部的碳化物粗大且不均匀，从结合层往里碳化物量越来越多，严重处达20%以上
	工作辊辊面裂纹	电镜扫描	裂纹呈网状均匀分布
	工作辊辊面剥落	超声探伤	结合层缺陷 芯部材料的回波信号弱
		化学成分分析	Si、Al、Ca、Mg和O元素含量超标
	上工作辊辊身断辊	残余应力检测	表面加工残余应力过大
		金相检验	外层残余奥氏体量大，芯部材质疏松、夹杂、塑性差疲劳裂纹扩展
		电镜扫描	带状碳化物偏析明显，贯穿整个视场，且在裂纹附近可观察到呈条状、短杆状、尖角化的链状碳化物偏析

8.2 CSP卷取机夹送辊再制造

薄材品种具有附加值高、利润空间大等优势，是某钢铁企业研发生产的重点之一，CSP 是该企业能稳定生产 2.0 mm 以下薄材热轧带钢的唯一产线。但在轧制薄材时，特别是轧制厚度 1.6 mm 以下的极薄材时，对设备精度和控制性能要求很高。该钢铁企业 CSP 投产以来，随着薄材带钢的大量生产，卷取机穿钢或缠钢事故的发生日趋频繁，主要故障现象有：① 带钢在进入夹送辊后，直接缠绕到夹送辊（上辊或下辊）上，造成废钢，如图 8-2a 所示；② 带钢头部未按照正常通板线进入卷筒，而是穿入夹送辊的后护板或活门等间隙中，造成废钢，如图 8-2b 所示，其本质与缠钢相似。

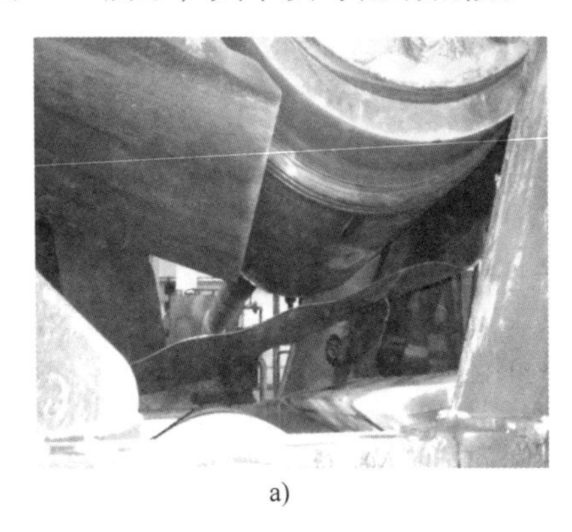

a)

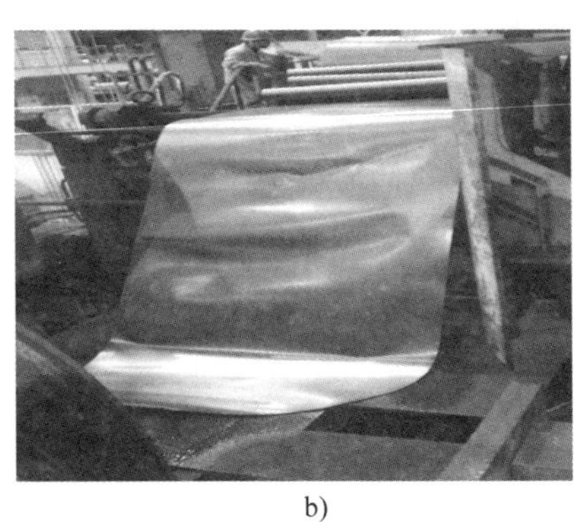

b)

图 8-2　卷取机主要故障

a）夹送辊缠钢　b）卷取机穿钢

8.2.1　面向再制造的 CSP 夹送辊配置与参数设计

卷取机夹送辊是卷取机的重要组成部分，位于卷取机前端，它是将带钢头部弯曲后引导到卷筒上进行卷取，并在带钢入卷筒后与卷筒之间形成张力，便于带钢更好地缠绕在卷筒上。夹送辊在卷取过程中的下辊位置是固定的，而上辊的位置由 PLC 信号调节，可以对夹送辊进行精确的辊缝位置和压力控制，上下夹送辊分别由两台电动机单独驱动，可进行精确的速度调节。

为解决缠钢、穿钢问题，需要对缠钢机理、机械结构、带钢材质等因素进行综合分析，通过理论计算和试验检测，对夹送辊的各项装置及参数进行设计与优化，从而减少卷取机故障，延长夹送辊及卷取机寿命。为使带钢能够通过夹送辊，在卷筒上顺利卷取，在设计夹送辊装置时，主要考虑三个方面的因素：① 使带钢在进入卷筒之前预先弯曲；② 带钢弯曲后，应能顺利被导入卷筒和助卷辊之间；③ 要使夹送辊装置的体积和质量最小。

1. 上下夹送辊直径比分析

下夹送辊的直径大小决定了带钢向下弯曲的程度，即带钢的弯曲半径。因此，在满足强度和刚度的条件下，必须首先确定合理的上下夹送辊的直径，然后再确定上、下夹送辊之间的偏移距 e 或偏转角 α。

（1）夹送辊装置工艺要求　三助卷辊卷取机机构简图如图 8-3 所示。卷取带钢时，利用上下夹送辊夹持带钢，使带钢头部向下弯曲并沿着导板方向顺利进入卷筒和 1#助卷辊之间。为了使带钢易于进入夹送辊，上夹送辊直径应比下夹送辊直径大；要使带钢头部向下弯曲，上夹送辊要相对于下夹送辊在带钢前进方向偏移一定距离 e。只有同时具备这两种条件，才能使带钢咬入又能使之向下弯曲。

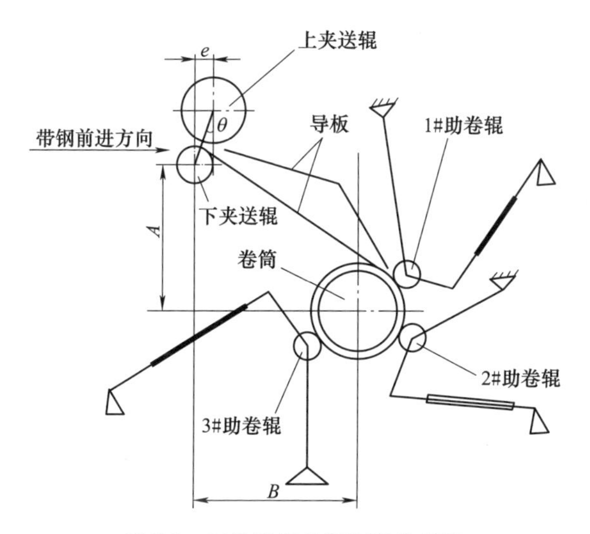

图 8-3　三助卷辊卷取机机构简图

目前正在使用的几种夹送辊主要参数见表 8-3。设上夹送辊半径为 R_1，下夹送辊的半径为 R_2。

表 8-3　目前正在使用的几种夹送辊主要参数

序号	上夹送辊直径 D_1/mm	下夹送辊直径 D_2/mm	初始偏转角 α_0/(°)	偏移距 e/mm
1	915	510	14.63	180
2	920	520	19.13	236
3	900	400	19.78	220
4	920	460	20.00	236
5	900	500	16.60	200

（2）塑性渗透率与曲率半径关系　经过现场勘察和计算，薄材带钢在经过夹送辊时没有发生塑性变形，可以认为它过夹送辊后沿着上下夹送辊连线的垂线方向运动。薄材带钢过夹送辊后运动轨迹如图 8-4 所示。

带钢经过夹送辊后要产生一定的弹塑性弯曲变形，通常其弹塑性弯曲变形的程度用断面塑性渗透率 k 来衡量，如图 8-5 所示。

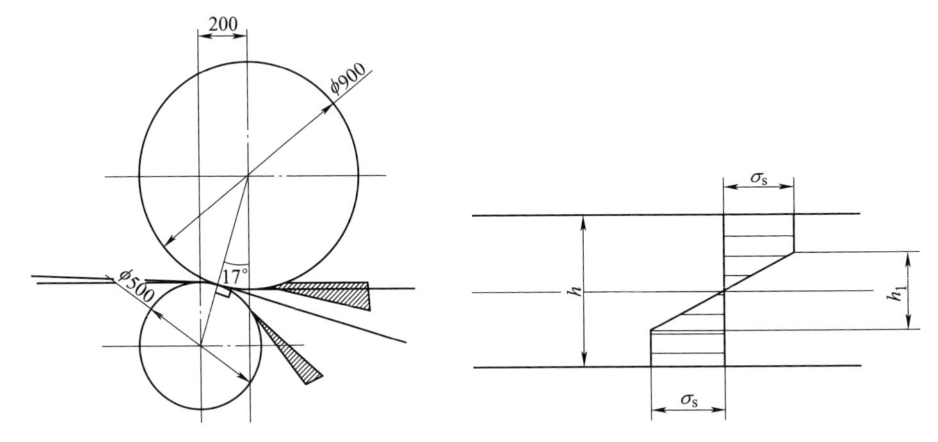

图 8-4　薄材带钢过夹送辊后运动轨迹

图 8-5　塑性渗透率 k 的含义

带钢断面的塑性渗透率 k 的计算式为

$$k = \frac{h - h_1}{h} = 1 - \frac{h_1}{h} \tag{8-1}$$

式中，h 为带钢厚度，单位为 mm；h_1 为带钢仍然处于弹性变形部分的厚度，单位为 mm。

另外，带钢进入夹送辊后的弯曲变形如图 8-6 表示，设中性层在弯曲变形前后的纤维长度都等于 l，距中性面为 z 的纤维应变为

$$\varepsilon_z = \frac{\Delta l}{l} = \frac{z}{\rho} \tag{8-2}$$

式中，ε_z 为应变；ρ 为带钢弯曲后的曲率半径，单位为 mm；l 为距中性面为 z 的纤维变形前长度，单位为 mm；Δl 为变形后的伸长量，单位为 mm。

$$\varepsilon_z = \frac{h}{2\rho} \tag{8-3}$$

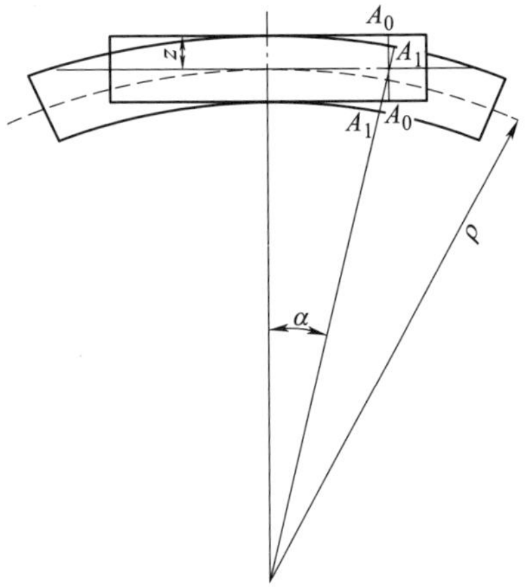

图 8-6　带钢进入夹送辊后的弯曲变形

根据应变与应力的关系，可得到弯曲曲率半径 ρ、曲率 k_1 与塑性渗透率 k 的关系式为

$$k = 1 - \frac{2\sigma_s}{Ehk_1} \tag{8-4}$$

式中，σ_s 为屈服强度；h 为带钢厚度，单位为 mm；E 为弹性模量，单位为 MPa。

$$k = 1 - \frac{2\sigma_s \rho}{Eh} \tag{8-5}$$

由式（8-4）可知，塑性渗透率 k 的取值范围为 $0 \leqslant k \leqslant l$。利用式（8-4）与式（8-5）可分析 k 值在不同取值范围内带钢的弯曲情况：当 $k<0$ 时，带钢处于弹性变形状态；当 $k=0$ 时，处于弹塑性变形临界状态；当 $0<k \leqslant 1$ 时，处于弹塑性状态（当 $k=1$ 时，带钢在全塑性状态下弯曲）。

（3）下夹送辊直径确定方法　为使带钢的弹塑性弯曲变形满足所要求的塑性渗透率，需确定下夹送辊直径的取值范围以及上限值。

在带钢经过夹送辊时，当带钢弯曲的曲率半径 ρ 等于下夹送辊半径 R_2，弹塑性弯曲程度处于最大值。在实际应用中，要求下夹送辊半径 R_2 应小于或等于带钢弯曲的半径 ρ，即

$$R_2 \leqslant \rho = \frac{Eh}{2\sigma_s}(1 - k) \tag{8-6}$$

式（8-6）说明，随着带钢厚度 h 的变化，下夹送辊半径 R_2 应做相应的改变。而在实际使用中，夹送辊装置一经设计确定，上下夹送辊直径和偏移距都是固定值。

在实际使用中，厚度 h 的变化范围较大，一般从 0.8~12.7mm，由于最小值与最大值相差 10 倍，准确设计下夹送辊直径以适应卷取一定范围厚度的带钢比较困难。从式（8-6）可知，当下夹送辊半径 R_2 固定不变、带钢厚度 h 变化时，只影响塑性渗透率 k，其他参数不会变化。由此可知，如果满足较薄带钢所要求的塑性渗透率，则将超出较厚带钢的要求；反之，如果满足较厚带钢所要求的塑性渗透率，则对于较薄的带钢，只能产生弹性变形。因此，对于卷取厚度范围差十几倍的带钢，不能使每一种厚度规格的带钢都产生所要求的弹塑性弯曲变形。

在通常情况下，当确定了一个偏转角 α 时，对于小厚度带钢不会产生弹塑性弯曲变形，而对于大厚度带钢则可能产生 $k>0.7$ 以上的塑性弯曲。经过反复计算分析验证，得到如下结论：在确定下夹送辊的直径时，带钢厚度 h 值的选取，应采用 $h=0.8 \sim 12.7$mm 范围中的厚度偏大值来计算，推荐选取 $h=8$mm 作为初步设计的起点。经过实际计算验证，证明利用式（8-6）确定的下夹送辊直径，基本上符合目前国内引进的多套夹送辊装置的参数设置。因此，式（8-6）可以作为确定下夹送辊直径的必要条件。

（4）咬入角 α' 和极限咬入角 α'_{max} 确定方法　带钢头部到达夹送辊时，能否被夹送辊咬入，取决于是否有合理的咬入角。在实际使用中，带钢的头部并非

一段直线，可能有头部上弯的情况。当带钢头部为直线时，由于辊道送进力的作用，更易于咬入带钢；当带钢头部上弯时，由于实际咬入角的增大，带钢可能难以咬入，但在辊道送进力的作用下，仍然能够咬入带钢。因此，考虑实际使用中辊道送进力的作用，用直线段计算得到的理论结果也能够保证带钢在头部上弯的情况下被咬入夹送辊。

在生产控制工艺中，有两种预设辊缝的方法：① 将辊缝预设为 $\delta=h-\delta_1$；② 将辊缝设定为 $\delta=h+\delta_2$。方法①中，δ_1 是经过计算得到的值，计算时考虑了夹送辊咬入带钢时的弹跳，以及咬钢后的夹紧力，这种方法计算比较复杂，生产中调整不方便。在现有的夹送辊装置设计中，由于上夹送辊采用了伺服阀控制的液压方式调整，方法②更为常用，δ_2 是一个正实数，表示预设辊缝大于带钢的厚度，是不定的，将辊缝值设置为大于带钢的厚度，即 $\delta>h$，这样利于带钢咬入，生产上也便于调整。但无论采取哪一种方式，都需要研究带钢的咬入角 α' 和极限咬入角 α'_{max}。

图 8-7 是带钢咬入夹送辊时的示意图，设带钢头部为直线段。在咬入过程中，设 N'为下夹送辊对带钢的支承力，F'是由 N'产生的摩擦力，N 为上夹送辊对带钢的压力，F 是由 N 产生的摩擦力，μ 为摩擦系数。

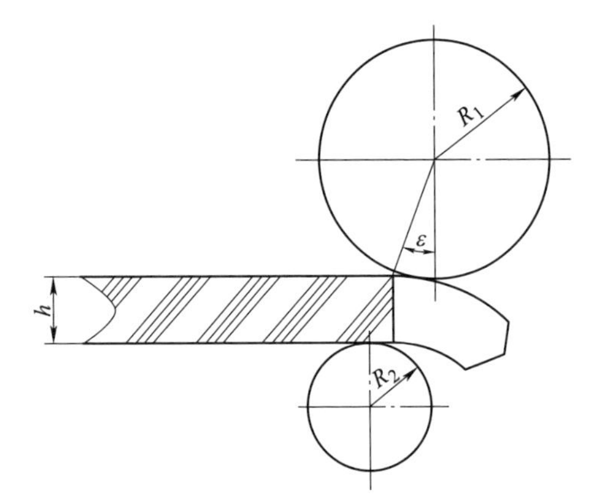

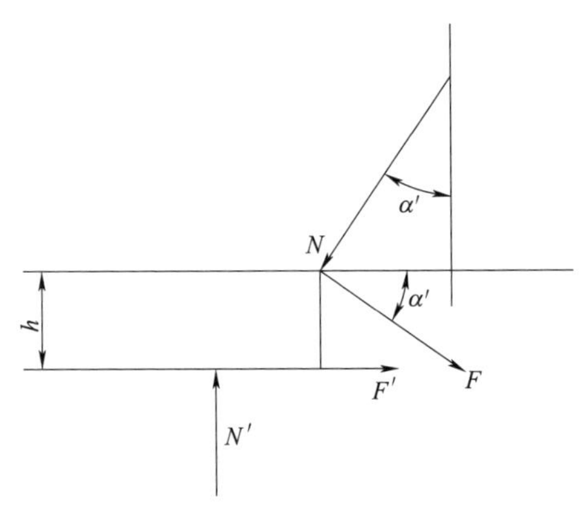

图 8-7 带钢咬入夹送辊时的示意图

在图 8-7 中，设各力在垂直方向 y 轴的合力为 0，可得

$$N\cos\alpha' + F\sin\alpha' = N' \quad (8\text{-}7)$$

由于 $F=\mu N$，代入式（8-7）得

$$N' = N(\cos\alpha' + \mu\sin\alpha') \quad (8\text{-}8)$$

各力在水平方向 x 轴上的合力，应使得带钢能够咬入夹送辊，可得

$$F\cos\alpha' + F' \geqslant N\sin\alpha' \quad (8\text{-}9)$$

又由 $F' = \mu N'$，$F = \mu N$，代入式（8-9）得到

$$2\mu N\cos\alpha' \geqslant (1-\mu^2)N\sin\alpha'$$

整理后得到带钢的咬入条件为

$$\tan\alpha' \leqslant \frac{2\mu}{1-\mu^2} \quad (8\text{-}10)$$

将式（8-10）中的 α'写为 α'_{max}，由此求得极限咬入角：

$$\alpha'_{max} = \arctan\frac{2\mu}{1-\mu^2} \tag{8-11}$$

在实际使用中，一般取 $\mu=0.2\sim0.3$，计算得到极限咬入角的取值范围为

$$\alpha'_{max} = 22.62° \sim 33.4° \tag{8-12}$$

（5）上下夹送辊直径比值确定方法　由前面的分析可知，下夹送辊直径可以用类比或其他方法得到，而上夹送辊的直径却无法直接求出。设计时要通过对带钢进入夹送辊时的咬入条件进行分析，才能确定上夹送辊的直径。

1）上、下夹送辊直径比值的初步确定。由图 8-7 中的几何关系可知：

$$e\cot\alpha = R_1\cos\alpha' + h + R_2 \tag{8-13}$$

$$\sin\alpha = \frac{e}{R_1 + R_2 + \delta} \tag{8-14}$$

式中，α'为夹送任意厚度带钢时的咬入角；α 为上下夹送辊压靠时，上下夹送辊靠紧时的偏转角。

另外，当带钢厚度 h 增加时，对于摆动型的夹送辊装置，实际咬入角 α'有所减小。在确定的上夹送辊最小直径时，可以按零厚度 $h=0$、零辊缝 $\delta=0$ 考虑。令式（8-13）与式（8-14）中的 $h=0$，$\delta=0$，并将 α 写为 α'_0，α'写为 α'_0，可得

$$e\cot\alpha_0 = R_1\cos\alpha'_0 + R_2 \tag{8-15}$$

$$\sin\alpha_0 = \frac{e}{R_1 + R_2} \tag{8-16}$$

将式（8-15）改写为

$$\sin\alpha_0 = \frac{e\cos\alpha_0}{R_1\cos\alpha'_0 + R_2} \tag{8-17}$$

将式（8-16）代入式（8-17），可得

$$\cos\alpha_0 = \frac{R_1\cos\alpha'_0 + R_2}{R_1 + R_2} \tag{8-18}$$

由式（8-18）中解出 R_1/R_2，令 $k_2=R_1/R_2$，则有

$$k_2 = \frac{1-\cos\alpha_0}{\cos\alpha_0 - \cos\alpha'_0} \tag{8-19}$$

式（8-19）即为确定上下夹送辊直径比值的定量计算公式。

2）上下夹送辊直径比值 k_2 的确定。式（8-19）虽然给出了上、下夹送辊直径之比的定量计算公式，但无法直接用该公式来计算上夹送辊的直径。目前应用的卷取机夹送辊初始偏转角 α_0 的取值一般在 15°~20°。因此，上、下夹送辊的比值 k_2 可通过以下思路选定：① 设 $\alpha_0=20°$，给出不同的比值 k_2；②对应不

同的 k_2 值，求出一系列的计算咬入角 α_0'；③ 根据咬入角 α_0'的变化情况，结合给出的极限咬入角 α_{max}'的取值范围加以分析，确定合理的 k_2 取值。由式（8-19）可反求咬入角 α_0'：

$$\alpha_0' = \arccos\left[\frac{(k+1)\cos\alpha_0 - 1}{k_2}\right] \tag{8-20}$$

按照以上思路，不同 k_2 时咬入角 α_0'的计算值见表 8-4。

表 8-4　不同 k_2 时咬入角 α_0'的计算值

k_2	1	1.5	2	2.5	3	3.5
α_0'/（°）	28.43	25.91	24.56	23.71	23.13	22.71

分析计算结果可以得出以下结论：

① $k_2=1$ 时，上下夹送辊直径相同，实际咬入角 $\alpha'=28.43°$。根据前面的讨论，当 $\mu=0.2\sim0.3$ 时，$\alpha_{max}'=22.62°\sim33.4°$。考虑到带钢的翘头以及带钢与辊道之间存在水润滑等因素影响，为保证带钢咬入，不直接采用摩擦系数 $\mu=0.3$ 进行计算，应该取 $\mu=(0.2+0.3)/2=0.25$ 作为摩擦系数，计算 α_{max}'的上限，此时有 $\alpha_{max}'=28.07°$。因此，当选取 $k_2=1$ 时，实际咬入角 $\alpha'=28.43°$，已超过极限咬入角的上限 $\alpha_{max}'=28.07°$。

② 若取 $k_2=1.5\sim2.5$，则 $\alpha'=25.91°\sim23.71°$，α'的值均小于 α_{max}'的平均值，容易使带钢进入夹送辊，所以在该范围内选取 k 值比较理想。

③ 若取 $k_2>2.5$，α'的值虽仍有减少，但幅度不大；当 k_2 由 1 增加到 2 时，α'的值减少了 3.87°；而 k_2 由 2 增加到 3 时，α'的值仅减少了 1.43°；更为明显的是，当 k_2 由 2.5 增加到 3.5 时，α'的值减少了 1°。

④ 由以上分析可知，在满足咬入条件要求的前提下，从减小结构尺寸、降低成本角度来看，取 k_2 在 2 左右最为合理。这一结论与目前国内几个主要大型带钢热连轧厂使用的卷取机设备的数据十分接近，从反求工程设计的角度来看，上述计算方法是正确的。

在实际应用中，在计算上下夹送辊结构参数时，应按以下顺序进行计算：首先确定 $k_2=2$，令 $\alpha_0=20°$；然后计算 α_0'，当 $23°\leqslant\alpha_0'\leqslant26°$时，经过验证可得 $k_2=2$ 较合理；最后可根据强度和刚度计算确定最终的上、下夹送辊半径 R_1 和 R_2。

以上利用弹塑性弯曲变形理论，对三助卷辊卷取机的下夹送辊直径大小确定原则进行了分析与研究。另外，从咬入条件入手对上下夹送辊直径比值大小给出定量计算公式，同时，根据该公式的特点还进一步得出了上下夹送辊比值的具体大小选取方法。

2. 夹送辊偏转角 α 分析

为了使带钢头部产生一定量的弹塑性弯曲变形并向下弯曲，上夹送辊直径一般比下夹送辊直径大，上夹送辊相对下夹送辊向带钢前进方向偏移了一定距离 e，同时上夹送辊相对下夹送辊要有一定的偏转角 α（亦称为偏移角）。显然，当 α 取值较小时，可以改善带钢的咬入条件，但对带钢的弯曲程度减弱。极端情况下，当 α 为零时，带钢不会产生弯曲变形，从而也不利于卷取。因此，合理选择 α 的大小，对于保证卷取机正常工作是非常重要的。

（1）弹塑性弯曲变形力学模型　如图 8-8a 所示，带钢在夹送辊中的弯曲变形可以看成是在力 P 作用下，以下夹送辊为支点的弯曲。刚开始咬入时，支点在下夹送辊的顶点，随着咬入过程的继续，带钢发生弯曲变形，支点则沿着下夹送辊开始下移。当带钢头部完全进入预设辊缝时弯曲过程结束，此时的变形情况如图 8-8b 所示。由于带钢很长（夹送辊与精轧机末架距离一般在 60m 以上），事实上仅有很小一部分的带钢被弯曲，而这一长度 l 取决于上下夹送辊的偏转角 α，l 可由下式近似计算：

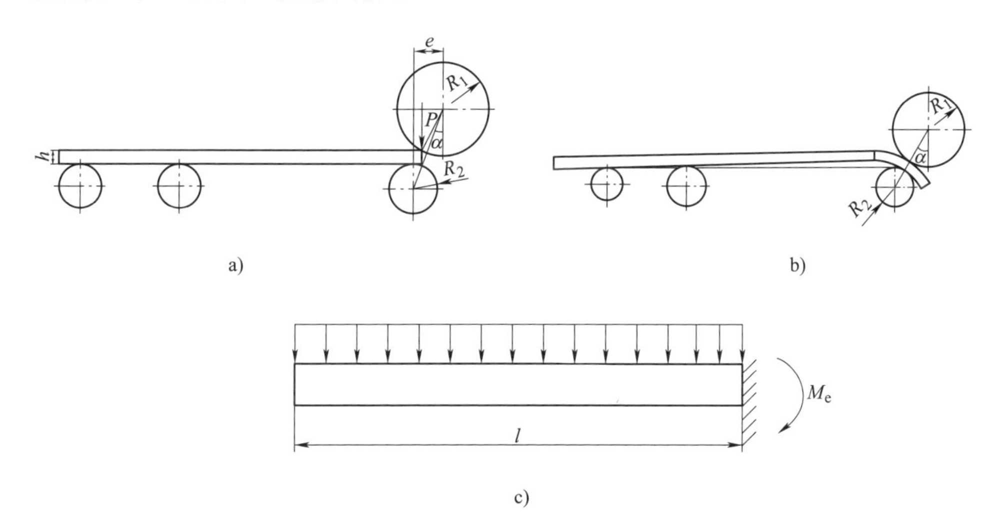

图 8-8　带钢进入夹送辊后的弯曲变形过程

a）带钢弯曲变形　b）弯曲过程结束　c）弹塑性弯曲变形

$$\frac{1}{2}ql^2 = M_{ts},\ q = bh\gamma g \tag{8-21}$$

式中，b 为带钢宽度，单位为 m；h 为带钢厚度，单位为 m；γ 为材料密度，单位为 kg/m^3；g 为重力加速度；M_{ts} 为带钢头部所受弹塑性弯曲力矩，可基于塑性渗透率 k 求解，推导过程为

$$M_{ts} = 2b\int_0^{\frac{(1-k)h}{2}} \frac{2\gamma\sigma_s}{(1-k)h}\gamma \mathrm{d}y + 2b\int_{\frac{(1-k)h}{2}}^{\frac{2}{h}} \sigma_s \gamma \mathrm{d}y = \frac{1}{4}bh^2\sigma_s\left[1 - \frac{(1-k)^2}{3}\right] \tag{8-22}$$

代入式（8-21）整理得

$$l = \sqrt{\frac{2M_{ts}}{bh\gamma g}} = \sqrt{\frac{\sigma_s h[3-(1-k)^2]}{6\gamma g}} \tag{8-23}$$

因此，确定偏转角 α 的大小可建立力学模型，即在均布载荷作用下，使长度为 l 的悬臂梁在其自由端产生 α 角大小的弹塑性弯曲变形，如图 8-8c 所示。

（2）模型求解　当固定端的力矩达到一定的弹塑性弯矩值时，上梁已经产生了弹塑性弯曲变形，应按弹塑性理论求解。化简后的力学模型如图 8-9 所示，设弹性区长度为 a，弹性极限弯矩为 M_e，可得

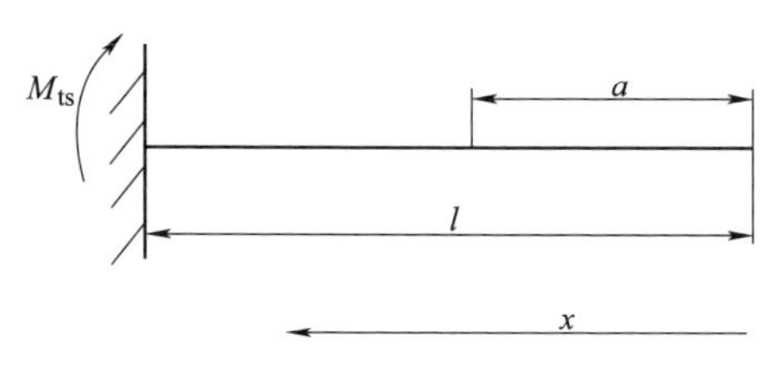

图 8-9　化简后的力学模型

$$\frac{1}{2}qa^2 = M_e \tag{8-24}$$

对于矩形断面，可得

$$M_e = \frac{1}{6}bh^2\sigma_s \tag{8-25}$$

$$a = l\sqrt{\frac{M_e}{M_{ts}}} = \sqrt{\frac{h\sigma_s}{3\gamma g}} \tag{8-26}$$

当 $a<x\leqslant 1$ 时，根据弹塑性理论可得

$$\frac{\mathrm{d}^2 w}{\mathrm{d}x^2} = \frac{\sqrt{2}\sigma_s}{Eh}\frac{1}{\sqrt{\frac{3}{2} - \frac{M}{M_e}}} \tag{8-27}$$

$$M = \frac{1}{2}qx^2,\ \frac{\mathrm{d}^2 w}{\mathrm{d}x^2} = \frac{\sqrt{2}\sigma_s}{Eh}\frac{1}{\sqrt{\frac{3}{2} - \left(\frac{x}{a}\right)^2}} \tag{8-28}$$

$$\frac{\mathrm{d}w}{\mathrm{d}x} = \frac{\sqrt{2}\sigma_s a}{Eh}\arcsin\left(\sqrt{\frac{2}{3}}\frac{x}{a}\right) + C_1 \tag{8-29}$$

当 $x\leqslant a$ 时，根据弹塑性理论可得

$$\frac{\mathrm{d}^2 w}{\mathrm{d}x^2} = -\frac{M}{EJ} = \frac{qx^2}{2EJ} \tag{8-30}$$

$$\frac{\mathrm{d}w}{\mathrm{d}x}=\frac{qx^3}{6EJ}+C_2 \tag{8-31}$$

式中，J 为截面惯性矩。

以上求得弹性段和弹塑性段的转角微分方程，分别将边界条件和连续条件代入即可求解。

$x=l$ 时，$\frac{\mathrm{d}w}{\mathrm{d}x}=0$，代入式(8-29)，求得

$$C_1=-\frac{\sqrt{2}\sigma_s a}{Eh}\arcsin\left(\sqrt{\frac{2}{3}}\ \frac{l}{a}\right)$$

$x=a$ 时，两段所求偏转角应相等，由此可求得

$$C_2=\frac{\sqrt{2}\sigma_s a}{Eh}\left[\arcsin\sqrt{\frac{2}{3}}-\arcsin\sqrt{\frac{2}{3}}\ \frac{l}{a}\right]-\frac{qa^3}{6EJ}$$

将 a、l 及截面惯性矩 J 一并代入到弹塑性段的偏转角方程并化简得

$$\frac{\mathrm{d}w}{\mathrm{d}x_{x=0}}=\frac{\sqrt{2\sigma_s^3}}{E\sqrt{3h\gamma g}}\left(\arcsin\sqrt{\frac{2}{3}}-\sqrt{\frac{2}{3}}-\arcsin\sqrt{1-\frac{1}{3}(1-k)^2}\right) \tag{8-32}$$

将偏转角约简为 α，定义顺时针为负并转换为度数，最终得

$$\alpha=\frac{360}{\pi}\frac{\sqrt{\sigma_s^3}}{E\sqrt{6h\gamma g}}\left(\arcsin\sqrt{1-\frac{1}{3}(1-k)^2}-\arcsin\sqrt{\frac{2}{3}}+\sqrt{\frac{2}{3}}\right) \tag{8-33}$$

由式（8-33）可知，α 不仅与带钢材质和厚度 h 有关，还与塑性渗透率 k 的大小紧密相关。若所要求的弹塑性弯曲变形程度越大（即 k 越大），则 α 应越大；当 k 值相同时，厚带钢采用较小的 α，而薄带钢采用较大的 α。

（3）卷取实际咬入角 α' 的确定方法　在实际 CSP 生产线中，卷取时的温度一般为 500~600℃，而此时钢板的屈服强度 σ_s 与弹性模量 E 都发生了变化。由式（8-33）可知，α 也相应发生改变，故不能用常温下的 σ_s 和 E 代入计算。

以 Q235 钢为例，应力-应变曲线对比图如图 8-10 所示，其中 path1 表示恒温加载试验结果，path2 表示恒载升温试验转化结果。恒温加载试验得到的是材料在某个温度下的应力和应力产生的应变之间的对应关系，恒载升温试验得到的是材料在一定应力下的总应变随温度的变化规律，两种试验结果在一定条件下可以相互转化。

通过恒温加载试验可得各温度下 Q235 钢初始弹性模量、屈服强度等性能指标，具体见表 8-5 和表 8-6。

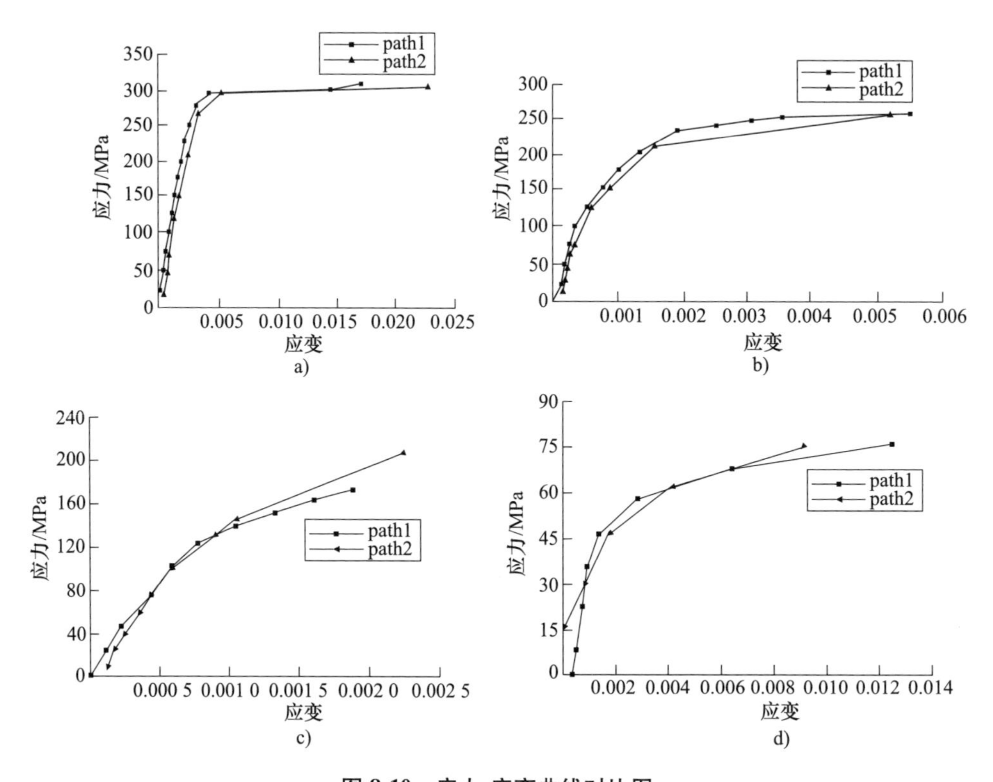

图 8-10 应力-应变曲线对比图

a）400℃应力-应变曲线对比图 b）450℃应力-应变曲线对比图
c）500℃应力-应变曲线对比图 d）600℃应力-应变曲线对比图

表 8-5 各温度下 Q235 钢初始弹性模量

温度/℃	20	100	200	300	400	450	500	550	600	650
$E/(10^5\mathrm{N/mm^2})$	2.08	2.05	1.97	1.88	1.68	1.53	1.26	0.9	0.62	0.53

表 8-6 各温度下 Q235 钢屈服强度

温度/℃	20	100	200	300	400	450	500	550	600	650
$\sigma_s/(\mathrm{N/mm^2})$	298	298	298	297	290	268	238	138	91	79

生产实际表明，塑性渗透率一般在 0.5~0.7 为宜。由表 8-5 和表 8-6 可知，在 500℃ 和 600℃时，屈服强度和弹性模量分别为 $\sigma_s=238\mathrm{MPa}$，$E=126$ GPa 和 $\sigma_s=91\mathrm{MPa}$，$E=62\mathrm{GPa}$，代入式（8-33），运用 MATLAB 编程，具体程序如下，不同塑性渗透率和板厚时的 α 计算结果见表 8-7 和表 8-8。

```
h=input('请输入 h:')
g=input('请输入 g:')
```

```
thetas=input('请输入 thetas:')
E=input('请输入 E:')
k=input('请输入 k:')
gamma=input('请输入 gamma:')
alpha=360/pi * thetas^(3/2)/(E * (6 * h * gamma * g)^(1/2)) * [asin((1-1/3 * (1-k)^2)^(1/2) * pi/180)-asin((2/3)^(1/2) * pi/180)+(2/3)^(1/2)]
print alpha
```

表 8-7 不同塑性渗透率和板厚时的 α 计算结果（500℃） [单位：(°)]

h/mm	k		
	0.5	0.6	0.7
1.4	62.45	62.48	62.51
1.5	60.33	60.36	60.39
1.8	55.07	55.10	55.13

表 8-8 不同塑性渗透率和板厚时的 α 计算结果（600℃） [单位：(°)]

h/mm	k		
	0.5	0.6	0.7
1.4	30.00	30.02	30.03
1.5	28.99	29.00	29.02
1.8	26.46	26.48	26.49

不同 α 时的塑性渗透率计算结果见表 8-9。

表 8-9 不同 α 时的塑性渗透率计算结果

α/(°)	1	2	3	4	5	6
10	/	/	/	/	/	/
11	/	/	/	/	/	/
12	/	/	/	/	/	0.015
13	/	/	/	/	0.007	0.073
14	/	/	/	/	0.06	0.132
15	/	/	/	0.029	0.114	0.193
16	/	/	/	0.076	0.169	0.255
17	/	/	0.016	0.125	0.225	0.319
18	/	/	0.057	0.174	0.282	0.3
19	/	/	0.098	0.225	0.341	0.449

（续）

α/(°)	1	2	3	4	5	6
20	/	/	0.141	0.276	0.4	0.515
21	/	0.022	0.184	0.328	0.46	0.502
22	/	0.055	0.228	0.381	0.52	0.65

注：“/”表示不发生塑性变形。

综合表8-7、表8-8和表8-9及前述的α的确定原则和实际生产经验，α取值在17°~20°对于2mm以下的带钢基本不会产生塑性弯曲，故应选择较大的偏转角。考虑到咬入角的限制，经结构分析，改变夹送辊的直径来增加夹送辊的间距（增大的裕量很小）难以取得明显效果。

3. 夹送辊磨损规律分析

夹送辊在带钢宽度方向上的磨损是导致夹送辊辊型改变从而降低夹送辊作用的主要原因。对上下夹送辊的硬度和辊径的要求分别是：

上夹送辊：硬度40~60HS，直径920~880mm。

下夹送辊：硬度60~70HS，直径460~450mm。

在实际使用过程中夹送辊的使用寿命和中期平稳工作期过短限制了热轧厂薄料的排程轧制量，不利于充分发挥轧机的生产能力。

（1）夹送辊辊型配置分析　跟踪生产中使用的夹送辊，记录其总轧制量以及轧制薄料（$h<2.5$mm）的吨位同时测量上、下夹送辊下机后的辊径。上、下夹送辊辊径测量结果见表8-10，夹送辊总轧制量及薄料轧制量见表8-11。

表8-10　上、下夹送辊辊径测量结果　（单位：mm）

辊号		辊距				
		-820mm	-400mm	0	400mm	820mm
上辊	TOP1	915.9	914.8	914.0	916.0	915.4
	TOP2	915.5	914.51	913.9	915.8	915.5
	TOP3	915.8	915.26	914.0	915.5	916.0
	TOP4	914.9	914.8	914.2	916.0	915.4
	TOP5	915.5	914.51	913.9	915.8	915.5
	TOP6	915.8	915.26	914.0	915.5	916.0
	TOP7	915.8	915.36	914.4	915.0	916.0
	TOP8	914.9	914.8	914.2	916.0	915.4
	TOP9	915.5	914.51	913.13	915.8	915.5
	TOP10	915.5	914.51	913.13	915.73	915.5
	TOP11	915.8	915.26	914.0	915.5	916.0
	TOP12	915.8	915.26	914.0	915.23	916.0

（续）

辊号		辊距				
		-820mm	-400mm	0	400mm	820mm
下辊	BOT1	449.0	447.6	447.4	447.2	449.0
	BOT2	450.0	448.27	447.9	448.1	450.0
	BOT3	449.7	447.7	447.4	447.2	449.5
	BOT4	448.8	448.53	447.9	448.1	449.0
	BOT5	450.0	447.7	447.4	447.2	450.0
	BOT6	449.7	447.6	447.9	448.1	449.5
	BOT7	448.8	448.37	447.4	447.2	449.0
	BOT8	448.8	447.7	447.9	448.1	449.5
	BOT9	450.0	447.83	447.4	447.2	449.0
	BOT10	449.7	447.6	447.9	448.1	450.0
	BOT11	448.8	448.12	447.4	447.53	449.5
	BOT12	450.0	447.7	447.9	448.1	449.0

表 8-11 夹送辊总轧制量及薄料轧制量

辊号	总轧制量/t	薄料轧制量/t	主要轧制薄料
1	14 500	1 300	冷轧用钢
2	15 000	1 500	集装箱用钢
3	14 800	1 400	集装箱用钢
4	13 000	1 600	普通钢
5	13 800	1 450	冷轧用钢
6	15 000	1 600	集装箱用钢
7	14 500	1 300	集装箱用钢
8	16 000	1 400	冷轧用钢
9	14 000	1 300	集装箱用钢
10	14 500	1 500	普通钢
11	15 000	1 550	冷轧用钢
12	14 500	1 350	冷轧用钢

分析夹送辊磨损曲线，如图 8-11 所示，得出以下两点结论：

1）上夹送辊凸度偏小，在轧制薄料 1 500t 后夹送辊中部磨损部位的直径比边部磨损部位的平均直径小 3~5mm。此时，夹送辊已经起不到压紧夹持带钢的作用，难以实现工艺上要求的夹送辊“零电流”控制，锯齿卷和塔形卷出现频

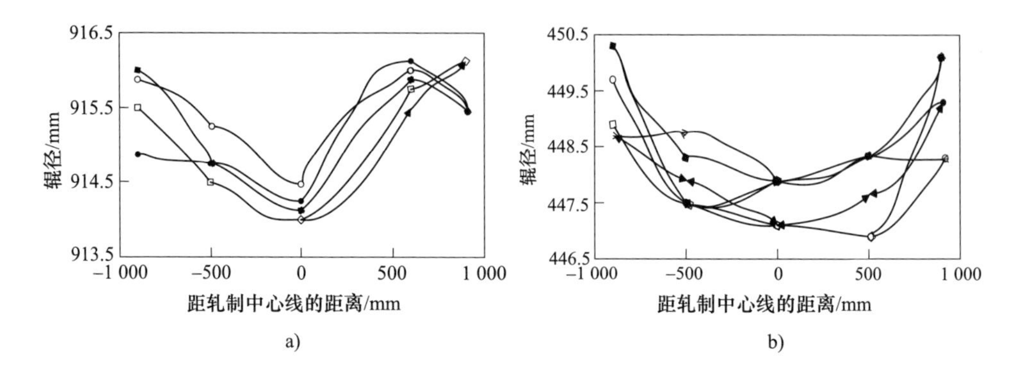

图 8-11 夹送辊磨损曲线

a）上夹送辊磨损状况 b）下夹送辊磨损状况

繁，产品质量明显下降，必须更换夹送辊。

2）下夹送辊也有相当大程度的磨损。在轧制薄料时，下夹送辊的作用不仅仅在于辊道传递，上、下夹送辊之间合理速度的匹配及对带钢施加适当的夹持力是良好卷形的保证。因此，下夹送辊的作用不容忽视。

薄料的轧制量增加造成夹送辊磨损量增大。在夹送辊工作过程中：① 夹送辊凸度过大致使夹送辊与带钢之间的接触由面接触变为线接触，从而增大了夹送辊与带钢间的压力，造成带钢跑偏；② 考虑到夹送辊受热膨胀的影响，夹送辊凸度不宜过大。鉴于上述原因，适当增加上、下夹送辊的辊型凸度，可延长夹送辊的使用寿命，减少换辊次数，同时使上、下夹送辊的凸度具有更合理的分配。

（2）夹送辊辊型配置方案 基于以上分析，经过试验和调整，最终选用如图 8-12 所示的夹送辊辊型配置。即上夹送辊凸度为 3. 5mm，下夹送辊凸度为 2mm。调整上、下夹送辊辊型后，薄料生产顺利，卷形良好，卷取薄料吨位平均达3 150t，见表 8-12，夹送辊更换周期也比原来延长了 2 倍，夹送辊使用寿命得到大幅度提高。

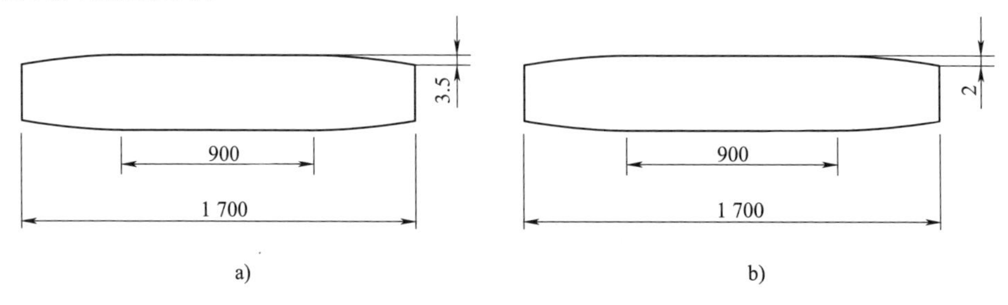

图 8-12 优化后的夹送辊辊型配置

a）上夹送辊辊型 b）下夹送辊辊型

表 8-12　夹送辊辊型优化后的轧制量

辊号	总轧制量/t	薄料轧制量/t	主要轧制薄料
1	18 500	2 800	冷轧用钢
2	17 800	3 200	集装箱用钢
3	18 800	3 400	集装箱用钢
4	16 800	3 600	普通钢
5	20 000	2 900	冷轧用钢
6	18 000	3 000	集装箱用钢
平均值		3 150	

实践证明采用推荐的夹送辊辊型配置在保持良好卷形的前提下，大幅度提高了夹送辊的使用寿命，减少了换辊次数，从而可提高产能、降低辊耗。

4. 夹送辊辊缝与活门间隙分析

将缠在夹送辊的带钢头部切割下来留样，并且测量带头的厚度，缠钢事故中带钢的舌形头部如图 8-13 所示。在对发生缠钢事故的带钢进行分析时，发现带钢的舌形头部的厚度小于目标厚度，尤其是舌形顶部变薄最厉害，原因是夹送辊的辊缝设置小于带钢的目标厚度，从而使带钢头部产生被轧制的情况，而且带钢的实际和理想运动轨迹有偏差，实际情况是通过上导向板将带钢向下导向，进入卷曲。带钢的实际和理想运动轨迹如图 8-14 所示。

图 8-13　缠钢事故中带钢的舌形头部

由图 8-14 可以看出，带钢的实际运动偏上方，带钢能够穿过活门产生穿钢的情况。在带钢产生振动的情况下，带钢头部特别是舌形头部撞击活门的概率很大。若活门间隙和舌尖部的厚度近似，或者活门间隙大于舌尖厚度，舌尖部就有可能卡入活门间隙，从而产生上夹送辊缠钢的情况。

针对以上情况，可以采取以下再制造措施：

（1）通过调整活门间隙小于或等于夹送辊的设定间隙，改变活门部分结构，

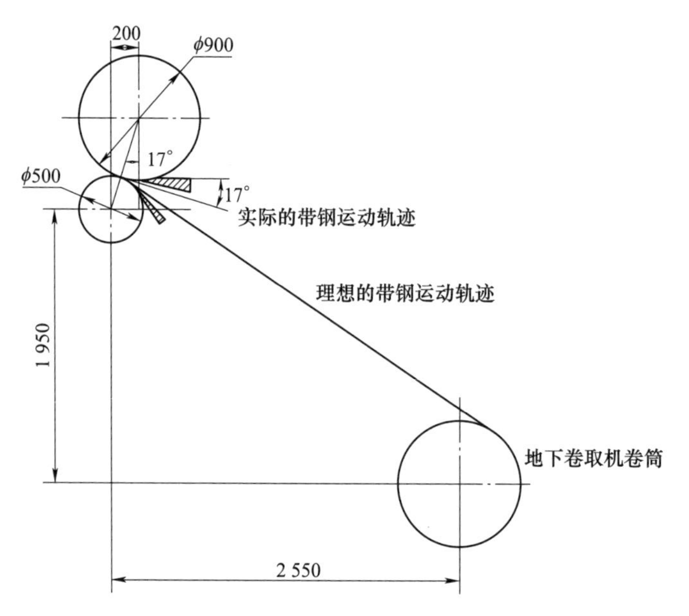

图 8-14　带钢的实际和理想运动轨迹

将活门间隙后移，减少舌尖进入活门间隙的概率。活门间隙的调整如图 8-15 所示。

(2) 通过增加带钢头部的冷却强度，使带钢头部在夹送辊处减薄较少，加强带钢头部的刚性，减弱带钢振动。

8.2.2　CSP 夹送辊再制造方案

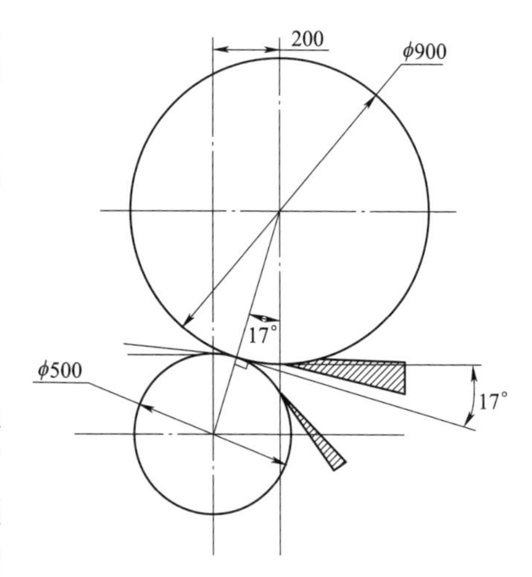

图 8-15　活门间隙的调整

通过详细统计每次缠钢的各种相关数据，对缠钢前的 PDA 曲线图进行了研究。这些数据主要包括上夹送辊的速度、上夹送辊两侧的压力、下夹送辊的速度、带钢的卷取温度、活门的压力及位置、上下夹送辊的辊缝值、上下夹送辊的直径。经过数据分析、现场观察、图样研究，结合前面对上下夹送辊直径比分析、夹送辊偏转角 α 分析、夹送辊磨损规律分析和夹送辊辊缝与活门间隙分析，制定了如下再制造方案，以减少故障，延长夹送辊及卷取机寿命。

1) 修改夹送辊位置，夹送辊使用后期冷轧薄规格用料增多，轧制长度比以前增加不止一倍，夹送辊辊径磨损较快。带钢舌头尖部的厚度与目标厚度差距较大，故将原卷取机待钢时的位置控制在带钢厚度减小 0.6mm 的基础上再减小一些。

2）通过改变下夹送辊轴承座两边滑板的厚度尺寸，将下夹送辊的位置向前移动一定的距离，增加上下夹送辊中心的偏心距，使得带钢进入夹送辊后，增加钢头向下倾斜的力度。

3）对上夹送辊活门耐磨板的形状及尺寸进行改进，并适量减小活门的间隙。

4）将上下夹送辊的速度值、两侧的辊缝值、上夹送辊两侧的压力值进行的优化，确保上下夹送辊速度的匹配合理，辊缝值稳定合理。例如增大上夹送辊速度将上夹送辊直径输入值比实际值减小 3mm，从而使上夹送辊速度增大 0.07m/s，使带头向下弯曲的趋势增加。

5）对上下夹送辊的磨损情况进行统计，优化夹送辊的更换周期。另外，严格控制夹送辊辊面的硬度，合理配置上下夹送辊的使用，避免夹送辊由于磨损严重而导致缠钢事故发生。

6）对夹送辊的冷却水管进行改造，增加过滤器，加大冷却喷嘴的清理力度，充分保证上下夹送辊良好的冷却效果，避免上下夹送辊温度高而粘钢，进而减少缠钢事故发生。

8.3 热轧支承辊在役再制造

支承辊是轧机中的重要部件，用来支承工作辊或中间辊，以防工作辊出现挠曲变形而影响板、带的产量及质量。支承辊的质量特征为辊身表面硬度高、硬度均匀性好、辊身淬硬层深、辊颈及辊身心部具有良好的强韧性；支承辊的质量特征为耐磨性高、抗剥落性好、抗事故性强。大型支承辊具有吨位重、保有量大的特点，据不完全统计，某钢铁企业 CSP 厂及一、二、三热轧厂生产保有量约 500 支，更换周期为 4~5 年，每年有 24~32 支因磨损到极限位置无法使用被作为废钢回收。支承辊正常工作磨损量在单边 80mm 左右，修复大型支承辊的关键技术还未突破，修复质量难以保证，同时新辊价格昂贵、订货周期长，严重影响了某钢铁企业的生产效率和经济效益。

8.3.1 某钢厂热轧支承辊失效分析

经现场勘察与检测分析，失效热轧支承辊如图 8-16 所示。CSP 生产线热轧支承辊失效主要有以下两种情况：

1）支承辊两侧边缘部位 30~50 mm 处，在交变载荷的作用下容易产生局部应力集中，导致局部掉块的现象发生。失效的原因主要是在重载荷、冷热交变

图 8-16　失效热轧支承辊

状态下工作时，受所轧制钢种变化的影响（加上部分母材成分的偏析和铸造、焊接等缺陷），辊面极易产生一定深度的局部残余应力集中，随着时间的推移，逐渐由点扩展至局部层面的层状撕裂，最终导致大面积脱落。

2）支承辊表面在使用过程中磨损严重，出现耐磨性不足的问题。其中剥落表现为两种形态：① 初始形成的表面裂纹（来自热疲劳、机械受力压痕）；② 次表面裂纹（来自材料的内部缺陷）。表面裂纹通常由局部过载、工作辊的冲击、轧制条件异常等原因导致。当严重的热裂纹埋在辊轮内部时，当辊轮表面塑性变形大于材料的塑性变形（如加工硬化后）时，裂纹便开始生长。

8.3.2　热轧支承辊堆焊再制造方案

目前对失效热轧支承辊一般采用堆焊修复手段，此前某钢铁企业与相关单位有过合作研究，获取了十余家企业、三十几年的轧辊堆焊历史，分析了大量试验数据，认为对于热轧支承辊进行再制造修复的主要技术难点可归纳为：焊机的自动化程度、焊接工艺方法的制定及热处理技术、焊丝与焊剂成分选择及堆焊层数分配、堆焊过程控制等方面。针对这些难点，本节对热轧支承辊堆焊再制造进行了研究。

1. 热轧支承辊堆焊再制造加工工艺设计

针对现有轧辊堆焊技术存在的不足，设计了一种四机头同时施焊的摆动步进堆焊方式。堆焊工艺流程如图 8-17 所示。

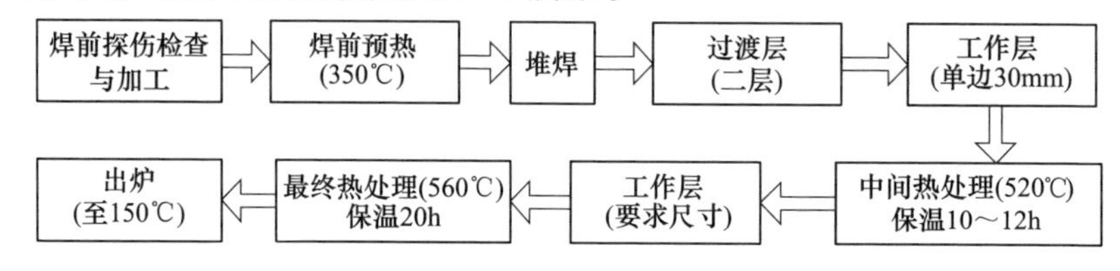

图 8-17　堆焊工艺流程

（1）焊前探伤检查与加工　焊前探伤检查与加工主要包括清洗、超声探伤检查、辊面车削加工、局部缺陷处理和加工面硬度测量等过程。部分检查与加工流程及检测设备如图 8-18 所示。

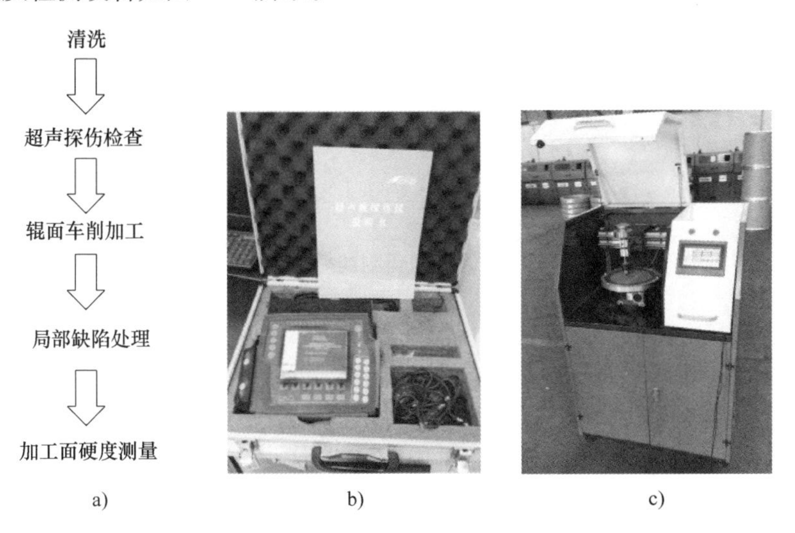

a)　b)　c)

图 8-18　部分检查与加工流程及检测设备

a）焊前探伤检查与加工流程　b）超声探伤仪　c）磨损试验机

1）清洗除锈，满足超声探伤条件。

2）进行全方位超声探伤，主要是检验辊身、辊体内部缺陷存在的形状和部位，为再制造可行性及焊前车削下切提供依据（超声探伤建议按锻钢辊探伤标准执行）。

3）根据全方位超声探伤结果，进行再制造可行性评估。若辊身、辊体内部深度损伤已超过安全运行系数，则不宜进行堆焊再制造。

4）焊前车削下切厚度应根据再制造要求确定，应包括打底、过渡层所需的预留厚度。此外，还应根据超声探伤检验出的局部缺陷，进行局部的车削下切直至缺陷彻底根除，除去表面裂纹、锈蚀和疲劳层。在车削过程中，若深孔处出现砂眼，应用砂轮或者电钻将其扩大，使用补焊方法消除轧面各种缺陷，局部车削下切尽头内以（$R30 \sim R40$mm）×（35°~40°）倒角圆滑过渡。

5）焊前车削完成后，首先要进行着色探伤或磁粉探伤，对探伤出来的表面细小裂纹等缺陷，必须用角磨机打磨清除。表面探伤后还须进行超声探伤，确认堆焊部位无任何缺陷后方可进行下步作业。

6）对加工面硬度采用硬度计测量，判断加工面硬度是否达到要求的标准。

（2）焊前预热　预热的主要目的是降低堆焊过程中堆焊金属及热影响区的冷却速度，降低淬硬倾向并减少焊接应力，防止母材和堆焊金属在堆焊过程中发生相变导致裂纹产生。以40℃/h的加热速度升温，升至200℃时保温10h，再以40℃/h的加热速度升温至350℃保温12h，仿真模拟得到的焊接升温曲线如图8-19所示。

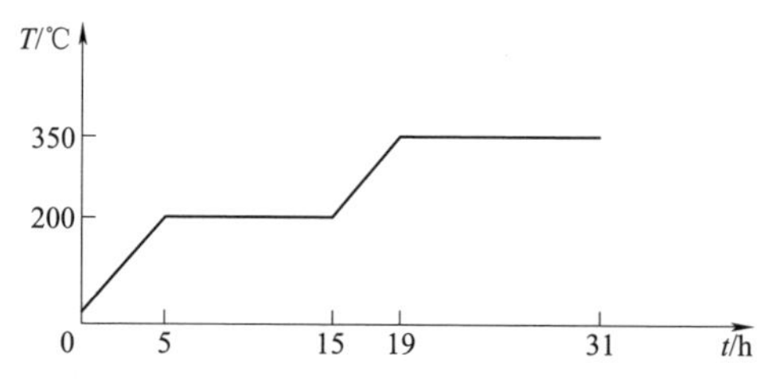

图8-19　仿真模拟得到的焊接升温曲线

（3）焊接电流　焊接电流是埋弧焊的重要参数，它直接决定熔深、熔化速度和母材熔化量。电流小，熔深浅，余高和宽度不足；电流过大，熔深大，余高过大，易产生高温裂纹。焊接电流与焊丝直径之间关系为

$$I=(110\sim200)D \tag{8-34}$$

式中，I是焊接电流，单位为A；D是焊丝直径，单位为mm。

通过计算仿真模拟，可确定焊接电流范围550~650A。

（4）焊接电压　焊接电压依据焊接电流调整，电弧电压和电弧长度与焊丝端部到工件表面的距离相关。电弧电压高，焊缝宽度增加，焊缝余高不足；电弧电压低，熔深大，焊缝宽度比较窄，很容易导致焊接热裂纹。为此，电弧电压需要进行最优控制，可按下式选择电弧电压：

$$U=(0.02\sim0.04)I+20 \tag{8-35}$$

式中，U是焊接电压，单位为V；I是焊接电流，单位为A。

通过计算仿真模拟，确定焊接电压范围32~34V。

（5）层间温度（M_s）　在堆焊过程中需要多次加热，可能导致堆焊层相变不充分，会保留部分铁素体，这使得材料的冲击韧性下降，堆焊层的综合力学性能受到影响。因此，应选择恰当的堆焊层间温度，使堆焊组织得到改善，从而保证堆焊层的综合力学性能，同时可减少堆焊层的残余应力，防止堆焊工艺缺陷的出现。

层间温度计算式为

$$\begin{aligned}M_s=747-630(\%C)-72(\%Mn)-36(\%Ni)-\\81(\%Mo)-9(\%W)+27(\%Co)+54(\%Al)\end{aligned} \tag{8-36}$$

结合堆焊层金属材料的化学成分，通过计算，可确定焊接层间温度320~360℃。

（6）焊接工艺参数　为确保焊接质量，通过大量实验验证得出焊接工艺参数，见表8-13。

表 8-13 焊接工艺参数

焊接工艺参数	参数范围或说明
焊接电流	550~650A
焊接电压	32~34V
摆幅宽度	30~40mm
焊接速度	100~150mm/min
焊接搭接量	10~15mm
焊接极性	直流反接
焊接电源特性	具有弧压反馈的下降特性
焊弧导前距离	20~40mm
焊丝伸出长度	30~35 mm
层间温度	320~350℃

（7）回火热处理 回火的主要目的是去除在堆焊过程中产生的热应力和组织应力，同时使堆焊组织产生“二次硬化”，进一步提高和改善堆焊金属的耐磨性及耐热疲劳性。

以往的堆焊工艺在中间热处理上都存在较大问题，本书加强了热处理的仿真与试验研究，并得出回火热处理工艺曲线，如图 8-20 所示。

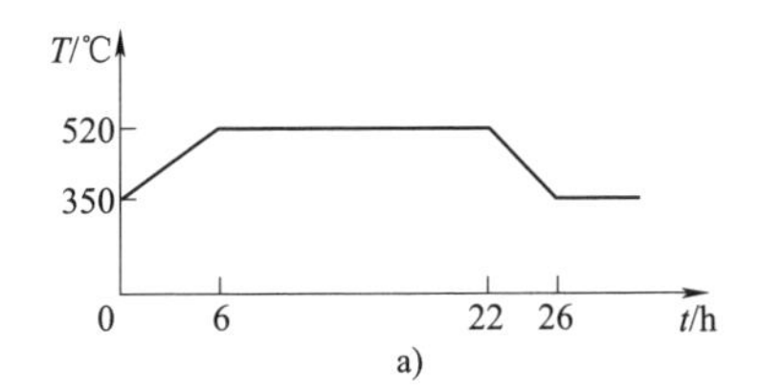

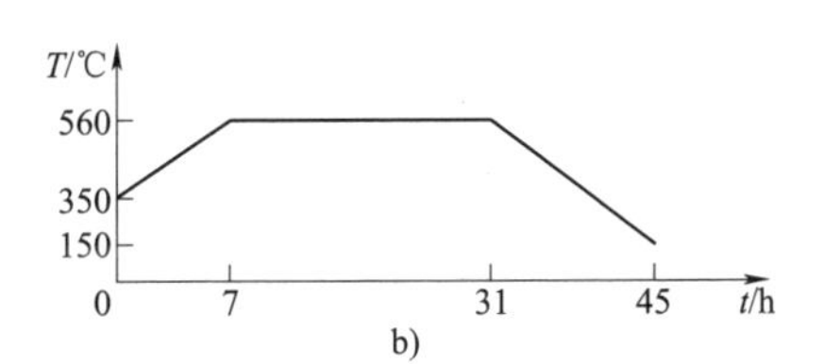

图 8-20 回火热处理曲线图

a）焊中热处理 b）最终热处理

（8）焊后检测 焊后检测主要包括检测硬度、成分，机械加工处理，超声探伤，力学性能测试等过程。部分焊后检测设备如图 8-21 所示。

现场金相仪

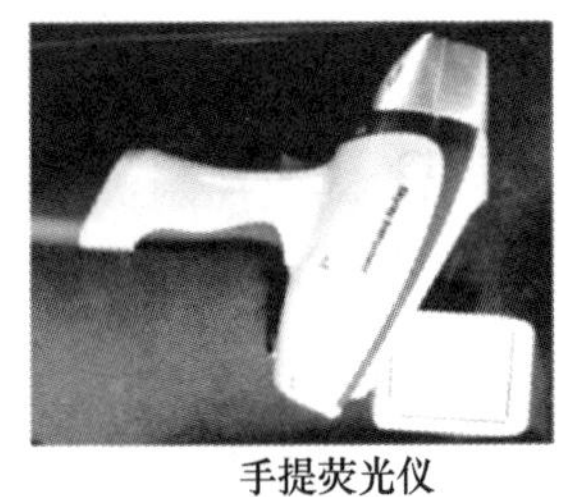

手提荧光仪

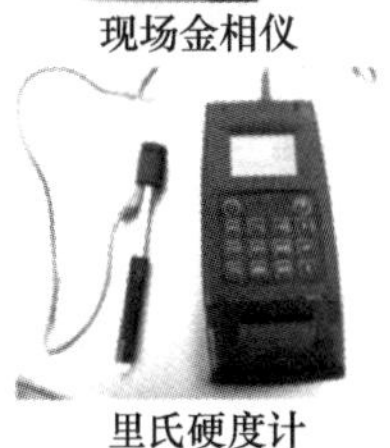

里氏硬度计

超声波硬度仪

图 8-21 部分焊后检测设备

2. 热轧支承辊堆焊再制造方案改进

（1）自动、智能化堆焊设备研发（设备改进） 在以往大型支承辊修复技术中，设备问题一直是制约焊接质量的瓶颈，尤其在自动化程度、设备电源、驱动方式及焊接参数上存在较多问题，见表 8-14，本书重点对这些问题进行了改进。

表 8-14　再制造设备改进

技术难点	存在问题	本书改进措施
自动化程度	连续作业造成人为失误	智能控制，减少人工操作
焊接电源	占地、费电	新式逆变电源轻便可控
驱动方式	受到干扰引起变动	恒压恒流，实时反馈
焊接参数	无法发现焊接问题所在	全程记录，实时监控

1）转动驱动方式：交流电动机驱动易受网络电压干扰引起转动变动，伺服编码器实时反馈能避免该问题发生。

2）转动调节方式：交流电动机往往通过电磁调速或者变频器进行调速，不同直径修复辊调节参数要现场测量或者根据经验进行调节。新设备采用直接输入直径方式调节，线速度恒定，根据直径不同自动调节转速。

3）行走调节：老设备采用交流或者直流电动机进行调速，用户须多次试验或根据经验才可达到预期宽度，且行走极其不稳定，而新设备采用同步宽度调节，行走与转动自动匹配避免上述缺陷发生。

4）上下及前后调节：老式设备一般采用手动调节，费时费力，而新设备采用 500 行程大扭力电动推杆，可最大限度减少劳动力，节约焊接时间。

5）主梁调节：一般老式设备无主梁调节，这样在辊修复吊装时造成很大干扰。

6）焊接电源：可控硅电源与逆变电源相比，最大缺点是费电且体积巨大，新式逆变电源采用数字电路 PLC 控制，可做到参数远程监控。

7）自动化控制：利用 PLC，通过编程使设备稳定可控。

8）参数记录：设备集成远程控制模块，可实时监控并记录焊接参数，方便问题分析。

9）操作人员要求：老式设备往往要求操作人员有一定技术才能掌握焊接各种参数，而新设备无须技术操作人员操作即可简易完成。

（2）再制造焊材选择与研制　支承辊与工作辊直接接触，主要承受高压力、一定的热应力、疲劳应力及磨损等的综合作用，因此，其辊面材质应具有一定的强度、高的疲劳强度、热冲击性能、抗磨耗性能。常见热轧支承辊母材成分见表 8-15。

表 8-15 热轧支承辊母材成分（质量分数,%）

成分	邢台辊	英国辊	日本辊	45Cr4NiMoV 辊	60CrNiMo	堆焊辊
C	0.6~1.0	0.4~0.45	0.48	0.46	0.55~0.65	0.54
Si	0.2~0.8	0.3~0.6	0.31	0.55	0.25~0.45	0.56
Mn	1.4~2.0	0.4~0.5	0.72	0.81	0.5~0.8	0.59
P	<0.03	<0.03	<0.03	0.019	<0.025	0.031
S	<0.03	0.018~0.028	0.007	0.004	<0.025	0.001
Cr	1.4~2.0	3.3~3.6	3.4~4.0	3.64	1.0~2.0	4.85
Ni	0.6~1.3	<0.5	0.7	0.43	1.0~2.0	0.45
Mo	0.1~0.6	0.6~0.65	0.44	0.45	0.2~0.4	0.46
V	—	0.11~0.15	—	0.08	—	0.1

某钢铁企业进行修复的热轧大型支承辊辊身材质为 Cr5，出厂图样标识的化学成分（质量分数,%）：C 为 0.54、Si 为 0.56、Mn 为 0.59、P 为 0.031、S 为 0.001、Cr 为 4.85、Mo 为 0.45、Ni 为 0.46、V 为 0.1。辊面成品尺寸为 ϕ1 600mm×2 250mm，辊面现有尺寸为 ϕ1 410mm×2 250mm。堆焊再制造后辊面尺寸为 ϕ1 610mm×2 250mm。在焊接材料的选择上一般存在较大分歧，焊材焊接的层数、层间的接合处都是重点研究对象，焊材要求见表 8-16。

表 8-16 焊材要求

应用	磨耗	耐冲击	抗氧化	加工性	硬度
过渡层	好	优	普通	好	42HS
工作层	很好	优	好	可	67HS

为保证热轧支承辊的刚度和耐磨性，避免断辊、抗网状裂纹和剥落，防止辊面局部受热软点，焊材需要具有高且均匀的硬度、高强度、高疲劳强度、良好热冲击性，同时焊接过程中不允许存在裂纹、砂眼、气孔、疏松等缺陷。

（3）再制造管理　大型热轧支承辊的堆焊修复工作量大、周期长，是一个特殊的工艺过程。施焊过程持续数天，整个过程持续数周，人员对工艺质量的把控，修复过程中员工的责任心、情绪、工作条件变化以及操作上的规范程度都会影响轧辊堆焊的成败。

热轧支承辊再制造过程中，管理人员应做到人员到位、明确焊接进度表、确定责任人、保存修复过程中远程数据和现场数据各保存一份；作业指导书应明确各类意外的应急预案并培训到位，提出焊接过程中突发情况的应对措施，做好备用电源的布置，制定好出现断弧、导电嘴报废、焊接缺陷等不可抗拒因素的处理方法；操作工应尽职尽责，实时记录现场情况并及时反馈，对焊接缺陷应及时处理到位。

8.3.3 热轧支承辊堆焊再制造可行性验证

上节根据热轧支承辊堆焊技术难点，从再制造工艺、设备、焊材和管理等方面对热轧支承辊再制造技术进行了研究，提高堆焊再制造的效率和可靠性，提高再制造竞争力。本节将以再制造支承辊为研究对象，通过在实验室和现场的大量试验对支承辊的耐磨性、残余应力等性能参数进行测试及理论计算，为上节提出的热轧支承辊再制造方案的可行性验证提供参考依据。

1. 堆焊层耐磨性能验证

在堆焊层中取6个55mm×22mm×15mm磨损试样。磨损试验时，磨轮的转速n=245r/min，线速度v=135m/min，载荷为69N，磨损时间为1h。磨粒是直径为230~400μm的石英砂，硬度为900~1 000HV。

堆焊层的耐磨损性能用试样的失重表示为

$$\text{磨损失重 } G = \text{试样原始质量 } G_1 - \text{实测磨损后试样的质量 } G_2$$

新型焊丝堆焊层经1h磨损后，平均失重为0.177 5g。相同条件下，30CrMnSi硬面焊丝堆焊层的平均失重为0.253 5g。由此可见，新型焊丝堆焊层的耐磨粒磨损性能比30CrMnSi硬面焊丝堆焊层的性能优越。

用扫描电镜对堆焊层磨粒磨损后的试样观察发现，新型焊丝堆焊层的磨痕很浅，沟槽比较细，表明磨粒压入堆焊层表面的深度浅。在磨粒作用下塑性变形小，有较高的塑性储备，表现出良好的抵抗磨粒磨损性能。而30CrMnSi硬面焊丝堆焊层的磨痕比较宽，说明磨粒压入堆焊层表面的深度深，堆焊层耐磨粒磨损性较差。

堆焊层的耐磨粒磨损性能主要取决于显微组织，图8-22为新型焊丝堆焊层的金相显微组织。由图可以看出，堆焊层的显微组织为低碳隐针马氏体加少量铁素体，并在低碳马氏体基体上弥散分布着许多细小的氮化物。弥散分布的氮化物能显著提高堆焊层的耐磨粒磨损性能。因此，堆焊层的耐磨粒磨损性能良好。

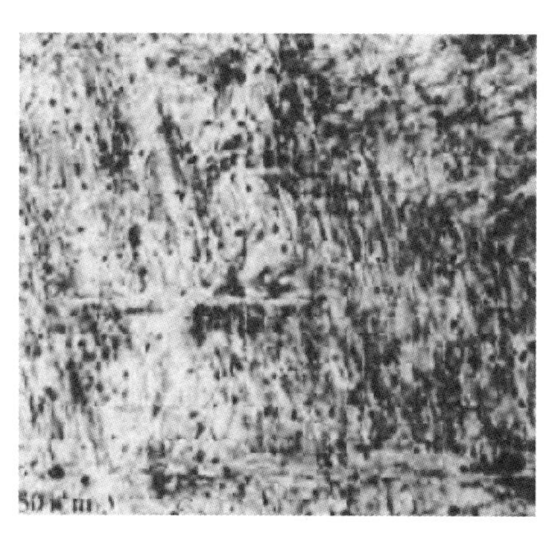

图8-22 新型焊丝堆焊层的金相显微组织

2. 残余应力测试

在轧辊堆焊过程中，由于轧辊自身尺寸的原因，轧辊巨大的刚性作用会增大工件的拘束度，阻碍焊接区域的变形，造成焊接残余应力过大，可能在堆焊层上形成冷裂纹；在冷却过程中，由于组织转变还可能会引起该区域体积的相对变大，体积的变化也会引起焊接残余应力的变化。在轧辊精轧和精轧前孔的堆焊上，裂纹都将造成轧制产品上不允许出现的痕印，使产品降级或报废，因此，需要对再制造后轧辊进行残余应力测试。

用于测试残余应力的方法一般包括机械测量法和物理测量法两类。物理测量法有超声法、磁性法和 X 射线法等，而机械方法包括切割法、套环法和钻孔法等。由于使用切割法和套环法测量残余应力时会对被测对象产生较大的破坏性，因此在焊接件上测量残余应力多用盲孔法。盲孔法的原理是在钻孔法的基础上，通过在应力场中钻一小孔，破坏应力场的受力平衡，使小孔周围的应力发生变化，使用应变计测量小孔周围的弹性应变变化，然后根据弹性力学原理计算小孔处的残余应力。本章使用间隔角度为 45°的应变花进行测量，应变花分布如图 8-23 所示。

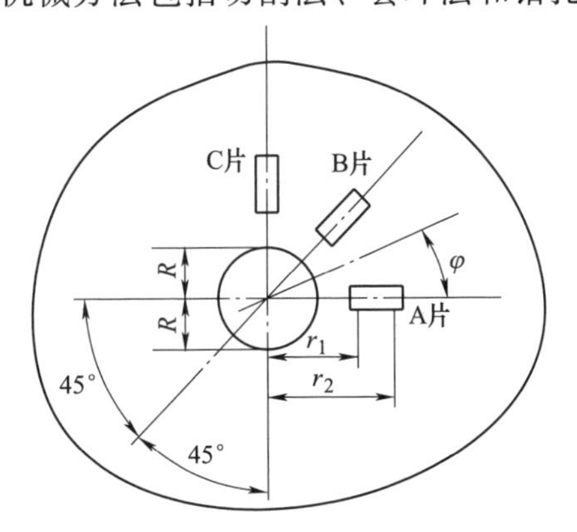

图 8-23　应变花分布

小孔处的主应力及其方向的表达式为

$$\sigma_1=\frac{\varepsilon_A(A+B\sin\gamma)-\varepsilon_B(A-B\cos\gamma)}{2AB(\sin\gamma+\cos\gamma)} \tag{8-37}$$

$$\sigma_2=\frac{\varepsilon_B(A+B\sin\gamma)-\varepsilon_A(A-B\cos\gamma)}{2AB(\sin\gamma+\cos\gamma)} \tag{8-38}$$

式中

$$A=\frac{(1+\nu)R^2}{2r_1r_2E},\ B=\frac{2R^2}{r_1r_2E}\left[-1+\frac{R^2(1+\nu)}{4}\times\frac{r_1^{\ 2}+r_1r_2+r_2^{\ 2}}{r_1^{\ 2}r_2^{\ 2}}\right]$$

$$\gamma=-2\varphi=\arctan\left(\frac{2\varepsilon_B-\varepsilon_A-\varepsilon_C}{\varepsilon_A-\varepsilon_C}\right) \tag{8-39}$$

式中，ε_A、ε_B、ε_C 为应变片 A、B、C 的应变量；ν 为泊松比。

经计算分析，进行堆焊再制造后热轧支承辊残余应力在允许范围内，因此该再制造方案可行。

3. 热轧支承辊再制造效益分析

本方案涉及的焊材成本，按单边 100mm 堆焊计算，焊丝价格为（0.44t+9.89t)×3 万元/t=30.99 万元，焊剂价格为 10t×0.6 万元/t=6 万元，共计 36.99 万元（未计算热处理、机械加工、探伤、人工）。按照现行的 ϕ1 600mm×2 250mm

的 Cr5 锻钢辊计算：辊子重约 50t，当前价格为 1.8 万元/t 到 2.0 万元/t（有波动），因此每根支承辊价为 90 万~100 万元。

按照此前的成本计算，堆焊修复成本不足新辊价格的 40%，且修复周期比采购周期短，这样可以减少钢厂备辊数量，在当前经济环境下具有竞争力和推广价值。某钢铁企业在役辊子 100 余支，生命周期 4~5 年，年均修复量 20~30 支，年产值约 3 000 万元，若项目推广后可实现批量修复，经济效益显著。

本章小结

本章梳理了 CSP 主要设备常见故障，总结了常见失效部件——辊子的失效检测方法及结果；在此基础上分析了上下夹送辊直径比值、夹送辊偏转角、夹送辊磨损规律及夹送辊辊缝与活门间隙，确定了 CSP 卷取机夹送辊再制造方案；同时，依据热轧支承辊失效分析，设计了热轧支承辊堆焊再制造加工工艺，考虑再制造设备、焊材和管理等对热轧支承辊再制造方案提出改进，并从修复性能与经济效益的角度对热轧支承辊再制造方案进行可行性验证。本章所提 CSP 卷取机夹送辊再制造与热轧支承辊再制造典型案例实施结果表明，CSP 主要设备零部件在役再制造具有可行性且经济效益显著，具有良好的发展前景。

参 考 文 献

[1] 董永刚，宋剑锋，朱衡，等．冷轧支承辊辊套内外表面应力分布及其影响因素研究［J］．塑性工程学报，2018，25（3）：274-281.

[2] 汪建新，段茹茂，王培屹．轧辊表面裂纹位置确定方法研究［J］．机床与液压，2021，49（5）：141-144.

[3] 宋守许，郁炯．考虑疲劳损伤的支撑辊主动再制造时机决策方法［J］．中国机械工程，2021，32（5）：565-571.

[4] 徐文博，秦晓峰，徐颖杰．四辊 PC 轧机辊间接触应力及支承辊疲劳损伤分布研究［J］．机械强度，2020，42（5）：1238-1242.

[5] 魏鹏，罗涛，顾绍均．热轧铝板带表面划痕产生原因分析及改进［J］．轻合金加工技术，2021，49（1）：41-43.

[6] 刘东冶，邵健，何安瑞，等．倒角对变接触支撑辊辊形性能的影响［J］．钢铁，2020，55（12）：56-60.

[7] 陈伟，王永，韩剑．工作辊在冷轧过程中辊身剥落原因分析［J］．金属热处理，2020，45（6）：232-235.

[8] 李彦龙，吴琼，秦晓峰，等．Cr5 支承辊接触疲劳损伤及其次表层组织变化［J］．东北大学学报（自然科学版），2020，41（6）：818-823.

[9] 李彦龙，吴琼，刘常升 . Cr5 钢支承辊剥落失效分析 [J]. 材料与冶金学报，2019，18（3）：226-230.
[10] 史浩，王卫泽 . 316L 奥氏体不锈钢稳定辊轴头断裂的原因 [J]. 机械工程材料，2019，43（3）：82-86.
[11] 李硕，李根，张勃洋，等 . 冷轧工作辊表面微观形貌磨损行为研究 [J]. 华中科技大学学报（自然科学版），2018，46（11）：41-46.
[12] 贺兵 . 支承辊明弧堆焊修复强化技术的研究 [D]. 哈尔滨：哈尔滨工业大学，2008.
[13] 黄庆春，李昌，张大成，等 . 考虑相变诱导塑性的埋弧堆焊过程数值模拟方法研究 [J]. 表面技术，2021，50（3）：261-269.
[14] 甘伟，徐科，刘涛，等 . 轨梁 BD1 轧辊表面激光熔覆改性技术 [J]. 表面技术，2020，49（10）：205-213；232.
[15] 行舒乐 . 大型支撑辊工作应力及堆焊层组织与性能研究 [D]. 武汉：华中科技大学，2013.
[16] 韩晨阳，孙耀宁，王国建，等 . 不锈钢冷轧辊激光表面修复工艺研究 [J]. 应用激光，2020，40（4）：598-604.
[17] 王迪，荣守范，李丹丹，等 . 双金属铸焊复合辊套的制备工艺 [J]. 铸造，2020，69（8）：866-872.
[18] 白新波 . 宝钢连退支撑辊辊颈激光熔覆修复工艺研究 [J]. 热加工工艺，2020，49（10）：81-83.
[19] 赵建峰，张小萍 . 轧辊激光熔覆再制造工艺参数优化 [J]. 锻压技术，2019，44（8）：80-85.
[20] 秦翔，杨军，邹德宁，等 . 轧辊再制造及其表面强化技术的研究进展 [J]. 材料保护，2019，52（2）：119-125.
[21] 王宇新，李晓杰，王小红，等 . 基于爆炸焊接技术对磨损失效轧辊的修复研究 [J]. 爆破器材，2018，47（6）：8-14.
[22] 韩剑，黄旭，许强，等 . MC3 冷轧辊辊颈激光堆焊与氩弧堆焊修复的对比研究 [J]. 热加工工艺，2018，47（15）：246-249.
[23] 文杰，王永强，于孟，等 . 六辊 CVC 平整机横向辊印缺陷分析与控制 [J]. 中国冶金，2018，28（7）：57-60.
[24] 薛永栋，庞庆海 . Cr5 锻钢支承辊夹杂性缺陷分析 [J]. 热加工工艺，2018，47（13）：253-255.
[25] 于崇飞 . 新型支承辊堆焊合金的设计与回火热处理工艺研究 [D]. 秦皇岛：燕山大学，2018.
[26] 汪净 . 常规热连轧粗轧工作辊磨损分析与应用 [J]. 中国冶金，2018，28（5）：54-57.
[27] 赵巧良，金巧芳，韩承江，等 . 不锈钢包扎铸铁轧辊的焊接修复 [J]. 热加工工艺，2018，47（9）：260-262.
[28] 董永刚，朱衡，宋剑锋，等 . 冷轧组合式支承辊过盈配合面应力和微动滑移的分布及影响因素 [J]. 武汉科技大学学报，2018，41（1）：24-31.
[29] 何小丽，刘巨双 . 薄带钢轧制过程中辊端压靠问题与辊型技术 [J]. 钢铁，2018，

53（1）：94-100.
[30] 刘倩. 1580 支承辊的堆焊修复技术的研究［D］. 唐山：华北理工大学，2019.

参数说明

参数	说明
e	偏移距，单位为 mm
α	偏转角，单位为°
R_1	上夹送辊半径，单位为 mm
R_2	下夹送辊的半径，单位为 mm
α_0	初始偏转角，单位为°
k	塑性渗透率
h	带钢厚度，单位为 mm
σ_s	屈服强度，单位为 MPa
h_1	带钢仍然处于弹性变形的部分厚度，单位为 mm
ρ	带钢弯曲后的曲率半径，单位为 mm
z	到中性面的距离，单位为 mm
l	距中性面为 z 的纤维变形前长度，单位为 mm
Δl	变形后的伸长量，单位为 mm
ε_z	应变
k_1	曲率
α'	咬入角，单位为°
α'_{max}	极限咬入角，单位为°
δ	辊缝
δ_1	考虑了夹送辊咬入带钢时的弹跳以及咬钢后的夹紧力的计算值
N'	下夹送辊对带钢的支承力，单位为 N
F'	由 N' 产生的摩擦力，单位为 N
N	上夹送辊对带钢的压力，单位为 N
F	由 N 产生的摩擦力，单位为 N
μ	摩擦系数
k_2	上下夹送辊直径比值
P	力
l	悬臂梁的长度
b	带钢宽度，单位为 m

（续）

参数	说　　明
γ	材料密度，单位为 kg/m^3
g	重力加速度
M_{ts}	带钢头部所受弹塑性弯曲力矩，单位为 N·m
a	弹性区长度，单位为 m
M_e	弹性极限弯矩，单位为 N·m
J	截面惯性矩
x	实际弹性变形长度，单位为 m
I	焊接电流，单位为 A
D	焊丝直径，单位为 mm
U	焊接电压，单位为 V
M_s	层间温度，单位为℃
n	磨轮的转速，单位为 r/min
v	磨轮线速度，单位为 m/min
G	磨损失重
G_1	试样原始质量，单位为 g
G_2	实测磨损后试样的质量，单位为 g
σ_1，σ_2	小孔处的主应力及其方向
ε_A	应变片 A 的应变量
ε_B	应变片 B 的应变量
ε_C	应变片 C 的应变量
ν	泊松比

第9章

轧钢设备关键部件在役再制造典型案例

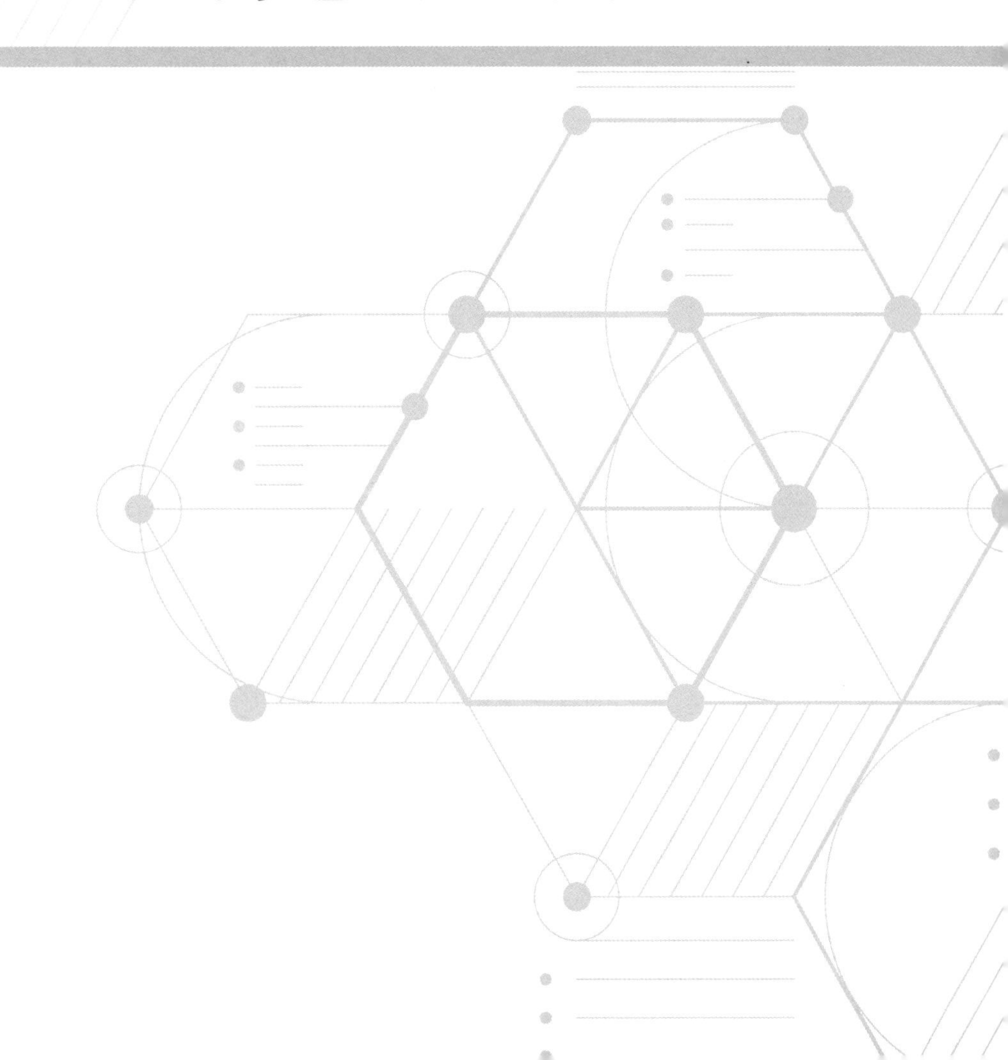

轧钢是钢铁加工工艺中将钢锭或钢坯轧制成钢材的重要生产环节。其中，热连轧带钢已占钢材总产量的50%以上，在现代轧钢生产中占据主导地位。因此，各钢铁企业对热轧设备的安全性、可靠性、经济性等要求越来越高。然而热轧设备大多在高温及多粉尘排放的恶劣条件下服役，生产时间长，多种因素导致事故频发，制约生产线的正常轧制，最终导致热轧带钢质量变差、降低生产效率、增加热轧成本等。各企业期望依靠及时的故障及失效分析，通过在役再制造，来恢复并提高设备使用性能，延长设备使用寿命。本章通过某钢厂热轧 2250 生产线的失效特性分析，对其轧机牌坊进行在役再制造来说明在役再制造对提高企业生产效率、经济效益等的重要性，旨在为相关企业和行业提供借鉴和参考。

9.1 轧钢设备常见故障及其关键零部件失效检测分析

广义的轧钢设备包括整个轧制工艺过程中所使用的全部设备，涵盖直接使轧件产生塑性变形的轧钢机械主设备，如工作机座、连接轴、齿轮机座、减速器、联轴器、主电动机，以及主设备以外的各种辅助设备，如加热炉、剪切机、辊道、矫直机、包装机等。

当前我国热轧生产线多采用连续可变凸度（continuous variable crown，CVC）轧制技术，某钢厂热轧 2250 生产线于 2008 年建成投产，采用基于德国 SMS 公司的 CVC+轧制技术，主要生产规格 800~2 200mm 宽度的各类板材，如汽车板、家电板、管线钢等。热轧生产线工艺布置图如图 9-1 所示。精轧作为生产线最重要的成形和质量控制工序，主要包括飞剪、7 台四辊 CVC 精轧机以及层流冷却系统。粗轧的中间坯经过飞剪切头尾之后进入 7 台精轧机轧制成目标宽度及厚度的板带，并采用 CVC 技术控制板型及凸度，同时通过层流冷却进行调质最终完成轧制。

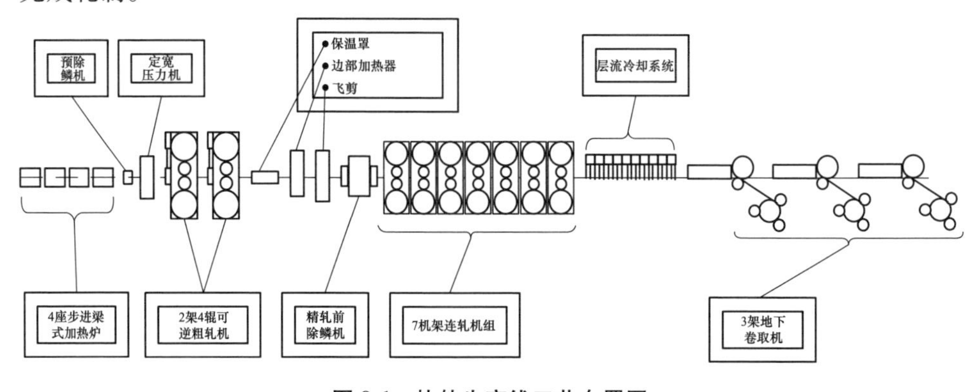

图 9-1 热轧生产线工艺布置图

9.1.1 轧钢设备常见故障及其失效形式分析

由于轧钢生产的环境比较特殊、复杂，轧钢设备在长期运行中，会因受到多种因素作用而发生各式各样的运行故障，进而影响到轧钢的生产作业和操作人员的人身安全，甚至可能会引发严重的安全事故。

2250生产线现场如图9-2所示，随着设备老化，设备功能精度降低，热轧卷板的产品产量受到明显影响。近年该生产线废次品率升高，受产量影响，其三级品总量逐年升高，说明其板带轧制过程中产生的表面质量缺陷、板型缺陷随着设备老化逐年增加，更加严重的质量原因如堆钢、扎破等造成生产线停机的事故增多，事故处理时间增长，造成生产线日历作业率降低，全年产量受到严重影响，制约了热轧2250生产线生产轧制及新品种开发。

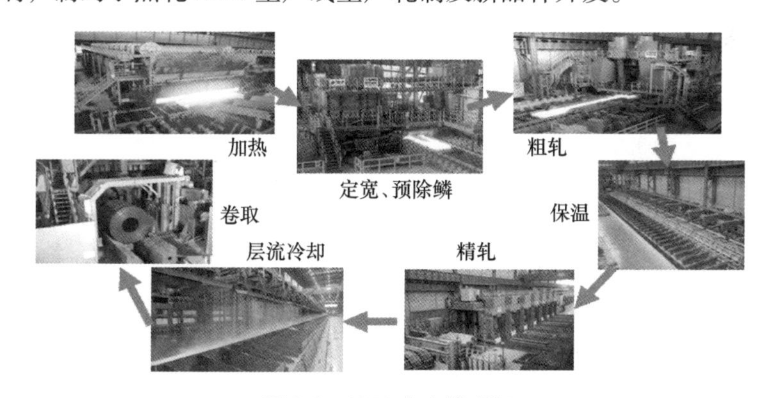

图9-2 2250生产线现场

热轧生产线长期处于高温、高压的生产环境中，加上日常管理与维护中的疏漏，轧钢设备特别是某些关键部件易发生失效。其中，精轧机作为关键轧钢设备，问题尤其突出，热轧卷板不合格率明显上升，设备因故障产生的非计划停机时间逐年增加。通过查阅资料与收集分析，获得精轧机常见故障，见表9-1。

表9-1 精轧机常见故障

零件	故障形式	故障原因	故障后果
牌坊拉杆	拉杆断裂	拉杆螺母松动是导致拉杆断裂的直接原因，由托轮失效而产生的弯曲应力，也对拉杆的断裂构成直接威胁	拉杆无法使用，影响生产时间长，造成经济损失，严重地制约生产
	拉杆自身隙槽与锁紧板错位	插销油缸的锁紧板进入不了预应力拉杆隙槽，顶在预应力拉杆隙槽的边缘上	

（续）

零件	故障形式	故障原因	故障后果
牌坊	牌坊磨损	轴承箱与轧机牌坊之间摆动大致使牌坊与轴承箱之间间隙磨损增大	钢板厚度及板型控制能力下降，轧制废品率明显偏高
	牌坊腐蚀	大量冷却水遇红热钢坯形成的水蒸气对牌坊造成了腐蚀	
轧机底座	底座磨损	在连续轧制过程中，轧机轧辊咬钢和抛钢的瞬间会对轧机形成一个较大反复的冲击应力，轧机底座滑轨是轧机的工作承载面，轧机底座和滑轨存在配合间隙，经轧钢的反复作用冲击，久之会使配合面出现磨损	配合面出现磨损后，轧机轧制过程中会出现底座不稳，导致轧机轴承、压下装置、轧辊等零部件寿命缩短，冲击磨损形成恶性循环，严重影响料型控制和安全生产
轧机机架	开裂	选材不合适，强度偏低，铸造质量差，铸件内部存在缺陷，机架与底座接触不良	轧机停工
支承辊	辊面裂纹	内部热应力及复杂交变应力共同作用	将会产生裂纹、剥落甚至断辊，直接影响生产
	辊身剥落	轧制参数不合理，轧制过程中打滑和卡钢，轧辊表面凹凸不平	轧机出口带钢起中间浪
	辊身断裂	组织缺陷、锻造工艺处理不当	
	轧辊黏合	高压滚动接触造成暂时性黏合	造成严重的轧辊内凹弯曲变形，造成产品性能下降
机架辊	轴承座螺栓断裂	轧件高速通过轧辊前端撞击辊子	拉断连杆、尾轴、尾梁螺栓，造成翻机等事故
减速器	齿轮间断性打齿	异物渗入、轴承盖松动	损坏轴承，更严重会导减速器散架，最终使减速器不能正常工作
	齿轮熔蚀性损坏	减速器突然性断油导致齿轮摩擦短时间温度升高	齿轮发生点蚀、脱落、擦伤和断齿问题
	轴承保持架支柱断裂	保持架支柱始终处于交变剪应力作用下，并在支柱焊接部位和螺纹尾部产生应力集中	导致轧机停工
	轴承局部脱焊、轴承滚道面不完整		
	轴承疲劳脱落		
轧辊	轴承腐蚀	工作环境带有侵蚀性介质，密封磨损或润滑不当	轴承磨损加速从而发生疲劳剥落
	承载区剥落	密封磨损使用过程进入颗粒，润滑油被污染未过滤	

（续）

零件	故障形式	故障原因	故障后果
轧辊	轴承过热损伤	游隙过小，保持架断开，润滑剂过多或过少	轴承磨损加速从而发生疲劳剥落
	轴承打滑	滚动体急剧变速	
	润滑不良	润滑剂供应不足，运转温度过高，润滑剂中有水分污染	
	轴承套圈轴向断裂	内圈在轴上旋转，润滑不当，与轴配合过紧，存在外部热应力	轴承膨胀变形，严重时容易造成轴承烧毁

从表9-1中可以看出，精轧机的故障类型多样，故障位置不一。由于轧钢设备结构复杂、体型庞大，若直接废弃故障设备，将造成严重的资源浪费。因此，对故障设备进行在役再制造能够使企业避免因设备故障导致经济损失，确保生产顺利开展，在役再制造是提高轧钢设备资源利用率和经济效益的有效途径。

9.1.2 轧机牌坊失效检测方法

机架是轧机工作机座中尺寸和质量最大的部件，轧辊轴承和轧辊调整装置都安装在机架上，机架承受巨大轧制力的作用。持续的冲击载荷所造成的轧机牌坊表面永久变形，会由于材料的腐蚀而进一步恶化。当衬板开始运动时，固定螺栓会松动，无法将衬板牢固地固定在牌坊壁上。机架的牌坊是轧机的永久性零部件，机架牌坊失效会对产品质量产生重大影响。对机架牌坊进行在线检测、在役再制造能有效延长牌坊的使用寿命，提高产品质量，降低生产成本。

轧制过程中由于轧辊转动，由轴承座承担的各向轧制力对机架牌坊造成较大冲击，长期积累，将使得轧机机架牌坊窗口面、轧机牌坊底面产生不同程度的腐蚀损坏。若衬板与牌坊本体间隙较大，也将对牌坊本体造成磨损、腐蚀，使得轧机机架与轧辊轴承座间隙过大，超出精度要求，从而造成轧机主传动系统的紊乱，产生振动、轴向力过大等现象，轧机运行状态难以把控，产品质量明显下降。

在轧机检测当中，检测精度的控制对于牌坊的修复工作起到了至关重要的工作。目前常用的检测方法有以下五种：

1）利用光学经纬仪、水准仪以及钢卷尺等。这些工具测量精度较低，目前已无法满足测量需求。

2）利用三坐标测量机。其测量范围小，对于轧机牌坊等大体量部件，很难满足工作测量要求。

3）激光追踪测量技术。激光跟踪仪能对牌坊滑板配合面的几何公差进行精确测量，克服了传统牌坊测量方法无法检测牌坊空间位置精度的不足，具有精度高、抗干扰性强、可靠性高、可视性强等优点。

4）轧线精度检测技术。轧线精度检测技术是近年发展起来的一种以轧线设备安装精度、运行精度、功能状态恢复与保障为检测目标的检测手段。

5）除去表面精度检测。通常还使用超声探伤检查铸件内部质量，防止铸件带着材料缺陷流入后续工序。

9.2 热轧 2250 生产线轧机牌坊在役再制造方案评估与决策

9.2.1 轧机牌坊在役再制造常见加工方案

CVC 装置主要包括轧机牌坊本体结构、CVC 块与牌坊的安装面、CVC 块工作辊窗口耐磨板。其中，耐磨板与工作辊轴承座直接接触，出口与入口耐磨板的间距值即为 CVC 工作辊窗口值。

轧机牌坊是精轧机的基础设备，设计为全封闭结构，安装找正调整后直接进行底座灌浆。在热轧 2250 生产线的全生命周期中，基础结构不会出现松动等故障，因此，更换轧机牌坊的方案不可行。若选择修复轧机牌坊的 CVC 装置安装面，可利用轧机年修或定修时间，采取在役再制造轧机牌坊的方案，对 F3 操作侧入口及操作侧出口 CVC 装置安装面和 F5 操作侧出口 CVC 装置安装面进行在役再制造。

热轧 2250 生产线轧机牌坊材质为 GS-45（德标）铸钢件，通常对普通钢材质的在役再制造均采用机械加工或在线堆焊方式，近年来基于激光熔覆的在线设备再制造方案取得较好发展，现对这三种方案进行介绍。

1. 基于机械加工的轧机牌坊在役再制造加工方案

基于机械加工的轧机牌坊在役再制造加工方案的主要思路为：将轧机牌坊的 CVC 装置安装面利用铣床进行铣削修复，将轧机牌坊的 CVC 装置安装面表面锈蚀损伤层去除后，增加安装面的接触面积并进行找平处理。

通过机械加工方式对轧机牌坊安装面进行修复是一种不可逆的损伤修复方式。这种修复方式表面材质及硬度并未改变，难以从根本上解决轧机牌坊的材质问题，且加工后牌坊的窗口尺寸会扩大，需在耐磨板位置增加垫片以补偿扩大的窗口尺寸。此外，轧机牌坊安装面的锈蚀都是从边部开始，慢慢向内部侵蚀，铣削加工的加工量并不能保证完全去除腐蚀深度过深的损伤部位。因此，在机械加工之后，设备的使用会使锈蚀沿着 CVC 装置安装面的缝隙向里扩大，并不能从根本上解决轧机牌坊的锈蚀问题。在锈蚀问题产生后，再次对牌坊安装面进行机械加工，会使轧机牌坊的本体窗口尺寸不断增大。

考虑轧机牌坊本身的刚度值对轧机刚度影响极大，轧机牌坊的弹性变形受轧机牌坊尺寸的影响极其敏感，轧机牌坊的可机械加工余量不大，不能从根本上解决轧机牌坊的锈蚀问题。

2. 基于堆焊的轧机牌坊在役再制造加工方案

基于堆焊的轧机牌坊在役再制造加工方案的主要思路为：将牌坊安装面进行机械加工找平后，选择合适的耐磨材料堆焊到安装面表面，使堆焊后产生的复合碳化物均匀分布在强化的设备基体内，利用堆焊层形成奥氏体基体具有的抗拉强度，提升牌坊的性能和使用寿命。

在轧机牌坊上采用堆焊处理，可以有效地弥补因机械加工去除的牌坊尺寸，同时牌坊安装面表面形成一层硬度高的耐磨层，可以一次性解决轧机牌坊基体的腐蚀问题。然而，热轧 2250 生产线的轧机牌坊安装面尺寸为 1 160mm×740mm，面积大并且位置集中，在现有的堆焊工艺中，针对牌坊安装面的大尺寸一次性堆焊会产生极大的累积热量。冷却后产生集中的残余应力会使轧机牌坊产生不可逆的结构变形，严重影响轧机牌坊性能。

3. 基于激光熔覆的轧机牌坊在役再制造加工方案

基于激光熔覆的轧机牌坊在役再制造加工方案，其基本工作原理与堆焊技术相似，都是将焊料提前预制在基材表面，通过各种加热手段将焊料熔化与基材进行熔合，熔池冷却后，依靠熔覆层形成的金相组织为基材表面提供结合强度。与普通的堆焊方法对比，激光熔覆法因其具有加热区域小、加热速率高、熔池冷却快等特点，在熔池形成的过程中有着无可比拟的优势。激光熔覆的熔覆层厚度为 0.05~0.1mm，加工受热基体内部的影响区深度一般为 0.1~0.2mm，基体在加工过程中受到的热影响很小。图 9-3 反映了激光熔覆与氩弧堆焊的热影响区对比。

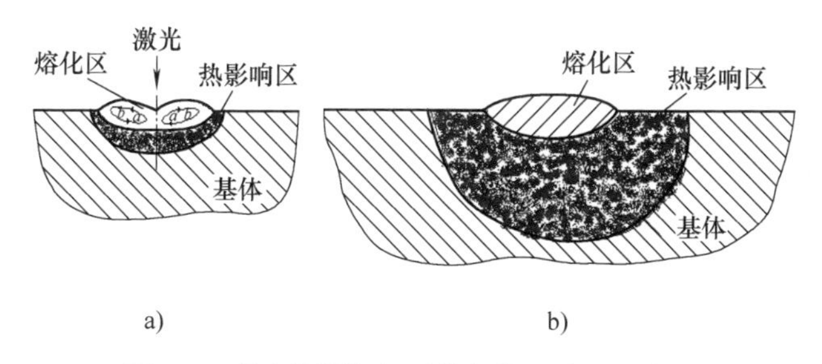

图 9-3　激光熔覆与氩弧堆焊热影响区示意图

a）激光熔覆　b）氩弧堆焊

相较于传统的在役再制造方法，激光熔覆在役再制造方法的特点主要有以下几种：

1）激光熔覆技术采用的固体激光器及机械臂设备具有小巧灵活方便、定位精准等特点，适用于在役再制造且可以提高再制造精度。

2）相较于普通的堆焊方式，激光熔覆再制造加工时采用激光照射，没有明火产生，其热输入量更小、堆焊层更薄，对轧机牌坊整体结构的影响较小，可以有效地控制在役再制造产生的残余应力，避免牌坊变形的危险。

3）激光熔覆可选用的表面熔覆材料种类更多、品种更加全面，通过各种实验可确定在不同基体上选用合适的材料。牌坊表面的金属特性可以通过激光熔覆进行改变，并且熔覆表面可以保持更长的寿命。

4）激光熔覆表面比堆焊法的更加平整，其表面精度高，可以一次成形，无须后续加工，相比于普通堆焊工艺，可以节省堆焊后的表面加工工序，节省修复成本。

9.2.2 常见加工方案再制造后性能测试对比分析

轧机牌坊再制造的技术难点在于在役整体再制造，在役再制造过程中不能对轧机牌坊进行解体拆除，对轧机牌坊的性能影响需降至最低，即对轧机牌坊加工尺寸的改变应降至最低，对轧机牌坊加工后的残余应力应减少到最少，再制造后轧机牌坊的寿命应尽可能延长。因此，应考虑以下几个方面选择较优再制造加工方案：轧机牌坊再制造后的抗腐蚀性（抗氧化能力）；轧机牌坊再制造后安装面的性能改善，即有更高的表面精度以及良好的耐磨性；加工过程中对轧机牌坊基体材料的力学性能影响（残余应力）。通过以下实验对比激光熔覆与电弧堆焊的轧机牌坊再制造后的性能差异。

1. 抗氧化能力测试

抗氧化能力测试实验是在模拟轧机高温潮湿的工况条件下，验证激光熔覆及电弧堆焊加工表面的抗氧化能力。

（1）测试环境与材料选择

1）测试环境选择。在轧机正常工作条件下，轧机的工艺水会通过轧制中的高温板坯（900~1 000℃）迅速汽化并向四周喷射，而板坯本身会向四周散发大量的热辐射，在高温潮湿的环境下，铁基的基体会产生极强的氧化作用。因此，检测抗氧化能力的实验环境采用与轧机环境相近的200℃水蒸气环境。

2）测试基体选择。轧机牌坊使用的是GS-45（德标）铸钢件，在实验中选择性能与之相近的ZG230-450铸钢，将铸钢整体加工出一块实验用的高精度表面，同时将ZG230-450铸钢件利用线切割加工成10cm×10cm的正方形实验板，实验板厚度1cm。要求作为基体的实验板质量差不得超出±10g，并且加工表面的面积误差不得超过±0.01cm^2。

3）熔覆材料选择。在选取合适的实验板后，选择镍基合金（Ni1、Ni2）、钴基合金（Co1）和铁基合金（Fe）作为熔覆材料，每种合金材料通过两种堆焊方式各加工一块实验板，同时，将未加工的 ZG230-450 实验板作为对比材料。

（2）测试步骤

1）在表面加工完成后，手动打磨清除表面杂质，并使用树胶或玻璃胶将工件全部包裹，凝固后将加工面完全暴露出来，并去除全部杂质。

2）将处理完成的工件进行称重并记录，记录的数据作为原始数据，将工件同时放置在 200℃的水蒸气环境中，通过在不同实验时间对工件进行称重，工件质量的变化就反映了加工表面的抗氧化能力。工件在表面氧化后会形成氧化物从而使工件质量增加，质量增加越少的实验板，说明在该种修复方式下其表面抗氧化能力越强。

（3）测试结果分析　以 ZG230-450 铸钢为基体，检验激光熔覆层和电弧焊层在 200℃水蒸气中的质量变化。为了明显区分电弧堆焊与激光熔覆氧化性能，将实验分为两组，分别为不同熔覆材料的电弧堆焊/激光熔覆与基体对比氧化实验，实验结果如图 9-4 所示。

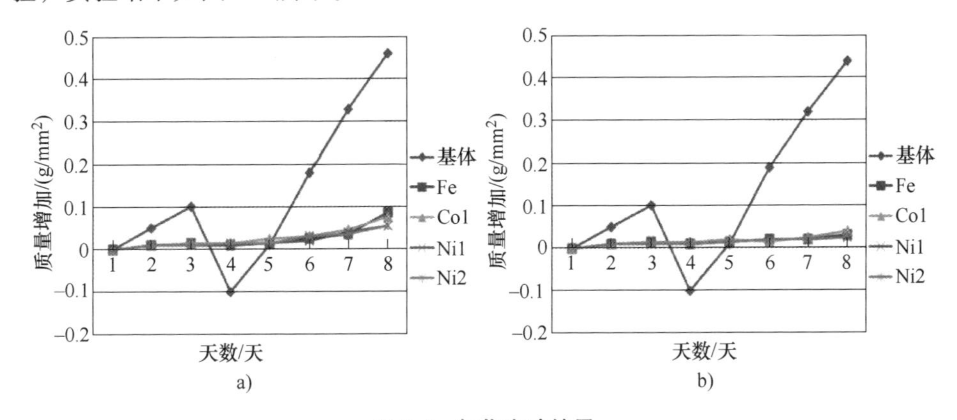

图 9-4　氧化实验结果

a）电弧堆焊层氧化实验　b）激光熔覆层氧化实验

从图 9-4 中可以发现，在实验第 3 天，ZG230-450 铸钢基体表面明显开始出现氧化反应，在氧化 7 天后，ZG230-450 铸钢质量增加 0. 32 g/mm^2，可见基体抗氧化能力差，激光熔覆层的抗氧化能力为基体铸钢的 9~22 倍；对比电弧堆焊层与激光熔覆层的氧化效果可知，在氧化初期，两者相差不大，但随着时间推移，电弧堆焊层开始发生氧化，且氧化速率大于激光熔覆层，说明激光熔覆层相对于电弧堆焊层有更好的抗氧化能力。这与激光熔覆层熔池小、冷却速度快有关，在小熔池快速冷却的效果下激光熔覆的结晶体更加紧密，能够在基体表面形成一层致密的抗氧化膜，因此其抗氧化能力优于电弧堆焊。

2. 耐磨性测试

轧机在轧制过程中，工作辊作为主动辊会对轧制板带产生一个沿切线方向的水平轧制力，而板带在通过轧机时会对工作辊施加一个沿轧制方向的力，这使工作辊在轧制过程中会向出口方向偏移，如图 9-5 所示。因此，工作辊轴承座会对 CVC 装置持续施加一个轧制方向的力，而当轧机牌坊的 CVC 装置安装面出现磨损锈蚀后，CVC 装置与轧机牌坊的安装面之间的受力接触面积会变少，安装面会产生间隙。这种间隙会导致 CVC 装置与轧机牌坊间的安装预紧力变小，在轧制过程中 CVC 装置会产生小幅度振动，甚至整体晃动，导致 CVC 装置与轧机牌坊间产生相对摩擦，加剧安装表面的磨损，再加上恶劣工况的腐蚀，会使得轧机牌坊的锈蚀劣化加剧。因此，轧机牌坊 CVC 装置安装面再制造后，其再制造表面的耐磨性也是再制造效果的一个重要评价标准，耐磨性越高的加工表面，在正常轧制环境下的表面精度保持时间越长。耐磨性测试实验旨在检测激光熔覆及电弧堆焊再制造后加工面的耐磨性，分析比较两种方法在耐磨性表现上的优劣。

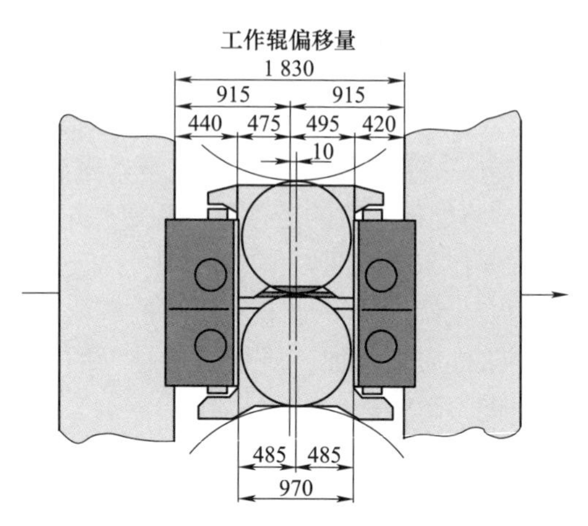

图 9-5　工作辊在轧制过程中的受力偏移

（1）测试指标选择　基体材料的抗磨损性能可以通过基体表面熔覆硬质涂层加以改善，提高加工表面硬度（设备的耐磨性能）与降低摩擦力（降低表面摩擦系数）是熔覆硬质涂层两种主要目的。因此，加工表面的摩擦系数、磨损量和比磨损率等力学性能是评判熔覆硬质涂层性能的重要指标。

（2）测试仪器选择　球盘磨损机是目前应用最多的熔覆硬质涂层摩擦性能测试仪器，如图 9-6 所示，在响应速率方面相较其他测试仪器有较明显优势。因此，选择球盘磨损机对激光熔覆及电弧焊加工表面的力学性能进行最直观的测定。

（3）测试步骤　首先将实验样品固定在试样夹上，机台上的电动机带动试样夹运动，使试样夹与实验样品产生匀速转动，转动的速度以线速度的方式反馈并通过控制装置调整。作为摩擦副的小球（硬质耐磨球）固定在加载杆末端，加载砝码对磨损实验的小球施加载荷，小球的材料一般选用高硬度合金钢或工具钢如 GCr15 或 WC 等。平衡砝码用来保证实验悬臂的平衡，确保加载砝码在实验过程中对小球施加垂直方向的压力且不会产生其他方向的力矩。传感器固定在机台的一边，通过传力线与加载杆相连。当电动机开始以一定的速度转动后，小球在实验样品表面产生滑动，摩擦力 F 通过传力线传到传感器，通过 A/D 电信号的转换，用计算机收集传感器转化的摩擦力 F 的电信号。比较计算原

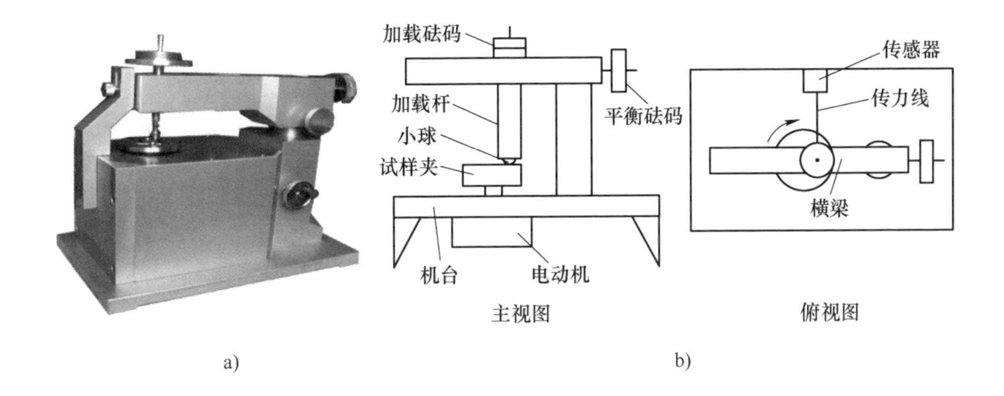

图 9-6 球盘磨损机

a）球盘磨损机实物图 b）球盘磨损机的工作原理简图

始数据与实验数据来确定摩擦力 F 的大小，利用加载砝码的质量 m 可以确定摩擦系数 $f=F/N$ 中压力 N 的大小。

在实验过程中，不同实验样品的表面耐磨性能采用相对耐磨性参数进行分析比对。通常分析硬化表面耐磨性能时采用比磨损率，其定义是在单位载荷单位滑动距离下的实验对象的磨损体积，磨损体积可以通过测量在单位时间下工件的磨损质量来计算。

比磨损率 Wr 表达式为

$$\mathrm{Wr} = \mathrm{Wv}/(NS) \tag{9-1}$$

式中，N 为载荷；S 为滑动距离；Wv 为实验对象的磨损体积。

比磨损率越小，即在单位载荷单位滑动距离下实验对象的磨损体积越小，说明实验样品的表面耐磨性能越好，相对耐磨性参数取比磨损率倒数来计算。

（4）测试结果分析 本次测试实验采用 ZG230-450 铸钢作为基体材料，选用马氏体（s02、s21、s11）不锈钢焊材及奥氏体（M21、M11）不锈钢焊材进行电弧堆焊实验，激光熔覆采用镍基合金、钴基合金作为熔覆材料，并用未进行表面加工的 ZG230-450 铸钢作为对比。相对耐磨性实验数据分析如图 9-7 所示。

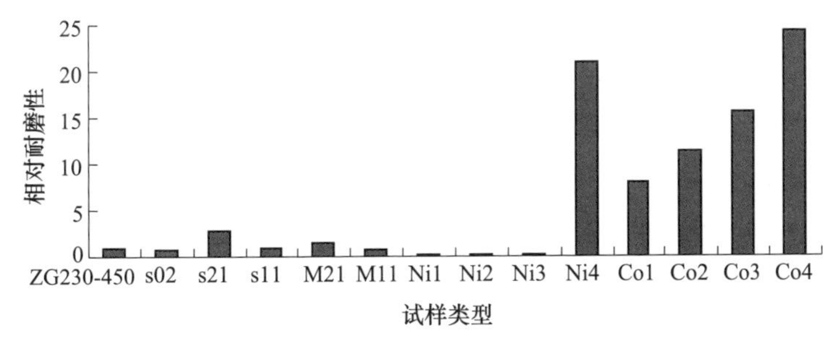

图 9-7 相对耐磨性实验数据分析

由实验可以看出，在电弧堆焊的加工方式中，马氏体不锈钢焊材的相对耐磨性约为基体 ZG230-450 铸钢材料的 2 倍，而奥氏体不锈钢焊材相对耐磨性与基体铸钢相当。在激光熔覆的实验样品中可以看出，Ni4、Co1、Co2、Co3、Co4 的相对耐磨性较高，耐磨性远高于基体，约为基体的 10~20 倍；Ni1、Ni2、Ni3 相对耐磨性低于基体材料。可见钴基合金的激光熔覆层的相对耐磨性是电弧堆焊法加工表面的 5~10 倍。

3. 残余应力测试

堆焊与激光熔覆等加工过程中会产生热量，这种热量会以热传导的方式向轧机牌坊本体扩散，轧机牌坊内部会随着不均匀冷却产生残余应力，同时螺栓孔及键槽边沿也会产生残余应力。残余应力的产生会影响轧机牌坊本身的力学性能，尤其会对轧机刚度产生极大的影响，在残余应力过大的情况下，甚至会使轧机牌坊产生不可逆的扭曲变形，对精轧机造成致命损伤。因此，有必要通过实验对比电弧堆焊及激光熔覆两种表面再制造方法产生的残余应力的大小，寻找出残余应力较小的加工方式。

（1）测试仪器选择　在堆焊过程中产生的残余应力主要集中在熔合区并由熔合区向基体辐射，由于熔合区本身的范围尺寸很小，熔池尺寸与工件尺寸数量级差异极大，并且不均匀的热传递会使残余应力在各方向上产生各种复杂变化，现有测量手段大多是宏观的测量，无法从微观上检测工件内部的残余应力，而基于显微的压痕法可以测量到微米级，甚至纳米级的尺寸，并且使用压痕测试仪可以省去对实验样品的机械加工从而快速得到高准确率、高精度的实验数据，适合用于测量焊接后产生的残余应力，因此本次实验选用压痕测试仪（图 9-8）测量实验样品的残余应力。

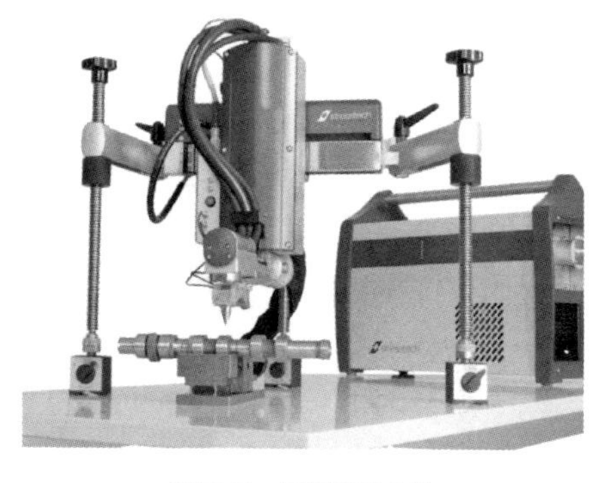

图 9-8　压痕测试仪

（2）测试步骤及结果分析

1）实验选用 ZG230-450 铸钢作为基体材料，按固定尺寸加工，要求基体尺寸的长宽高完全一致，以获得最准确的残余应力对比数据。

2）测量基体材料未加工前的原始残余应力，并将残余应力基本相同的基体材料两两一组分为 6 组。

3）选用相同的焊接材料分别以堆焊及激光熔覆进行加工，并进行残余应力测量。

为方便比对，原始残余应力取同组基体材料残余应力的平均数。焊接原料选用镍基合金（Ni1、Ni2）、钴基合金（Co1）和铁基合金（Fe）分别用激光熔覆和堆焊对 6 组试件进行加工，残余应力测试结果见表 9-2。

表 9-2　残余应力测试结果　（单位：MPa）

最大残余应力 σ_{max}	ZG230-450 试件 1	ZG230-450 试件 2	ZG230-450 试件 3	ZG230-450 试件 4	ZG230-450 试件 5	ZG230-450 试件 6
原始态	49	72	52	65	66	89
激光熔覆后	84	43	89	139	227	220
气保护堆焊后	131	163	287	109	206	245

由测量结果可知，堆焊前试件的原始应力水平不高，最大主应力在 90MPa 左右。激光熔覆和堆焊后试件的残余应力均有上升，在激光熔覆后表面残余应力上升，最大主应力达 227MPa；而堆焊产生的残余应力水平明显上升，其中试件 3 的测量值达到了 287MPa，已经达到或超过了材料屈服强度。

通过上述三种实验对堆焊及激光熔覆的性能测试证明，激光熔覆方案的耐磨性远高于电弧堆焊耐磨性，抗氧化腐蚀性优于电弧堆焊，表面残余应力小于电弧堆焊。

9. 2. 3　轧机牌坊在役再制造加工方案评估与决策

根据前面的力学实验测试分析可知，激光熔覆再制造加工方案的性能相对较好。然而，轧机牌坊在役再制造方案评估是一个多目标多因素决策问题，不仅要考虑到修复效果，还要考虑到技术性、经济性、资源环境友好性等多方面。当前针对此类问题的评价方法主要有层次分析法、灰色关联分析法、模糊数学法、理想解法（TOPSIS）、熵权法等定量评价方法，第 1 章与第 2 章中已对部分方法进行了阐述。层次分析法构建的评判矩阵是依据专家经验得到的，具有很强的主观性，会导致最终的结果不切合实际，不能很好地满足设备再制造方案的评估需求。熵权法通过数据之间的关系计算得到各个评价指标权重，是一种客观的权重分析方法。将两种方法综合使用，对轧机牌坊在役再制造方案进行决策，得到的评估结果既能满足主观要求，又能符合客观实际。

1. 构建轧机牌坊在役再制造方案的综合评价指标体系

根据实际生产情况，轧机牌坊在役再制造方案评价指标体系由三层评价模型构成，包括目标层、准则层、指标层，如图 9-9 所示。

由于指标属性的不同，需对各指标进行无量纲化处理，消除不同的量纲对评价结果的影响，使不同指标之间具有可比性，下面对各个评价指标进行量化分析：

（1）技术性指标的量化

1）精度指标 C_1。对再制造轧机牌坊质量进行评价时，精度是一个很重要的

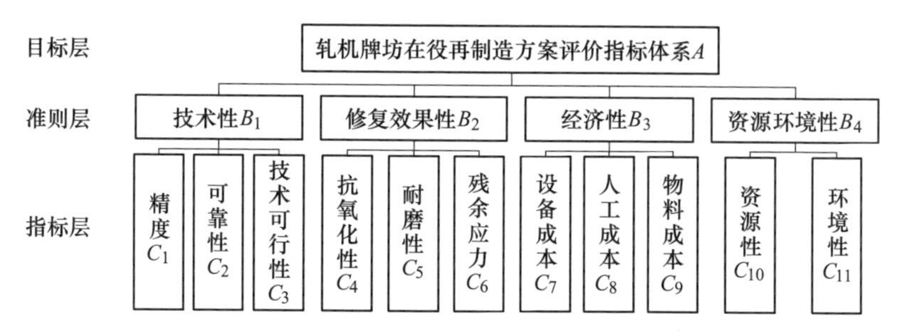

图 9-9　轧机牌坊在役再制造方案评价指标体系

评价指标，定义精度指标比较向量为 $\boldsymbol{P}=(p_1, p_2, \cdots, p_m)$，精度评价等级为{很高，高，一般，低，很低}，对应的评价值为{1，0.8，0.6，0.4，0.2}。当 $p_i \leqslant 0$ 时，表明精度等级很高，评价值为 1；当 $0<p_i \leqslant 0.05$ 时，表明精度等级高，评价值为 0.8；当 $0.05<p_i \leqslant 0.10$ 时，表明精度等级一般，评价值为 0.6；当 $0.10<p_i \leqslant 0.20$ 时，表明精度等级低，评价值为 0.4；当 $p_i>0.20$ 时，表明精度等级很低，评价值为 0.2。

2）可靠性指标 C_2。再制造轧机牌坊应保证在同等工作环境下，其工作可靠性高，连续无故障运行的时间较长。通过专家评判法，再制造轧机牌坊的可靠性等级划分为{很高，高，一般，低，很低}，对应的评价值为{1，0.8，0.6，0.4，0.2}。

3）技术可行性指标 C_3。对所采用的修复技术的可行性进行评价，通过综合考虑其加工技术实施的难易程度以及其工序数目的多少，将其技术可行性指标划分为{极易，容易，较易，一般，较难}，对应的评价值为{1，0.8，0.6，0.4，0.2}。

（2）修复效果性指标的量化　对于轧机牌坊的预期修复效果指标的评价，主要是对修复后的表面进行抗氧化性、耐磨性和残余应力进行检测，将获得的结果作为修复表面质量等级，划分为{很好，好，一般，差，很差}，对应的评价值为{1，0.8，0.6，0.4，0.2}。

（3）经济性指标的量化　轧机牌坊再制造方案的经济性评价主要是对再制造成本进行评价，对再制造的设备成本、人工成本、物料成本等综合考虑，当再制造成本低于相同功能新设备价格的 40%时，企业将获得较高利润；当介于 40%～70%时，企业也可获得部分利润；当高于 70%时，则再制造成本过高，不具备价格竞争优势，企业基本不获利。冶金设备再制造成本计算式为

$$C_{\mathrm{R}}=DC_{\mathrm{N}} \tag{9-2}$$

式中，C_{R} 为冶金设备再制造成本，单位为元；D 为折算率；C_{N} 是新设备价格，单位为元。

通过对统计数据进行线性回归分析，可将经济性评价指标 B_3 定义为一个关于 D 的归一化函数，对经济性指标进行量化处理，其计算式为

$$B_3=\begin{cases}1 & D<40\% \\ 6.5D^2-10.48D+4.15 & 40\%\leqslant D\leqslant 70\% \\ 0 & D>70\%\end{cases} \tag{9-3}$$

（4）资源环境性指标的量化

1）资源性指标 C_{10}。对轧机牌坊再制造方案的资源性指标 C_{10} 的评价由再制造过程中资源循环利用的情况确定，再制造循环利用率 η 为再制造循环利用部分的质量与回收退役资源的总质量的比值，其计算式为

$$\eta=\frac{M}{M_{\mathrm{R}}}\times 100\% \tag{9-4}$$

式中，M 为再制造循环利用部分的质量，单位为 t；M_{R} 为回收退役资源的总质量，单位为 t。

通过对再制造企业进行调研分析，当再制造循环利用率达到 80%时，表明资源性指标很好。运用统计数据进行回归分析得到资源性评价指标 C_{10} 的归一化函数，其计算式为

$$C_{10}=\begin{cases}1 & \eta\geqslant 80\% \\ -1.65\eta^2+1.32\eta & 0\leqslant\eta<80\%\end{cases} \tag{9-5}$$

2）环境性指标 C_{11}。轧机牌坊再制造方案环境性指标的评价主要是考察再制造方案对环境的影响程度，研究再制造过程中存在的噪声污染、大气污染、水污染、有害物质排放等因素。确定再制造方案对环境的污染程度等级为｛极小，较小，一般，较大，很大｝，对应的评价值为｛1，0.8，0.6，0.4，0.2｝。

2. 运用层次分析法确定指标主观权重

根据已建立的轧机牌坊在役再制造评价指标体系，对各个评价指标进行优先级判别，根据表 9-3 确定各指标之间的相对重要程度值。

表 9-3 层次分析法两两因素相对重要程度值

相对重要性	定　　义
1	表示两个元素比较，两者同样重要
3	表示两个元素比较，前者比后者稍微重要
5	表示两个元素比较，前者比后者明显重要
7	表示两个元素比较，前者比后者特别重要
9	表示两个元素比较，前者比后者极端重要
2，4，6，8	表示上述判断的中间值

（1）利用层次分析法构造判断矩阵　根据不同的评价指标，确定两两比较

的相对重要程度，构造判断矩阵 $\boldsymbol{A}$。

$$\boldsymbol{A}=\begin{pmatrix} a_{11} & a_{12} & \cdots & a_{1n} \\ a_{21} & a_{22} & \cdots & a_{2n} \\ \vdots & \vdots & & \vdots \\ a_{n1} & a_{n2} & \cdots & a_{nn} \end{pmatrix} \tag{9-6}$$

（2）计算各级评价指标权重

$$d_i=\frac{\sqrt[n]{\prod_{j=1}^{n} a_{ij}}}{\sum_{i=1}^{n}\sqrt[n]{\prod_{j=1}^{n} a_{ij}}} \tag{9-7}$$

得到各个评价指标的权重为 $\boldsymbol{D}=(d_1, d_2, \cdots, d_i, \cdots, d_n)^{\mathrm{T}}$。

（3）一致性检验　由于各级评价指标的判断矩阵是利用德尔菲法以专家经验为依据标定的，存在很强的主观性，为保证结果的准确性，避免误差过大，对构造的判断矩阵进行一致性检验。

1）计算一致性指标，其表达式为

$$\mathrm{CI}=\frac{\lambda_{\max}-n}{n-1} \tag{9-8}$$

式中，最大特征值 $\lambda_{\max}$ 的计算公式如下：

$$\lambda_{\max}=\sum_{i=1}^{n}\frac{(\boldsymbol{AD})_i}{nd_i} \tag{9-9}$$

式中，$(\boldsymbol{AD})_i$ 为向量 $\boldsymbol{AD}$ 的第 i 个元素。

2）查表 9-4 确定相应的平均随机一致性指标 RI。

表 9-4　平均随机一致性指标 RI

判断矩阵阶数	1	2	3	4	5	6	7	8	9
RI	0.00	0.00	0.58	0.90	1.12	1.24	1.32	1.41	1.45

3）计算一致性比例 CR。

$$\mathrm{CR}=\frac{\mathrm{CI}}{\mathrm{RI}} \tag{9-10}$$

当 $\mathrm{CR}<0.10$，表明判断矩阵 $\boldsymbol{A}$ 满足一致性，否则就要对矩阵 $\boldsymbol{A}$ 进行调整，直至其满足一致性为止。

3. 运用熵权法确定指标客观权重

轧机牌坊再制造方案评价属于多目标综合决策问题，通过运用熵权法对各方案在技术性、修复效果性、经济性、资源环境性等方面进行定量分析，确定各评价指标的客观权重。

对于 m 个再制造加工方案、n 个评价指标，构造评价指标决策矩阵 $\boldsymbol{B}=(b_{ij})_{mn}$，将其标准化，其表达式为

$$\overline{b_{ij}}=\frac{b_{ij}}{\sum_{i=1}^{n} b_{ij}},\ 0\leqslant b_{ij}\leqslant 1 \tag{9-11}$$

得到标准化矩阵 $\overline{\boldsymbol{B}}=(\overline{b_{ij}})_{m\times n}$，则第 j 项指标熵值为

$$H_j=-\frac{1}{\ln m}\sum_{i=1}^{n}\overline{b_{ij}}\ \ln\overline{b_{ij}} \tag{9-12}$$

第 j 项指标的权重值为

$$\theta_j=\frac{1-H_j}{\sum_{j=1}^{m}(1-H_j)} \tag{9-13}$$

4. 确定各评价指标综合权重

由熵权法计算得到的各评价指标的权重，通过对统计数据进行分析，计算数据之间的关系，具有很强的客观性，再结合层次分析法综合考虑客户的实际需求，将两种方法得到的权重进行综合考虑，得到的权重更加科学合理。

由层次分析法得到的各指标主观权重为

$$\boldsymbol{d}=(d_1,\ d_2,\ \cdots,\ d_j,\ \cdots,\ d_n) \tag{9-14}$$

由熵权法得到的各指标客观权重为

$$\boldsymbol{\theta}=(\theta_1,\ \theta_2,\ \cdots,\ \theta_j,\ \cdots,\ \theta_n) \tag{9-15}$$

通过下式计算综合权重值：

$$w_j=\frac{d_j\theta_j}{\sum_{j=1}^{n} d_j\theta_j} \tag{9-16}$$

由此得到各指标综合权重 $\boldsymbol{w}=(w_1,\ w_2,\ w_3,\ \cdots,\ w_n)$。

轧机牌坊再制造方案的评估与决策是一个以技术性、修复效果性、经济性、资源环境性为考察因素的多目标决策过程，轧机牌坊再制造方案的综合评价值 Δ 为

$$\Delta=\boldsymbol{w}\boldsymbol{Y}^{\mathrm{T}} \tag{9-17}$$

式中，$\boldsymbol{Y}^{\mathrm{T}}$ 为各指标量化矩阵。

5. 方案评价

利用上文建立的轧机牌坊再制造加工方案的评价指标量化方法确定三种方案（方案一：机械加工修复方案；方案二：堆焊技术修复方案；方案三：激光

熔覆方案）的评价指标决策矩阵，见表9-5。

表9-5 再制造方案评价指标决策矩阵

方案	技术性			修复效果性	经济性	资源环境性	
	精度	可靠性	技术可行性			资源性	环境性
方案一	0.55	0.50	0.82	0.63	0.80	0.90	0.80
方案二	0.72	0.75	0.73	0.78	0.75	0.95	0.76
方案三	0.85	0.80	0.68	0.91	0.72	0.98	0.78

通过上文所提到的层次分析法计算得到各评价指标主观权重为

$$\boldsymbol{d}=(0.096,\ 0.083,\ 0.036,\ 0.287,\ 0.294,\ 0.106,\ 0.098)$$

基于熵权法计算得到的各评价指标客观权重为

$$\boldsymbol{\theta}=(0.136,\ 0.134,\ 0.139,\ 0.172,\ 0.179,\ 0.125,\ 0.115)$$

根据式（9-16）可得评价指标的综合权重为

$$\boldsymbol{w}=(0.084,\ 0.071,\ 0.032,\ 0.317,\ 0.338,\ 0.085,\ 0.073)$$

根据式（9-17）求得三个方案的综合评价值为

$$\Delta=\boldsymbol{wY}^{\mathrm{T}}=(0.713,\ 0.774,\ 0.822)$$

通过综合分析可知方案三为轧机牌坊在役再制造最佳加工方案，因此确定采用激光熔覆对轧机牌坊进行在役再制造。

9.3 热轧2250生产线轧机牌坊激光熔覆在役再制造过程

9.3.1 轧机牌坊CVC装置安装面激光熔覆在役再制造步骤

通过上节轧机牌坊在役再制造方案评估与决策，确定了采用基于激光熔覆为F3及F5轧机牌坊CVC装置安装面进行在役再制造。方案步骤如下：

1）根据现场工况确定合适的熔覆材料。现场因生产工艺需要，包含各种工艺冷却水如工作辊冷却水、辊缝喷淋水等，水流量基本在780m^3/h，因此现场环境极其潮湿。板带轧制温度为900~1 000℃，高温环境会使轧制板带表面迅速氧化产生氧化皮碎末，这些碎末会随冷却水及冷却水汽化后的水蒸气向四周喷射，这种高温水蒸气含有极强的腐蚀性及氧化性。因此，现场工况环境对铁基设备不友好，对比9.2.2节的实验数据，选择抗氧化腐蚀性、耐磨性均较为优秀的钴基熔覆材料。

2）确定牌坊中线和加工基准。在轧机CVC装置拆除之前需确定原有的窗口尺寸及轧机中心线，以便在加工后可以将工作辊窗口恢复至原有尺寸并且对支承辊、工作辊辊系进行找正，确保轧机刚度值不会因修复产生下降。

3）对修复面进行去疲劳层和疲劳组织镗铣加工。以牌坊中线垂线左右对称加工，将对应面加工到相同尺寸，保证修复后2块衬板厚度一致。

4）对机械加工后轧机牌坊尺寸、精度进行检测，并对机械加工表面进行探伤检查，以确保没有隐藏的深度疲劳裂纹。

5）激光熔覆配合面。材料选用钴基合金粉末，熔覆后采用钳工研磨的方式，保证几何公差及牌坊与衬板的接触面积，对牌坊缺失尺寸通过加厚衬板的方式补偿，恢复窗口尺寸。

6）激光熔覆后对表面进行打磨处理。激光熔覆后对局部峰点用砂片打磨、抛光，采用标准直尺进行配合平面度研磨，着色探伤，确定熔覆位置无裂纹等缺陷。

牌坊修复后应达到的技术指标为：①机械加工尺寸精度、几何公差达到图样要求；②熔覆层有效厚度达0.3~0.35mm；③激光修复后的平面度≤0.15mm；④表面粗糙度达到$Ra3.2\mu m$；⑤ 装配衬板后达到图样要求±0.15mm。

9.3.2 轧机牌坊CVC装置安装面激光熔覆在役再制造现场实施过程

根据年修计划，对F3及F5精轧机的操作侧轧机牌坊CVC装置安装面进行激光熔覆在役再制造，具体实施过程如下：

步骤1：设备停机，精轧机抽出工作辊及上下支承辊，搭设脚手架，通过激光测角仪对F5精轧机窗口开档值及中心线位置进行测量确认。数据采集完毕后，拆除F3轧机牌坊CVC装置，拆除精轧机工作辊更换固定滑道，激光熔覆前准备工作如图9-10所示。

a)

b)

c)

图9-10 激光熔覆前准备工作

a）轧机窗口测量 b）CVC装置拆卸 c）轧机内设备拆除

拆除CVC装置后的轧机牌坊安装面的磨损情况如图9-11所示，牌坊靠近轧机内侧有明显锈蚀痕迹，轧机内侧靠上部，即正面观察轧机牌坊CVC装置安装面的左上角，有大片的压靠磨损压痕。

步骤 2：搭设脚手架和机械加工平台，因加工机床整体质量较大，在加工过程中为减少因铣削过程引起的设备共振，提高表面加工精度，故采用两块提前预制好的中间坯作为加工设备底座，并在两块中间坯之间用 H 型钢作可调节支架，在轧机内部设备拆除完毕后搭设平台并将平台找平，轧机牌坊机械加工如图 9-12 所示。

图 9-11　拆除 CVC 装置后的轧机牌坊安装面的磨损情况

a)　　　　b)

图 9-12　轧机牌坊机械加工

a）平台搭设　b）机床安装

平台搭设完成后，架设机械加工设备，采用立式机床进行铣削，第一次铣削加工厚度 0.1mm，后续加工铣削厚度控制在 0.05～0.2mm，每次铣削后检查加工表面是否仍留有锈蚀深坑，完全加工完毕后进行一次精加工保证加工表面精度。轧机牌坊表面机械加工如图 9-13 所示。

步骤 3：机加工完成后移除机械加工设备并在平台上架设激光熔覆设备，对机械加工后的牌坊表面尺寸及表面精度进行测量，如图 9-14 所示。

图 9-13　轧机牌坊表面机械加工

图 9-14　激光熔覆设备安装

平台设备搭设安装完成后对加工面进行激光熔覆加工，激光熔覆设备为喷射式，将激光熔覆材料与压缩气体混合后直接喷射在熔池区域，同时使用激光器进行照射加热。轧机牌坊表面激光熔覆如图 9-15 所示。

图 9-15　轧机牌坊表面激光熔覆

激光熔覆有效层厚度为 0.30~0.35mm，激光熔覆后表面局部峰点用砂片打磨、抛光，用标准直尺研磨平面度并进行着色探伤，确定熔覆位置无裂纹等缺陷，如图 9-16 所示。

步骤 4：激光熔覆完成后开始回装 CVC 装置并连接各种管路，回装工作辊固定滑道，CVC 装置回装如图 9-17 所示。全部安装完成后移除平台，对轧机窗口进行复测，并根据复测结果对 CVC 装置的工作辊窗口耐磨板进行调整，在耐磨板背面增加不锈钢垫片使其恢复原有的窗口尺寸并对辊系进行中心线找正。

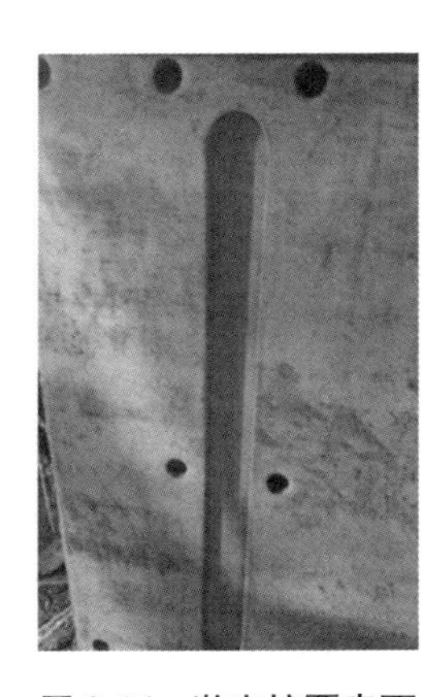

图 9-16　激光熔覆表面

图 9-17　CVC 装置回装

9.4 热轧 2250 生产线轧机牌坊激光熔覆在役再制造可行性验证

9.4.1 轧机刚度再制造前后对比分析

在实践过程中，对板带轧制稳定性影响最严重的就是轧机刚度问题。热轧生产线投产后，随着使用年限增加，轧机牌坊 CVC 装置安装面出现严重的锈蚀，导致轧机刚度值下降，影响生产线的正常运行。以零调辊缝为例，作为轧机标定过程中设定的一项重要参数，工作辊辊缝作为控制板带轧制规格的重要影响因素，会因轧机刚度性能下降而难以很好地保持，从而导致板带轧制过程出现浪形、甩尾，甚至更严重的堆钢。轧机的刚度越高，对板带轧制，尤其是薄规格轧制的稳定性及控制性越好，轧机轧制出的板带质量越高。因此，在稳定生产的前提下，用最少的成本、最快的见效方式提升轧机刚度和轧机牌坊的表面质量，对于保证轧机性能、提高产品产量和质量至关重要。

1. 轧机刚度计算

为验证在役再制造的修复效果，本书对比分析了再制造前后的轧机刚度。轧机刚度也称为轧机模数，是轧机受力后所有受力部件产生弹性变形的总和，轧辊之间的实际间隙要大于空载时的间隙。图 9-18 是轧机弹塑性变形曲线，空载时轧辊之间的间隙为理论原始辊缝 S_0'，轧机受力轧制时轧辊辊缝弹性增加值为弹跳值 f，纵坐标 P 表示轧制力，横坐标表示轧辊开口度 h。在轧制力较低时，P 与 h 呈非线性关系，该非线性曲线是由轧机部件之间的接触变形和存在间隙产生的。当轧制负荷增加时，曲线的斜率 K 也增加；轧制负荷达到一定值后，斜率 K 趋于一固定值，P 与 h 趋于线性关系。A 线与横坐标的交点即为理论原始辊缝 S_0'，斜率 K 为轧机的刚度系数，也常简称为刚度，计算式为

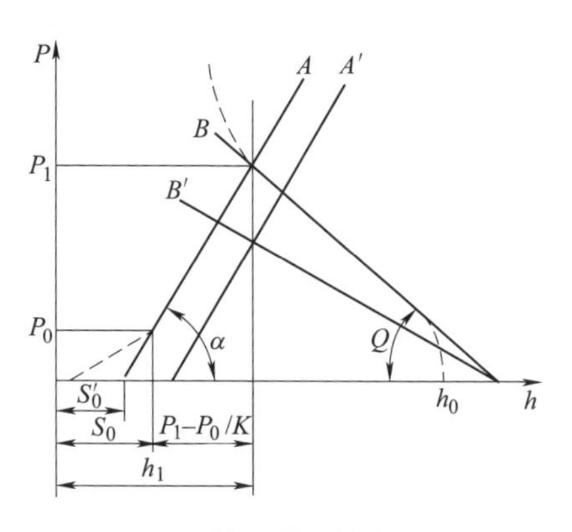

图 9-18 轧机弹塑性变形曲线

$$K = \tan\alpha = \Delta P/\Delta f \tag{9-18}$$

式中，ΔP 是轧制力增量，单位为 kN；Δf 是弹跳变化值，单位为 mm。

理论上轧机两端变形一致，轧机弹性变形曲线为直线，轧出的轧件厚度 h_1 可以用以下弹跳方程进行计算：

$$h_1 = S_0 + f = S_0 + (P_1 - P_0)/K \tag{9-19}$$

式中，h_1 是轧件厚度，单位为 mm；f 是轧机弹跳值，单位为 mm；S_0 是考虑预

压靠变形后的空载辊缝，单位为mm；P_0 是空载轧制力，单位为kN；P_1 是轧制力，单位为kN；K 是轧机刚度系数，单位为kN/mm。

在相同的轧制力下，轧机的刚度越好，即 K 值越大，弹跳值 f 越小，轧件纵向厚度控制越准确。特别是对于轧制薄规格产品，如果轧机刚度小，则弹跳值 f 就大，无法轧出较薄的产品。因此，为了减小因轧制力波动等工艺因素对厚度的影响，应尽可能提高轧机的刚度系数。

基于F3及F5轧机的数据采集，根据以上方法计算分析F3及F5轧机在役再制造前后的刚度表现情况。

2. F3轧机在役再制造刚度前后对比分析

将F3轧机刚度数据按散点图进行分布，图9-19a为F3轧机修复前刚度数据，图9-19b为F3轧机修复后刚度数据。纵坐标轴为刚度（kN/mm），横坐标轴为测量时间。

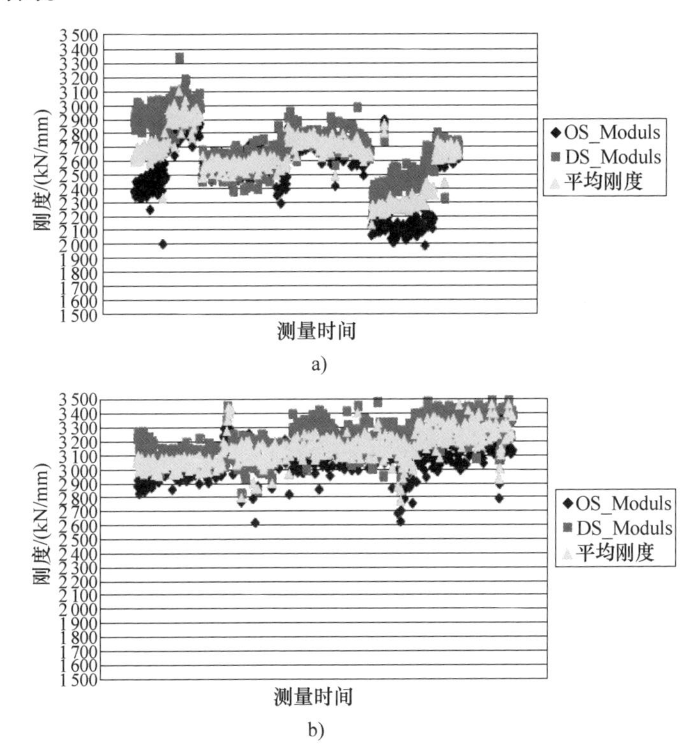

图9-19　F3轧机修复前后刚度数据

a）F3轧机修复前刚度数据　b）F3轧机修复后刚度数据

通过图9-19可以看出，在F3轧机牌坊进行加工之前，刚度波动变化极大。以往F3轧机调整轧机刚度时都依赖经验，即按照工作辊窗口进行调整。当F3

轧机 CVC 装置在安装时因为轧机牌坊的安装面已经锈蚀并损坏，与 CVC 装置的接触面积就会变少，这会导致 CVC 装置紧固后在正常轧制没多久后就会出现松动。同时在横向轧制力的影响下，CVC 装置与工作辊轴承座一起产生共振，这种振动会加剧轧机牌坊的腐蚀。在 CVC 装置与轧机牌坊出现间隙后，常规测量的 CVC 窗口数据便不能正常反映实际的 CVC 窗口，使得按测量数据调整的窗口值不能正常保持辊系的垂直对中，会使辊系产生严重的交叉从而严重影响轧机刚度。当每次支承辊更换时，这种调整又会造成轧机刚度的一次大的跳变，从而出现图 9-19a 中剧烈的刚度波动。

对 F3 轧机牌坊进行在役再制造修复后，CVC 装置与轧机牌坊接触良好、安装紧固，因而其刚度值大幅上升，由原来的 2 600kN/mm 的平均刚度增长为 3 000kN/mm。随着轧机牌坊修复后的刚度调整，工作辊窗口值调整可以显著提升效果，在多次调整之后，F3 轧机的平均刚度上涨到 3 200kN/mm。

在役再制造后利用检修停车时间拆除 F3 操作侧 CVC 块后对 F3 轧机牌坊 CVC 装置安装面进行了检查，发现 F3 轧机牌坊 CVC 装置安装面在修复后未发生锈蚀迹象，表面硬度检测及探伤试验均未发现异常，可见激光熔覆修复的 F3 轧机牌坊表面硬度及耐磨度抗腐蚀能力均达到了预期目标。

3. F5 轧机在役再制造刚度前后对比分析

将 F5 轧机刚度数据按散点图进行分布，图 9-20a 为 F5 轧机修复前刚度数据，图 9-20b 为 F5 轧机修复后刚度数据。

由图 9-20 可以看出，F5 轧机牌坊在修复前的突出问题是轧机的刚度波动幅度虽然不大，但操作侧与传动侧的刚度差会出现频率极快的正反波动，使得平均刚度的分布相对分散，这说明两侧的刚度极不稳定。操作侧与传动侧的刚度差产生这种正反方向波动的主要原因是在 F5 轧机牌坊出现锈蚀产生间隙后，通过调整工作辊窗口值不能有效地控制辊系的垂直对中度，在反复测量调整的过程中，工作辊辊系在轴线方向上产生了反复交叉，这种交叉会极大地影响轧机的刚度表现，而这种工作辊窗口值的调整造成了 F5 轧机刚度的分散。由图中可以看出，F5 轧机的平均刚度值一直呈下降趋势，在检查或更换其他轧制力受力原件后这种下降趋势仍然不可避免。

在 F5 轧机牌坊修复后，轧机平均刚度的提升幅度并不大，仍然保持在 2 900~3 000kN/mm，这与 F5 在修复前的轧机刚度原值就相对高有关。使用超过 1 周及使用超过 1 个月以后再观察 F5 轧机的刚度表现可以发现，F5 轧机的刚度差表现极其稳定，操作侧与传动侧的刚度值也趋于稳定，没有再出现以往的正反交叉现象。同时，调整工作辊窗口值可以显著提升轧机刚度，不会出现修复前调整 F5 轧机窗口对刚度无效的情况，这说明 F5 轧机的 CVC 装置与轧机牌坊安装面接触良好并且紧固到位，轧机牌坊受力情况良好。随着工作辊交叉的

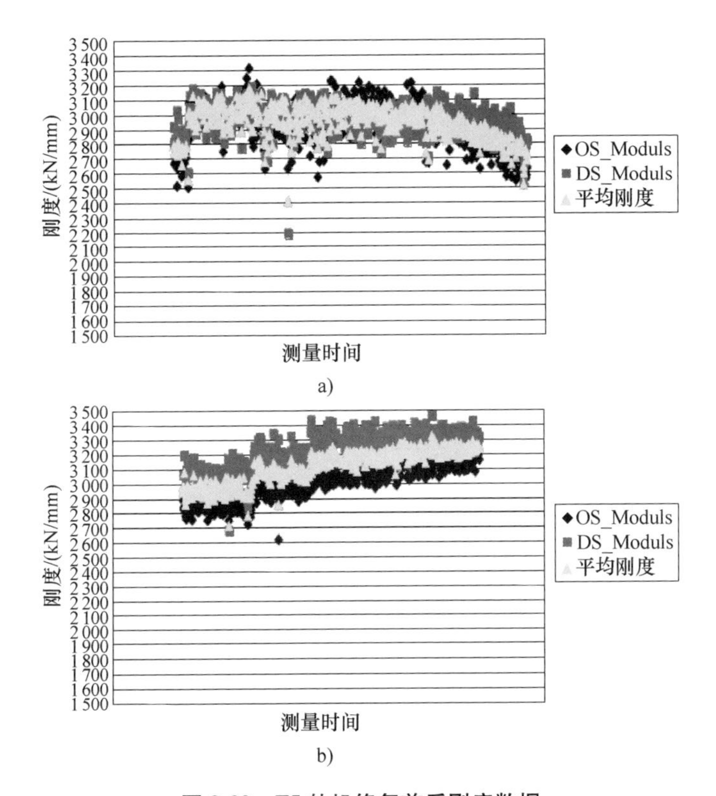

图 9-20 F5 轧机修复前后刚度数据

a）F5 轧机修复前刚度数据 b）F5 轧机修复后刚度数据

慢慢调零，F5 轧机的刚度值达到平均 3 100kN/mm。

由上述分析可知，激光熔覆在线修复轧机牌坊可以有效保证安装面的修复效果，显著改善加工表面的力学性能，使加工表面的硬度、耐磨性、抗腐蚀性大大提高，同时不会改变轧机牌坊本身的力学性能，适合热轧 2250 生产线精轧机组大型精密设备的在役再制造。

9.4.2 作业率对比分析

利用大修时间，采用激光熔覆修复对某热轧厂 F3 和 F5 轧机牌坊进行了修复，使用效果良好，激光熔覆面光滑无明显腐蚀痕迹、磨损，彻底解决了某热轧厂轧机牌坊腐蚀严重的问题，轧机稳定性明显提高，各年度产品一级品率、三级品率和残次品率如图 9-21 所示。

从图中可以看出，采用激光熔覆技术对轧机牌坊在役再制造，保证了设备功能精度和生产线的长周期稳定运行，提高了生产作业率和一级品率，降低了三级品率和残次品率。2013—2017 年主轧线作业率及产量见表 9-6。

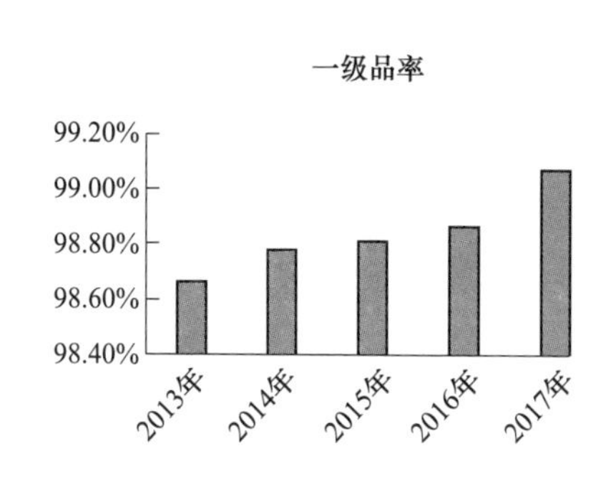

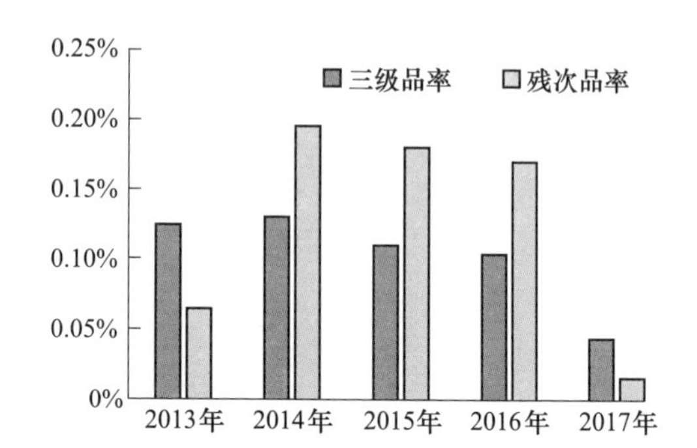

图 9-21　各年度产品一级品率、三级品率及残次品率

表 9-6　主轧线作业率及产量

时间	主轧线作业率	产量/万 t	一级品/万 t	三级品/t	残次品/t
2013 年	99.94%	504.91	498.15	6 281.21	3 267.61
2014 年	99.80%	461.49	455.85	5 999.37	9 002.73
2015 年	99.82%	442.82	437.55	4 871.00	7 970.73
2016 年	99.83%	450.69	445.57	4 680.54	7 661.78
2017 年	99.98%	481.03	476.55	2 112.28	753.06

由图 9-21 和表 9-6 可以看出，在 2015—2017 年连续三年对轧机牌坊进行修复后，生产线作业率稳步提高，一级品率逐年恢复至最好水平，三级品率、残次品率已经降至历史最低水平，效果显著。

9.4.3　经济效益分析

采用激光熔覆再制造加工方案修复的 CVC 装置牌坊表面，极大地降低了牌坊表面磨损速度，CVC 装置使用寿命由牌坊劣化最严重的 8 个月，延长至 24 个月，延长了备件的使用寿命。轧机刚度的提升对板带轧制稳定性及板带板型质量有显著提高，轧机牌坊劣化最严重的 2014 年全年产量 461.49 万 t、三级品率 0.13%、残次品率 0.2%；2017 年全年产量 481.03 万 t、三级品率 0.04%、残次品率 0.02%。2017 年较 2014 年三级品率及残次品率分别下降 0.09、0.18 个百分点。按热轧厂年产 480 万 t 计算，年减少三级品 4 320t 及残次品 8 640t。按三级品每吨降价 60 元，残次品按每吨 1 800 元回收成本，板坯成本每吨 2 750 元，残次品反炼钢直接损失每吨 950 元，热轧线板材生产工序成本每吨 200 元，热轧厂板坯每吨按平均利润 345 元计算，共节省成本：

节省成本 = 三级品损失成本 + 残次品损失成本 + 残次品重新轧制成本
= 4 320t × 60 元/t + 8 640t × (345 元/t + 200 元/t + 2 750 元/t)
+ 8 640t × [(2 750 元/t − 1 800 元/t) + 200 元/t]
= 38 664 000 元 = 3 866.4 万元

CVC 装置使用寿命延长 18 个月，F1～F7 轧机共含 14 套操作侧 CVC 系统，单套修复价格 15 万元，年节省备件修复费用 15 万元×14＝210 万元。不含废旧板坯割除费用、备件及废钢倒运费用、环保费用，年经济效益 4 076.4 万元。

本章小结

本章在归纳总结轧钢设备常见故障及其部件失效检测方法的基础上，以某钢厂热轧生产线轧机牌坊在役再制造工程实践为例，根据其失效状态，开展实验测试，对机械加工、在线堆焊、激光熔覆等常见在役再制造方案进行了抗氧化能力、耐磨性、残余应力等修复效果分析。在此基础上，结合熵权法与层次分析法，从技术性、修复效果性、经济性、资源环境性等角度对轧机牌坊在役再制造方案进行了综合评估，确定采用基于激光熔覆的轧机牌坊在役再制造方案。在役再制造前后轧机刚度的计算表明，激光熔覆在线修复轧机牌坊可以有效保证安装面的修复效果，显著改善加工表面的力学性能，在不改变轧机牌坊原有结构的力学性能的基础上，提升加工表面的硬度、耐磨性、抗腐蚀性。通过效益对比分析，激光熔覆修复方法提高了生产作业率和一级品率，降低了三级品率和残次品率，显著提升了企业经济效益。

参考文献

[1] 高健，刘奋成，刘丰刚，等.WC-Ni-Co 硬质合金表面激光熔凝修复组织与摩擦磨损性能[J]. 表面技术，2021，50（3）：171-182.

[2] 任仲贺，武美萍，唐又红. 机械设备零部件再制造评价点阵图模型及应用［J］. 中国表面工程，2018，31（6）：149-158.

[3] 向燕. 有色冶金企业环境信用预警评价模型研究［D］. 赣州：江西理工大学，2018.

[4] 韩伟刚，胡长庆. 基于熵的钢铁制造流程运行有序性评价模型［J］. 钢铁，2021，56（5）：122-128.

[5] 潘红光，裴嘉宝，侯媛彬. 智慧煤矿数据驱动检测技术研究［J］. 工矿自动化，2020，46（10）：49-54.

[6] 杨得玉. 基于功构映射原理的机电产品拆卸设备设计研究［D］. 济南：山东大学，2019.

[7] 蔚刚，张秀芬，刘行. 再制造设计中的材料多属性决策方法［J］. 机床与液压，2018，46（1）：36-39.

[8] 李飞，江志刚，王艳红. 再制造成本效益的一种定量分析模型及应用［J］. 组合机床与自动化加工技术，2018，535（9）：161-165.

[9] 杜彦斌，李成成. 基于可拓理论的重型机床再制造方案评价方法［J］. 制造技术与机床，

2018（7）：17-22.

[10] 杜平，杨浩，曲锦波．中厚板轧制过程消除侧弯的两侧辊缝在线调整模型［J］．冶金自动化，2020，44（4）：59-62.

[11] 刘涛，赵明星，李健通．基于轧制过程数据的轧机刚度动态模型［J］．钢铁研究学报，2020，32（1）：27-32.

[12] 董立杰，黄小兵，孙力娟，等．轧机两侧刚度差的数字化分析与改善措施［J］．中国冶金，2019，29（6）：54-58.

参 数 说 明

参数	说　明
F	摩擦力，单位为 N
m	砝码质量，单位为 g
f	摩擦系数
N	载荷，单位为 N
S	滑动距离，单位为 mm
Wv	磨损体积，单位为mm^3
Wr	比磨损率
$\boldsymbol{P}$	精度指标比较向量
p_i	精度评价值，$i=1, 2, \cdots, m$
C_{R}	冶金设备再制造成本，单位为元
D	折算率
C_{N}	新设备价格，单位为元
η	再制造循环利用率
M	再制造循环利用部分的质量，单位为 t
M_{R}	回收退役资源的总质量，单位为 t
$\boldsymbol{A}$	判断矩阵
CI	一致性指标
$\lambda_{\max}$	最大特征值
RI	平均随机一致性指标
CR	一致性比例
n	再制造加工方案个数
m	评价指标的个数
$\boldsymbol{B}$	评价指标决策矩阵
H_j	第j项指标熵值，$j=1, 2, \cdots, n$

（续）

参数	说　明
θ_j	第 j 项指标的权重值，$j=1$，2，…，n
$\boldsymbol{d}$	各指标主观权重
w_j	综合权重值，$j=1$，2，…，n
$\boldsymbol{\Delta}$	综合评价值
$\boldsymbol{Y}^{\mathrm{T}}$	指标量化矩阵
S_0'	原始辊缝，单位为 mm
f	轧机弹跳值，单位为 mm
P	轧制力，单位为 kN
h_1	轧件厚度，单位为 mm
S_0	考虑预压靠变形后的空载辊缝，单位为 mm
P_0	空载轧制力，单位为 kN
K	轧机的刚度系数，单位为 kN/mm